"十二五"普通高等教育本科国家级规划教材
国家级精品资源共享课和国家精品在线开放课程主讲教材

"高等学校本科计算机类专业应用型人才培养研究"项目规划教材

# C 语言程序设计 （第5版）

## Programming in C (Five Edition)

苏小红　张彦航　赵玲玲　李　东　编著
蒋宗礼　主审

U0311589

中国教育出版传媒集团
高等教育出版社·北京

内容提要

　　本书是"十二五"普通高等教育本科国家级规划教材，是一本兼具趣味性和实用性的 C 语言程序设计教材。 全书由 14 章组成，内容包括：为什么要学习编程，基本数据类型，基本算术运算，键盘输入和屏幕输出，选择控制结构，循环控制结构，函数与模块化程序设计，数组和算法基础，指针，字符串，指针和数组，结构体和数据结构基础，文件操作以及简单的游戏设计。

　　本书以应用为背景，面向问题求解和编程能力训练，从实际问题出发，在案例的不断深化中逐步引出知识点，形成"程序设计方法由自底向上到自顶向下"和"数据结构由简单到复杂"的两条逻辑清晰的主线。 案例内容紧密结合实践，举一反三，融会贯通，尤其侧重错误案例的分析和讲解，在任务驱动下，由浅入深、启发引导读者循序渐进地编写规模逐渐加大的程序，让读者在不知不觉中逐步加深对 C 语言程序设计方法的了解和掌握。本书配有多媒体课件、例题和习题源代码以及程序设计远程在线考试平台等教学资源，免费向任课教师提供。

　　本书适合作为高等学校各专业的 C 语言程序设计课程教材，也可作为从事计算机相关工作的科技人员、计算机爱好者及各类自学人员参考。

## 图书在版编目（ＣＩＰ）数据

　　C 语言程序设计 ／ 苏小红等编著. --5 版. -- 北京 ：高等教育出版社,2023.12（2024.2重印）
　　ISBN 978-7-04-061039-0

　　Ⅰ . ①C… Ⅱ . ①苏… Ⅲ . ①C 语言-程序设计-高等学校-教材 Ⅳ . ①TP312.8

　　中国国家版本馆 CIP 数据核字（2023）第 148879 号

C Yuyan Chengxu Sheji

| | | | | | | | |
|---|---|---|---|---|---|---|---|
| 策划编辑 | 时 阳 | 责任编辑 | 刘 茜 | 封面设计 | 张 志 | 版式设计 | 徐艳妮 |
| 责任绘图 | 邓 超 | 责任校对 | 刁丽丽 | 责任印制 | 田 甜 | | |

| | | | |
|---|---|---|---|
| 出版发行 | 高等教育出版社 | 网　　址 | http://www.hep.edu.cn |
| 社　　址 | 北京市西城区德外大街 4 号 | | http://www.hep.com.cn |
| 邮政编码 | 100120 | 网上订购 | http://www.hepmall.com.cn |
| 印　　刷 | 河北宝昌佳彩印刷有限公司 | | http://www.hepmall.com |
| 开　　本 | 787mm×1092mm　1/16 | | http://www.hepmall.cn |
| 印　　张 | 27.75 | 版　　次 | 2011 年 4 月第 1 版 |
| 字　　数 | 660 千字 | | 2023 年 12 月第 5 版 |
| 购书热线 | 010-58581118 | 印　　次 | 2024 年 2 月第 3 次印刷 |
| 咨询电话 | 400-810-0598 | 定　　价 | 59.00 元 |

# C 语言程序设计

（第5版）

1 计算机访问https://abooks.hep.com.cn/1860430,或手机扫描二维码, 访问新形态教材网小程序。

2 注册并登录, 进入"个人中心", 点击"手动输入"。

3 输入教材封底的防伪码（20 位密码, 刮开涂层可见）, 或通过新形态教材网 小程序扫描封底防伪码, 完成课程绑定。

4 点击"我的图书"找到相应课程即可开始学习。

**C 语言程序设计** （第 5 版）

作者 苏小红 张彦航 赵玲玲 李东 编著
出版单位 高等教育出版社
出版时间 2023-11-01
ISBN 978-7-04-061039-0

开始学习　　收藏

**教材简介**

本课程是《C语言程序设计（第5版）》纸质教材的配套资源, 是利用数字化技术整合优质教学资源的出版形式, 可扩展纸质教材内容, 为读者提供教学课件、微视频、动画演示、答疑解惑等资源, 供读者完善学习内容。

绑定成功后, 课程使用有效期为一年。受硬件限制, 部分内容无法在手机端显示, 请按提示通过计算机访问学习。

如有使用问题, 请发邮件至 abook@hep.com.cn。

扫描二维码
访问新形态教材网小程序

https://abooks.hep.com.cn/1860430

# 出 版 说 明

信息化社会需要大量的计算机类专业人才。据统计,目前我国计算机类专业布点总数已逾2 800个,这些专业点为国家的现代化建设培养了大批计算机类专业人才,其中绝大多数是应用型人才。如何按照社会需求,确定合理的人才培养目标,并在其"制导"下培养特色突出的应用型人才,是提高教育质量和水平的重要任务。

为了更好地引导高校计算机类各专业点构建有特色的培养方案,例如,能够体现行业特色、区域需求,同时建设体现这些特色的学科基础课和专业课,促进本科计算机类专业应用型人才培养,出版一批体现应用型人才培养特色的新形态教材,教育部高等学校计算机类专业教学指导委员会、全国高等学校计算机教育研究会与高等教育出版社联合组建了"高等学校本科计算机类专业应用型人才培养研究"课题组,基于《计算机类专业教学质量国家标准》,围绕软件工程、网络工程、物联网工程等专业应用型人才培养的研究展开相关工作。

在研究的基础上,课题组汇聚80多所高校的教学经验,协同创新,开展了核心课程教学资源建设以及教材建设,这套教材作为课题研究的重要成果之一,具有以下几个显著特点。

● 以课题研制的《高等学校本科计算机类专业应用型人才培养指导意见》为指导,委托有丰富教学实践经验的教师编写,内容覆盖了不同专业的学科基础课、专业核心课及专业方向课。

● 教材内容基于理论适用,突出理论与实践相结合,强调"做中学",引入丰富的实验案例,摒弃大而全、重理论轻实践的做法,结构新颖,努力突出专业特色。

● 采用纸质教材与数字资源相结合的形式,将教学内容与课程建设充分展示出来,使教师和学生借助网络实现全方位的个性化教学。

相信这套教材的出版能够起到推动各高校计算机类专业建设、提高教学水平和人才培养质量的作用。希望广大教师在教学过程中对教材提出宝贵的意见和建议,使其在使用过程中不断完善。

教育部高等学校计算机类专业教学指导委员会

全国高等学校计算机教育研究会

高等教育出版社

# 序

  程序设计是一门非常重要的课程,其重要性不仅仅体现在一般意义上的程序编制,更体现在引导读者实现问题求解思维方式的转换——培养计算思维能力。也正是由于需要引导初学者实现思维方式的转换,才使得这门看似简单的课程具有很高的难度,突破了这个难点,一切将变得比较自然。这本教材以 C 语言为背景,从初学者的需求出发,在面向工程应用型计算机专业人才的培养方面进行了有益的探索,体现了"学生易学,教师易用,变应试为应用"的编写理念,形成了如下一些特点。

  1. 以实际问题的求解过程为引导,讲授程序设计的基本方法,以结构化与模块化程序设计为核心,沿着数据结构从简单到复杂这条线逐步展开,侧重对程序设计方法、程序调试方法的介绍,并将软件工程相关的思想和方法渗透其中,提高读者程序编制的规范性。

  2. 重点放在解决"程序设计"的核心问题上,以讲授程序设计为主,将 C 语言的有关语法有机地结合到程序设计中,避免了生硬枯燥的语法叙述,真正体现了"程序设计",在"把 C 语言从应试课程转变为实践工具"上做出了可贵的探索。

  3. 明显地体现出作者多年来在该门课程上的教学积累,在写作上努力追求面向初学者进行"讲授"的风格,行文流畅,语言带有一定的人文气息,努力贴近读者,深入浅出,通俗易懂,逻辑性强,形成该书独特的风格。

  4. 将作者丰富的程序设计经验融入教材编写,按照初学者的需求,适时引导进行程序错误分析、测试与调试,将一些容易被忽略的而且对高水平 C 语言程序设计很重要的"点"逐一展现给读者,进一步落实"程序设计"教学的需求。

  5. 选择了一些趣味性强、有吸引力的例子和话题以提高读者的学习兴趣,选择一些实用性强的例子和话题,以努力提高读者的工程实践能力。精选的"不断提升"的引导性例题、习题和实验题,以及贯穿全书的综合实例,起到了开拓读者思路、引导读者探究问题求解方法、激发读者程序设计兴趣的作用。

  6. 按照教学的需要,本书还配套建设了丰富的教学资源,如《C 语言程序设计学习指导》(第 5 版)、程序源代码、多媒体课件、编程题考试自动评分系统、学习自测软件以及课程教学网站等,构成了 C 语言程序设计课程教学的完整解决方案。

  希望该书能够得到众多读者的喜爱!

国家级教学名师

教育部高等学校计算机类专业教学指导委员会副主任委员

全国高等学校计算机教育研究会理事长

# 前　　言

习近平总书记在党的二十大报告中指出:"教育是国之大计、党之大计。培养什么人、怎样培养人、为谁培养人是教育的根本问题。育人的根本在于立德"。教材不仅要成为知识的传播媒介,更要担负起塑造灵魂和弘扬社会主义核心价值观的时代重任。

学习程序设计本身是一件既充满挑战、更充满乐趣的事情。然而,它常常会给人以枯燥乏味的感觉,是因为没有发掘出其中的趣味。本书力图用最简明的语言、最典型的实例以及最通俗的类比和解释将这种趣味性挖掘出来,带给读者全新的学习体验,和读者一起欣赏 C 语言之美,领悟 C 语言之妙,体会学习 C 语言之无穷乐趣。

本书以应用为背景,面向编程实践和问题求解能力训练,从实际问题出发,在一个实际案例的不断深化中逐步引出相关知识点,借助任务驱动的实例将相关知识点像珠链一样串联起来,形成"程序设计方法由自底向上到自顶向下"和"数据结构由简单到复杂"的两条逻辑清晰的主线。案例内容紧密结合实践,举一反三,融会贯通。在任务驱动下,由浅入深、启发引导读者循序渐进地编写规模逐渐加大的程序,让读者在不知不觉中逐步加深对 C 语言程序设计方法的了解和掌握。

在内容的指导思想上,本书以 C 语言为工具,介绍计算思维方法和程序设计的基本方法,不拘泥于 C 语言的基本语法知识,面向实际应用,把计算思维方法和程序设计中最基本、最新、最有价值的思想和方法渗透到 C 语言的介绍中。目的是使读者在学习了 C 语言以后,无论使用什么语言编程,都具有灵活应用这些思想和方法的能力。

全书在内容编排上注重教材的易用性。每章开头都有内容导读,指导读者阅读,每章结尾给出本章知识点小结和常见错误小结,帮助读者整理思路。本书既适合程序设计的初学者,也适合想更深入了解 C 语言的人。书中设计了很多思考题,并在每章的扩充内容中增加了一些有一定深度和开放性的内容,供希望深入学习程序设计的读者选学和参考。

在内容写作上,本书力图避免以往教材编写中常常出现的通病和问题,如"实例不实,为解释语法而设计""语法堆砌,只见树木不见森林""忽视错误程序的分析和讲解"等。因此编写的主要特色是注重错误程序的讲解和分析以及与软件工程内容的联系。在分析常见错误案例的过程中,讲解程序设计的基本方法、程序测试方法以及程序调试和排错方法,帮助读者了解错误发生的原因、实质、排错方法及解决对策。

全书程序采用统一的代码规范编写,并且在编码中注重程序的健壮性。全书例题、习题和实验题的内容选取兼具趣味性和实用性,习题以巩固基本知识点和强化程序设计能力为目的,难度分成多个阶梯,包括:改写例题的编程题,模仿例题的编程题,趣味游戏类编程题。题型包括:侧重程序阅读理解能力训练的写出程序运行结果题和程序填空题,侧重程序调试和排错能力训练的分析改错题,侧重编程实践能力训练的任务递进式编程题等。本书第14章给出了迷宫和 Flappy bird 两个游戏实例的程序设计,配套的学习指导给出了一个综合应用程序"学生成绩管理系统",以及2048、贪吃蛇和扫雷游戏的程序设计。

本书是中国大学 MOOC 平台上开设的国家精品在线开放课程"C 语言程序设计精髓"和国家精品资源共享课程"C 语言程序设计"的主讲教材,与教材配套的教学资源包括:

（1）本书例题的源代码和多媒体课件。

（2）"C 语言程序设计精髓"课程中的微视频,课件和算法演示动画,在线测试。

（3）"C 语言程序设计"课程中的全程教学录像,课件和算法演示动画。

（4）程序设计远程在线考试平台(签署软件使用协议后可免费获取)。

（5）基于 B/S 结构的 C 语言编程题考试自动评分系统(局域网内使用)。

（6）基于 B/S 结构的 C 语言试卷与题库管理系统。

（7）面向学生自主学习的 C 语言在线作业和能力测试系统(使用教材封四的刮刮卡可获得有效期一年的注册用户账号,支持读者和学生在线完成本书章后习题并获得系统自动评测结果)。

（8）Code∷Blocks+gcc+gdb、VSCode、Visual Studio 等安装程序可在官网下载。

（9）扫描本书的二维码,可浏览教学课件和算法演示动画,以及观看部分教学视频。

上述各种教学资源之间的关系及介绍如下图所示。有需要者可直接与作者本人联系(sxh @ hit.edu.cn)。

与本书配套出版的《C 语言程序设计学习指导》(第 5 版),主要包括习题解答、实验指导和编程题目与解答三部分内容。实验指导中介绍了在 Code∷Blocks+gcc+gdb 环境、Visual Studio 以及 VSCode 等集成开发环境下的标准 C 程序调试方法。

本书由苏小红主编,孙志岗、张彦航、赵玲玲、李东参与了部分章节的修订。王甜甜、张羽、袁永峰、叶麟、骆功宁、武小荷、傅忠传、林连雷、索莹、迟永钢、赵巍、单丽莉、江俊君、朱聪慧、黄剑华、冯骁骋、赵森栋、陈建文、车万翔、孙承杰、郭勇等参与了本书的书稿校对工作。北京工业大学的蒋宗礼教授和国防科技大学的徐锡山教授在百忙之中仔细审阅了全部书稿,并提出了许多宝贵的意见和建议。在此对他们的辛勤付出表示衷心的感谢。

微视频
Code∷Blocks
的安装过程

微视频
在 Code∷
Blocks 中新
建项目

微视频
在 Code∷
Blocks 中调
试程序

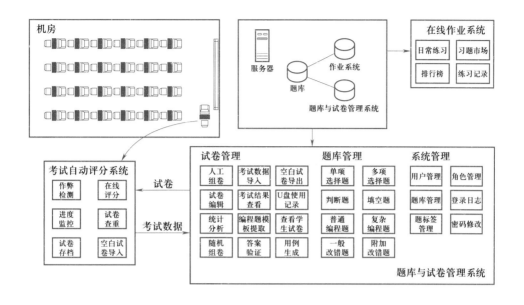

各种教学资源之间的关系及介绍

因编者水平有限,书中错误在所难免,欢迎读者给作者发送邮件或在网站上留言,对教材提出意见和建议,我们会在每次重印时及时予以更正。

编著者

2023 年 3 月

# "C 语言程序设计"混合式教学 32 学时分配建议

C语言

- 编程基础与基本I/O(2)
  - 编程基础知识(2)
  - 键盘输入和屏幕输出(MOOC自学)
  - 文件I/O(MOOC自学)

- 程序设计方法学基础(8)
  - 基本算术运算(2)
    - 变量和常量、算术和赋值运算(MOOC自学)
    - 自增自减、强转、浮点数在内存中的存储(2)
  - 基本控制结构(4)
    - 算法与算法的表示(MOOC自学)
    - 关系运算与逻辑运算(MOOC自学)
    - 选择结构(1)
    - 循环结构(1)
    - 程序测试和调试(2)
  - 函数与模块化编程(2)
    - 函数定义、调用、原型(MOOC自学)
    - 函数的参数传递与防御式编程(1)
    - 变量的作用域与生存期(1)
    - 模块化程序设计(MOOC自学)

- 问题求解基础(4)
  - 枚举、递推(2)
    - 枚举(1)
    - 递推(1)
  - 分治、递归(2)
    - 分治(MOOC自学)
    - 递归(2)

- 算法和数据结构基础(18)
  - 数组和排序查找算法(4)
    - 数组的定义和访问、下标越界问题(MOOC自学)
    - 数组的增删改查(2)
    - 排序算法(2)
  - 指针和参数传递(4)
    - 指针与参数传递(2)
    - 函数指针及其应用(2)
  - 字符串与文本处理(2)
    - 字符指针和字符数组(2)
    - 字符串处理函数(MOOC自学)
  - 指针数组和索引排序(2)
    - 指针和数组之间的关系(1)
    - 指针数组及其应用(1)
  - 结构体和动态数据结构(6)
    - 结构体和共用体(2)
    - 链表等动态数据结构(4)

# 目　录

# 第1章　为什么要学习编程

 内容导读

　　本章力图从一个客观的角度讲述学习编程的意义，编程已不只是一项专业技能，而是与信息世界对话的工具。身处信息世界的人都应该掌握这个工具。

## 1.1　学习编程的热潮

　　每个时代都有代表性的酷炫技能。比如原始社会是打猎，战争年代是武术。现在是信息时代、互联网时代，最酷炫的技能是什么呢？PS？做 UP 主？游戏高手？抖音网红？这些看上去是很酷，也够炫，但其实都是使用别人制作的 APP 或网站，在别人设定的规则中放飞自我。真正酷炫的，是制定这些让人痴迷、甚至疯狂的规则的人。其背后的核心技能就是编程。

　　编程是信息时代的魔法，不会编程的人，只能是"麻瓜"。《哈利·波特》的世界里，绝大多数麻瓜都不知道魔法的存在，这是幸福的。但我们，都知道编程技术的存在，知道那些能神乎其神施展魔法的人，这让我们怎能安心做个麻瓜呢？更何况，学习编程的旋风已经刮起来了。

### 1.1.1　席卷全球的"编程一小时"

　　2013 年，公益网站 code.org 发起了一个在每年 12 月持续一周的活动，名为 Hour of Code，中文译为"编程一小时"。官方是这样介绍的：

　　"编程一小时是一个介绍计算机科学一小时的活动，旨在揭秘编程并说明它是任何人都可以学习的基础知识。"

　　这个活动得到了时任美国总统巴拉克·奥巴马，以及科技巨头马克·扎克伯格（Facebook 创始人、CEO）、比尔·盖茨（Microsoft 创始人、董事长）等人的支持。他们特意拍摄视频号召人们参加这个活动。

　　奥巴马说："不要只是玩手机，为它编程吧！……无论你是男生还是女生，无论住在城市还是乡村，都要去试试。"

　　比尔·盖茨甚至还亲自出镜为初学者制作了教学视频，并勉励大家说："在今天，编程已经容易了太多。"

　　2014 年，活动继续，奥巴马不只继续拍摄视频号召美国人民参加，而且还亲身参与了在白宫举办的一场活动。

　　美国的热潮迅速影响全球。时至今日，据 code.org 官网统计，已经有 140 多个国家，超过千万人参加了编程一小时。参加者中年龄最小的只有 4 岁，最大的 104 岁。

### 1.1.2　资本汹涌的少儿编程

读者可能对资本运作并不了解，所以这里先简单科普下。风险投资之所以叫"风险"，是因为他们的投资，有获得几十、上百甚至上千倍回报的可能，同时，血本无归的可能性也很大。高风险和高回报并存，因为他们投资的主要目标是初创型公司。

初创型公司一般都没有盈利，甚至连获取收入的模式都没有，只有一个美好的愿景，俗称"烧钱"。被烧掉的钱就来自风险投资。如果烧成功了，公司做大了，上市了，那风险投资的回报会非常可观。比如 1999 年，日本软银的孙正义给阿里巴巴投资了 2 000 万美元，占了一定的股份。2014 年阿里巴巴在美国上市时，孙正义所持股份价值 580 亿美元，14 年时间翻了接近 3 000 倍。2018 年中，阿里巴巴股价比上市时又翻了一番，所以孙正义的股份已价值千亿美元，成为了日本首富。但成功的公司其实是罕有的，创业成功率小于 1%，只不过我们看到的，只有成功者而已。所以更多情况下，投资人的钱是被烧得连灰都不剩的。

投资人为什么要冒这么大的风险？因为只要投中一个阿里巴巴，回报就远超对几百个不成功公司的投资啊。所以投资的基本逻辑就是找"风口"，在有更好未来的领域投更有可能成功的公司。风口总是在变，比如我们都感受过的移动互联网、打车、外卖、共享单车等。那汹涌的补贴、红包，都是投资人为了市场份额而洒下的真钱啊。到了 2017—2018 年，风口吹向了"少儿编程"。顾名思义，少儿编程的意思就是教少年儿童编程。在其爆发的 2017 年，共有 19 笔总值超 2 亿人民币的融资。但这只是开始。2018 年仅上半年，就有共 18 笔总值近 10 亿人民币的融资。资本汹涌而来，不为别的，就是因为他们相信，会有越来越多的小学生、中学生要接受编程教育，这里有无限商机。尤其浙江省率先全国将信息技术纳入了高考的选考科目范围，更让从业者信心大增。那为什么中小学生都要学习编程呢？可能是因为孩子家长在为自己不懂编程而恐慌吧。

### 1.1.3　"再不学编程就晚了"

在 2016 年之前，网上各大在线教育机构提供的各类编程基础课程，学习者是以在校大学生为主，尤其是即将找工作的大三、大四学生。这很好理解，IT 行业薪资高、发展空间大，非计算机专业的希望能转行，计算机专业的希望能更有竞争力，所以会选择在网上学更接近实战的课程。但 2016 年之后，社会学员的比例就开始逐渐上升，其中不乏已有稳定工作甚至功成名就的人士。他们为什么要学编程呢？有一位学员说了这样一句话：

"再不学编程就晚了！"

为什么再不学编程就晚了？他恐慌的是什么呢？

## 1.2　为什么要学编程

人人学编程 ≠ 人人都是程序员。

很多人误解"人人学编程"，以为其目的是补充程序员的人力空缺，其实不是。程序员不是人人都想当的，更不是人人都能做的。那为什么要人人学编程？为什么 2016 年突然很多成年人开始学编程,随后少儿编程市场就火爆了? 那一年发生了什么?

2016 年 3 月,Google 开发的人工智能围棋软件(AlphaGo)挑战世界冠军、韩国著名围棋棋手李世石,最终以 4∶1获胜。其后的所有人机博弈中,包括 2017 年对弈排名第一的人类棋手柯洁,AlphaGo 都再未败过一局,独孤求败样地退役了。围棋,是人类顶级的脑力竞赛,却被人工智能打败了……人工智能会统治世界吗? 人类将何去何从?

此时,我们最能直接想到的答案是:人工智能是用程序写出来的,只有掌握了编程能力,才能驾驭人工智能。

基于此,很多人产生了自己或让孩子学编程的念头。听起来好像很有逻辑,但其实,这个论断并不正确。人工智能也可以写代码,这可怎么办呀? 在当下,恐慌于人工智能,是大可不必的。但当下可以看到的是,软件已经改变了世界,改变了我们做事的方式,而人工智能可以加剧改变。如果我们能主导、参与、适应这些变化,那么就能更好地利用这些变化。在这个过程中,需要具备一种思维能力,这种能力叫"计算思维"。编程是学习这种能力的最佳途径。

美国卡内基·梅隆大学计算机科学系前系主任周以真教授在 2006 年发表了一篇著名的文章——《计算思维(Computational Thinking)》。文中谈到"计算机科学的教授应当为大学新生开一门称为'怎么像计算机科学家一样思维'的课,面向非专业的,而不仅仅是计算机科学专业的学生",这是因为"机器学习已经改变了统计学。……计算生物学正在改变着生物学家的思考方式。类似地,计算博弈理论正改变着经济学家的思考方式,纳米计算改变着化学家的思考方式,量子计算改变着物理学家的思考方式",所以"计算思维代表着一种普遍的认识和一类普适的技能,每一个人,不仅仅是计算机科学家,都应热心于它的学习和运用"。

我很赞同她的观点,并尝试用更通俗的语言来解释为什么人人都应该掌握计算思维。我们所处的时代被称作"信息时代",计算机是信息处理的核心。商业、农业、工业、教育等都被计算机技术推动着进步。如果能知道计算机是怎么做到这一切的,也就是知道这里蕴含的计算思维是什么,那么可能给个人所在行业的发展带来帮助。否则,就只能浮于表面地应用现成软件而已。比方说,人类一直在用推理来解决很多需要思考的问题,如下棋。所以看到会下棋的程序,很多人都认为这是计算机在思考,很神奇。实际上,计算机从来都不会思考。

1997 年打败国际象棋冠军卡斯帕罗夫的 IBM 深蓝电脑,使用的核心方法叫做"搜索",就是尽可能地穷举所有棋步的可能,从中搜索对自己最有利的那一步落子。干的是体力活,一点儿都不智能。2011 年,在一档经典的智力答题节目中,IBM 的 Watson 系统战胜了两位人类冠军。是这个程序的智力超群吗? 也不是。Watson 的核心方法还是"搜索",搜索的是一块存满了资料,4TB 大小的硬盘。前面提到的 AlphaGo 横扫人类棋手,使用的核心算法叫"蒙特卡洛树搜索"。所以你看,计算机在智能方面战胜人类,依靠的是其不知疲倦的高速搜索能力和海量的数据存储能力。

其实想想看,我们自己所谓的智能,是不是很多时候也就是对自己脑中的记忆进行搜索呢? 也许有一天大脑的秘密被完全解开,会发现它的工作原理和计算机是类同的。不管怎样,知道了高速海量搜索这个"计算思维",就可以将其应用在自己遇到的难题上,用计算机找到答案。

周以真教授举例计算思维的作用,还只局限在学术界。在工业界有不少行业,已经被计算思维改变,甚至统治。比如说金融行业的股票、期货买卖,以前是靠交易员、基金经理的经验,但现在,大量的是计算机专业的人在操盘,而他们很少自己动手交易,多数情况都是他们编写的量化交易软件在自动运作,比人为判断对市场变化的响应更快、收益更高。再比如广告行业,以前是所有人都只能看到同样的广告,现在在搜索引擎或朋友圈中,每个人看到的都不一样,是根据个体兴趣而选择性推送的,这就提升了广告效率,也节约了用户时间。所以程序设计课在某种程度上肩负了传播计算思维的责任。这也是对于未来不需要靠编程谋生的学生而言,最大意义之所在。通过学习编程,了解什么是抽象、递归、复用、折中等计算思维,能帮助你在各行各业中更有效地利用计算机工具解决复杂问题。

有的时候,我会有一种貌似很科幻的想法:如果有一种神秘的力量在控制我们所处的世界,那么这个力量的源泉应该是一台强大的计算机(对,和电影《黑客帝国》里的设定类似)。

这是科幻吗? 真不能说是。在斯蒂芬·沃尔夫勒姆的一篇专访《宇宙的本质是计算》中,这位传奇科学家说:"我们的世界就是计算,就是一套简单的规则生成的复杂现象……很多时候人们说的'随机性'……只是证明你还没为这个系统建立完整的模型而已。"

这段话可以这么理解:物理定律是恒定的,是宇宙运转的原理;数学是物理的基础,所有物理定律都能用数学来表达;数学是复杂的,但无论多复杂的数学公式,都是从最简单的数学公式推导出来的。所以,从最基础的数学出发,就可以描述整个宇宙的运转。描述的过程就是建立数学模型的过程。现在我们描述不了,只不过因为还没有完全建立所有模型。假如模型都有了,那么就可以在计算机中模拟宇宙的一切。如果计算机的速度足够快,快得超过宇宙的运算速度,那么甚至能计算出未来会发生什么,也就是能预测未来。

如果上述理论正确,那么真的就一切都是计算,一切都可以用计算机来处理,学编程就是了解、控制这一切的最便捷途径。这套理论还只是猜想,但你不觉得,掌握计算思维并通过它来了解、探究和控制这个世界,是很有意思的事情吗? 这就是为什么人人都要学编程。

## 1.3　什么是"编程"

现在开始正式进入程序的世界,先了解一下什么是编程。

"编程"是"编写程序"的简称,术语称为"程序设计"。程序是计算机的主宰,控制着计算机该去做什么事。所有托付给计算机去做的事情都要被编写为程序。假如没有程序,那么计算机什么事情都干不了。例如,没有安装 QQ 的计算机就不能上 QQ。如果程序是"好"程序,那么计算机在它的指挥下可以又快又好地完成工作;如果程序有错误,那么计算机也会严格按照错误的指令去工作,能造成什么后果,就要看错到什么程度了。所以编程这件工作非常重要。

如果我们想让计算机做一件事情,但是没有现成的程序可用,就需要编程。编程的第一步是"需求分析",就是要弄清楚我们到底要计算机做什么。这个过程貌似无甚复杂,也确实不少人对它不屑一顾。但忽视它的结果就像考试时审题审得不对,后面的解题再漂亮,也拿不到分数,必须从头返工。所以有经验的程序员都会对需求分析相当谨慎。需求分析中最难的事情是开发者和用户之间的交流。用户不懂开发,开发者不懂用户的专业和业务,使双方都会有对牛弹琴的感觉,导致需求分析的过程要持续好几个月,甚至数年。如果开发者之前对专业就有所了解,或者用户懂一点点开发,这件事就好办得多了。这也是非计算机专业学生学习程序设计的好处。

编程的第二步是"设计",就是搞明白计算机该怎么做这件事。设计的内容主要包括两方面,一方面是设计程序的代码结构,使程序更易于修正、扩充、维护等;另一方面是设计算法、数学建模,用数学对问题进行求解,并用程序实现求解过程。数学部分往往属于非计算机专业范畴,程序设计部分则属于计算机专业范畴。两者的配合非常重要。并不是所有的数学模型都能用程序高效的实现,而有些数学中难以处理的问题,却可以利用计算机的特点巧妙解决。计算思维就体现在这里。

编程的第三步才是真正编写程序,即把设计的结果变成一行行的代码,输入到程序编辑器中。虽然 Windows 内置的记事本也可用来编写程序,但一个顺手的编辑器可让编码的过程充满惬意。骨灰级的黑客喜欢使用 VIM 或 Emacs,如果有钻研精神,可以试试。新手一般会选择更容易入门的集成开发环境(Integrated Development Environment, IDE),如 Code::Blocks、Microsoft Visual Studio、Sublime Text、ATOM 等。

编程的第四步是调试程序,就是将源代码编译,变成可执行的程序,然后运行之,看看是否能满足第一步的要求。如果不满足,就要查找问题,修改代码,再重新编译、运行,直到满意为止。用到的主要工具是编译器和调试器,它们一般都已经内置在 IDE 中。如果不使用 IDE,只使用编辑器,则需要单独安装,推荐使用 gcc 编译器和 gdb 调试器。两者是 UNIX/Linux、macOS 平台上的主流,在 Windows 平台上亦可使用。

这个过程说起来简单,但每一个环节都有很多学问在里面。本书主要讲述的是第三和第四步。前两步虽然也有涉及,但因为程序的规模很小,所以体现得并不多。但读者必须知道,待将来编写大规模的程序时,前两步的重要性是超过后两步的。

## 1.4  怎么学编程

### 1.4.1  一切都是计算

1.2 节提出了"一切都是计算"这个观点。不管你是否认同现实世界中一切都是计算,在"计算机"里,确实一切都是计算。这是学编程最先要建立的认知。无论要用计算机处理什么,都需要将其变成数字;无论要用计算机解决什么问题,都需要将其转化成计算问题。然后,利用计算机强大的计算能力、存储能力、网络能力,做到人工无法达到的效果。

比如微信的视频通话,是摄像头按固定的像素数采集人的图像,对每个像素按 0~65 535 编码,不同数字代表不同颜色,然后再将每个像素的位置和颜色编码通过网络发送到对方的手机,对方手机将这些信息还原显示到屏幕上。中间过程里还有复杂的数字压缩算法、网络传输算法等参与运作,都是计算。通话时的美颜功能,也是计算,简单说就是改变皮肤所对应像素的颜色值,使其看上去更白,以及在大片皮肤色区域把混在其中的非肤色也变成肤色,就达到了去皱纹、去黑点的效果。

游戏也无处不是计算。比如吃鸡游戏中,血量、子弹量都是数字,被不同子弹击中不同部位减多少血量,也都是数字。中枪的判断也是数字+计算。你的枪口的指向,敌人身体各个部位的位置,都在一个三维坐标系中数字化了。开枪瞬间,如果敌人的某个部位,正好是枪口指向在坐标系中的直线上的某一点,那么就击中了! 敌人减掉相应血量后,如果剩余血量的值小于等于0,就死亡。当然,实际处理方式有各种优化和复杂条件的判断,但核心总归还是数字的计算。所以,学编程先要从直观思维转变成数字思维。用数字看待一切,用计算处理一切。比如后面会学到 abcd、ABCD、0123、! @ # $ 等字符在计算机中的处理,它们本质上都被编码成了一个数字。像 1,就被编码成 49(这句话很奇葩,但理解了,也就懂了数值编码)。

### 1.4.2  学编程不是学语法

编程语言也叫语言,所以很多人在学编程时用学英语的套路,去背单词、记语法。这就南辕北辙了。其实学编程更像学射击。枪有很多很多种,手枪、步枪、冲锋枪、狙击枪、机关枪、气枪、猎枪。从任何一种枪上手,都可以学射击,但过程中除了学习这种枪械的特点、功能,比如后坐力大不大、能否连发外,更重要的是学会射击的基本功,比如控制呼吸、了解心跳,什么是三点一线,风向、风速、湿度对弹道的影响,如何控制后坐力提升连发精度,等等。掌握了这些基本功,换一种枪,很快就能上手。

计算思维,就是编程的基本功。如果走专业路线,那么除计算思维之外,操作系统、分布式、数据结构和算法、网络原理等也都是基本功。不走专业路线,到计算思维为止就够了。所以,学编程不要只关注语法,而是领会语法背后的编程思想,进而是计算思维。这样无论从什么语言学起,将来都能快速上手另一种新语言。

### 1.4.3  动手,动手,再动手

学编程必须动手。想学好必须多动手。想学透必须多动手做真实的软件。很多计算机专业的学生到毕业时仍不会编程,就是因为动手太少,满脑子只有理论。企业是不只认理论的,你必须能把理论动手实现出来,才愿意录用你。

如果你的学校为你创造了很多动手编程的机会,那是很幸运的。别偷懒,好好做。

如果你的学校没为你创造足够的动手编程机会,那也好,自己创造。

这本书有很多的实验作业,把它们都做了,甚至用不同的方法多做几次。ACM 网站上有很多编程题,上去把它们一个个解决。自己给自己找事做,比如写个小游戏,做个丑陋的 APP。别求这东西有用、酷炫,就是让自己有程序可编。当然,作品有用、酷炫就更好了。参加各种编程比赛、创新比赛,别为了拿奖,就为了让自己能动手。读开源软件的代码,为它们贡献代码,哪怕只是贡献中文翻译。

如果本科阶段写过一万行代码,那么任何公司都会郑重考虑你的。如果写过 3 万行,那你就是凤毛麟角的选手了。

## 1.5  本章小结

无论未来在哪个行业,是否从事计算机相关的技术工作,掌握计算思维都是大有裨益,甚至

是必须的。学习编程是了解和践行计算思维的最佳途径。而学编程的最佳途径是,不断编程。

# 习 题 1

　　1.1　(计算机专业)查找资料,总结目前排名前 10 的编程语言各自的特点和主要应用领域。

　　1.2　(非计算机专业)你所在专业最常用的支持二次开发的软件是什么? 二次开发的意思是可以为该软件编写插件程序,扩充其功能。它的开发接口都支持什么编程语言? 请通过网络等媒体查找答案。

　　1.3　(计算机专业)查找资料,解释什么是图灵测试。

　　1.4　(非计算机专业)程序和软件有何不同?

　　1.5　(非计算机专业)人与计算机之间用什么语言交流? 如何实现更有效的人机交流?

　　1.6　(非计算机专业)程序开发的基本步骤是什么?

　　1.7　(计算机专业)程序在计算机内部是如何运行的?

微视频
图灵测试

微视频
程序和软件
的异同

微视频
人机交流

微视频
程序开发的
基本步骤

微视频
程序的运行

# 第2章 基本数据类型

 **内容导读**

  C 语言的数据类型和运算符很多,为了突出程序设计的主线,避免初学者一开始因接触较多的数据类型和运算符而陷入琐碎的语法细节之中,本章介绍整型和实型,对应"C 语言程序设计精髓"MOOC 课程的第 1 周视频,主要内容如下:

  ☒ 常量和变量,整型和实型
  ☒ 标识符命名,变量的定义和赋值
  ☒ 计算数据类型占用内存空间的大小

## 2.1 常量与变量

  C 语言程序处理的数据有常量(Constant)和变量(Variable)两种形式。

答疑解惑:
二进制、八进制、十六进制与十进制之间的相互转换

### 2.1.1 常量

  顾名思义,常量就是在程序中不能改变其值的量。按照类型划分有以下几种:整型常量、实型常量、字符型常量、字符串字面量(String Literal)和枚举常量(枚举类型将在第 12 章介绍)。一些关于常量的实例如表 2-1 所示。

表 2-1 一些关于常量的实例

| 常量的类型 | 实 例 | 备 注 |
|---|---|---|
| 整型常量 | 10,-30,0 | 包括正整数、负整数和零在内的所有整数 |
| 实型常量 | 3.14,-0.56,18.0 | 由于计算机中的实型数是以浮点(Floating-Point)形式表示的,即小数点位置可以是浮动的,因此实型常量既可以称为实数,也可以称为浮点数 |
| 字符型常量 | 'x','X','0','9' | 用一对单引号括起来的任意字符 |
| 字符串字面量 | "Hello!","K88","9" | 用一对双引号括起来的零个或多个字符 |

  C 程序中的整型(Integer)常量通常习惯上用我们熟悉的十进制(Decimal)数来表示,但事实上它们都是以二进制形式存储在计算机内存中的。二进制数表示不直观方便,因此有时也将其表示为八进制(Octal)和十六进制(Hexadecimal),编译器会自动将其转换为二进制形式存储。不同进制的整型常量的表示形式如表 2-2 所示。即使是整型常量也有长整型和短整型、有符号和无符号之分,不同类型的整型常量的表示形式如表 2-3 所示。

表 2-2  不同进制的整型常量的表示形式

| 进 制 | 整数 17 的不同进制表示 | 特 点 |
|---|---|---|
| 十进制 | 17 | 以 10 为基的数值系统称为**十进制**（**Decimal**）。由 0~9 的数字序列组成，数字前可以带正负号 |
| 二进制 | 00010001<br>$(0 \times 2^7 + 0 \times 2^6 + 0 \times 2^5 + 1 \times 2^4 + 0 \times 2^3$<br>$+ 0 \times 2^2 + 0 \times 2^1 + 1 \times 2^0 = 17)$ | 以 2 为基的数值系统称为**二进制**（**Binary**）。二进制整数由 0、1 数字序列组成。在二进制系统中，数 10 相当于十进制中的数 2 |
| 八进制 | 021<br>（将 00010001 从最低位开始三位一组得到其压缩表示 021）<br>$(2 \times 8^1 + 1 \times 8^0 = 17)$ | 以 8 为基的数值系统称为**八进制**（**Octal**）。八进制整数由数字 0 开头，后跟 0~7（可用 3 位二进制位表示）的数字序列组成。在八进制系统中，数 10 相当于十进制中的数 8 |
| 十六进制 | 0x11<br>（将 00010001 从最低位开始四位一组得到其压缩表示 0x11）<br>$(1 \times 16^1 + 1 \times 16^0 = 17)$ | 以 16 为基的数值系统称为**十六进制**（**Hexadecimal**）。十六进制整数由数字 0 加字母 x（或 X）开头，后跟 0~9，a~f 或 A~F（可用 4 位二进制位表示）的数字序列组成。在十六进制系统中，数 10 相当于十进制中的数 16 |

表 2-3  不同类型的整型常量的表示形式

| 不同类型的整型常量 | 实 例 | 特 点 |
|---|---|---|
| 有符号整型常量 | 10,-30,0 | 默认的 int 型定义为有符号整数，因此对 int 型无须使用 signed |
| 无符号整型常量 | 30u,256U | 无符号整型常量由常量值后跟 U 或 u 来表示，不能表示成小于 0 的数，如 -30u 就是不合法的 |
| 长整型常量 | -2561,1024L | 长整型常量由常量值后跟 L 或 l 来表示 |
| 无符号长整型常量 | 301u | 无符号长整型常量由常量值后跟 LU、Lu、lU 或 lu 来表示 |

C 程序中的实型常量有十进制小数和指数两种表示形式，如表 2-4 所示。

表 2-4  实型常量的表示形式

| 不同形式的实型常量 | 实 例 | 特 点 |
|---|---|---|
| 十进制小数形式 | 0.123,-12.35,.98 | 十进制小数形式与人们表示实数的惯用形式相同，是由数字和小数点组成的。注意必须有小数点，如果没有小数点，则不能作为小数形式的实型数 |
| 指数形式 | 3.45e-6<br>（等价于 0.00000345） | 指数形式用于直观地表示绝对值很大或很小的数。在 C 语言中，由于程序编辑时不能输入上下角标，所以以字母 e 或者 E 来代表以 10 为底的指数。其中，e 的左边是数值部分（有效数字），可以表示成整数或者小数形式，它不能省略；e 的右边是指数部分，必须是整数形式 |

实型常量有单精度、双精度和长双精度之分,但无有符号和无符号之分,不同类型的实型常量的表示形式如表 2-5 所示。

表 2-5　不同类型的实型常量的表示形式

| 不同类型的实型常量 | 实　　例 | 特　　点 |
|---|---|---|
| 单精度(float)实型常量 | 1.25F,1.25e-2f | 单精度实型常量由常量值后跟 F 或 f 来表示 |
| 双精度(double)实型常量 | 0.123,-12.35,.98 | 实型常量隐含按双精度型处理 |
| 长双精度(long double)实型常量 | 1.25L | 长双精度型常量由常量值后跟 L 或 l 来表示 |

### 2.1.2　变量

变量不同于常量,其值在程序执行过程中是可以改变的。在 C 程序中,变量在使用之前必须先定义。定义变量的一般形式为:

　　　类型关键字　变量名;

**关键字(Keyword)**是 C 语言预先规定的、具有特殊意义的单词(详见附录 A)。这里的类型关键字用于声明变量的类型。变量的类型决定了编译器为其分配内存单元的字节数、数据在内存单元中的存放形式、该类型变量合法的取值范围以及该类型变量可参与的运算种类。

【例 2.1a】下面程序首先定义整型、实型和字符型三个变量,然后分别为其赋值。

```
1      int main(void)
2      {
3          int    a;           //用关键字 int 指定变量 a 的类型
4          float b;            //用关键字 float 指定变量 b 的类型
5          char  c;            //用关键字 char 指定变量 c 的类型
6          a = 1;              //为 int 型变量 a 赋值整型常量 1
7          b = 2.5;            //为 float 型变量 b 赋值实型常量 2.5
8          c = 'A';            //为 char 型变量 c 赋值字符型常量 'A'
9          return 0;
10     }
```

注意,C 程序是没有行号的,这里的行号仅是本书为了对程序进行说明和叙述方便而添加。

一个 C 程序必须有且只能有一个用 main 作为名字的函数,这个函数称为主函数。main 后面圆括号内的 void 表示它没有函数参数,但是在第 11 章可能会有参数的哦。main 前面的 int 表示函数执行后会返回操作系统一个整型值,在 main 函数的函数体中的最后一条语句使用 return 语句返回了这个值,通常返回 0 表示程序正常结束。关于函数的参数和返回值,在第 7 章会详细介绍。C 程序总是从主函数开始执行,与它在程序中的位置无关。主函数中的语句(**Statement**)用花括号{(例 2.1a 的第 2 行)和}(例 2.1a 的第 9 行)括起来。一般情况下,C 语句是以分号结尾的,如例 2.1a 的第 3~8 行所示。

变量名是用户定义的标识符(Identifier),用于标识内存中一个具体的存储单元,在这个存储单元中存放的数据称为变量的值。在计算机内存中,变量好比一个盒子,程序员负责为盒子命名。盒子中可以放入你想放进去的任何数据。当新的数据被放入盒子时,盒子即变量的旧值被新值所覆盖。

微视频
变量有哪些
基本属性?

变量名的命名应遵守以下基本的命名规则(Naming Rules):

(1)标识符只能由英文字母、数字和下划线组成,建议使用见名知意的名字为变量命名,可以使用英文单词大小写混排或中间加下划线的方式,而不要使用汉语拼音;

(2)标识符必须以字母或下划线开头;

(3)不允许使用 C 关键字为标识符命名;

(4)标识符可以包含任意多个字符,但一般会有最大长度限制,与编译器相关,不过大多数情况下不会达到此限制。

教学课件

注意,标识符是区分大小写(即大小写敏感)的。例如 sum、Sum 和 SUM 是三个不同的标识符。为避免混淆,程序中最好不要出现仅靠大小写区分的相似的标识符。此外,C89 规定所有变量必须在第一条可执行语句之前定义,但 C99 没有这个限制。

在为变量赋值时,等号两边的空格不是必需的,增加空格只是为了增强程序的可读性(Readability)。此外,main()函数内的语句统一向后缩进了 4 个空格,这同样也是为了增强程序的可读性。这是一种良好的书写程序的习惯,它和编写正确的程序一样重要。

C 语言允许在定义变量的同时对变量初始化(为其赋初值)。例如,例 2.1a 可修改如下:

```
1    int main(void)
2    {
3        int a = 1;          // 定义整型变量 a 并对其初始化
4        float b = 2.5;      // 定义实型变量 b 并对其初始化
5        char c = 'A';       // 定义字符型变量 c 并对其初始化
6        return 0;
7    }
```

如果定义了一个变量,但未对其进行初始化,那么该变量的值是一个随机数(静态变量和全局变量除外,将在第 7 章介绍)。养成在定义变量的同时为其初始化的习惯,有助于避免因忘记对变量赋初值导致的计算错误。

注意,程序中以//开始到行末结束的内容是注释(Comment),本书程序的单行注释采用了 C++风格的注释,如果需要跨行书写,则每一行都必须以//开始,也可以采用 C 风格的注释,即将跨行书写的内容放到/*和*/之间。

C 编译器在编译程序时完全忽略注释,不对注释内容进行语法检查,所以既可以用英文,也可以用中文来书写注释内容。虽然有无注释并不影响程序的功能和正确性,但注释是对程序功能的必要说明和解释,给程序添加必要的注释能起到“提示”代码的作用,可使程序更容易阅读。

在一条语句中,可同时定义多个相同类型的变量,多个变量之间用逗号作分隔符

（Separator），其书写的先后顺序无关紧要。例如，可以按如下方式定义三个整型变量：

**int a, b, c;**

若要在定义变量的同时将其初始化为 0，则为

**int a = 0, b = 0, c = 0;**

但是不能写成：

**int a = b = c = 0;**

虽然在一条语句中同时定义多个变量的形式很简洁，但不适用于需要对每个变量表示的意义单独进行注释的场合，因为这样会影响注释的清晰性。

## 2.2 简单的屏幕输出

变量被赋值以后，如何在屏幕上显示这些变量的值呢？这就要用到 printf() 函数。C 的标准输入/输出函数 printf() 的作用是输出一个字符串，或者按指定格式和数据类型输出若干变量的值，如下面程序所示。

【例 2.1b】下面程序演示了如何输出 a、b、c 三个变量的值。

```
1    #include <stdio.h>
2    int main(void)
3    {
4        int a = 1;
5        float b = 2.5;
6        char c = 'A';
7        printf("a = %d\n", a);      // 按整型格式输出变量 a 的值
8        printf("b = %f\n", b);      // 按实型格式输出变量 b 的值
9        printf("c = %c\n", c);      // 按字符型格式输出变量 c 的值
10       printf("End of program\n"); // 输出一个字符串
11       return 0;
12   }
```

编译运行这段程序，将在屏幕上显示如下结果：

**a = 1**

**b = 2.500000**

**c = A**

**End of program**

程序第 1 行以#开头而未以分号结尾的不是 C 语句，而是 C 的编译预处理命令（Preprocessor Directives）。

尖括号内的文件称为头文件（Header Files），h 为 head 之意，std 为 standard 之意，i 为 input 之意，o 为 output 之意。编译预处理命令#include 可使头文件在程序中生效。它的作用是：将写在尖括号内的头文件 stdio.h 包含到源文件中。

C 语言没有提供专门的输入/输出语句，输入/输出操作是通过调用 C 的标

微视频
在高级语言中
为什么要引入
数据类型？

准库函数来实现的。C 的标准函数库中提供许多用于标准输入/输出操作的库函数,使用这些标准输入/输出函数时,只要在程序的开头用编译预处理命令将包含标准输入输出函数的头文件 stdio.h 包含到源文件中来即可。

教学课件

程序第 7~9 行分别向屏幕输出 a、b、c 三个变量的值。%d、%f、%c 都是格式字符。%d 表示按十进制整型格式输出变量的值。%f 表示按十进制小数格式输出变量的值,除非特别指定,否则隐含输出 6 位小数。%c 表示输出字符型变量的值(一个字符)。\n 表示输出一个换行,即将光标移到下一行的起始位置。第 10 行中没有要输出值的变量,直接将位于双引号内(不包括\n)的字符串送到屏幕显示。在 C 语言中,用一对双引号括起来的若干字符,称为字符串(String)。

## 2.3　数据类型

在高级程序设计语言中引入数据类型(Data Type)的主要目的是便于在程序中对它们按不同方式和要求进行处理。由于不同类型的数据在内存中占用不同大小的存储单元,因此,它们所能表示的数据的取值范围各不相同(详见附录B)。此外,不同类型的数据的表示形式及其可以参与的运算种类也有所不同。C 语言中的数据类型分类如表 2-6 所示。

表 2-6　C 语言中的数据类型分类

| 数据类型分类 | | | 关　键　字 | 变量声明实例 | 详述章节 |
|---|---|---|---|---|---|
| 基本类型 | 整型 | 基本整型 | **int** | int a; | 第 2 章<br>第 4 章 |
| | | 长整型 | **long** | long int a;　　或者　long a; | |
| | | 长长整型 | **long long** | long long int a;或者 long long a; | |
| | | 短整型 | **short** | short int a;　　或者　short a; | |
| | | 无符号整型 | **unsigned** | unsigned int a;<br>unsigned long b;<br>unsigned short c; | |
| | 实型<br>(浮点型) | 单精度实型 | **float** | float a; | |
| | | 双精度实型 | **double** | double a; | |
| | | 长双精度实型 | **long double** | long double a; | |
| | 字符型 | | **char** | char a; | 第 4 章<br>第 10 章 |
| | 枚举类型 | | **enum** | enum response{no, yes, none};<br>enum response answer; | 第 12 章 |

续表

| 数据类型分类 | | 关　键　字 | 变量声明实例 | 详述章节 |
|---|---|---|---|---|
| 构造类型 | 数组 | － | `int score[10];`<br>`char name[20];` | 第 8 章 |
| | 结构体 | **struct** | `struct date`<br>`{`<br>`    int year;`<br>`    int month;`<br>`    int day;`<br>`};`<br>`struct date d;` | 第 12 章 |
| | 共用体 | **union** | `union`<br>`{`<br>`    int single;`<br>`    char spouseName[20];`<br>`    struct date divorcedDay;`<br>`}married;` | |
| 指针类型 | | － | `int * ptr;`<br>`char * pStr;` | 第 9~11 章 |
| 无类型 | | **void** | `void Sort(int array[], int n);`<br>`void *malloc(unsigned int size);` | 第 8 章<br>第 11 章 |

定义整型变量时，只要不指定为无符号型（**unsigned**），其隐含的类型就是有符号型（**signed**），而 signed 通常是省略不写的。

## 2.4　如何计算变量或数据类型所占内存空间的大小

在了解如何计算变量或数据类型所占内存空间的大小之前，先来简单了解一下如何衡量变量或数据类型所占内存空间的大小。

计算机的所有指令和数据都保存在计算机的存储部件——内存里，内存保存数据速度快，数据可被随机访问，但掉电即失。内存中的存储单元是一个线性地址表，是按字节（Byte）进行编址的，即每个字节的存储单元都对应着一个唯一的地址，通常用字节数来衡量变量或数据类型所占内存空间的大小。

那么一个字节究竟有多大呢？一个字节可以表示的整数最小为 0，最大为 255，1 个字节等于 8 个二进制位（bit），也称比特。bit 是 binary digit 二进制数的缩写。位是衡量物理存储器容量的最小单位。一个二进制位的值只能是 0 或者 1。由于一个位无法表示太多数据，所以必须将许多的位合起来使用，常以 8 个位来表示数据，8 个位可以表示 0~255 的数字，称 8 个位为一个字节。为了要表示更大的数字，需要将更多字节合起来使用，两个字节（16 位）可以用来表示 65 536 个不同的值，4 个字节（32 位）则可以表示超过 40 亿个不同的值。其他几种表示单位如表 2-7 所示。

表 2-7　衡量内存空间大小的表示单位

| 英 文 称 谓 | 中 文 称 谓 | 字 节 大 小 | 换 算 方 法 |
|---|---|---|---|
| 1b(bit) | 比特 | | |
| 1B(Byte) | 字节 | 一个字节 | 1 B = 8 bit |
| 1KB(Kilobyte) | 千 | 一千字节 | 1 KB = 1 024 B = $2^{10}$ B |
| 1MB(Megabyte) | 兆 | 百万字节 | 1 MB = 1 024 KB = $2^{20}$ B |
| 1GB(Gigabyte) | 吉 | 十亿字节,又称"千兆" | 1 GB = 1 024 MB = $2^{30}$ B |
| TB(Terabyte) | 太 | 万亿字节 | 1 TB = 1 024 GB = $2^{40}$ B |
| 1PB(Petabyte) | 拍 | 千万亿字节 | 1PB = 1 024TB = $2^{50}$ B |
| 1EB(Exabyte) | 艾 | 百亿亿字节 | 1EB = 1 024PB = $2^{60}$ B |
| 1ZB(Zettabyte) | 泽 | 十万亿亿字节 | 1ZB = 1 024EB = $2^{70}$ B |
| 1YB(Yottabyte) | 尧 | 一亿亿亿字节 | 1YB = 1 024ZB = $2^{80}$ B |
| 1BB(Brontobyte) | | 一千亿亿亿字节 | 1BB = 1 024YB = $2^{90}$ B |
| 1NB(NonaByte) | | 一百万亿亿亿字节 | 1NB = 1 024 BB = $2^{100}$ B |
| 1DB(DoggaByte) | | 十亿亿亿亿字节 | 1DB = 1 024 NB = $2^{110}$ B |

　　一般来说,用户无法直接看到计算机上的位和字节,因为它们在显示时已经被自动转换成字符和数字了。但是位和字节的概念在计算机和程序设计语言中是相当重要的。例如,我们可以用它来解释为什么 64 位计算机的运算速度高于 32 位计算机。这是因为计算机的运算速度会受到它一次可以处理多少位的影响,64 位计算机一次可以进行 64 位的运算,而 32 位计算机每次只能进行 32 位的运算,所以它必须将较大的数拆分成 32 位才能计算,这就造成了其速度变慢。

微视频
变量的类型决定了什么?

　　char 型数据在内存中只占 1 个字节。int 型数据通常与程序的执行环境的字长相同,对于 32 位编译环境,int 型数据在内存中占 32 位(4 个字节)。

　　C 标准并未规定各种不同的整型数据在内存中所占的字节数,只是简单地要求长整型数据的长度不短于基本整型,短整型数据的长度不长于基本整型。此外,同种类型的数据在不同的编译器和计算机系统中所占的字节数也不尽相同,因此,绝不能对变量所占的字节数想当然。要想准确计算某种类型数据所占

教学课件

内存空间的字节数,需要使用 sizeof()运算符。这样,可以避免程序在平台间移植时出现精度损失或者数值溢出的问题。

　　**注意,sizeof 是 C 语言的关键字,不是函数名**。sizeof()是 C 语言提供的专门用于计算指定数据类型字节数的运算符。例如,计算 int 型数据所占内存的字节数用 sizeof(int)计算即可。使用 sizeof(变量名)的形式还可以计算一个变量所占内存的字节数。此外,

sizeof 是编译时执行的运算符,不增加程序额外的运行时间开销,但是可以增强程序的可移植性。

【例 2.2】下面这个程序用于计算并显示每种数据类型所占内存空间的大小。

```
1    #include <stdio.h>
2    int main(void)
3    {
4        printf("Data type           Number of bytes\n");
5        printf("----------          ---------------\n");
6        printf("char                %d\n", sizeof(char));
7        printf("int                 %d\n", sizeof(int));
8        printf("short int           %d\n", sizeof(short));
9        printf("long int            %d\n", sizeof(long));
10       printf("long long int       %d\n",sizeof(long long));
11       printf("float               %d\n", sizeof(float));
12       printf("double              %d\n", sizeof(double));
13       printf("long double         %d\n",sizeof(long double));
14       return 0;
15   }
```

这个程序在不同的操作系统和编译环境下的运行结果可能有所差异。其中,在 Code∷Blocks 编译环境下的运行结果如下:

| Data type | Number of bytes |
|-----------|-----------------|
| char | 1 |
| int | 4 |
| short int | 2 |
| long int | 4 |
| long long int | 8 |
| float | 4 |
| double | 8 |
| long double | 12 |

long long、unsigned long long 和 long double 是 c99 标准新增的数据类型,某些早期的编译器如 Visual C++6.0 不支持 long long 类型,很多编译器都未按 IEEE 规定的标准中的 10 字节(80位)支持 long double,而将其视为 double。例如,在 Code∷Blocks 的 gcc 编译器下,double 型变量占 8 个字节,long double 型变量则占 12 个字节。

## 2.5  变量的赋值和赋值运算符

赋值运算符(Assignment Operator)用于给变量赋值。由赋值运算符及其两侧的操作数

(Operand)组成的表达式称为赋值表达式(Assignment Expression)。

C 语言没有提供专门的赋值语句。赋值操作是通过在赋值表达式后面加分号构成表达式语句来实现的。例如,赋值表达式 x = 1 表示给变量 x 赋值为 1 在其后加分号就构成了赋值表达式语句,即:

微视频
赋值运算符

**x = 1;**

虽然在书写形式上赋值运算符与数学中的等号相同,但两者的含义在本质上是不同的。赋值运算符的含义是将赋值运算符右侧表达式的值(简称为右值)赋给左侧的变量,即在 C 语言中赋值运算的操作是有方向性的,并无"等号两侧操作数的值相等"之意,因此,等号左侧只能是标识一个特定存储单元的变量名。

注意,像 a+b = c 这样在数学上有意义的等式在 C 语言中是不合法的语句,而在数学中无意义(无解)的等式 x = x+1,在 C 语言中却是合法的语句,该语句的含义是"取出 x 的值加 1 后再存入 x"。例如,在前面已经为 x 赋值为 1,再执行 x = x+1 后,x 的值就变成 2 了。也就是说在赋值表达式 x = x+1 中,赋值运算符左侧的变量 x 与右侧的变量 x 的值具有不同的含义。右侧的 x 代表赋值操作之前 x 的值,实际对 x 进行的是"读"操作,而左侧的 x 代表赋值操作之后 x 的值,实际对 x 进行的是"写"操作。

在 C 语言中,赋值表达式的值被规定为运算完成后左操作数的值,类型与左操作数相同。例如,赋值表达式 x = x+1 的值为左侧变量 x 的值(即左值)。这是为什么呢?

这是因为,在计算含有不同类型运算符的表达式时,要考虑运算符的优先级(Precedence),根据优先级确定运算的顺序,即先执行优先级高的运算,然后再执行优先级低的运算。由于赋值表达式 x = x+1 中右值是一个算术表达式,而算术运算符的优先级高于赋值运算符的优先级,因此 x = x+1 的计算过程是"先计算 x+1 的值,然后再将 x+1 的值赋值给 x"。

如果表达式中的运算符的优先级相同,应该先算哪一个呢? 这时需要考虑运算符的结合性(Associativity),根据运算符的结合性来确定运算的顺序。运算符的结合性有两种:一种是左结合,即自左向右计算;另一种是右结合,即自右向左计算。

C 语言中需要两个操作数的算术运算符是左结合的。例如,计算算术表达式 x/y * z 时,相当于计算算术表达式(x/y) * z,而非 x/(y * z),即从左向右先计算 x/y 的值,然后再将 x/y 的值与 z 的值相乘。而赋值运算符则是右结合的。例如下面两条语句是等价的:

**a = b = c = 0;**

**a = (b = (c = 0));**

执行时是从右向左把最右侧的表达式的值依次赋值给左侧的变量。像上面这种形式的赋值表达式称为多重赋值(Multiple Assignment)表达式,一般用于为多个变量赋予相同的数值。

## 2.6 本章扩充内容

### 1. 有符号整数和无符号整数

有符号整数和无符号整数的区别在于怎样解释整数的最高位。对于无符号整数,其最高位被 C 编译器解释为数据位。而对于有符号整数,C 编译器将其最高位解释为符号位,若符号位为 0,则表示该数为正数;若符号位为 1,则表示该数为负数。

对具有相同字节数的整型数而言,由于有符号整数的数据位比无符号整数的数据位少了 1 位,而且少的这一位恰好是最高位,因此有符号整数能表示的最大整数的绝对值只有最大无符号整数的一半。例如,假设编译器为 int 型数分配 2 个字节的存储空间,即 16 个二进制位中的最高位是符号位,以 32 767 为例,它在内存中的存储形式为:

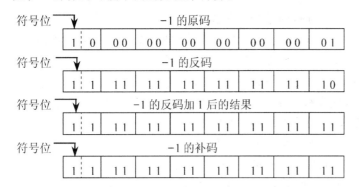

如果该数被声明为无符号整型,则将其最高位置为 1 后,该数变成了 65 535,而如果该数被声明为有符号整型,则将其最高位置为 1 后,该数将被解释为−1。为什么会被解释为−1 呢? 这是因为负数在计算机中都是以二进制补码(Complement)形式来表示和存储的。如何计算负数的补码呢? 在保持符号位不变的情况下,将负数的原码中的 0 变成 1、1 变成 0,得到的是该负数的反码,然后再将其加 1 的结果就是负数的补码。例如,−1 的补码可按下面的方法来计算。

微视频
何为二进制?
如何表示二进
制数的正负?

教学课件

如果从数学的角度看 − 1 就是 0 − 1,此时,0000000000000000 − 0000000000000001 = 1111111111111111,这就是−1 在内存中的二进制表示,注意不是 1000000000000001。

与负数的补码不同的是,正数的反码、补码与其原码都是相同的。

如前所示,由于−1 在内存中存储的二进制补码为全 1,因此如果将最高位解释为符号位(有符号数),那么该数就是−1;如果将最高位解释为数据位(无符号数),那么该数就是 $1×2^0+1×2^1+1×2^2+1×2^3+1×2^4+1×2^5+1×2^6+1×2^7+1×2^8+1×2^9+1×2^{10}+1×2^{11}+1×2^{12}+1×2^{13}+1×2^{14}+1×2^{15} =$ 65 535。显然,如果编译器为 int 型数分配 2 个字节的存储空间,那么对于有符号整数,由于最高位为符号位,因此,它所能表示的最小值为 $(1000000000000000)_2$,即−32 768(即−$2^{15}$),最大值为 $(0111111111111111)_2$,即 32 767($2^{15}−1$)。而对于无符号整数,由于最高位被解释为数据位,因此,它所能表示的最小值为 $(0000000000000000)_2$,即 0,最大值为 $(1111111111111111)_2$,即 65 535($2^{16}−1$)。

为什么在计算机内存中负数都用补码来表示呢? 首先,是因为这样可以将减法运算也转化为加法运算来处理。以计算 7−6 为例。+7 的补码就是其原码 00000000 00000111,−6 的补码是 11111111　11111010,对 00000000　00000111 和 11111111　11111010 执行加法运算的结果为

00000000 00000001（其中舍掉了最高位的进位），这个结果就是+1。可见，采用补码表示便于将 7−6 这个减法运算转化为（+7）+（−6）的加法运算来处理。

其次，是因为可以用统一的形式来表示 0（否则会出现+0 和−0）。对于双字节整型数，+0 的原码和补码都是 00000000 00000000，−0 的原码是 10000000 00000000，其反码为 11111111 11111111，将这个反码加 1 后得到 00000000 00000000（其中舍掉了最高位的进位）。显然，+0 和−0 的原码是不同的，这说明 0 的原码表示不是唯一的。而+0 和−0 的补码是相同的，这说明 0 的补码表示是唯一的，因此采用补码表示就不会出现+0 和−0 的问题。

**2. 实型数据在内存中的存储格式**

对于实数，无论小数表示形式还是指数表示形式，在计算机内部都采用浮点形式来存储。

浮点形式是相对于定点形式而言的。所谓定点数（Fixed-point Number）是指小数点位置是固定的，小数点位于符号位和第一个数值位之间，它表示的是纯小数；整型数据是定点表示的特例，只不过它的小数点的位置在数值位之后而已。实际上计算机处理的数据不一定是纯小数或整数，而且有些数据的数值很大或很小，不能直接用定点数来表示，因此需要采用浮点形式来表示。

所谓浮点数（Floating-Point Number）是指小数点的位置是可以浮动的数。例如，十进制数 1234.56 可以写成：

$$1234.56 \quad 0.123456 \times 10^4 \quad 1.23456 \times 10^3 \text{ 或者 } 12345.6 \times 10^{-1}$$

这里，随着 10 的指数的变化，小数点的位置也会发生相应的变化。

通常，浮点数是将实数分为阶码和尾数两部分来表示。例如，实数 $N$ 可以表示为：

$$N = S \times r^j$$

其中，$S$ 为尾数（正负均可），一般规定用纯小数形式；$j$ 为阶码（正负均可，但必须是整数）；$r$ 是基数，对二进制数而言，$r = 2$，即 $N = S \times 2^j$。例如：$10.0111 = 0.100111 \times 2^{10}$。

浮点数在计算机中的存储格式如图 2-1 所示。

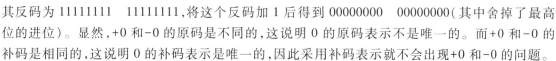

图 2-1 浮点数在计算中的存储格式

其中，实数的指数部分称为阶码（Exponent），小数部分称为尾数（Mantissa）。显然阶码所占的位数决定实数的表数范围；尾数所占的位数决定实数的精度，尾数的符号决定实数的正负。如果系统用更多的位存储尾数，则可以增加数值的有效数字位数，提高精度，但相应的表数范围就会缩小；如果用更多的位存储阶码，则可以扩大实数的表数范围，但相应的精度就会降低。从这个意义上而言，浮点数并非真正意义上的实数，只是其在某种范围内的近似，是一个近似值。标准 C 并没有明确规定三种浮点类型的阶码和尾数所占的位数，不同的 C 编译器分配给阶码和尾数的位数是不同的。显然，浮点表示法的表数范围远远大于定点表示法，而且也更灵活。

**3. 单精度实型和双精度实型的有效位数**

【例 2.3】将同一实型数分别赋值给单精度实型和双精度实型变量，然后输出到屏幕上。

答疑解惑：实数和整数在内存中的存储有何不同？

```
1     #include <stdio.h>
2     int main(void)
3     {
4         float  a;
5         double b;
6         a = 123456.789e4;
7         b = 123456.789e4;
8         printf("%f\n%f\n", a, b);
9         return 0;
10    }
```

程序的运行结果如下：

```
1234567936.000000
1234567890.000000
```

为什么将同一个实型常量赋值给单精度实型（float 型）变量和双精度实型（double 型）变量后，输出的结果会有所不同呢？这是因为 float 型变量和 double 型变量所接收的实型常量的有效数字位数是不同的。一般而言，double 型变量可以接收实型常量的 16 位有效数字，而 float 型变量仅能接收实型常量的 7 位有效数字，在有效数字后面输出的数字都是不准确的。因此，将 double 型数据赋值给 float 型变量时有可能发生数据截断错误，从而产生舍入误差。

## 2.7　本章知识点小结

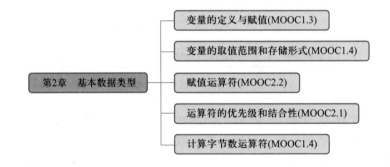

## 2.8　本章常见错误小结

| 常见错误实例 | 常见错误描述 | 错 误 类 型 |
| --- | --- | --- |
| — | 变量未定义就使用 | 编译错误 |
| int newValue;<br>newvalue = 0; | 忽视了变量区分大小写，使得定义的变量和使用的变量不同名 | 编译错误 |

| 常见错误实例 | 常见错误描述 | 错 误 类 型 |
|---|---|---|
| printf("Input n:");<br>int n; | 在可执行语句之后定义变量 | 编译错误 |
| int n = 3.5; | 在定义变量时,用于变量初始化的常量类型与定义的变量类型不一致 | 有的编译器不提示错误 |
| int m = n = 0; | 在定义变量时,对多个变量进行连续赋初值 | 编译错误 |

# 习 题 2

2.1 以下不正确的 C 语言标识符是( )。

    **A. AB1**　　　**B. a2_b**　　　**C. _ab3**　　　**D. 4ab**

2.2 下面程序为变量 x,y,z 赋初值 2.5,然后在屏幕上输出这些变量的值。程序中存在错误,请改正错误,并写出程序的正确运行结果。

```
1  #include <stdio.h>
2  int main(void)
3  {
4      printf("These values are :\n");
5      int x = y = 2.5;
6      printf("x = %d\n", X);
7      printf("y = %d\n", y);
8      printf("z = %d\n", Z);
9      return 0;
10 }
```

# 第3章 基本算术运算

 内容导读

C语言提供了34种运算符,为使初学者能即学即用,本章只介绍算术运算符、增1和减1运算符以及强制类型转换运算符。本章对应"C语言程序设计精髓"MOOC课程的第2周视频,主要内容如下:

- ☑ 使用算术运算符和标准数学函数将数学表达式写成C表达式
- ☑ 增1和减1运算符的前缀与后缀形式的区别
- ☑ 宏常量与const常量
- ☑ 赋值表达式中的自动类型转换与强制类型转换

## 3.1 C运算符和表达式

### 3.1.1 算术运算符和表达式

C语言中的算术运算符(Arithmetic Operators)如表3-1所示。由算术运算符及其操作数组成的表达式称为算术表达式。其中,操作数(Operand)也称为运算对象,它既可以是常量、变量,也可以是函数调用的返回值。

表3-1 算术运算符的优先级与结合性

| 算术运算符 | 含　义 | 需要的操作数个数 | 运算实例 | 运算结果 | 优先级 | 结合性 |
|---|---|---|---|---|---|---|
| - | 取相反数(Opposite Number) | 1个(一元) | -1<br>-(-1) | -1<br>1 | 最高 | 从右向左 |
| *<br>/<br>% | 乘法(Multiplication)<br>除法(Division)<br>求余(Modulus) | 2个(二元) | 12/5<br>12.0/5<br>11%5<br>11%(-5)<br>(-11)%5 | 2<br>2.4<br>1<br>1<br>-1 | 较低 | 从左向右 |
| +<br>- | 加法(Addition)<br>减法(Subtraction) | 2个(二元) | 5+1<br>5-1 | 6<br>4 | 最低 | 从左向右 |

只需一个操作数的运算符称为一元运算符(或单目运算符),需要两个操作数的运算符称为二元运算符(或双目运算符),需要三个操作数的运算符称为三元运算符(或三目运算符)。条

件运算符是 C 语言提供的唯一一个三元运算符,将在第 5 章介绍。

除计算相反数是一元运算符以外,其余的算术运算符都是二元运算符。我们注意到,同样是减号,做取相反数运算时,是将其放在一个操作数的前面,而如果将其放在两个操作数中间,则执行的是减法运算,它又变成二元运算符了。

不同于数学中的算术运算,C 语言中的算术运算的结果与参与运算的操作数类型相关。以除法运算为例,两个整数相除后的商仍为整数。例如,1/2 与 1.0/2 运算的结果值是不同的,前者是整数除法(Integer Division),后者则是浮点数除法(Floating Division)。整数除法 12/5 的结果值不是 2.4,而是整数 2,其中小数部分被舍去了。12.0/5.0(或者 12/5.0,或者 12.0/5)的计算结果才是浮点数 2.4,这是因为整数与浮点实数运算时,其中的整数操作数在运算之前被自动转换为了浮点数,从而使得相除后的商也是浮点数。

注意,在 C 语言中,**求余运算限定参与运算的两个操作数必须为整型,不能对两个实型数据进行求余运算**。将求余运算符的左操作数作为被除数,右操作数作为除数,二者整除后的余数(**Remainder**)即为求余运算的结果,余数的符号与被除数的符号相同。例如:

**11 % 5 = 1    11 % (−5) = 1    (−11) % 5 = −1    (−11)% (−5) =−1**

其运算过程如图 3−1 所示。

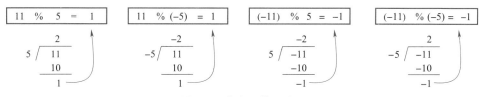

图 3−1　求余运算示意图

算术运算符的优先级与结合性如表 3−1 所示。其中,取相反数运算符的优先级最高,其次是 *、/、%,而 +、−的优先级最低,并且 *、/、% 有相同的优先级,+、−有相同的优先级。注意,C 语言中没有幂运算符。

相同优先级的运算符进行混合运算时,需要考虑运算符的结合性。一元的取相反数运算符的结合性为右结合(即自右向左计算),其余的算术运算符为左结合(即自左向右计算)。例如,在下面的语句中

**a = −3 * 2 − 1 + 3;**

第一个"−"是一元的取相反数运算符,而第二个"−"是二元的减法运算符。其运算过程如图 3−2 所示。因为在任何表达式中都优先计算括号内表达式的值,所以可以使用圆括号来控制运算的先后顺序,这样更直观、更方便,更有助于避免因误用运算符的优先级而导致的计算错误。

【例 3.1】计算并输出一个三位整数的个位、十位和百位数字之和。

【问题求解方法分析】要计算一个三位整数的个位、十位和百位数字值,必须从一个三位整数中分离出它的个位、十位和百位数字,利用整数除法和求余运算可以解决这个问题。

例如,整数 153 的个位数字 3 刚好是 153 对 10 求余的余数,即 153%10 = 3,因此可用对 10

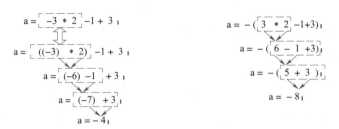

图 3-2   算术混合运算示意图

求余的方法求出个位数字 3;百位数字 1 说明在 153 中只有 1 个 100,由于在 C 语言中整数除法的结果仍为整数,即 153/100 = 1,因此可用对 100 整除的方法求得百位数字;中间的十位数字既可通过将其变换为最高位后再对 10 整除的方法得到,即(153−1 * 100)/10 = 53/10 = 5,也可通过将其变换为最低位再对 10 求余的方法得到,即(153/10)% 10 = 15% 10 = 5。根据上述分析,可编写程序如下:

```
1   #include <stdio.h>
2   int main(void)
3   {
4       int x = 153, b0, b1, b2, sum;
5       b2 = x / 100;                    //计算百位数字
6       b1 = (x - b2 * 100) / 10;        //计算十位数字
7       b0 = x % 10;                     //计算个位数字
8       sum = b2 + b1 + b0;
9       printf("sum = %d\n", sum);
10      return 0;
11  }
```

程序的运行结果如下:

        sum = 9

由于算术运算符 * 、/、%的优先级高于+、−,因此为了保证减法运算先于除法运算,程序第 6 行语句中的圆括号是必不可少的。

【思考题】本例程序还可以利用 b0 = x−b2 * 100−b1 * 10;来计算个位数字 b0,请重新编写例 3.1 的程序,观察运行结果,并分析其原理。

### 3.1.2   复合的赋值运算符

第 2 章 2.5 节介绍了两种赋值方法:简单的赋值和多重赋值。本节介绍一种利用复合的赋值运算符(Combined Assignment Operators)实现的简写的赋值(Shorthand Assignment)方法。涉及算术运算的复合赋值运算符有 5 个,分别为+= , −= , * = , / = ,% = ,注意:在+与 = 、−与 = 、*与 = 、/与 = 、%与 =之间不应有空格。其一般形式及其等价表示如图 3-3 所示。相对于它的等价形式而言,复合的赋值运算书写形式更简洁,而且执行效率也更高一些。

微视频
求余运算的
应用举例

教学课件

例如,计算下面的赋值表达式

**n \* = m + 1**

等价于计算下面的表达式

**n = n \* (m + 1)**

但不等价于计算下面的表达式

**n = n \* m + 1**

图 3-3 复合的赋值运算的一般形式及其等价表示

可以用如图 3-4 所示的助记形式来理解上面复合赋值运算符的运算规则。其他复合的赋值运算的例子如表 3-2 所示。

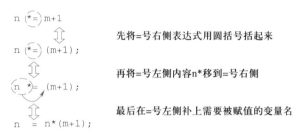

图 3-4 复合的赋值运算示意图

表 3-2 增 1 和减 1 运算的例子

| 语　　句 | 等价的语句 | 执行该语句后 m 的值 | 执行该语句后 n 的值 |
|---|---|---|---|
| **m = n++;** | **m = n;**<br>**n = n+1;** | 3 | 4 |
| **m = n--;** | **m = n;**<br>**n = n-1;** | 3 | 2 |
| **m = ++n;** | **n = n+1;**<br>**m = n;** | 4 | 4 |
| **m = --n;** | **n = n-1;**<br>**m = n;** | 2 | 2 |

【思考题】已知变量 a 的值为 3,请问分别执行下面两个语句

**a += a -= a \* a;**

**a += a -= a \*= a;**

后,变量 a 的值分别为多少?

提示:不仅要考虑运算符的优先级,还要考虑运算符的结合性。读者可按图 3-5 来分析其运算过程。注意,第一步 a \* a 与 a \*= a 的区别在于后者增加了将 a \* a 的结果赋值给 a 的操作。

图 3-5 含有多个复合的赋值运算符的运算过程示意图

### 3.1.3　增 1 和减 1 运算符

对变量进行加 1 或减 1 是一种很常见的操作,为此,C 语言专门提供了执行这种功能的运算符,即增 1 运算符(Increment Operator)和减 1 运算符(Decrement Operator)。

增 1 和减 1 运算符都是一元运算符,只需要一个操作数,且操作数须有"左值性质",必须是变量,不能是常量或表达式。增 1 运算符是对变量本身执行加 1 操作,因此也称为自增运算符。减 1 运算符是对变量本身执行减 1 操作,因此也称为自减运算符。

增 1 运算符既可以写在变量的前面(如++x),也可以写在变量的后面(如x++)。二者实现的功能有所差异,写在变量的前面即作为前缀(Prefix)运算符时,是在变量使用之前先对其执行加 1 操作,而写在变量的后面即作为后缀(Postfix)运算符时,是先使用变量的当前值,然后对其进行加 1 操作。因此,++作为前缀运算符与作为后缀运算符相比,对变量(即运算对象)而言,运算的结果都是一样的,但增 1 表达式本身的值却是不同的。这种差异通常在赋值语句或打印语句中才能体现出来。例如,设有如下变量定义语句:

```
int n = 3;
```
则分别执行下面两条语句
```
m = n++;
```
```
m = ++n;
```
后,虽然变量 n 的值都进行了加 1 操作,但变量 m 的值却是不同的,前者是将增 1 操作之前的 n 值 3 赋值给了变量 m,而后者是将增 1 操作之后的 n 值 4 赋值给了变量 m。

同理,分别执行下面两条语句
```
printf("%d\n", n++);
```
```
printf("%d\n", ++n);
```
后,虽然变量 n 的值都进行了加 1 操作,但二者打印的结果却是不同的,前者是后缀增 1 运算符,是左结合的,打印的是增 1 操作之前的 n 值 3,而后者是前缀增 1 运算符,是右结合的,打印的是增 1 操作之后的 n 值 4。

而分别单独执行下面两条语句后,n 的结果值是相同的。
```
n++;
```
```
++n;
```
减 1 运算符--同样可以写在变量的前面或后面,它的用法与增 1 运算符++的用法相同。归纳起来,在赋值操作中使用的增 1 和减 1 运算符主要有 4 种情况,如表 3-2 所示。

对于大多数 C 编译器,利用增 1 和减 1 运算生成的代码比等价的赋值语句生成的代码执行效率更高一些。下面来看一个稍微复杂一点的例子。如果 n 值仍为 3,那么执行下面语句后,m 和 n 的值各为多少呢?

```
m = -n++;
```

在上面赋值的右侧表达式中,出现了++和-两个运算符,尽管它们都是一元运算符,但优先级却是不同的,后缀++/--运算符的优先级高于其他一元运算符,并且后缀++/--运算符是左结合的,因此语句

  **m = -n++;**

等价于

  **m = -(n++);**

  进一步地,根据后缀的++运算符的意义,将其等价为如下两个语句:

  **m = -n;**

  **n = n + 1;**

它表示先把-n的值拿去给 m 赋值,然后再执行对 n 加 1 的操作。你一定会问,为什么将 n++用圆括号括起来了,却不先计算 n++? n++只表示++的运算对象是n,而不是-n,(-n)++表示++的运算对象是-n,但遗憾的是,它是一个不合法的操作,因为不能对一个表达式进行增 1 运算。n++究竟是先算还是后算完全取决于++是后缀还是前缀。

  经过上述分析可知,执行该语句以后,m 值为-3,n 值为 4。不难发现,从程序的可读性角度而言,后面的两条等价语句比语句"m = -n++;"的可读性更好。

  注意,后缀形式与前缀形式的区别在于:后缀是先使用变量的值,然后再增1(减 1),前缀是先增 1(减 1),然后再使用变量的值,并且后缀增 1(减 1)运算符的优先级高于前缀增 1(减 1)运算符,后缀增 1(减 1)运算符是左结合的,而前缀增 1(减 1)运算符是右结合的。

  通常,良好的程序设计风格提倡在一行语句中一个变量最多只出现一次增 1 或减 1 运算。因为过多的增 1 和减 1 混合运算,会导致程序的可读性变差。同时,C 语言规定表达式中的子表达式以未定顺序求值,从而允许编译程序自由重排表达式的顺序,以便产生最优代码。这样就会导致当相同的表达式用不同的编译器编译时,可能产生不同的运算结果。

  良好的程序设计风格不建议在语句中使用复杂的增 1 和减 1 表达式,如下面两条语句所示,不仅晦涩难懂,而且在不同的编译环境下会产生不同的结果,实践中很少使用。

  **sum = (++a)+(++a);**
  **printf("%d%d\n", a++,++a);**

## 3.2 宏常量与宏替换

【例 3.2】编程计算并输出半径 $r=5.3$ 的圆的周长和面积。

```
1   #include <stdio.h>
2   int main(void)
3   {
4       double r = 5.3;                    // 圆的半径
5       printf("circumference = %f\n", 2*3.14159*r);
6       printf("area = %f\n", 3.14159*r*r);
```

```
7        return 0;
8    }
```

程序运行结果如下:

**circumference = 33.300854**

**area = 88.247263**

若要做到一次编译,多次运行计算不同半径的圆的周长和面积,则每次运行时可以让用户从键盘输入圆的半径 r 的值,这就要用到 C 标准函数库中的函数 scanf()。请看下面的程序。

【例 3.3】编程从键盘输入圆的半径 r,计算并输出圆的周长和面积。

```
1    #include <stdio.h>
2    int main(void)
3    {
4        double r;
5        printf("Input r:");              // 提示用户输入半径的值
6        scanf("%lf", &r);               // 以双精度实型从键盘输入半径的值
7        printf("circumference = %f\n", 2*3.14159*r);
8        printf("area = %f\n", 3.14159*r*r);
9        return 0;
10   }
```

程序运行结果如下:

**Input r: 5.3✓**

**circumference = 33.300854**

**area = 88.247263**

程序执行到第 5 行语句时,会在屏幕上显示出如下一行提示信息:

**Input r:**

然后执行第 6 行语句,此时程序等待用户从键盘输入一个实数,假设用户从键盘输入了一个实数(例如 5.3)并按了一下回车键(这里用✓表示用户输入了一个回车键),于是程序继续往下执行,第 7~8 行将圆的周长和面积的计算结果显示到屏幕上。

同 printf() 函数一样,scanf() 函数也是 C 的标准输入/输出函数。scanf() 函数用于从键盘输入一个数,%lf 指定输入的数据类型应为双精度实型。第 6 行语句中 r 前面的 & 是必要的,& 称为取地址运算符,&r 指定了用户输入数据存放的变量的地址。

本例中,圆的周长和面积计算公式中用到了圆周率 π,而 π 值在程序中是用一个常数近似表示的,像这种在程序中直接使用的常数,称为幻数(Magic Number)。

使用幻数会给我们带来很多麻烦和问题。例如:

(1)程序中使用过多的幻数会导致程序的可读性变差。可能过一段时间以后,连程序员自己也忘记那些常数代表什么意思了。

(2)在程序的许多地方输入相同的幻数,很难保证不发生书写错误。

(3)当常数需要改变时,如将 3.14159 改为 3.14,需要修改所有使用它的代码,不仅工作量

巨大,而且还可能有遗漏。

为了避免上述问题,提高程序的可读性和可维护性,保持良好的程序设计风格,建议把幻数定义为宏常量或 const 常量,代替程序中多次出现的常数。其优点在于,能使用户以一个简单易懂的名字来代替一个长字符串,有助于提高程序的可读性。

【例 3.4】使用宏常量定义 π,编程从键盘输入圆的半径 r,计算并输出圆的周长和面积。

```
1   #include <stdio.h>
2   #define PI 3.14159          // 定义宏常量 PI
3   int main(void)
4   {
5       double r;
6       printf("Input r:");
7       scanf("%lf", &r);
8       printf("circumference = %f \n", 2*PI*r);    // 编译时 PI 被替换为 3.14159
9       printf("area = %f \n", PI*r*r);             // 编译时 PI 被替换为 3.14159
10      return 0;
11  }
```

此程序运行结果同例 3.3。与例 3.3 唯一不同的是,程序第 2 行定义了一个宏常量 PI 来代替例 3.3 程序中的常数 3.14159。

宏常量(Macro Constant)也称为符号常量(Symbolic Names or Constants),是指用一个标识符号来表示的常量,这时该标识符号与此常量是等价的。宏常量是由宏定义编译预处理命令来定义的。宏定义的一般形式为:

**#define 标识符　字符串**

其作用是用#define 编译预处理指令定义一个标识符和一个字符串,凡在源程序中发现该标识符时,都用其后指定的字符串来替换。例如,本例在程序的编译预处理阶段,程序中在宏定义之后出现的所有标识符 PI 均用 3.14159 代替,即第 8~9 行语句将分别被替换成

```
printf("circumference=%f \n",2*3.14159*r);
printf("area=%f \n",3.14159*r*r);
```

宏定义中的标识符被称为宏名(Macro Name)。为了与源程序中的变量名有所区别,习惯上用字母全部大写的单词来命名宏常量。将程序中出现的宏名替换成字符串的过程称为宏替换(Macro Substitution)。宏替换时是不做任何语法检查的,因此,只有在对已被宏展开后的源程序进行编译时才会发现语法错误。

注意,宏定义中的宏名与字符串之间可有多个空白符,但无需加等号,且字符串后一般不以分号结尾,因为宏定义不是 C 语句,而是一种编译预处理命令。宏替换只是"傻瓜式"的字符串替换,极易产生意想不到的错误。例如,若字符串后加分号,则宏替换时会连同分号一起进行替换。例如,下面的宏定义就是错误的。

```
#define PI = 3.14159;
```

这是因为,经过宏替换后,语句

```
printf("circumference = %f \n",2*PI*r);
```

将被替换成下面的语句,从而产生语法错误。

```
printf("circumference = %f\n",2* = 3.14159;*r);
```

## 3.3　const 常量

使用宏常量的最大问题是,宏常量没有数据类型。编译器对宏常量不进行类型检查,只进行简单的字符串替换,字符串替换时极易产生意想不到的错误。

那么是否可以声明具有某种数据类型的常量呢? 这就要用到 const 常量。在声明语句中,只要将 const 类型修饰符放在类型名之前,即可将类型名后的标识符声明为具有该类型的 const 常量。由于编译器将其放在只读存储区,不允许在程序中改变其值,因此 const 常量只能在定义时赋初值。请看下面的程序。

【例 3.5】使用 const 常量定义 π,编程从键盘输入圆的半径 r,计算并输出圆的周长和面积。

```
1    #include <stdio.h>
2    int main(void)
3    {
4        const double PI = 3.14159;        // 定义实型的 const 常量 PI
5        double r;
6        printf("Input r:");
7        scanf("%lf", &r);
8        printf("circumference = %f \n", 2*PI*r);
9        printf("area = %f \n", PI*r*r);
10       return 0;
11   }
```

与宏常量相比,const 常量的优点是它有数据类型,编译器能对其进行类型检查。

## 3.4　自动类型转换与强制类型转换运算符

**1. 表达式中的自动类型转换**

在 3.3.1 节进行整数除法和浮点数除法时,我们已经接触到了表达式中的自动类型转换问题。在 C 语言中,相同类型的操作数进行运算的结果的类型与其操作数的类型相同。但是当不同类型的操作数进行运算时,运算结果是什么类型呢? C 编译器在对操作数进行运算之前将所有操作数都转换成取值范围较大的操作数类型,称为类型提升(Type Promotion)。

由于级别高的数据类型比级别低的数据类型所占的内存空间大,可以保持数据类型的精度,因此类型提升可以避免数据信息丢失情况的发生。

类型提升的规则如图 3-6 所示,纵向箭头表示必然的转换,即将所有的 char 和 short 都提升为 int,这一步称为整数提升(Integral Promotion)。注意,在 C99 中 char 和 short 都直接提升为 unsigned int 型。完成了这一步的转换后,其他类型转换将根据参与运算的操作数类型按由低向高的方向转换。float 型数据在运算时一律转换为双精度(double)型,以提高运算精度。

图 3-6 中的横向箭头表示不同类型的操作数进行混合运算时由低向高的类型转换方向,但不代表转换的中间过程。

图 3-6 表达式中的自动类型转换规则

例如,一个 int 型操作数与一个 float 型操作数进行算术运算,则在对其进行运算之前要先将 float 型操作数自动转换为 double 型,并将 int 型操作数转换成 double 型(注意,无须经过 int 型先转换为 unsigned int,再转换成 long 型,再转换为 unsigned long 型,再转换为 double 型的过程)。一个特例是:如果一个操作数是 long 型,另一个是 unsigned 型,同时 unsigned 型操作数的值又不能用 long 型表示,则两个操作数都转换成 unsigned long 型。

由于按上述转换规则进行类型转换以后,每对操作数的类型变成完全一样,因此运算结果的类型自然就与这一对操作数的类型相同。

**2. 赋值中的自动类型转换**

在一个赋值语句中,若赋值运算符左侧(目标侧)变量的类型和右侧表达式的类型不一致,则赋值时将发生自动类型转换。类型转换的规则是:将右侧表达式的值转换成左侧变量的类型。

微视频
赋值中的自动类型转换
(上)

自动类型转换是一把双刃剑,它给取整等某些特殊运算带来方便的同时,也给程序埋下了错误的隐患,在某些情况下有可能会发生精度损失、数值溢出等错误。例如,将 pow 函数的运算结果强转为 long,不仅会丢失其小数位信息,而且还会在 pow 函数的运算结果超出 long 的表数范围时发生数值溢出的错误。

一般而言,将取值范围小的类型转换为取值范围大的类型是安全的,而反之则是不安全的,好的编译器会发出警告。因此,一方面程序员要恰当选取数据类型以保证数值运算的正确性,另一方面如果确实需要在不同类型数据之间运算

微视频
赋值中的自动类型转换
(下)

时,应避免使用这种隐式的自动类型转换,建议使用下面介绍的强制类型转换运算符,以显式地表明程序员的意图。

**3. 强制类型转换运算符**

强制类型转换(Casting)运算符简称强转运算符,它的主要作用是将一个表达式值的类型强制转换为用户指定的类型,它是一个一元运算符,与其他一元运算符具有相同的优先级。通

过下面方式可以把表达式的值转为任意类型：

（类型）表达式

自动类型转换是一种隐式的类型转换，而强转运算符是一种显式的类型转换，即明确地表明程序打算执行哪种类型转换，有助于消除因隐式的自动类型转换而导致的程序隐患。

强转与指针，犹如传说中的倚天剑和屠龙刀，可并称为 C 语言的两大神器，用好了可以呼风唤雨，用坏了则损兵折将。因此，必须恰当使用。来看下面的程序。

【例 3.6】下面程序演示强制类型转换运算符的使用。

```
1    #include <stdio.h>
2    int main(void)
3    {
4        int m = 5;
5        printf("m/2 = %d\n", m/2);
6        printf("(float)(m/2) = %f\n", (float)(m/2));
7        printf("(float)m/2 = %f\n", (float)m/2);
8        printf("m = %d\n", m);
9        return 0;
10   }
```

程序的运行结果如下：

```
m/2 = 2
(float)(m/2) = 2.000000
(float)m/2 = 2.500000
m = 5
```

程序第 5 行中的表达式 m/2 是整数除法运算，其运算结果仍为整数，因此输出的第 1 行结果值是 2。程序第 6 行中的表达式（float）（m/2）是将表达式（m/2）整数相除的结果值（已经舍去了小数位）强转为实型数（在小数位添加了 0），因此输出的第 2 行结果值是 2.000000，可见这种方法并不能真正获得 m 与 2 相除后的小数部分的值。为了获得 m 与 2 相除后的实数商，需按第 7 行中的方式，先用（float）m 将 m 的值强转为实型数据，然后再将这个实型数据与 2 进行浮点数除法运算，因此输出的第 3 行结果值是 2.500000。由于（float）m 只是将 m 的值强转为实型数据，但是它并不能改变变量 m 的数据类型，因此输出的最后一行结果值仍然是 5。

## 3.5　常用的标准数学函数

【例 3.7】已知三角形的三边长为 $a$、$b$、$c$，计算三角形面积的公式为：

$$area = \sqrt{s(s-a)(s-b)(s-c)}, s = \frac{1}{2}(a+b+c)$$

试编程从键盘输入 $a$、$b$、$c$ 的值（假设 $a$、$b$、$c$ 的值可以保证其构成一个三角形），计算并输出三角形的面积。

【问题求解方法分析】首先将计算三角形面积的数学公式写成如下合法的 C 语言表达式：

**area = sqrt(s * (s-a) * (s-b) * (s-c))**

 注意，写成 area = sqrt(s(s-a)(s-b)(s-c)) 是不正确的，因为在数学上可以省略不写的乘号 * 在 C 语言中是不能省略的。这里，sqrt( ) 是计算平方根的标准数学函数。

当 $a$、$b$、$c$ 被定义为整型变量时，将数学公式 $s = \dfrac{1}{2}(a+b+c)$ 写成如下各种形式的 C 语言表达式：

**s = 0.5 * (a + b + c)**

**s = 1.0 / 2 * (a + b + c)**

**s = (a + b + c) / 2.0**

**s = (float)(a + b + c) / 2**

都是正确的。而如果写成

**s = 1/2*(a + b + c)**

或者

**s = (float)((a + b + c) / 2)**

虽无语法错误，但计算结果却是错误的。前者是因为 1/2 是整数除法，结果为整数 0，从而导致面积 s 的计算结果为 0。后者是因为在 a、b、c 均为整型数的情况下，(a+b+c)/2 的整除结果已经是整数了，再将整数强转为实型，只能是在该整数后面加上一个小数点和几个 0 而已。根据上述分析，本例将 a、b、c 定义为 float 型变量，程序如下：

```
1    #include <stdio.h>
2    #include <math.h>
3    int main(void)
4    {
5        float a, b, c, s, area;
6        printf("Input a,b,c:");
7        scanf("%f,%f,%f", &a, &b, &c);
8        s = (a + b + c) / 2;
9        area = (float)sqrt(s * (s - a) * (s - b) * (s - c));
10       printf("area = %f \n", area);
11       return 0;
12   }
```

程序的运行结果如下：

**Input a,b,c:3,4,5↙**

**area = 6.000000**

注意，如果第 5 行的变量改成 double 类型，那么第 9 行的 sqrt( ) 的返回值无须强转为 float，这样计算的结果会比用 float 计算的结果精度更高，导致输出结果中的小数后的某些位有可能不一样。程序第 9 行的 sqrt() 为计算平方根的标准数学函数,常用的标准数学函数详见附录 E。使用这些数学函数时,只要在程序的开头加上如下的编译预处理命令即可。

**#include <math.h>**

读者也许已经注意到,本例中有一个假设,即程序输入的 $a$、$b$、$c$ 的值满足三角形成立的条件,因为只有这样计算得到的三角形面积才有意义。那么如何判断用户输入的三条边能否构成一个三角形呢? 这就需要用到第 5 章介绍的条件语句。

## 3.6　本章知识点小结

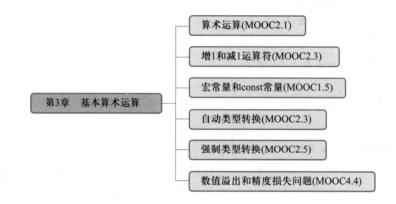

## 3.7　本章常见错误小结

| 常见错误实例 | 常见错误描述 | 错 误 类 型 |
| --- | --- | --- |
| 2 *π *r | 表达式中使用了非法的标识符 | 编译错误 |
| 4ac<br>或者<br>4×a×c | 将乘法运算符*省略,或者写成× | 编译错误 |
| $\frac{1}{2}+\frac{a-b}{a+b}$ | 表达式未以线性形式写出,即分子、分母、指数、下标等未写在同一行上 | 无法输入 |
| 1.0/2.0+[a-b]/{a+b} | 使用方括号"["和"]"以及花括号"{"和"}"限定表达式运算顺序 | 编译错误 |
| sinx | 使用数学函数运算时,未将参数用圆括号括起来,且未注意其定义域要求和参数的单位 | 编译错误 |
| 3.5 % 0.5 | 对浮点数执行求余运算 | 编译错误 |
| 1/2 | 误将浮点数除法当做整数除法 | 运行时错误 |

续表

| 常见错误实例 | 常见错误描述 | 错 误 类 型 |
|---|---|---|
| `float(m)/2` | 强转表达式中的类型名未用圆括号括起来 | 运行时错误 |
| — | 误以为(float)m 这种强制运算可以改变变量 m 的类型和数值 | 理解错误 |
| — | 误以为用双引号括起来的字符串中与宏名相同的字符也被宏替换,误以为宏替换时可以做语法检查 | 理解错误 |
| — | 误以为三角函数中的角的单位是角度 | 理解错误 |
| `#define PI = 3.14159;` | 将宏定义当做 C 语句来使用,在行末加上了分号,或者在宏名后加上了"=" | 编译错误 |
| `+ = , - = , * = , / = , % =` | 将复合的赋值运算符+=,-=,*=,/=,%=的两个字符中间加入了空格 | 编译错误 |
| `(a+b)++` | 对一个算术表达式使用增 1 或者减 1 运算 | 编译错误 |

# 习 题 3

3.1　分析并写出下列程序的运行结果。

（1）

```
1   #include <stdio.h>
2   int main(void)
3   {
4     int a = 12, b=3;
5     float x = 18.5, y = 4.6;
6     printf("%f\n", (float)(a*b) / 2);
7     printf("%d\n", (int)x %(int)y);
8     return 0;
9   }
```

（2）

```
1   #include <stdio.h>
2   int main(void)
3   {
4     int x = 32, y = 81, p, q;
5     p = x++;
6     q = --y;
7     printf("%d %d\n", p, q);
8     printf("%d %d\n", x, y);
9     return 0;
```

```
10        }
```

3.2　参考例 3.1 程序,从键盘任意输入一个 3 位整数,编程计算并输出它的逆序数(忽略整数前的正负号)。例如,输入 −123,则忽略负号,由 123 分离出其百位 1、十位 2、个位 3,然后计算 $3 * 100 + 2 * 10 + 1 = 321$,并输出 321。

3.3　设银行定期存款的年利率 *rate* 为 2.25%,已知存款期为 *n* 年,存款本金为 *capital* 元,试编程以复利方式计算并输出 *n* 年后的本利之和 *deposit*。

3.4　编程计算并输出一元二次方程 $ax^2 + bx + c = 0$ 的两个实根,$\dfrac{-b \pm \sqrt{b^2 - 4ac}}{2a}$,其中 *a*、*b*、*c* 的值由用户从键盘输入,假设 *a*、*b*、*c* 的值能保证方程有两个不相等的实根(即 $b^2 - 4ac > 0$)。

3.5　参考例 3.4 和例 3.5 程序,分别使用宏定义和 const 常量定义 π 的值,编程计算并输出球的体积和表面积,球的半径 *r* 的值由用户从键盘输入。

# 第4章 键盘输入和屏幕输出

 内容导读

键盘输入和屏幕输出是编写简单的顺序结构程序时最常用到的操作。C 程序中的键盘输入和屏幕输出都是通过调用输入/输出函数实现的。本章介绍常用的输入/输出函数,建议这部分内容当作手册内容即用即学,或者自学"C 语言程序设计精髓"MOOC 课程中的第 3 周视频,主要内容如下:

✍ 字符常量与转义字符
✍ 字符输入函数 getchar() 与字符输出函数 putchar()
✍ 数据的格式化输出函数 printf() 与数据的格式化输入函数 scanf()

## 4.1 单个字符的输入/输出

### 4.1.1 字符常量

C 语言中的字符常量是用单引号括起来的一个字符。例如,'a'是字符常量,而 a 则是一个标识符。再如,'3'表示一个字符常量,而 3 则表示一个整数。

把字符放在一对单引号里的做法,适用于多数可打印字符,但不适用于某些控制字符(如回车符、换行符等)。C 语言中用转义字符(Escape Character)即以反斜线(\)开头的字符序列来描述特定的控制字符。常用的转义字符如表 4-1 所示。

表 4-1　常用的转义字符

| 字 符 | 含 义 | 字 符 | 含 义 |
|---|---|---|---|
| '\n' | 换行(Newline) | '\a' | 响铃报警提示音(Alert or Bell) |
| '\r' | 回车(不换行)(Carriage Return) | '\"' | 一个双引号(Double Quotation Mark) |
| '\0' | 空字符,通常用做字符串结束标志(Null) | '\'' | 单引号(Single Quotation Mark) |
| '\t' | 水平制表(Horizontal Tabulation) | '\\' | 一个反斜线(Backslash) |
| '\v' | 垂直制表(Vertical Tabulation) | '\?' | 问号(Question Mark) |
| '\b' | 退格(Backspace) | '\ddd' | 1 到 3 位八进制 ASCII 码值所代表的字符 |
| '\f' | 走纸换页(Form Feed) | '\xhh' | 1 到 2 位十六进制 ASCII 码值所代表的字符 |

例如,前几章的程序实例中涉及的字符'\n',就是一种转义字符,它用于控制输出时的换行处理,即将光标移到下一行的起始位置。与'\n'不同的是,'\r'则表示回车,但不换行,即将光

标移到当前行的起始位置。再如,'\0'代表 ASCII 码值为 0 的字符,它代表一个字符, 而不是两个字符。而'\t '为水平制表符,相当于按下 Tab 键。屏幕上的一行通常被划分成若干个域,相邻域之间的交界点称为"制表位",每个域的宽度就是一个 Tab 宽度,有些开发环境对 Tab 宽度的默认设置为 4,而有些则为 8,多数人习惯上将其设置为 4。注意,**每次按下 Tab 键,并不是从当前光标位置向后移动一个 Tab 宽度,而是移到下一个制表位**,实际移动的宽度视当前光标位置距相邻的下一个制表位的距离而定。

另外值得注意的是:当转义序列出现在字符串中时,是按单个字符计数的。例如,字符串 "abc\n"的长度是 4,而非 5。因为字符'\n '代表 1 个字符。

由于字符型变量仅占 1 个字节的内存空间,因此它只能存放 1 个字符。字符型变量的取值范围取决于计算机系统所使用的字符集。目前计算机上广泛使用的字符集是 ASCII 码(美国标准信息交换码)字符集(详见附录 D)。该字符集规定了每个字符所对应的编码,即在字符序列中的"序号"。也就是说,每个字符都有一个等价的整型值与其相对应,这个整型值就是该字符的 ASCII 码。从这个意义上而言,可将 char 型看成是一种特殊的 int 型。

一个整型数在内存中是以二进制形式存储的,而一个字符在内存中也是以其对应的 ASCII 码的二进制形式存储的。例如,字符'A '在内存中存储的是其 ASCII 码 65 的二进制值,存储形式与整型数 65 类似,只是在内存中所占的字节数不同而已。char 型数据占 1 个字节,而 int 型数据在 64 位系统中占 8 个字节,在 32 位系统中占 4 个字节。

在 ASCII 码取值范围内,对 char 型数据和 int 型数据进行相互转换不会丢失信息,二者可以进行混合运算。同时,一个 char 型数据既能以字符型格式输出,也能以整型格式输出,以整型格式输出时就是直接输出其 ASCII 码的十进制值。

由于不同国家和地区制定的编码标准互不兼容,无法将不同语言的文字存储在同一段编码的文本中,不便于国际的信息交流,不能跨语言、跨平台文本转换和处理,为了解决这个问题,国际标准化组织(ISO)制定了更强大的编码标准——Unicode 字符集,为各种语言中的每个字符设定统一且唯一的数字编号,所有字符统一用 2 个字节保存,也称为宽字节字符。可以通过用字母 L 作为字符的前缀将任何 ASCII 字符表示为宽字符形式。例如,L'a '将 ASCII 字符'a '转换为宽字符形式。同样,通过用字母 L 作为 ASCII 字符串的前缀(例如,L ''Hello '')可以将任何 ASCII 字符串表示为宽字符串形式。

### 4.1.2 字符的输入/输出

getchar()和 putchar()是 C 标准函数库中专门用于字符输入/输出的函数。函数 putchar()的作用是把一个字符输出到屏幕的当前光标位置。而函数 getchar()的作用是从键盘读字符。当程序调用 getchar()时,程序就等待用户按键,用户从键盘输入的字符会被首先放到输入缓冲区中,直到用户按下回车键为止(回车符也会被放到输入缓冲区中)。当用户键入回车后,getchar()才开始从标准输入流中读取字符,并且每次调用只读取一个字符,其返回值是用户输入的字符的 ASCII 码,若遇到文件结束符(End-Of-File,EOF),则返回−1,且将用户输入的字符回显到屏幕上。如果用户在按回车之前输入了多个字符,那么其他字符会继续留在输入缓存区中,等待后续 getchar()函数调用来读取,即后续的 getchar()调用直接从缓冲区中读取字符,直到缓冲区中的字符(包括回车)全部读完后,才会等待用户的按键操作。

【例 4.1】从键盘输入一个大写英文字母,将其转换为小写字母后,再显示到屏幕上。

【问题求解方法分析】观察附录 D 中的常用 ASCII 字符表,可以发现这样一个规律,即小写英文字母的 ASCII 码值比相应的大写英文字母的 ASCII 码值大 32,即'a'与'A '、'b '与'B '、'c '与'C '……的 ASCII 码值均相差 32。根据这一规律,可轻松实现大小写英文字母之间的转换。程序如下:

```
1  #include <stdio.h>
2  int main(void)
3  {
4      char ch;
5      printf("Press a key and then press Enter:");
6      ch = getchar();    //从键盘输入一个字符,以回车结束,将字符存入变量 ch
7      ch = ch + 32;      // 将大写英文字母转换为小写英文字母
8      putchar(ch);       // 在屏幕上显示变量 ch 中的字符
9      putchar('\n');     // 输出一个回车换行控制符
10     return 0;
11 }
```

微视频
单个字符的
输入输出

微视频
用 getchar()
输入数据存
在的问题

程序的运行结果如下:

**Press a key and then press Enter: B ↙**
**b**

程序第 6 行语句首先调用函数 getchar()从键盘输入一个字符,然后将读入的字符即函数 getchar()的返回值赋值给字符型变量 ch。注意,函数 getchar() 没有参数,函数的返回值就是从终端键盘读入的字符。因此,不要把该语句写成如下形式:

**getchar(ch);** // 错误的使用方法

第 7 行语句将变量 ch 中的大写英文字母的 ASCII 码值加上 32,即可得到相应的小写英文字母的 ASCII 码值,从而实现大写英文字母到小写英文字母的转换。由于字符'a'与字符'A '相减,相当于字符'a'与字符'A '的 ASCII 码值相减,也相当于字符'b'与字符'B'的 ASCII 码值相减……而二者相减的差值就是 32,因此第 7 行语句与下面的语句是等价的:

**ch = ch + ('a' - 'A');**

第 8 行语句调用函数 putchar()向终端显示器屏幕的当前光标位置输出 ch 中的字符,函数 putchar()的参数就是待输出的字符,这个字符既可以是可打印字符,也可以是转义字符。例如,第 9 行调用函数 putchar()输出的就是转义字符'\n ',作用是将光标换到下一行的起始位置。

## 4.2 数据的格式化屏幕输出

微视频
数据的格式
化屏幕输出

**1. 函数 printf() 的一般格式**

**printf(格式控制字符串);**

**printf(格式控制字符串,输出值参数表);**

其中,格式控制字符串(Format String)是用双引号括起来的字符串,也称转换控制字符串,输出值参数表中可有多个输出值,也可没有(只输出一个字符串时)。一般情况下,格式控制字符串包括两部分:格式转换说明(Format Specifier)和需原样输出的普通字符。如表 4-2 所示,格式转换说明由%开始,并以转换字符(Conversion Character)结束,用于指定各输出值参数的输出格式。

表 4-2　函数 printf() 的格式转换说明

| 格式转换说明 | 用　　　法 |
| --- | --- |
| %d | 输出带符号的十进制整数,正数的符号省略 |
| %u | 以无符号的十进制整数形式输出 |
| %o | 以无符号的八进制整数形式输出,不输出前导符 0 |
| %x | 以无符号十六进制整数形式(小写)输出,不输出前导符 0x |
| %X | 以无符号十六进制整数形式(大写)输出,不输出前导符 0x |
| %c | 输出一个字符 |
| %s | 输出字符串 |
| %f | 以十进制小数形式输出实数(包括单、双精度),整数部分全部输出,隐含输出 6 位小数,输出的数字并非全部是有效数字,单精度实数的有效位数一般为 7 位,双精度实数的有效位数一般为 16 位<br><br>%f 适合于输出像 3.14 这样的小数位较少的实数,可以使实数输出的宽度较小 |
| %e | 以指数形式(小写 e 表示指数部分)输出实数,要求小数点前必须有且仅有 1 位非零数字<br><br>%e 适合于输出像 1.0e+10 这样的小数位较多的实数,可以使实数输出的宽度较小<br><br>在不同的编译环境下,使用%e 输出数据所占的列数略有差异 |
| %E | 以指数形式(大写 E 表示指数部分)输出实数 |
| %g | 自动选取 f 或 e 格式中输出宽度较小的一种使用,且不输出无意义的 0 |
| %% | 输出百分号% |

输出值参数表是需要输出的数据项的列表,输出数据项可以是变量或表达式数据项之间用逗号分隔,其类型应与格式转换说明符相匹配。每个格式转换说明符和输出值参数表中的输出值参数一一对应,没有输出值参数时,格式控制字符串中不再需要格式转换说明符。

【例 4.2】从键盘输入一个大写英文字母,将其转换为小写英文字母后,将转换后的小写英文字母及其十进制的 ASCII 码值显示到屏幕上。

```
1   #include <stdio.h>
2   int main(void)
3   {
4       char ch;
5       printf("Press a key and then press Enter:");
6       ch = getchar();
7       ch = ch + 32;
8       printf("%c, %d\n", ch, ch);      //分别输出变量 ch 中的字符及其 ASCII 码值
9       return 0;
10  }
```

程序的运行结果如下:

**Press a key and then press Enter: B** ↙

**b, 98**

与例 4.1 程序相比,这个程序改用格式化输出函数 printf()来输出字符,与只能输出字符的函数 putchar()相比,函数 printf()的优势是既能以字符格式(%c)也能以十进制整型格式(%d)输出 char 型变量的值(如程序第 8 行所示)。以十进制整型格式(%d)输出时输出的是 char 型变量的 ASCII 码值。这里,下面两条语句的作用是等价的。

```
printf("%c", ch);
putchar(ch);
```

而下面两条语句的作用也是等价的。

```
printf("\n");      // \n 放在双引号内,该语句可以输出一个字符串
putchar('\n');     // \n 放在单引号内,该语句只能输出一个字符
```

**2. 函数 printf() 中的格式修饰符**

在函数 printf()的格式说明中,还可在 % 和格式符中间插入如表 4-3 所示的格式修饰符,用于对输出格式进行微调,如指定输出数据域宽(Field of Width)、显示精度(小数点后显示的小数位数)、左对齐等。

表 4-3　函数 printf() 的格式修饰符

| 格式修饰符 | 用 法 |
| --- | --- |
| 英文字母 l | 修饰格式符 d,o,x,u 时,用于输出 long 型数据 |
| 英文字母 L | 修饰格式符 f,e,g 时,用于输出 long double 型数据 |
| 英文字母 h | 修饰格式符 d,o,x 时,用于输出 short 型数据 |

| 格式修饰符 | 用　　法 |
|---|---|
| 输出域宽 m<br>（m 为整数） | 指定输出项输出时所占的列数<br>　若 m 为正整数,当输出数据宽度小于 m 时,在域内向右靠齐,左边多余位补空格;当输出数据宽度大于 m 时,按实际宽度全部输出;若 m 有前导符 0,则左边多余位补 0<br>　若 m 为负整数,则输出数据在域内向左靠齐 |
| 显示精度 .n<br>（n 为大于或等于 0 的整数） | 精度修饰符位于最小域宽修饰符之后,由一个圆点及其后的整数构成<br>　对于浮点数,用于指定输出的浮点数的小数位数<br>　对于字符串,用于指定从字符串左侧开始截取的子串字符个数 |

注:在 gcc(MinGW32)和 g++(MinGW32)编译器下,输出 long long 类型的数据,需要使用%I64d(注意是大写的 I(读音 ɑi),不是数字 1)

【例 4.3】使用 const 常量定义 π,编程从键盘输入圆的半径 $r$,计算并输出圆的周长和面积。修改例 3.5 程序,使其输出的数据保留两位小数点。

```
1    #include <stdio.h>
2    int main(void)
3    {
4        const double pi = 3.14159;
5        double r,circum,area;
6        printf("Input r:");
7        scanf("%lf", &r);
8        circum = 2 * pi * r;
9        area = pi * r * r;
10       printf("printf WITHOUT width or precision specifications:\n");
11       printf("circumference = %f, area = %f \n", circum, area);
12       printf("printf WITH width and precision specifications:\n");
13       printf("circumference = %7.2f, area = %7.2f \n", circum, area);
14       return 0;
15   }
```

程序运行结果如下:

```
Input r: 5.3↙
printf WITHOUT width or precision specifications:
circumference = 33.300854, area = 88.247263
printf WITH width and precision specifications:
circumference =   33.30, area =   88.25
```

程序第 11 行没有使用域宽和精度说明符即按%f 格式输出实型数据,这时除非特别指定,否则隐含输出 6 位小数。程序第 13 行,使用域宽和精度说明符即按%7.2f 格式输出实型数据,这里%7.2f 表示输出数据所占的域宽为 7,显示的精度为 2。显示精度为 2 是指保留两位小数。输出域宽为 7 是指输出数据占 7 个字符宽度。注意,小数点也占 1 个字符位置。因此,输出的 33.30 和 88.25 的前面会有两个空格。如果将第 13 行语句改成下面语句

```
printf("circumference = %7.0f, area = %7.0f\n", circum, area);
```

那么程序的最后一行输出将变为:

```
circumference =      33, area =      88
```

相当于输出实数的取整结果,由于显示精度改变但输出域宽未变,因此这里输出的 33 和 88 的前面会有 5 个空格。

微视频
数据的格式
化键盘输入

## 4.3　数据的格式化键盘输入

**1.** 函数 scanf()的一般格式

scanf(格式控制字符串,参数地址表);

其中,格式控制字符串是用双引号括起来的字符串,它包括格式转换说明符和分隔符两个部分。函数 scanf()的格式转换说明符(如表 4-4 所示)通常由%开始,并以一个格式字符结束,用于指定各参数的输入格式。

表 4-4　函数 scanf()的格式转换说明符

| 格式转换说明符 | 用　　法 |
| :---: | :--- |
| %d | 输入十进制整数 |
| %o | 输入八进制整数 |
| %x | 输入十六进制整数 |
| %c | 输入一个字符,空白字符(包括空格、回车、制表符)也作为有效字符输入 |
| %s | 输入字符串,遇到空白字符(包括空格、回车、制表符)时,系统认为读入结束(但在开始读之前遇到的空白字符会被系统跳过) |
| %f 或%e | 输入实数,以小数或指数形式输入均可 |
| %% | 输入一个百分号% |

参数地址表是由若干变量的地址组成的列表,这些参数之间用逗号分隔。函数 scanf()要求必须指定用来接收数据的变量的地址,否则数据不能正确读入指定的内存单元。

**2.** 函数 scanf()中的格式修饰符

与 printf()类似,在函数 scanf()的%和格式符中间也可插入如表 4-5 所示的格式修饰符。

**表 4-5  函数 scanf() 的格式修饰符**

| 格式修饰符 | 用　　法 |
|---|---|
| 英文字母 l | 加在格式符 d、o、x、u 之前,用于输入 long 型数据加在格式符 f、e 之前,用于输入 double 型数据 |
| 英文字母 L | 加在格式符 f、e 之前,用于输入 long double 型数据 |
| 英文字母 h | 加在格式符 d、o、x 之前,用于输入 short 型数据 |
| 域宽 m(正整数) | 指定输入数据的宽度(列数),系统自动按此宽度截取所需数据 |
| 显示精度 .n(0 或正整数) | scanf() 没有精度修饰符,即用 scanf() 输入实型数据时不能规定精度 |
| 忽略输入修饰符 * | 表示对应的输入项在读入后不赋给相应的变量 |

注:在 gcc(MinGW32)和 g++(MinGW32)编译器下,输入 long long 类型的数据,需要使用%I64d(注意是大写的 I(读音 ɑi),不是数字 1)

在用函数 scanf() 输入数值型数据时,遇到以下几种情况都认为数据输入结束:

(1) 遇空格符、回车符、制表符(Tab);

(2) 达到输入域宽;

(3) 遇非法字符输入。

注意,如果函数 scanf() 的格式控制字符串中存在除格式说明符以外的其他字符,那么这些字符必须在输入数据时由用户从键盘原样输入。

【例 4.4】下面程序用于演示函数 scanf() 对输入数据的格式要求。

```
1   #include <stdio.h>
2   int main(void)
3   {
4       int a, b;
5       scanf("%d %d", &a, &b);
6       printf("a = %d, b = %d\n", a, b);
7       return 0;
8   }
```

(1) 当要求程序输出结果为 a=12,b=34 时,用户应该如何输入数据?

答:因为程序第 5 行语句中的两个格式转换说明符之间是空格符,作为普通字符,它必须在用户输入时原样输入,即输入数据之间应以空格作为分隔符。所以此时应按以下格式输入数据:

12  34 ↙

(2) 当限定用户输入数据以逗号为分隔符,即输入数据限定为以下格式时,应修改程序中的哪条语句? 怎样修改?

12,34 ↙

答:如果要求输入数据之间以逗号分隔,那么两个格式转换说明符之间必须以逗号分隔,即应该将程序第 5 行语句修改为

**scanf("%d, %d", &a, &b);**

(3)当程序第 5 行语句修改为如下语句时,用户应该如何输入数据?

**scanf("a = %d, b = %d", &a, &b);**

答:此时用户应在输入数据时将字符串"a ="和"b ="原样输入,即按以下格式输入数据:

**a = 12, b = 34** ↙

(4)当输入数据限定为以下格式,同时要求程序输出结果为 a = 12,b = 34 时,应修改程序中的哪条语句? 怎样修改?

**1234** ↙

答:此时应将第 5 行语句修改为

**scanf("%2d%2d", &a, &b);**

这样在输入数据时,可以自动按照指定宽度从输入的数据中截取所需数据。

(5)当输入数据限定为以下格式,同时要求程序输出结果为 a = "12",b = "34"时,应修改程序中的哪条语句? 怎样修改?

**12** ↙

**34** ↙

答:应修改程序中的第 6 行语句为:

**printf("a = \"%d\", b = \"%d\"\n", a, b);**

这里,函数 printf()格式控制字符串中的字符'\" '是转义字符,代表双引号字符。

(6)若使用用户可以用任意字符作为分隔符输入数据,则程序应该如何修改?

答:此时可使用忽略输入修饰符来实现用户以任意字符作为分隔符进行数据的输入,即将程序中的第 5 行语句修改为:

**scanf("%d%*c%d", &a, &b);**

这是因为忽略输入修饰符使得对应的输入项在读入后不赋给任何变量,因此无论用户输入什么都不会对其对应的输入项(即分隔符)产生影响,也就意味着用户可以用任意字符作为分隔符来输入数据。此时,无论用户按以下哪一种数据输入格式输入数据,屏幕上都会显示a = 12,b = 34的结果。

格式 1:以回车符作为数据分隔符

**12** ↙

**34** ↙

格式 2:以空格符作为数据分隔符

**12   34** ↙

格式 3:以逗号作为数据分隔符

**12,34** ↙

格式 4:以制表符作为数据分隔符

**12      34** ↙

格式 5：以字符-作为数据分隔符

**12-34** ↙

（7）当第 5 行语句修改为如下语句时，如果用户输入 123456，那么程序运行结果如何？

**scanf("%2d%*2d%2d", &a, &b);**

答：此时程序的输出结果为：

**a = 12, b = 56**

其中，格式说明符%＊2d 中的＊为忽略输入修饰符，表示对应的输入项（这里为 34）在读入后不赋给相应的变量，%2d 中的 2 为域宽附加格式说明，表示从输入数据中按指定宽度 2 从输入缓冲区中截取输入数据。

（8）如果用户输入了非法字符，如输入了 12  3a，那么程序运行结果如何？

答：此时，程序运行结果为：

**12  3a** ↙

**a = 12, b = 3**

这是因为当程序从输入数据中读取第 2 个数据时遇到了非法输入字符 a，于是第 2 个被读入的数据就是 3。

（9）如果用户输入的是 123a，那么结果又会如何呢？

答：此时，程序运行结果为：

**123a** ↙

**a = 123, b = -858993460**

这里由于用户不小心输入了一个非法字符而导致程序输入终止，使得函数 scanf() 未能读入指定的数据项数。那么，如何判断函数 scanf() 是否成功读入了指定的数据项数呢？可以通过检查 scanf() 的函数返回值来实现。当 scanf() 返回指定的数据项数时，表示函数被成功调用；当 scanf() 返回 **EOF** 值（EOF 是在 stdio.h 中被定义为-1 的宏常量）时，表示函数调用失败，即未能读入指定的数据项数。这需要使用第 5 章介绍的 if-else 语句才能编程实现。

（10）如果程序第 5 行语句修改为下面语句，那么运行程序会出现什么结果？

**scanf("%d %d", a, b);**

答：此时运行程序后，程序会弹出一个对话框，使程序异常终止。

本来应该在 scanf() 的参数地址表中用 &a 和 &b 指出接收数据的存储单元的地址，但是这里却变成了 a 和 b，这样就使得编译器误将 a 值和 b 值当做了地址值，使得数据试图存入这两个地址单元，从而导致了非法内存访问（即代码访问了不该访问的内存地址），而真正的地址为 &a 和 &b 的内存单元却未被存入数据，即变量 a 和 b 未被赋值。

使用函数 scanf() 时忘记在变量前面加上取地址运算符，以指定用来接收数据的变量的地址，这是初学者常犯的一个错误。

## 4.4 本章扩充内容

### 4.4.1 用%c 输入字符时存在的问题

【例 4.5】按如下数据输入格式,从键盘输入一个整数加法算式:

操作数 **1 +** 操作数 **2**

然后计算并输出该表达式的计算结果,输出格式如下:

操作数 **1 +** 操作数 **2 =** 计算结果

程序如下:

微视频
用%c 输入字
符 时 存 在 的
问题

```
1   #include <stdio.h>
2   int main(void)
3   {
4       int   data1, data2;
5       char op;
6       printf("Please enter the expression data1+data2\n");
7       scanf("%d%c%d",&data1, &op, &data2);
8       printf("%d%c%d = %d\n", data1, op, data2, data1+data2);
9       return 0;
10  }
```

从键盘先后输入 12、空格、+、空格和 3 后的程序运行结果如下:

**Please enter the expression data1+data2**

**12 + 3** ✓

**12   3129 = 3141**

这个结果看上去很奇怪,为什么会输出这样的错误运行结果呢?

错误的原因显然是因为数据没有被正确读入,先来看一下我们是如何输入数据的。当程序提示我们输入数据时,首先输入一个整数 12,紧接着输入一个空格字符,然后输入字符'+',紧接着再输入一个空格字符,最后输入整数 3。当输入 12 时,12 被函数 scanf()用 d 格式符正确地赋值给变量 data1。然而,其后输入的空格字符却被函数 scanf()用 c 格式符赋值给了变量 op,当然,data2 也因此无法得到数据 3 的值。只要做个简单的测试,即重新修改输入格式,就可以验证上面的分析结果是否正确了。下面是程序两次运行的结果:

第 1 次测试(先后输入 12、空格和 3)的运行结果为:

**Please enter the expression data1+data2**

**12   3** ✓

**12   3 = 15**

第 2 次测试(先后输入 12、+和 3)的运行结果为:

**Please enter the expression data1+data2**

**12+3** ✓

**12+3 = 15**

 　　在第 1 次测试中,输入的 12、空格符、3 分别被赋值给整型变量 data1、字符型变量 op 和整型变量 data2。而在第 2 次测试中,输入的 12、字符'+'、3 分别被赋值给整型变量 data1、字符型变量 op 和整型变量 data2。这说明,在用%c 格式读入字符时,空格字符和转义字符(包括回车)都会被当做有效字符读入。

【例 4.6】编程从键盘先后输入 int 型、char 型和 float 型数据,要求每输入一个数据就显示出这个数据的类型和数据值。

```
1    #include <stdio.h>
2    int main(void)
3    {
4        int    a;
5        char   b;
6        float c;
7        printf("Please input an integer:");
8        scanf("%d", &a);
9        printf("integer: %d\n", a);
10       printf("Please input a character:");
11       scanf("%c", &b);
12       printf("character: %c\n", b);
13       printf("Please input a float number:");
14       scanf("%f", &c);
15       printf("float: %f\n", c);
16       return 0;
17   }
```

程序的运行结果如下:

**Please input an integer:12** ✓

**integer: 12**

**Please input a character: character:**

**Please input a float number:3.5** ✓

**float: 3.500000**

显然,这个程序和例 4.5 一样,问题也是出在%c 格式符上面,在输入数据 12 之后输入的回车符被当做有效字符读给字符型变量 b 了。

### 4.4.2 %c 格式符存在问题的解决方法

可以采用如下两种方法来解决这个问题:

方法 1:用函数 getchar() 将数据输入时存入缓冲区中的回车符读入,以避免被后面的字符型变量作为有效字符读入。

```
1    #include <stdio.h>
2    int main(void)
3    {
4        int  a;
5        char b;
6        float c;
7        printf("Please input an integer:");
8        scanf("%d", &a);
9        printf("integer: %d\n", a);
10       getchar();   //将存于缓冲区中的回车符读入,避免在后面作为有效字符读入
11       printf("Please input a character:");
12       scanf("%c", &b);
13       printf("character: %c\n", b);
14       printf("Please input a float number:");
15       scanf("%f", &c);
16       printf("float: %f\n", c);
17       return 0;
18   }
```

方法 2:在 %c 前面加一个空格,忽略前面数据输入时存入缓冲区中的回车符,避免被后面的字符型变量作为有效字符读入。与方法 1 相比,方法 2 更简单,程序可读性也更好。

```
1    #include <stdio.h>
2    int main(void)
3    {
4        int  a;
5        char b;
6        float c;
7        printf("Please input an integer:");
8        scanf("%d", &a);
9        printf("integer: %d\n", a);
10       printf("Please input a character:");
11       scanf(" %c", &b); //在%c前面加一个空格,将存于缓冲区中的回车符读入
```

```
12      printf("character: %c\n", b);
13      printf("Please input a float number:");
14      scanf("%f", &c);
15      printf("float: %f\n", c);
16      return 0;
17   }
```

这两个程序的运行结果均为:

**Please input an integer:12** ↙

**integer: 12**

**Please input a character:a** ↙

**character: a**

**Please input a float number:3.5** ↙

**float: 3.500000**

现在再回过头来看例 4.5,也可以采用在%c 前面加一个空格的方法,这样无论以哪种方式输入加法算式,都能得到正确的输出结果。

## 4.5　本章知识点小结

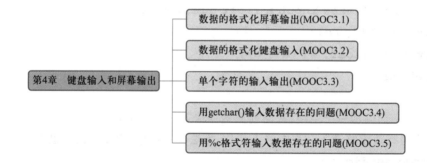

## 4.6　本章常见错误小结

| 常见错误实例 | 常见错误描述 | 错误类型 |
|---|---|---|
| print("Input a:");<br>Printf("Input a:"); | 　将 printf() 误写为 print() 或者 Printf()。由于 C 编译器只是在目标程序中为库函数调用留出空间,并不能识别函数名中的拼写错误,更不知道库函数在哪里,寻找库函数并将其插入到目标程序中是链接程序负责的工作,所以函数名拼写错误只能在链接时发现 | 链接错误 |

续表

| 常见错误实例 | 常见错误描述 | 错误类型 |
|---|---|---|
| printf("Input a:);<br>scanf(%d", &a); | 忘记给 printf() 或 scanf() 中的格式控制字符串加上双引号 | 编译错误 |
| scanf("%d," &a);<br>printf("a = %d \n," a); | 将分隔格式控制字符串和表达式的逗号写到了格式控制字符串内 | 编译错误 |
| scanf("%d", a); | 忘记给 scanf() 中的变量加上取地址运算符 & | 提示 warning |
| printf("a = \n", a); | printf() 欲输出一个表达式的值,但是格式控制字符串中却没有与其对应的格式转换字符 | 运行时错误 |
| printf("a = %d \n"); | printf() 中的格式控制字符串欲输出一个数值,但是这个数值对应的表达式却忘记写在函数 printf() 中 | 运行时错误 |
| int a;<br>scanf("%f", &a);<br>printf("a = %f \n", a); | scanf() 或 printf() 的格式控制字符串中的格式转换字符与要输入/输出的数值类型不一致 | 运行时错误 |
| scanf("%d%d",&a,&b);<br>用户输入 2,3 | 用户从键盘输入的数据格式与 scanf() 中格式控制字符串要求的格式不一致。例如,相邻数据项之间应该用逗号分隔,但是用户没有输入逗号,或者不应该用逗号分隔,但是用户输入了逗号 | 运行时错误 |
| scanf("%d \n", &a); | scanf() 格式控制字符串中包含了' \n '等转义字符 | 运行时错误 |
| scanf("%8.2f", &c); | 用 scanf() 输入实型数据时在格式控制字符串中规定了精度 | 运行时错误 |

# 习 题 4

4.1 分析并写出下面程序的运行结果。

（1）

```
1    #include <stdio.h>
2    int main(void)
3    {
4        char c1 = 'a', c2 = 'b', c3 = 'c';
5        printf("a%cb%cc%c\n", c1, c2, c3);
6        return 0;
7    }
```

（2）

```
1    #include <stdio.h>
2    int main(void)
3    {
```

```
4      int a = 12, b = 15;
5      printf("a = %d%% , b = %d%%\n", a, b);
6      return 0;
7    }
```

（3）假设程序运行时输入 123456。

```
1    #include <stdio.h>
2    int main(void)
3    {
4        int a, b;
5        scanf("%2d%*2s%2d", &a, &b);
6        printf("%d,%d\n", a, b);
7        return 0;
8    }
```

4.2    分析下面程序,请指出错误的原因和程序错在哪里,并改正错误。

```
1    #include <stdio.h>
2    int main(void)
3    {
4        long a, b;
5        float x, y;
6        scanf("%d, %d\n", a, b);
7        scanf("%5.2f, %5.2f\n", x, y);
8        printf("a = %d, b = %d\n", a, b);
9        printf("x = %d, y = %d\n", x, y);
10       return 0;
11   }
```

4.3    填空题。

（1）要使下面程序在屏幕上显示 1,2,34,则从键盘输入的数据格式应为_____。

```
1    #include <stdio.h>
2    in main(void)
3    {
4        char a, b;
5        int  c;
6        scanf("%c%c%d", &a, &b, &c);
7        printf("%c,%c,%d\n", a, b, c);
8        return 0;
9    }
```

（2）在与上面程序的键盘输入相同的情况下,若将程序中的第 7 条语句修改为

```
        printf("%-2c%-2c%d\n", a, b, c);
```

则程序的屏幕输出为_____。

（3）要使上面程序的键盘输入数据格式为 1,2,34,输出语句在屏幕上显示的结果也为 1,2,34,则应将程序中的第 6 条语句修改为_____。

（4）在（3）的程序基础上，程序仍然输入 1,2,34,若将程序中的第 7 条语句修改为

**printf("\'%c\',\'%c\',%d\n", a, b, c);**

则程序的屏幕输出为_____。

（5）要使上面程序的键盘输入无论用下面哪种格式输入数据,程序在屏幕上的输出结果都为 1, 2,34,则应将程序中的第 6 条语句修改为_____。

第 1 种输入方式:**1,2,34**↙（以逗号作为分隔符）

第 2 种输入方式:**1  2  34**↙（以空格作为分隔符）

第 3 种输入方式:**1    2    34** ↙（以 Tab 键作为分隔符）

第 4 种输入方式:**1** ↙

　　　　　　　**2** ↙

　　　　　　　**34** ↙（以回车符作为分隔符）

4.4  参考例 4.2 程序,编程从键盘输入一个小写英文字母,将其转换为大写英文字母后,将转换后的大写英文字母及其十进制的 ASCII 码值显示到屏幕上。

# 第5章 选择控制结构

内容导读

本章围绕计算两数最大值介绍关系运算符、条件运算符，以及选择控制结构和条件语句，围绕计算器程序介绍开关语句和逻辑运算符。本章内容对应"C 语言程序设计精髓"MOOC 课程的第 4 周视频，主要内容如下：

- ✍ 算法的描述方法
- ✍ 单分支、双分支、多分支选择控制结构，条件语句
- ✍ 用于多路选择的 switch 语句，break 语句在 switch 语句中的作用
- ✍ 关系运算符、条件运算符、逻辑运算符和位运算符
- ✍ 程序测试

## 5.1 生活中与计算机中的问题求解方法

在日常生活中，人们做任何事情都需要遵循一定的程序，即要按一定的顺序来操作，其中某些步骤的顺序是不能改变的，就像我们必须"先穿袜子，后穿鞋"一样。

如果问题很复杂，那么通常还要使用分治策略（Divide and Conquer Strategy）将原始问题逐步分解为一些易于解决的子问题，然后再将每个子问题各个击破。以准备早餐为例，可以按照如下方法将"准备早餐"进行任务分解，然后对其中的每个步骤逐步细化，最终将上述步骤写成一个类似于菜谱的"算法"。结构如下所示：

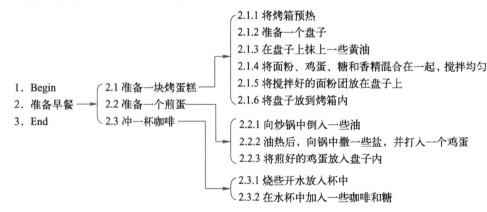

与现实生活不同的是，计算机执行特定任务是通过执行预定义的指令集来实现的。这些预定义的指令集就是所谓的计算机程序（Computer Program）。按照一定的算法编写计算机程序实际上就是在告诉计算机做什么和怎么做。

计算机程序和计算机之间,就像食谱和厨师之间的关系一样,计算机程序指定了完成某一任务需要的步骤。但不幸的是,不同于菜谱,目前人类还不能用自己的母语向计算机发送指令。因此,计算机中的算法是通过用计算机指令编写的程序来实现的。

对计算机来说,指令必须被表示成一种计算机能"理解"的语言。计算机能"理解"的唯一语言就是机器语言(Machine Language),机器语言是由一系列二进制的 0 和 1 组成的。由于机器语言很难直接使用,所以通常将计算机指令表示成一种特殊的语言,这种特殊的语言被称为程序设计语言(Programming Language)。程序设计语言不是机器语言,机器语言是一种低级语言,而程序设计语言则是一种高级语言,虽然看上去它很像英语,但它不是英语,而是一种介于机器语言和英语之间的语言。使用高级语言来编写程序比使用低级语言容易得多。为了让计算机执行由高级语言编写的程序指令,必须把这些指令从高级语言形式转换成计算机能理解的机器语言形式,这种转换是由编译器(Compiler)来完成的。

## 5.2 算法的概念及其描述方法

### 5.2.1 算法的概念

不管使用哪种程序设计语言,编程者必须在程序中明确而详细地说明他们想让计算机做什么以及如何做。所谓算法(Algorithm),简单地说,就是为解决一个具体问题而采取的确定、有限、有序、可执行的操作步骤。当然,程序设计中的算法仅指计算机算法,即计算机能够执行的算法。

程序设计是一门艺术,主要体现在算法设计和结构设计上。如果说结构设计是程序的肉体,那么算法设计就是程序的灵魂(Donald E. Knuth)。

著名的计算机科学家沃思(N. Wirth)曾提出一个经典公式:

$$数据结构 + 算法 = 程序$$

这个公式仅对面向过程的语言(如 C 语言)成立,它说明一个程序应由两部分组成:

(1)数据结构(Data Structure)是计算机存储、组织数据的方式,指相互之间存在一种或多种特定关系的数据元素的集合。

(2)算法是对操作或行为(即操作步骤)的描述。算法代表着用系统的方法描述解决问题的策略。不同的算法可能用不同的时间、空间或效率来完成同样的任务。

计算机进行问题求解的算法大致可分为如下两类:

(1)数值算法,主要用于解决数值求解问题。

(2)非数值算法,主要用于解决需要用逻辑推理才能解决的问题,如人工智能中的许多问题以及搜索、分类等问题都属于这类算法。

那么怎样衡量一个算法的正确性呢?一般可用如下基本特性来衡量。

(1)有穷性。算法包含的操作步骤应是有限的,每一步都应在合理的时间内完成,否则算法就失去了它的使用价值。

(2)确定性。算法的每个步骤都应是确定的,不允许有歧义。例如,"如果 $x \geqslant 0$,则输出

Yes；如果 x≤0，则输出 No"就是有歧义的，即当 x 等于 0 时，既要输出 Yes，又要输出 No，这就产生了不确定性。

（3）有效性。算法中的每个步骤都应能有效执行，且能得到确定的结果。例如，对一个负数开平方或者取对数，就是一个无效的操作。

（4）允许没有输入或者有多个输入。

（5）必须有一个或者多个输出。

### 5.2.2　算法的描述方法

算法的描述方法主要有如下几种。

**1. 自然语言描述**

用自然语言（Natural Language）描述算法时，可使用汉语、英语和数学符号等，通俗易懂，比较符合人们的日常思维习惯，但描述文字显得冗长，在内容表达上容易引起理解上的歧义，不易直接转化为程序，所以一般适用于算法较为简单的情况。

**2. 流程图描述**

流程图（Flow Chart）是描述程序的控制流程和指令执行情况的有向图，它是程序的一种比较直观的表示形式。美国国家标准化协会（ANSI）规定了如图 5-1 所示的符号作为常用的流程图符号。用传统流程图描述算法的优点是流程图可直接转化为程序，形象直观，各种操作一目了然，不会产生歧义，易于理解和发现算法设计中存在的错误；但缺点是所占篇幅较大，允许使用流程线，使用者可使流程任意转向，降低程序的可读性和可维护性，使程序难于理解和修改。

**3. NS 结构化流程图描述**

NS 结构化流程图是由美国学者 I. Nassi 和 B. Schneiderman 于 1973 年提出的，NS 图就是以这两位学者名字的首字母命名的。它的最重要的特点就是完全取消了流程线，这样迫使算法只能从上到下顺序执行，从而避免了算法流程的任意转向，保证了程序的质量。与传统的流程图相比，NS 图的另一个优点就是形象、直观，节省篇幅，尤其适合于结构化程序的设计。

例如，用传统流程图表示的顺序结构如图 5-2（a）所示，用 NS 图表示的顺序结构如图 5-2（b）所示，表示先执行 A 操作，再执行 B 操作，两者是顺序执行的关系。

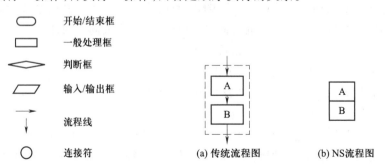

图 5-1　传统流程图中的常用符号　　　图 5-2　顺序结构的流程图表示

**4. 伪码描述**

伪码(Pseudocode)是指介于自然语言和计算机语言之间的一种代码,它的最大优点是,与计算机语言比较接近,易于转换为计算机程序。书写无固定格式和规范,比较灵活。

当我们面对一个实际生活问题时,首先应通过抽象、分解、归纳、约简等分析手段将问题抽象为数学模型,并设法找到其求解方法,然后将问题求解方法用算法描述出来,进一步分析是否存在更优(如效率更高)的求解方法,最后再将算法编码实现。在上述 4 种算法描述方法中,传统流程图是初学者最易掌握,也最清晰直观的一种算法描述方法,在流程图上排查算法的逻辑错误也比直接在代码上查找更快、更有效。因此,在学习程序设计时应养成"先画程序流程图、然后再编写代码"的好习惯。

## 5.3 关系运算符与关系表达式

在前面的章节中,我们编写的程序都涉及如下三个基本操作:

(1)输入数据(Input)。

(2)对数据进行计算和处理(Processing)。

(3)输出运算结果(Output)。

这是一种最常见的 IPO 形式程序结构,即顺序结构(Sequential Structure)。在顺序结构程序中,只能自顶向下、按照代码书写的先后顺序来执行程序。赋值和数据的输入/输出是顺序结构中最典型的操作,主要由**表达式语句**组成。表达式语句由表达式后接一个分号(;)构成。

在实际问题中,常常需要根据不同的情况来选择不同的操作。例如:

(1)计算一元二次方程 $ax^2+bx+c=0$ 的根,如果 $b^2-4ac>0$,则有两个不相等的实根;如果 $b^2-4ac=0$,则有两个相等的实根;如果 $b^2-4ac<0$,则有一对共轭复根。

(2)如果输入的三角形的三条边能构成一个三角形,则计算三角形的面积。

这就是本章所要介绍的**选择结构**(Selection Structure),也称为**分支控制结构**。对于这种需要分情况处理的问题,需要解决如下两个问题:

(1)如何用合法的 C 语言表达式描述判断条件?

(2)用什么样的 C 语句改变程序语句的执行顺序,实现分情况处理?

简单的判断条件可用关系表达式来表示,复杂的条件可用逻辑表达式表示。关系运算实质上是比较运算。C 语言中的**关系运算符**(Relational Operator)如表 5-1所示。

 注意,在书写关系运算符时,既不能在<=、>=、==、!=的符号中间插入空格,也不能将!=、<=、>=的两个符号写反(例如,写成=!、=<、=>),更不能与相应的数学运算符相混淆(例如,写成≠、≤、≥),否则将产生语法错误,即编译错误(Compile Error)。尤其要注意的是,**不要将==误写为=**。前者是相等关系运算符,而后者是赋值运算符。尽管关系表达式和赋值表达式都可用来表示一个判断条件,但二者的值可能是不同的,因而会影响到对条件真假的正确判断,进而导致运行时错误(Run-time Error),然而编译器通常不能识别这种误写(因为编译器不知道程序员的真正意图),某些编译器只会给出一个警告而已。

表 5-1　C 语言中的关系运算符及其优先级

| 关系运算符 | 对应的数学运算符 | 含　义 | 优　先　级 |
|---|---|---|---|
| < | < | 小于 | 高 |
| > | > | 大于 | |
| <= | ≤ | 小于或等于 | |
| >= | ≥ | 大于或等于 | |
| == | = | 等于 | 低 |
| != | ≠ | 不等于 | |

表 5-1 中前 4 个关系运算符的优先级高于后面两个关系运算符的优先级,其中<、>、<=、>=的优先级是相同的,==和!=的优先级也是相同的。

用关系运算符将两个操作数连接起来组成的表达式,称为关系表达式(Relational Expression)。关系表达式通常用于表达一个判断条件,而一个条件判断的结果只能有两种可能:"真"或者"假"。而 C89 没有提供布尔数据类型,那么表达式的真和假用什么来表示呢? 在 C 语言中,用非 0 值表示"真",用 0 值表示"假"。只要表达式的值是 0,就表示表达式的值为假,即该判断条件不成立;而如果表达式的值为非零值(也包括负数),则表示表达式的值为真,即该判断条件成立。

这种真假值判断策略给程序在判断条件的表达上带来了灵活性,使得任何类型的 C 表达式都可作为判断条件。例如,"n 不是偶数"可表示为下面的关系表达式:

**n%2 != 0**

它表示如果 n 被 2 求余结果不为 0,即 n 不能被 2 整除,则该关系表达式的值为真。换句话说就是,如果这个关系表达式的值为真,则表示 n 不是偶数,反之 n 是偶数。

如何计算这个表达式的值呢? 这个表达式中用到了两个运算符:算术运算符和关系运算符。由于关系运算符的优先级低于所有算术运算符的优先级,因此运算时优先计算算术表达式 n%2 的值,然后再将 n%2 的值与 0 进行关系比较运算。若算术表达式 n%2 的值为非 0,则关系表达式 n%2 !=0 的值就为真;否则为假。

这里,用关系表达式 n%2 !=0 与用算术表达式 n%2 来表示"n 不是偶数"是等价的。因为如果 n%2 的值为非 0,而"非 0"即表示"真",因此"n%2 为非 0"与"n%2 为真"是等价的,即 n%2 !=0 与 n%2 是等价的。C 语言中逻辑值表示形式的这种特殊性(0 表示假,非 0 表示真),使得 C 表达式书写形式得以简化。例如,将 n%2 !=0 简写为 n%2。

## 5.4　用于单分支控制的条件语句

用传统流程图表示的选择结构如图 5-3(a)所示,用 NS 图表示的选择结构如图 5-3(b)所示,表示当条件 P 成立(为真)时,执行 A 操作,否则执行 B 操作;如果 B 操作为空(即什么也不做),则为单分支选择结构(Single Selection Structure);如果 B 操作不为空,则为双分支选择结构

(Double Selection Structure),如图 5-5 所示。如果 B 操作中又包含另一个选择结构,则构成了一个多分支选择结构(Multiple Selection Structure)。

本节先介绍最简单的单分支选择结构,它可用下面的 if 语句实现:

    **if (表达式 P) 语句 A**

这是条件语句的第 1 种形式。该语句的流程图表示如图 5-4 所示,即如果表达式 P 的值为真,则执行语句 A,否则不做任何操作,直接执行 if 语句后面的语句。

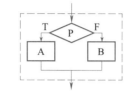 

(a) 用传统流程图表示的选择结构　　(b) 用NS图表示的选择结构

图 5-3　选择结构

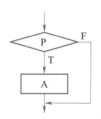 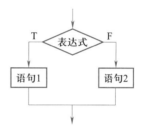

图 5-4　单分支选择结构　　　　　图 5-5　双分支选择结构

【例 5.1】使用单分支的条件语句编程,计算并输出两个整数的最大值。

```
1    #include <stdio.h>
2    int main(void)
3    {
4        int a, b, max;
5        printf("Input a, b:");
6        scanf("%d,%d", &a, &b);
7        if (a > b)   max = a;
8        if (a <= b) max = b;
9        printf("max = %d\n", max);
10       return 0;
11   }
```

程序的运行结果如下:

    **Input a, b: 3, 5** ↙

    **max = 5**

第 7 行语句判断 a 是否大于 b,若 a > b,则将 max 的值置为 a,第 8 行判断 a 是否小于或等于 b;若 a <= b,则将 max 的值置为 b。经过这种处理后,max 的值必然是 a 和 b 中的最大者。

## 5.5　用于双分支控制的条件语句

条件语句的第 2 种形式是用于解决双分支选择问题的 if-else 语句,其一般形式为:

> **if (表达式 P) 语句 1**
> **else　　　　语句 2**

if-else 语句的流程图如图 5-5 所示,即如果表达式 P 的值为真,则执行语句 1,否则执行语句 2。使用简单的 if 语句,面临的选择是:要么执行一条语句,要么跳过它。而使用 if-else 语句,面临的选择是:在两条语句中选择其中的一条来执行。

微视频
计算两数的
最大值

教学课件

【例 5.2】使用双分支条件语句编程,计算并输出两个整数的最大值。

```
1    #include <stdio.h>
2    int main(void)
3    {
4        int a, b, max;
5        printf("Input a, b:");
6        scanf("%d,%d", &a, &b);
7        if (a>b)   max = a;
8        else       max = b;          // 相当于 a<= b 的情况
9        printf("max = %d\n", max);
10       return 0;
11   }
```

与例 5.1 程序相比,本例程序仅修改了第 8 行语句,即在第 7、8 行使用 if-else 语句计算 a 和 b 的最大值,即如果 a 大于 b,那么将 a 值作为最大值,否则将 b 值作为最大值。

## 5.6　条件运算符和条件表达式

条件运算符(Conditional Operator)是 C 语言中唯一的一个三元运算符(Ternary Operator),运算时需要三个操作数。将例 5.2 程序用条件运算符构成的条件表达式来改写,将使程序变得更简单、直观。先来看下面的程序。

【例 5.3】使用条件运算符编程,计算并输出两个整数的最大值。

```
1    #include <stdio.h>
2    int main(void)
3    {
4        int a, b, max;
5        printf("Input a, b:");
```

```
6        scanf("%d,%d", &a, &b);
7        max = a > b ? a : b;              // 用条件表达式计算两整数的最大值
8        printf("max = %d\n", max);
9        return 0;
10   }
```

程序第 7 行使用了条件表达式来计算两个整数的最大值。由条件运算符及其相应的操作数构成的表达式,称为条件表达式,它的一般形式如下:

**表达式 1 ? 表达式 2 : 表达式 3**

其含义是:若表达式 1 的值非 0,则该条件表达式的值是表达式 2 的值,否则是表达式 3 的值。

## 5.7　用于多分支控制的条件语句

条件语句的第 3 种形式是 else-if 形式的条件语句,即

**if (表达式 1)** 语句 **1**
**else if (表达式 2)** 语句 **2**
⋮
**else if (表达式 m)** 语句 **m**
**else** 语句 **m+1**

微视频
条件语句

对于 m = 2 的情况,流程图如图 5-6 所示。其中图 5-6(a)和图 5-6(b)是两种等价的多分支选择结构流程图。其功能是:若表达式 1 的值为真(用'Y'表示),则执行语句 1,否则若表达式 2 为真,则执行语句 2,如果前面几个 if 后的表达式均为假(用'N'表示),则执行语句 3。

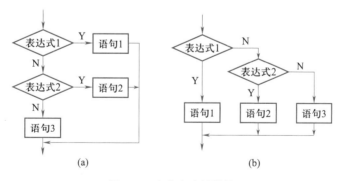

图 5-6　多分支选择结构

条件语句在语法上只允许每个条件分支中带一条语句,而实际中条件分支里要处理的操作往往需要多条语句才能完成,这时就要使用花括号将这些语句括起来。一般来说,将一组逻辑相关的语句用一对花括号括起来所构成的语句,称为复合语句(Compound Statement)。例如:

```
max = a;
printf("max = %d\n",a);
```

是两条语句,但是若将其用一对花括号括起来,即

```
{
    max = a;
    printf("max = %d\n",a);
}
```

则该语句就变成了一条复合语句。

　　由于复合语句在逻辑上形成一个整体,因此可被当做一条语句来处理,并且可以用在单个语句可以使用的任何地方。例如,通常将条件语句的第 2 种形式写成:

```
if (表达式 P)
{
    语句序列 1
}
else
{
    语句序列 2
}
```

　　为了使程序层次清晰,通常将位于每个分支的复合语句中的语句相对于左花括号向右缩进 4 个空格,这样书写不仅层次清晰,而且使程序易于维护。将 if 语句的每个分支都写成复合语句形式,会带来什么好处呢？来看下面的 if 语句:

```
if (a > b)
    max = a;
else
    max = b;
```

假设要在上面语句的每个分支中各添加一条打印语句,那么直接添加语句后,即写成

```
if (a > b)
    max = a;
    printf("max = %d\n",a);     //企图在分支中添加该语句,但事实上并未添加成功
else
    max = b;
    printf("max = %d\n",b);     //企图在分支中添加该语句,但事实上并未添加成功
```

会导致什么结果呢？将程序编译时,发现会显示如下的错误提示信息:

**'else' without a previous 'if'**

这是因为编译器会把前三行当成如下语句来处理。

```
if (a > b)
{
    max = a;
```

```
    }
    printf("max = %d\n",a);   // 该语句实际上被置于分支之外
```

为什么呢？这是因为条件语句在语法上只允许每个分支中放置一条语句,如果忘记同时添加花括号,那么编译器就只认为 if 后面的第 1 条语句是其分支中的语句,使得添加的语句被置于 if 语句之外,从而导致 else 不能直接与前面的 if 配对,于是就会在程序编译时显示出"非法的 else,没有与之相匹配的 if"的语法错误。那么如何避免这样的错误发生呢？一个最简单的方法就是无论 if 语句的分支中是一条还是多条语句,都将其用花括号括起来,构成复合语句(本书为了节省篇幅,在 if 分支中仅有一条语句时就没有用花括号)。例如:

```
    if (a > b)
    {
        max = a;
    }
    else
    {
        max = b;
    }
```

微视频
为什么要将 if-else 的每个分支都写成复合语句的形式?

这样,当需要在 if 语句的每个分支中各添加一条打印语句时,可以直接添加,即

```
    if (a > b)
    {
        max = a;
        printf("max = %d\n",a);   // 在分支中添加的语句
    }
    else
    {
        max = b;
        printf("max = %d\n",b);   // 在分支中添加的语句
    }
```

否则添加语句时必须同时添加一对花括号才能保证程序逻辑上的正确性。

【思考题】请读者思考:如何计算并输出三个整数的最大值？

【例 5.4】在习题 3.4 的基础上,从键盘任意输入 $a,b,c$ 的值,编程计算并输出一元二次方程 $ax^2+bx+c=0$ 的根,当 $a=0$ 时,输出"该方程不是一元二次方程",当 $a\neq0$ 时,分 $b^2-4ac>0$、$b^2-4ac=0$、$b^2-4ac<0$ 三种情况计算并输出方程的根。

【问题求解方法分析】在习题 3.4 中,对用户的输入进行了限定,要求用户输入的 $a,b,c$ 的值满足 $b^2-4ac>0$。本例去掉了这个限定,因此需要考虑所有可能的情况。根据一元二次方程的求根公式,若令

$$p = -\frac{b}{2a}, \qquad q = \frac{\sqrt{|b^2 - 4ac|}}{2a}$$

则当 $b^2 - 4ac = 0$ 时,有两个相等的实根为 $x_1 = x_2 = p$;当 $b^2 - 4ac > 0$ 时,有两个不相等的实根,分别为:$x_1 = p + q$,$x_2 = p - q$;当 $b^2 - 4ac < 0$ 时,有一对共轭复根,分别为:$x_1 = p + qi$,$x_2 = p - qi$。算法流程图如图 5-7 所示,程序如下:

```
1    #include <stdio.h>
2    #include <stdlib.h>
3    #include <math.h>
4    #define   EPS 1e-6
5    int main(void)
6    {
7        float  a, b, c, disc, p, q;
8        printf("Please enter the coefficients a,b,c:");
9        scanf("%f,%f,%f", &a, &b, &c);
10       if (fabs(a) <= EPS)        // a=0 时,输出"不是二次方程"
11       {
12           printf("It is not a quadratic equation! \n");
13           exit(0);
14       }
15       disc = b * b - 4 * a * c;  // 计算判别式
16       p = -b / (2 * a);
17       q = sqrt(fabs(disc))/(2*a);
18       if (fabs(disc) <= EPS)     // 判别式等于 0 时,输出两相等实根
19       {
20           printf("x1 = x2 = %.2f\n", p);
21       }
22       else
23       {
24           if (disc > EPS)          // 判别式大于 0 时,输出两不等实根
25           {
26               printf("x1 = %.2f, x2 = %.2f\n", p+q, p-q);
27           }
28           else                     // 判别式小于 0 时,输出两共轭复根
29           {
30               printf("x1 = %.2f+%.2fi, ", p, q);
31               printf("x2 = %.2f-%.2fi \n", p, q);
32           }
33       }
34       return 0;
35   }
```

微视频
多分支选择
控制

教学课件

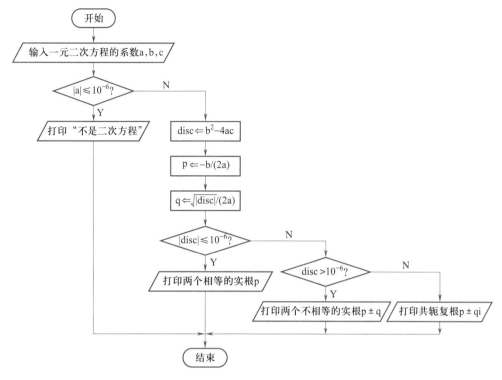

图 5-7 例 5.4 程序的算法流程图

程序第 13 行中的 exit() 是 C 语言提供的标准库函数。exit() 的一般调用形式为：

**exit(code);**

函数 **exit**() 的作用是终止整个程序的执行,强制返回操作系统,并将 int 型参数 code 的值传给调用进程(一般为操作系统)。当 code 值为 0 或为宏常量 EXIT_SUCCESS 时,表示程序正常退出;当 code 值为非 0 值或为宏常量 EXIT_FAILURE 时,表示程序出现某种错误后退出。

调用函数 exit() 需要在程序开头包含头文件 <stdlib. h>。此外,因第 17 行调用标准数学函数 fabs() 计算 disc 的绝对值,所以还要在程序开头包含头文件 <math. h>。

我们还注意到本例实数与 0 比较的方式很特别。为什么不直接将实数与 0 比较呢?

如第 2 章 2.6 节所述,由于实数在内存中是以浮点形式存储的,阶码所占的位数决定实数的表数范围,尾数所占的位数决定实数的精度,ANSI C 并没有明确规定三种浮点类型的阶码和尾数所占的位数,不同的 C 编译器分配给阶码和尾数的位数是不同的,无论怎样,浮点数在内存中存储时其尾数所占的位数都是有限的,因此其所能表示的实数的精度也是有限的,换句话说就是浮点数并非真正意义上的实数,只是其在某种范围内的近似。因此也就只能用近似的方法将实数与 0 进行比较。

例如本例,不能使用下面的方法将实数与 0 比较:

**if (disc == 0)**            // 错误的实数与 **0** 比较方法

而应判断浮点数 disc 是否近似为 0,即是否位于 0 附近的一个很小的区间[-EPS, EPS]内,或者说判断 disc 的绝对值是否小于或等于一个很小的数 EPS(本例中程序第 4 行将 EPS 定义为1e-6)。

同理,对两个浮点数进行比较,应判断两个浮点数差值的绝对值是否近似为 0。例如,本例程序第 18 行语句相当于下面的语句:

**if (fabs(disc-0) <= EPS)**　　// 正确的实数与 **0** 比较方法

程序的 4 次测试结果为:

① **Please enter the coefficients a,b,c: 0,10,2** ↙
　　**It is not a quadratic equation!**

② **Please enter the coefficients a,b,c: 1,2,1** ↙
　　**x1 = x2 = -1.00**

③ **Please enter the coefficients a,b,c: 2,6,1** ↙
　　**x1 = -0.18, x2 = -2.82**

④ **Please enter the coefficients a,b,c: 2,3,2** ↙
　　**x1 = -0.75+0.66i, x2 = -0.75-0.66i**

## 5.8　用于多路选择的 switch 语句

当问题需要讨论的情况较多(一般大于三种)时,通常使用开关语句代替条件语句来简化程序的设计。开关语句就像多路开关一样,使程序控制流程形成多个分支,根据一个表达式的不同取值,选择其中一个或几个分支去执行。它常用于各种分类统计、菜单等程序的设计。C 语言中的开关语句,也称为 switch 语句。switch 语句的一般形式如下:

```
switch (表达式)
{
    case 常量 1:
                可执行语句序列 1
    case 常量 2:
                可执行语句序列 2
    ⋮
    case 常量 n:
                可执行语句序列 n
    default:
                可执行语句序列 n+1
}
```

微视频
开关语句

switch 语句相当于一系列的 if-else 语句,被测试的表达式写在关键字 switch 后面的圆括号中,表达式只能是 char 型或 int 型,这在一定程度上限制了 switch 语句的应用。在 switch 花括号中的关键字 case 后面接着的是常量,注意,常量与 case 中间至少有一个空格,常量的后面是冒号,常量的类型应与 switch 后括号内表达式的类型一致。

switch 语句的执行过程是这样的:首先计算 switch 后表达式的值,然后将该值依次与 case 后的常量值进行比较,当它们相等时,执行相应 case 后面的代码段,代码执行完毕后,可使用 break 语句跳出 switch 语句,如果没有 break 语句,程序将依次执行下面的 case 后的语句,直到遇到 switch 的右花括号"}"为止。

【例 5.5】编程实现简单的计算器功能,要求用户按如下格式从键盘输入算式:

操作数 1  运算符 op  操作数 2

计算并输出表达式的值,其中算术运算符包括:加(+)、减(-)、乘( * )、除(/)。

使用 switch 语句编写程序如下:

```
1    #include  <stdio.h>
2    int main(void)
3    {
4        int    data1, data2;
5        char   op;
6        printf("Please enter an expression:");
7        scanf("%d%c%d", &data1, &op, &data2);   // 输入运算表达式
8        switch (op)                   // 根据输入的运算符确定执行的运算
9        {
10         case '+':                   // 加法运算
11             printf("%d+%d = %d\n", data1, data2, data1+data2);
12             break;
13         case '-':                   // 减法运算
14             printf("%d-%d = %d\n", data1, data2, data1-data2);
15             break;
16         case '*':                   // 乘法运算
17             printf("%d* %d = %d\n", data1, data2, data1* data2);
18             break;
19         case '/':                   // 除法运算
20             if (data2 == 0)         // 为避免除 0 错误,检验除数是否为 0
21                 printf("Division by zero! \n");
22             else
23                 printf("%d/%d = %d\n", data1, data2, data1/data2);
24             break;
25         default:                    // 处理非法运算符
26             printf("Invalid operator! \n");
27        }
28        return 0;
29    }
```

程序的 6 次测试结果如下：

① **Please enter an expression: 22+12** ✓

   **22+12 = 34**

② **Please enter an expression: 22-12** ✓

   **22-12 = 10**

③ **Please enter an expression: 22* 12** ✓

   **22*12 = 264**

④ **Please enter an expression: 22/12** ✓

   **22/12 = 1**

⑤ **Please enter an expression: 22/0** ✓

   **Division by zero!**

⑥ **Please enter an expression: 22 \12** ✓

   **Invalid operator!**

程序执行到第 8 行的 switch 语句时，先计算 switch 后括号内表达式（本例为变量 op）的值，然后自上而下寻找与该值相匹配的 case 常量，找到后则按顺序执行此 case 后的所有语句，若没有任何一个 case 常量与表达式的值相匹配，则执行 default 后面的语句。本例在第 25 行用 default 标号后的语句来处理输入非法运算符的情况，这对于保证程序的健壮性是非常必要的。

由于每个 case 后的常量只起到一个**语句标号（Label）**的作用，所以 case 后常量的值必须互不相同，否则会在匹配中出现相互矛盾的问题。本例程序中，第 10、13、16、19 行的 case 标号后分别处理运算符为 +、-、*、/的情况，因此每个 case 后的常量分别为字符型常量' +'、' -'、' * '、'/'，这些常量出现的次序不影响程序的运行结果，但不能有重复的 case 出现。从执行效率角度考虑，一般将发生频率高的情况放在前面。

程序第 12、15、18、24 行的 break 语句在本例也是不可缺少的。例如，如果删掉了第 12 行的 break 语句，那么程序的运行结果为：

   **Please enter an expression: 24+12** ✓

   **24+12 = 36**

   **24-12 = 12**

而如果注释掉所有的 break 语句，那么程序的运行结果为：

   **Please enter an expression: 24+12** ✓

   **24+12 = 36**

   **24-12 = 12**

   **24*12 = 288**

   **24/12 = 2**

   **Invalid operator!**

为什么会出现这样的结果呢？这是因为，此时用户输入的表达式为 24+12，即用户输入的 op 值为 '+'，它与第 10 行的 case 常量相匹配，程序执行第 10 行 case 后的语句，由于第 12 行的 break 语句被注释掉了，因此程序执行完第 10 行语句后，又继续执行了第 13 行 case 后的语句，这说明 case 本身并没有条件判断的功能,程序执行相匹配的 case 常量后的语句后,无论后面是否还有其他 case 标号,都会一直执行下去,直到遇到 break 语句或右花括号"｝"为止。

因此,只有 switch 语句和 break 语句配合使用,才能形成真正意义上的多分支。也就是说,执行完某个分支后,一般要用 break 语句跳出 switch 结构。

此外,根据上述分析,不难得出这样的结论:若 case 后面的语句省略不写,则表示它与后续 case 执行相同的语句。例如,如果在上面的程序中,允许使用字符 * 、x 与 X 作为乘号,那么可以将程序第 16～18 行语句修改如下:

```
case '*':        // 在输入的乘法算式中,可以使用 *作为乘法运算符
case 'x':        // 在输入的乘法算式中,可以使用 x作为乘法运算符
case 'X':        // 在输入的乘法算式中,可以使用 X作为乘法运算符
        printf("%d*%d=%d\n", data1, data2, data1*data2);
        break;
```

这样,无论用户输入的运算符为 '*'、'x'或'X',都将执行该段代码。

一个常见的错误是:在表示相等条件时,初学者很容易将关系运算符＝＝误用做赋值运算符＝。例如:

```
if (a == b)   printf("a equal to b");
```

这条语句的含义是:如果 a 等于 b,则打印"a equal to b"。若错误地写成:

```
if (a = b)     printf("a equal to b");
```

则语句的含义就变成:如果 b 赋给 a 的值为非 0,则打印"a equal to b",显然在语义上是错误的,从而导致错误的运行结果。因为这种写法在 C 语法上是允许的,编译器无法判断是否是编程者有意为之,所以不会提示错误。

【思考题】请读者用上一节介绍的级联式 if 语句重新编写本例程序。

【例 5.6】修改例 5.5 程序,使其能进行浮点数的算术运算,同时允许使用字符 * 、x 与X 作为乘号,并且允许输入的算术表达式中的操作数和运算符之间可以加入任意多个空格符。

要实现浮点数的算术运算,本例程序除了要将例 5.5 程序第 4 行的变量定义为 float 类型,并将输入输出格式字符%d 修改为%f 外,还要修改实数与 0 比较的方式,像例 5.4 程序那样比较实型变量 data2 是否为 0,即

```
if (fabs(data2) <= 1e-7)     // 实数与 0 比较
```

为使输入算术表达式时允许操作数和运算符之间加入任意多个空格符,可以采用第 4 章4.4 节介绍的方法,在%c 格式符前面加一个空格,即

```
scanf("%f %c%f", &data1, &op, &data2);   // %c 前有一个空格
```

请读者自己编写完整的程序,并上机测试程序的运行结果。

【思考题】请读者思考若要在计算器中增加指数运算(在输入表达式中用^表示),那么如何修改程序。

## 5.9　逻辑运算符和逻辑表达式

现在,让我们先来思考一个问题:前一节中例 5.6 程序中的 if 语句

**`if (fabs(data2) <= 1e-7)`**

相当于下面的语句吗?

**`if (-1e-7 <= data2 <= 1e-7)`**

众所周知,数学上的表达式 a>b>c 是"b 大于 c,并且 b 小于 a"之意。然而,在 C 语言中,a>b>c 虽然是合法的表达式,但是它在逻辑上能表达"b 大于 c,并且 b 小于 a"之意吗?

由于在 C 语言中,用 1 表示表达式的值为真,用 0 表示表达式的值为假,并且关系运算符具有左结合性,因此,若假设 a、b、c 的值分别为 3、2、1,则关系表达式 a>b>c 的计算过程为:a>b>c = (a>b)>c = 1>c = 0(假)。这个例子说明,在数学上正确的表达式在 C 语言的逻辑上不一定总是正确的。因此,可知

**`if (fabs(data2) <= 1e-7)`**

与下面的语句并不是等价的

**`if (-1e-7 <= data2 <= 1e-7)`**　　　　// 语义错误

那么在 C 语言中如何正确表达这种复杂的逻辑关系呢? 这就要用到逻辑运算符(**Logic Operator**)。逻辑运算也称为布尔运算,C 语言提供的逻辑运算符如表 5-2 所示。

表 5-2 中的 3 个运算符的优先级各不相同。其中,运算符 ! 只需要一个操作数,故为一元运算符,因为一元运算符的优先级比其他运算符高,所以在这 3 个运算符中,! 的优先级是最高的,其次是 &&,再次是 ‖。

微视频
在数学上正确的表达式在 C 语言的逻辑上不一定总是正确的

教学课件

**表 5-2　逻辑运算符**

| 逻辑运算符 | 类　型 | 含　义 | 优　先　级 | 结　合　性 |
|---|---|---|---|---|
| ! | 单目 | 逻辑非 | 最高 | 从右向左 |
| && | 双目 | 逻辑与 | 较高 | 从左向右 |
| ‖ | 双目 | 逻辑或 | 较低 | 从左向右 |

用逻辑运算符连接操作数组成的表达式称为**逻辑表达式**(**Logic Expression**)。逻辑表达式的值,即逻辑运算的结果值同样只有真和假两个值,C 语言规定用 1 表示真,用 0 表示假。但在需要判断一个数值表达式(不一定是逻辑表达式)真假时,由于任意一个数值表达式的值不只局限于 0 和 1 两种情况,因此根据表达式的值为非 0 还是 0 来判断其真假。如果表达式的值为非 0,则表示为真,如果表达式的值为 0,则表示为假。逻辑运算规则见表 5-3 所示的真假值表。

表 5-3　逻辑运算的真假值表

| A 的 取 值 | B 的 取 值 | !A(求反运算) | A&&B(逻辑与) | A ‖ B(逻辑或) |
|---|---|---|---|---|
| 非 0 | 非 0 | 0 | 1 | 1 |
| 非 0 | 0 | 0 | 0 | 1 |
| 0 | 非 0 | 1 | 0 | 1 |
| 0 | 0 | 1 | 0 | 0 |

逻辑与运算的特点是:仅当两个操作数都为真时,运算结果才为真;只要有一个为假,运算结果就为假。因此,当要表示两个条件必须同时成立,即"……,并且……"这样的条件时,可使用逻辑与运算符来连接这两个条件。

逻辑或运算的特点是:两个操作数中只要有一个为真,运算结果就为真;仅当两个操作数都为假,运算结果才为假。因此,当需要表示"或者……或者……"这样的条件时,可使用逻辑或运算符来连接这两个条件。

逻辑非运算的特点是:若操作数的值为真,则其逻辑非运算的结果为假;反之,则为真。

现在,回头来看本节开始时提到的数学表达式 a>b>c,写成 C 表达式应为:

**(a > b) && (b > c)**

同理可知,下面两条语句是等价的。

**if (fabs(data2) <= 1e-7)**

**if (data2 >= -1e-7 && data2 <= 1e-7)**

再如,描述"ch 是英文大写字母"时,不能写成'A '<= ch <= 'Z ',而应写成:

**(ch >= 'A') && (ch <= 'Z')**

合理地运用 C 语言的算术运算符、关系运算符和逻辑运算符,可以巧妙地用一个 C 表达式来表示实际应用中的一个复杂的条件。但是若要正确计算一个复杂表达式的值,需要先了解一些常用运算符的优先级与结合性,见表 5-4(详见附录 C)。

表 5-4　常用运算符的优先级与结合性

| 优先级顺序 | 运算符种类 | 附 加 说 明 | 结 合 方 向 |
|---|---|---|---|
| 1 | 一元运算符 | 逻辑非!　求相反数-　++　-- sizeof 类型强制转换等 | 右→左 |
| 2 | 算术运算符 | *　/　%　高于　+- | 左→右 |
| 3 | 关系运算符 | <　<=　>　>=　高于　==　!= | 左→右 |
| 4 | 逻辑运算符 | 除逻辑非之外,&& 高于 ‖ | 左→右 |
| 5 | 赋值运算符 | =　+=　-=　*=　/=　%= | 右→左 |

记不住这些优先级怎么办? 秘密武器就是使用圆括号。在 C 语言中,圆括号也是一种运算符,并且是优先级最高的运算符,用圆括号确定表达式的计算顺序,可以避免使用默认的优先级。例如,判断某一年 year 是否是闰年的条件是满足下列两个条件之一:

(1) 能被 4 整除,但不能被 100 整除。

(2) 能被 400 整除。

描述这一条件用下面的表达式即可:

**((year % 4 == 0) && (year % 100 != 0)) ‖ (year % 400== 0)**

加上括号后计算的先后顺序一目了然,即使忘记了各种运算符的优先级,也能对其正确计算。

 　　注意,运算符 **&&** 和 ‖ 都具有"短路"特性。也就是说,若含有逻辑运算符(&& 和 ‖)的表达式的值可由先计算的左操作数的值单独推导出来,那么将不再计算右操作数的值,这意味着表达式中的某些操作数可能不会被计算。例如,在逻辑表达式a>1 && b++>2 中,仅当前面的表达式 a>1 为真时,后面表达式b++>2 中的b++才会被计算。反之,若改成 b++>2 && a>1,则 b++就一定会被计算了。当然,更好的方法是单独对 b 进行自增运算。

微视频
逻辑运算符
的短路特性

　　因此,为了保证运算的正确性,提高程序的可读性,良好的程序设计风格不建议在程序中使用多用途、复杂而晦涩难懂的复合表达式。

## 5.10 本章扩充内容

教学课件

### 5.10.1 程序测试

　　读者也许已经注意到了,本章的许多程序都给出了多次测试结果,这是为什么呢?

　　程序测试是确保程序质量的一种有效手段。测试的主要方式是,给出特定的输入,运行被测程序,检查程序的输出是否与预期结果一致。包含所有可能情况的测试,称为穷尽测试。然而,在实际中对输入数据的所有可能取值的所有排列组合都进行测

试几乎是不可能的,也是不现实的,只能进行抽样检查。所以程序测试只能证明程序有错,而不**能证明程序无错**(E. W. Dijkstra)。程序测试的过程实际上就是发现程序错误的过程,程序测试**的目的就是为了尽可能多地发现程序中的错误**,成功的测试在于发现迄今为止尚未发现的错误。如果程序测试中没有发现任何错误,则可能是测试不充分,没有发现潜在的错误,而不能证明程序没有错误。因此,程序测试能提高程序质量,但提高程序质量不能完全依赖程序测试。

　　由于进行程序测试需要运行程序,而运行程序需要数据,为测试设计的数据称为**测试用例**(**Test Case**)。测试的基本任务是,根据软件开发各个阶段的文档和程序,精心设计测试用例,利用这些测试用例执行程序,找出软件中潜在的各种错误和缺陷。

微视频
程序测试

　　如果程序测试人员对被测试程序的内部结构很熟悉,即被测程序的内部结构和流向是可见的,那么可按照程序的内部逻辑来设计测试用例,检验程序中的每条通路是否都能按预定要求工作。这种测试方法称为**白盒测试**(**White Box Testing**),或玻璃盒测试(**Glass Box Testing**),也称为结构测试。这种测试方法选取用例的出发点是:尽量让测试数据覆盖程序中的每条语句、每个分支和每个判断条件,并减少重复覆盖。这种方法主要用于测试的早期。

　　把系统看成一个黑盒子,不考虑程序内部的逻辑结构和处理过程,只根据需求规格说明书的要求,设计测试用例,检查程序的功能是否符合它的功能说明,这种测试方法称为黑盒测试

（Black Box Testing），也称为**功能测试**。黑盒测试的实质是对程序功能的覆盖性测试，因此可以从程序拟实现的功能出发选取测试用例。这种方法适用于测试的后期。在实际应用中，通常将白盒测试与黑盒测试结合使用，例如，选择有限数量的重要路径进行白盒测试，对重要的功能需求进行黑盒测试。

【例 5.7】编程输入三角形的三条边 $a$、$b$、$c$，判断它们能否构成三角形。若能构成三角形，指出是何种三角形：等腰三角形、直角三角形，还是一般三角形？

【问题求解方法分析】为了对特殊三角形和一般三角形进行区分，本例中定义了一个标志变量 flag，并将其初始化为 1。如果三角形属于某种特殊类型的三角形，那么就将 flag 置为 0，表示它不再是一般三角形，如果 flag 的值始终为 1，则表示它为一般三角形。

微视频
判断三角形
类型

此外，本例中还要注意实数比较的问题。因为实数运算的结果是有精度限制的，判断三角形是否为直角三角形不能使用

```
if (a*a+b*b == c*c || a*a+c*c == b*b || c*c+b*b == a*a)
```

而应该使用例 5.6 所示的方法，即

```
if (fabs(a*a+b*b-c*c)<= EPS || fabs(a*a+c*c - b*b)<= EPS ||
    fabs(c*c+b*b - a*a)<= EPS)
```

本例程序设计中的另一个难点在于，理清各种三角形之间的逻辑关系，它关系到条件语句的合理运用。请问下面的程序错在哪里？

教学课件

```
1    #include <stdio.h>
2    #include <math.h>
3    #define EPS   1e-1
4    int main(void)
5    {
6        float a, b, c;
7        printf("Input a,b,c:");
8        scanf("%f,%f,%f", &a, &b, &c);
9        if (a+b > c && b+c > a && a+c > b)
10       {
11           if (fabs(a-b)<= EPS || fabs(b-c)<= EPS || fabs(c-a)<= EPS)
12           {
13               printf("等腰三角形 \n");
14           }
15           else if (fabs(a*a+b*b-c*c)<= EPS || fabs(a*a+c*c-b*b)
16                   <= EPS || fabs(c*c+b*b-a*a)<= EPS)
17           {
18               printf("直角三角形 \n");
```

```
19              }
20          else
21          {
22              printf("一般三角形 \n");
23          }
24      }
25      else
26      {
27          printf("不是三角形 \n");
28      }
29      return 0;
30  }
```

本例采用黑盒测试方法,针对等腰三角形、直角三角形、一般三角形和非三角形 4 种情况,设计了 4 个测试用例,测试结果如下:

① **Input a,b,c:3,4,5** ↙
　直角三角形

② **Input a,b,c:4,4,5** ↙
　等腰三角形

③ **Input a,b,c:3,4,6** ↙
　一般三角形

④ **Input a,b,c:3,4,9** ↙
　不是三角形

使用这 4 个测试用例的测试结果都是正确的,但是这能说明程序一定是正确的吗? 仔细研究发现,还有一种特殊类型的三角形即等腰直角三角形没有测试。现在来补充一个测试用例,即选择输入为"10,10,14.14"的情况测试一下程序。

⑤ **Input a,b,c:10,10,14.14** ↙
　等腰三角形

这个结果显然是错误的,为什么没有输出"等腰直角三角形"的结果呢? 分析发现,原因不是直角三角形的判断方法有误,而是因为使用了 if-else 语句来分别判断等腰三角形和直角三角形,导致当程序输入"10,10,14.14"时,因满足 if 分支的判断条件,而没有执行 else 分支,相当于没有执行直角三角形的判断。

在讨论如何修改程序之前,先来看一下各种三角形之间的关系,如图 5-8 所示。

一般地,只有非此即彼的关系才采用 if-else 语句,而对于有交叉的关系,应使用两个并列的 if 语句,本例中由于等腰三角形、直角三角形不是非此即彼的关系,而是存在交叉,集合相交的部分正是等腰直角三角形,因此不能用 if-else 语句来依次判断是否是等腰三角形和直角三角形,应该用并列的 if 语句来判断。因此,将程序修改为:

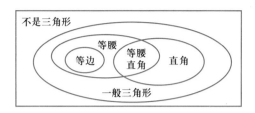

图 5-8 各种三角形之间的关系

```
1   #include <stdio.h>
2   #include <math.h>
3   #define  EPS  1e-1
4   int main(void)
5   {
6       float a, b, c;
7       int flag = 1;                          // 置标志变量 flag 为非 0 值
8       printf("Input a,b,c:");
9       scanf("%f,%f,%f", &a, &b, &c);
10      if (a+b > c && b+c > a && a+c > b)      // 如果满足三角形的基本条件
11      {
12          if (fabs(a-b)<= EPS || fabs(b-c)<= EPS ||  fabs(c-a)<= EPS)
13          {
14              printf("等腰");                 // 等腰
15              flag = 0;                      // 置标志变量 flag 为 0 值
16          }
17          if (fabs(a* a+b* b-c* c)<= EPS ||  fabs(a* a+c* c-b* b)
18              <= EPS || fabs(c* c+b* b-a* a)<= EPS)
19          {
20              printf("直角");                 // 直角
21              flag = 0;                      // 置标志变量 flag 为 0 值
22          }
23          if (flag)                          // 若标志变量 flag 非 0,则是一般三角形
24          {
25              printf("一般");
26          }
27          printf("三角形 \n");
28      }
29      else                                   // 如果不满足三角形的基本条件
30      {
```

```
31          printf("不是三角形\n");
32      }
33      return 0;
34  }
```

这时,程序的 5 次测试结果如下:

① `Input a,b,c:3,4,5`✓
　　直角三角形

② `Input a,b,c:4,4,5`✓
　　等腰三角形

③ `Input a,b,c:3,4,6`✓
　　一般三角形

④ `Input a,b,c:3,4,9`✓
　　不是三角形

⑤ `Input a,b,c:10,10,14.14`✓
　　等腰直角三角形

现在用这 5 个测试用例测试的结果都正确了,但事实上程序还有问题。例如,当输入等边三角形的边长时,只能输出"等腰三角形",因为程序中没有进行"等边三角形"的判断。

在下面的程序中,增加了是否是等边三角形的判断,根据图 5-8 所示的三角形之间关系,现在来分析一下下面的程序存在什么问题。

```
1   #include <stdio.h>
2   #include <math.h>
3   #define  EPS  1e-1
4   int main(void)
5   {
6       float a, b, c;
7       int flag = 1;
8       printf("Input a,b,c:");
9       scanf("%f,%f,%f", &a, &b, &c);
10      if (a+b > c && b+c > a && a+c > b)
11      {
12          if (fabs(a-b)<=EPS || fabs(b-c)<=EPS || fabs(c-a)<=EPS)
13          {
14              printf("等腰");          // 等腰
15              flag = 0;                // 置标志变量 flag 为 0 值
16          }
17          else if (fabs(a-b)<=EPS && fabs(b-c)<=EPS && fabs(c-a)<=EPS)
```

```
18          {
19              printf("等边");          // 等边
20              flag = 0;                 // 置标志变量 flag 为 0 值
21          }
22          if (fabs(a*a+b*b-c*c) <= EPS || fabs(a*a+c*c-b*b) <= EPS
23              || fabs(c*c+b*b-a*a) <= EPS)
24          {
25              printf("直角");
26              flag = 0;
27          }
28          if (flag)
29          {
30              printf("一般");
31          }
32          printf("三角形\n");
33      }
34      else
35      {
36          printf("不是三角形\n");
37      }
38      return 0;
39  }
```

如图 5-8 所示,等边三角形是等腰三角形的一种特例,不是等腰三角形的三角形一定不是等边三角形,但不是等边三角形的三角形却有可能是等腰三角形,因此应该先判断是否为等边三角形,然后再判断是否为等腰三角形,即将 12~21 行语句修改为:

```
12          if (fabs(a-b)<= EPS && fabs(b-c)<= EPS && fabs(c-a)<= EPS)
13          {
14              printf("等边");          // 等边
15              flag = 0;                 // 置标志变量 flag 为 0 值
16          }
17          else if(fabs(a-b)<=EPS || fabs(b-c)<=EPS || fabs(c-a)<=EPS)
18          {
19              printf("等腰");          // 等腰
20              flag = 0;                 // 置标志变量 flag 为 0 值
21          }
```

这时,程序的 6 次测试结果如下:

① **Input a,b,c:3,4,5** ✓
　　直角三角形

② **Input a,b,c:4,4,5** ✓
　　等腰三角形

③ **Input a,b,c:3,4,6** ✓
　　一般三角形

④ **Input a,b,c:3,4,9** ✓
　　不是三角形

⑤ **Input a,b,c:10,10,14.14** ✓
　　等腰直角三角形

⑥ **Input a,b,c:4,4,4** ✓
　　等边三角形

再来看一个使用白盒测试的例子。

【例 5.8】编程将输入的百分制成绩转换为五分制成绩输出。请通过程序测试,分析下面的程序错在哪里。

```
1     #include <stdio.h>
2     int main(void)
3     {
4         int score, mark;
5         printf("Please enter score:");
6         scanf("%d", &score);
7         mark = score / 10;
8         switch (mark)
9         {
10            case 10:
11            case 9: printf("%d--A\n", score);
12                break;
13            case 8:printf("%d--B\n", score);
14                break;
15            case 7: printf("%d--C\n", score);
16                break;
17            case 6: printf("%d--D\n", score);
18                break;
19            case 5:
20            case 4:
21            case 3:
22            case 2:
```

```
23          case 1:
24          case 0: printf("%d--E\n", score);
25                  break;
26          default:printf("Input error!\n");
27      }
28      return 0;
29  }
```

本例采用白盒测试,选取测试用例时,使其尽量覆盖所有分支,于是测试结果如下:

(1) **Please enter score:0** ✓

　　**0--E**

(2) **Please enter score:15** ✓

　　**15--E**

(3) **Please enter score:25** ✓

　　**25--E**

(4) **Please enter score:35** ✓

　　**35--E**

(5) **Please enter score:45** ✓

　　**45--E**

(6) **Please enter score:55** ✓

　　**55--E**

(7) **Please enter score:65** ✓

　　**65--D**

(8) **Please enter score:75** ✓

　　**75--C**

(9) **Please enter score:85** ✓

　　**85--B**

(10) **Please enter score:95** ✓

　　**95--A**

(11) **Please enter score:100** ✓

　　**100--A**

(12) **Please enter score:-10** ✓

　　**Input error!**

(13) **Please enter score:200** ✓

　　**Input error!**

上述测试似乎覆盖了程序的所有分支,但事实上仍然是不充分的,因为遗漏了边界条件的测试。例如,当程序输入 101~109 或者 -9~-1 之间的数据时,测试结果为:

(14) **Please enter score:105** ✓

```
                105--A
（15）Please enter score:-5 ↙
                -5--E
```

结果显然是不对的,因为第 7 行语句执行的是整数除法运算,由于整数除法的结果仍为整数,所以当输入 101~109 的数据时,mark 值为 10,执行 switch 语句后会打印出'A',而当输入 -9~-1 的数据时,mark 值为 0,执行 switch 语句后会打印出'E'。

可见,在选用测试用例时,不仅要选用合理的输入数据,还应选用不合理的以及某些特殊的输入数据或者临界的点,对程序进行测试,这称为边界测试(Boundary Testing)。

根据上述分析,将程序修改如下:

```
1    #include <stdio.h>
2    int main(void)
3    {
4        int score, mark;
5        printf("Please enter score:");
6        scanf("%d", &score);
7        mark = score < 0 || score > 100 ? -1 : score/10;
8        switch (mark)
9        {
10           case 10:
11           case 9: printf("%d--A\n", score);
12                   break;
13           case 8: printf("%d--B\n", score);
14                   break;
15           case 7: printf("%d--C\n", score);
16                   break;
17           case 6: printf("%d--D\n", score);
18                   break;
19           case 5:
20           case 4:
21           case 3:
22           case 2:
23           case 1:
24           case 0: printf("%d--E\n", score);
25                   break;
26           default:printf("Input error!\n");
27       }
28       return 0;
29   }
```

### 5.10.2 对输入非法字符的检查与处理

由于函数 scanf() 不进行参数类型匹配检查,因此,当参数地址表中的变量类型与格式字符不符时,只是导致数据不能正确读入,但编译器并不提示任何出错信息。即使参数地址表中的变量类型与格式字符相符,也无法保证用户输入的数据都是合法的,一旦遇到非法字符输入,则函数 scanf() 就认为输入数据结束,同样会导致数据不能正确读入。因此,为了提高程序的健壮性,有必要对输入非法数据进行检查和处理,以使程序对用户输入具有一定的容错能力。

【例 5.9】输入两个整型数,计算并输出两个整数的最大值。

```
1    #include <stdio.h>
2    int main(void)
3    {
4        int a, b, max;
5        printf("Input a, b:");
6        scanf("%d,%d", &a, &b);
7        max = a > b ? a : b;
8        printf("max = %d\n", max);
9        return 0;
10   }
```

程序的 3 次测试结果如下:

① **Input a, b:3.2,1** ↙
**max = 4199288**

② **Input a, b:1,3.2** ↙
**max = 3**

③ **Input a, b:q** ↙
**max = 2147344384**

在第 1 次测试时,用户输入的第 1 个数据是 3.2,但是 scanf 语句只读入了 3.2 的整数部分 3 到变量 a 中,后面的圆点被视为非法字符导致输入结束了,因此变量 b 中的值仍为随机值,由于这个随机值大于 3,所以最后打印的最大值就是这个随机值。

在第 2 次测试时,用户输入的第 1 个数据是 1,第 2 个数据是 3.2,scanf 语句首先读入第 1 个整数 1 到变量 a 中,然后再读入第 2 个数据时,scanf 语句只读入了 3.2 的整数部分 3 到变量 b 中,后面的圆点被视为非法字符导致输入结束了,因此变量 b 中的值为 3,由于 3 大于 1,所以最后打印的最大值就是 3。

在第 3 次测试时,由于用户输入的是非法字符'q',而且它一直保存在输入缓冲区中,因此函数 scanf() 试图从输入缓冲区中读取两个数据,但没有读到合法的数据,相当于变量 a 和 b 都没有被赋值,其值是个随机值,故最后打印的最大值也是随机值。

怎样解决这个问题呢?可以考虑用检验函数 scanf() 返回值的方法。增加对 scanf() 返回值的检验,可以提高程序的健壮性。虽然前面在使用函数 scanf() 时,并没有使用它的返回值,但事实上函数 scanf()也是有返回值的。如果函数scanf()调用成功(能正常读入输入数据),则其  返回值为已成功读入的数据项数。通常非法字符的输入会导致数据不能成功读入。因为字符相对于数字而言就是非法字符,但是反之不然,因为数字可被当做字符读入。

　　按照正常的处理方法,此时可以先清除输入缓冲区中的内容,然后提示用户重新输入数据直到输入正确为止。由于这两个操作都要用到循环语句(循环语句将在第 6 章中介绍),所以在下面的程序中,做了简单处理,只给出了输入错误的提示信息。

　　【例 5.10】输入两个整型数,计算并输出两个整数的最大值。如果用户不慎输入了非法字符,那么程序提示"输入错误"。

```
1    #include <stdio.h>
2    int main(void)
3    {
4        int a, b, max, ret;
5        printf("Input a, b:");
6        ret = scanf("%d,%d",&a, &b);    // 记录 scanf()函数的返回值
7        if (ret != 2)             // 根据 scanf()函数返回值,判断是否成功读入了指定数量的数据
8        {
9            printf("Input error!\n");
10       }
11       else                      // 此处可以是正确读入数据后应该执行的操作
12       {
13           max = a > b? a : b;
14           printf("max = % d\n", max);
15       }
16       return 0;
17   }
```

　　程序的 4 次测试结果如下:

　　　① **Input a, b:1.2**✓
　　　　**Input error!**
　　　② **Input a, b:1 3**✓
　　　　**Input error!**
　　　③ **Input a, b:q**✓
　　　　**Input error!**
　　　④ **Input a, b:1,3.2**✓
　　　　**max = 3**

　　从这个例子可以看出,虽然函数 scanf()不进行参数类型匹配检查,但是通过检验 scanf()返回值是否为应读入的数据项数,可以判断输入的数据项数(包括输入存在非法字符、无数据可读等)是否正确,如前三次测试所示。如果用户在输入数据过程中输入了非法字符,那么调用 scanf

()时后面所有数据的读入都将终止,scanf()的返回值是在遇到非法字符之前已成功读入的数据项数,例如第 4 次测试时第 2 个输入数据类型不正确,函数 scanf() 不做参数类型匹配检查,只是将小数点作为非法字符处理了,结束了数据的读入,将小数点前面的 3 作为第 2 个数据读入了,因读入的数据项数为 2,所以没有打印出输入错误提示。

### 5.10.3  位运算符

C 语言既具有高级语言的特点,又具有低级语言的特性,如支持位运算就是其具体体现。这是因为,C 语言最初是为取代汇编语言设计系统软件而设计的,因此 C 语言必须支持位运算等汇编操作。位运算就是对字节或字内的二进制数位进行测试、抽取、设置或移位等操作。其操作对象不能是 float、double、long double 等其他数据类型,只能是 char 和 int 类型。

C 语言提供了如表 5-5 所示的 6 种位运算符。除按位取反运算符为单目运算符外,其他运算符都是双目运算符。除<<和>>以外的位运算的运算规则(真值表)如表 5-6 所示。

表 5-5  位 运 算 符

| 运 算 符 | 含 义 | 类 型 | 优 先 级 | 结 合 性 |
|---|---|---|---|---|
| ~ | 按位取反 | 单目 | 高 | 从右向左 |
| << ,>> | 左移位、右移位 | 双目 | ↓ | 从左向右 |
| & | 按位与 | 双目 | ↓ | 从左向右 |
| ^ | 按位异或 | 双目 | ↓ | 从左向右 |
| \| | 按位或 | 双目 | 低 | 从左向右 |

表 5-6  位运算符的运算规则

| a | b | a & b | a \| b | a ^ b | ~ a |
|---|---|---|---|---|---|
| 0 | 0 | 0 | 0 | 0 | 1 |
| 0 | 1 | 0 | 1 | 1 | 1 |
| 1 | 0 | 0 | 1 | 1 | 0 |
| 1 | 1 | 1 | 1 | 0 | 0 |

下面对这些运算符的使用进行逐一解释说明。

（1）按位与

按位与可用于对字节中的某位清零,即两个操作数中的任意一位为 0 时,运算结果的对应位就会被置 0。例如,只保留 15 的最低位不变,而其余位均置为 0,可用 15 & 1 来实现,即

$$
\begin{array}{r}
00001111 \\
\&\quad 00000001 \\
\hline
00000001
\end{array}
$$

其中,15 和 1 均以补码形式表示,所以,15 & 1 = 1。

**（2）按位或**

与按位与相反,按位或可用于对字节中的某位置 1,即两个操作数中的任意一位为 1 时,运算结果的对应位就会被置为 1。例如,只保留 15 的最高位不变,而其余位均置为 1,可用15|127来实现,即

$$
\begin{array}{r}
00001111 \\
|\quad 01111111 \\
\hline
01111111
\end{array}
$$

其中,01111111 是 127 的补码,所以15|127 = 127。

**（3）按位异或**

如果两个操作数的某对应位不一样,则按位异或结果的对应位为1。例如,3 ^ 5 的运算过程可表示为:

$$
\begin{array}{r}
00000011 \\
\verb|^|\quad 00000101 \\
\hline
00000110
\end{array}
$$

其中,00000110 是 6 的补码,所以 3^5 = 6。

**（4）按位取反**

按位取反是对操作数的各位取反,即 1 变为 0,0 变为 1。例如,~5 的运算过程可表示为:

$$
\begin{array}{r}
\verb|~|\quad 00000101 \\
\hline
11111010
\end{array}
$$

其中,11111010 是-6 的补码,所以~5 = -6。

按位取反常用于加密处理。例如,对文件加密时,一种简单的方法就是对每个字节按位取反,如下所示:

| | |
|---|---|
| 初始字节内容 | 00000101 |
| 一次求反后 | 11111010 |
| 二次求反后 | 00000101 |

在上述操作中,经连续两次求反后,又恢复了原初始值,因此第一次求反可用于加密,第二次求反可用于解密。

如前所述,关系运算和逻辑运算的结果要么为 0,要么为 1,而位运算的结果可为任何值,但每一位的结果只能是 0 或 1。因此,从每一位来看,位运算与相应的逻辑运算非常相似。

**（5）左移位**

x<<n 表示把 x 的每一位向左平移 n 位,右边空位补 0。例如,15 及其左移一位、二位、三位的二进制补码分别表示如下:

| | | |
|---|---|---|
| 初始字节内容 | 00001111 | 对应十进制值为 15 |
| 左移一位后的字节内容 | 00011110 | 对应十进制值为 30 |
| 左移二位后的字节内容 | 00111100 | 对应十进制值为 60 |
| 左移三位后的字节内容 | 01111000 | 对应十进制值为 120 |

**（6）右移位**

x>>n 表示把 x 的每一位向右平移 n 位。当 x 为有符号数时,左边空位补符号位上的值,这

种移位称为算术移位;当 x 为无符号数时,左边空位补 0,这种移位称为逻辑移位。

注意:无论左移位还是右移位,从一端移走的位不移入另一端,移出的位的信息都丢失了。例如,15 及其右移一位、二位、三位的二进制补码分别表示如下:

| 初始字节内容 | 00001111 | 对应十进制值为 15 |
|---|---|---|
| 右移一位后的字节内容 | 00000111 | 对应十进制值为 7 |
| 右移二位后的字节内容 | 00000011 | 对应十进制值为 3 |
| 右移三位后的字节内容 | 00000001 | 对应十进制值为 1 |

再如,-15 及其右移一位、二位、三位的二进制补码分别表示如下:

| 初始字节内容 | 11110001 | 对应十进制值为-15 |
|---|---|---|
| 右移一位后的字节内容 | 11111000 | 对应十进制值为-8 |
| 右移二位后的字节内容 | 11111100 | 对应十进制值为-4 |
| 右移三位后的字节内容 | 11111110 | 对应十进制值为-2 |

在实际应用中,通常用左移位和右移位来代替整数的乘法和除法,以便于将软件算法用硬件实现。其中,每左移一位相当于乘以 2,左移 $n$ 位相当于乘以 $2^n$。每右移一位相当于除以 2,右移 $n$ 位相当于除以 $2^n$。这种运算在某些场合下是非常有用的。例如,在实现某些含有乘除法的算法时,可以通过移位运算实现乘 2 或除 2 运算,这样非常有利于算法的硬件实现。

【例 5.11】写出下面程序的运行结果。

```
1    #include <stdio.h>
2    int main(void)
3    {
4        short   x = 12, y = 8;
5        printf("%5hd%5hd%5hd\n", !x, x||y, x&&y);
6        printf("%5hu%5hd%5hd\n", ~x, x|y, x&y);
7        printf("%5hd%5hd%5hd\n\n", ~x, x|y, x&y);
8    }
```

程序的运行结果为:
```
    0    1    1
65523   12    8
  -13   12    8
```
例 5.11 中的位运算示意图如图 5-9 所示。

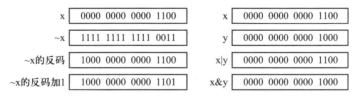

图 5-9  例 5.11 中的位运算示意图

## 5.11　本章知识点小结

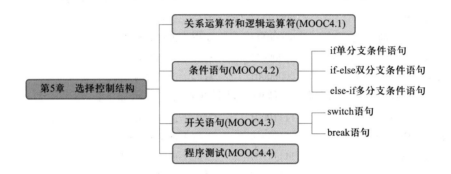

## 5.12　本章常见错误小结

| 常见错误实例 | 常见错误描述 | 错误类型 |
|---|---|---|
| `if (a > b);`<br>　`max = a;` | 在紧跟着 if 单分支选择语句的条件表达式的圆括号之后写了一个分号 | 运行时错误 |
| `if (a > b);`<br>　`max = a;`<br>`else`<br>　`max = b;` | 在紧跟着 if-else 双分支选择语句的条件表达式的圆括号之后写了一个分号 | 编译错误 |
| `if (a > b)`<br>　`max = a;`<br>　`printf("max = % d \n",a);` | 在界定 if 语句后的复合语句时,忘记了花括号 | 运行时错误 |
| `if (a > b)`<br>　`max = a;`<br>　`printf("max = % d \n",a);`<br>`else`<br>　`max = b;`<br>　`printf("max = % d \n",b);` | 在界定 if-else 语句后的复合语句时,忘记了花括号。由于 if 或 else 子句中只允许有一条语句,因此需要多条语句时必须用复合语句,即把需要执行的多条语句用一对花括号括起来 | 编译错误 |
| `if (a = b)`<br>　`printf("a = b\n");` | if 语句的条件表达式中,表示相等条件时,将关系运算符 == 误用为赋值运算符 = | 运行时错误 |
|  | 将关系运算符与相应的数学运算符混淆,写成了 ≠,≤,≥ | 无法输入 |
| `if (a == b)`<br>　`printf("a = b\n");` | 在关系运算符 <= ,>= , == 和!= 的中间加入空格 | 编译错误 |

续表

| 常见错误实例 | 常见错误描述 | 错误类型 |
|---|---|---|
| `if (a =< b)`<br>    `printf("max = % d \n",b);` | 将关系运算符!= , <= ,>= 的两个符号写反,写成了 = !, =<, => | 编译错误 |
| `if (x == 1.1)` | 用 == 或者!= 测试两个浮点数是否相等,或者判断一个浮点数是否等于 0 | 运行时错误 |
| `if ('A'<= ch <= 'Z')` | 误以为语法上合法的关系表达式在逻辑上一定是正确的 | 运行时错误 |
| `switch (mark)`<br>`{`<br>    `case 10:`<br>    `case 9: printf("A \n");`<br>    `case 8: printf("B \n");`<br>    `...`<br>`}` | switch 语句中,需要每个 case 分支单独处理时,缺少 break 语句 | 运行时错误 |
| `switch (mark)`<br>`{`<br>  `case10:`<br>  `case9: printf("A \n");`<br>        `break;`<br>  `case8: printf("B \n");`<br>        `break;`<br>  `...`<br>`}` | switch 语句中,case 和其后的数值常量中间缺少空格 | 运行时错误 |
| `switch (mark)`<br>`{`<br>  `case 100:`<br>  `case 90 ~ 100: printf("A \n");`<br>            `break;`<br>  `case mark < 90: printf("B \n");`<br>            `break;`<br>  `...`<br>`}` | switch 语句中,case 后的常量表达式用一个区间表示,或者出现了运算符(如关系运算符等) | 编译错误 |

# 习 题 5

5.1 从键盘任意输入一个实数,不使用计算绝对值函数编程计算并输出该实数的绝对值。

5.2 从键盘任意输入一个整数,编程判断它的奇偶性。

5.3 在例 3.8 的基础上,从键盘任意输入三角形的三边长为 $a, b, c$,编程判断 $a, b, c$ 的值能否构成一个三角形,若能构成三角形,则计算并输出三角形的面积,否则输出"不能构成三角形"。已知构成三角形的条件是:任意两边之和大于第三边。

5.4 已知银行整存整取不同期限存款的年利率分别为

$$年利率 = \begin{cases} 2.25\% & 期限\ 1\ 年 \\ 2.43\% & 期限\ 2\ 年 \\ 2.70\% & 期限\ 3\ 年 \\ 2.88\% & 期限\ 5\ 年 \\ 3.00\% & 期限\ 8\ 年 \end{cases}$$

要求输入存钱的本金和期限,求到期时能从银行得到的利息与本金的合计。

5.5 阅读下面程序,按要求在空白处填写适当的表达式或语句,使程序完整并符合题目要求。已知下面程序的功能是:从键盘任意输入一个年号,判断它是否是闰年。若是闰年输出"Yes",否则输出"No"。已知符合下列条件之一者是闰年:(1) 能被 4 整除,但不能被 100 整除;(2) 能被 400 整除。

```
1    #include <stdio.h>
2    int main(void)
3    {
4        int  year, flag;
5        printf("Enter year:");
6        scanf("%d",&year );
7        if (_____①_____)
8            flag = 1;                    // 如果 year 是闰年,则标志变量 flag 置 1
9        else
10           flag = 0;                    // 否则,标志变量 flag 置 0
11       if (   ②   )
12           printf("%d is a leap year! \n",year);      // 打印"是闰年"
13       else
14           printf("%d is not a leap year! \n",year);  // 打印"不是闰年"
15       return 0;
16   }
```

5.6 将习题 5.5 程序中的第 7～10 行的 if 语句改用条件表达式重新编写该程序。

5.7 在例 4.2 和第 4 章实验程序的基础上,从键盘输入一个英文字母,如果它是大写英文字母,则将其转换为小写英文字母;如果它是小写英文字母,则将其转换为大写英文字母,然后将转换后的英文字母及其 ASCII 码值显示到屏幕上;如果不是英文字母,则不转换并直接将它及其 ASCII 码值输出到屏幕上。

5.8 从键盘任意输入一个字符,编程判断该字符是数字字符、大写字母、小写字母、空格还是其他字符。

5.9 参考例 5.8 程序的测试结果,改用 if-else 语句编程,根据输入的百分制成绩 score,转换成相应的五分

制成绩 grade 后输出。已知转换标准为:

$$grade = \begin{cases} A & 90 \leqslant score \leqslant 100 \\ B & 80 \leqslant score < 90 \\ C & 70 \leqslant score < 80 \\ D & 60 \leqslant score < 70 \\ E & 0 \leqslant score < 60 \end{cases}$$

5.10 参考习题 5.5 中判断闰年的方法,编程从键盘输入某年某月(包括闰年),用 switch 语句编程输出该年的该月拥有的天数。要求考虑闰年以及输入月份不在合法范围内的情况。已知闰年的 2 月有 29 天,平年的 2 月有 28 天。

5.11 身高预测。每个做父母的都关心自己孩子成人后的身高,据有关生理卫生知识与数理统计分析表明,影响小孩成人后身高的因素包括遗传、饮食习惯与体育锻炼等。小孩成人后的身高与其父母的身高和自身的性别密切相关。

设 faHeight 为其父身高,moHeight 为其母身高,身高预测公式为

男性成人时身高 = (faHeight+moHeight)×0.54 cm

女性成人时身高 = (faHeight×0.923+moHeight)/2 cm

此外,若喜爱体育锻炼,则可增加身高 2%;若有良好的卫生饮食习惯,则可增加身高 1.5%。

请编程从键盘输入用户的性别(用字符型变量 sex 存储,输入字符 F 表示女性,输入字符 M 表示男性)、父母身高(用实型变量存储,faHeight 为其父身高,moHeight 为其母身高)、是否喜爱体育锻炼(用字符型变量 sports 存储,输入字符 Y 表示喜爱,输入字符 N 表示不喜爱)、是否有良好的饮食习惯(用字符型变量 diet 存储,输入字符 Y 表示良好,输入字符 N 表示不好)等条件,利用给定公式和身高预测方法对身高进行预测。

5.12 体型判断。医务工作者经广泛的调查和统计分析,根据身高与体重因素给出了以下按"体指数"进行体型判断的方法:

体指数 t = 体重 w /(身高 h)$^2$ (w 单位为千克,h 单位为米)

当 t<18 时,为低体重;

当 t 介于 18 和 25 之间时,为正常体重;

当 t 介于 25 和 27 之间时,为超重体重;

当 t≥27 时,为肥胖。

分别用 if 语句和 if-else 语句编程,从键盘输入你的身高 h 和体重 w,根据上述给定的公式计算体指数 t,然后判断你的体重属于何种类型。

# 第6章 循环控制结构

 内容导读

本章围绕累加求和与累乘求积介绍计数控制的循环和如何寻找累加或累乘项(通项)的构成规律,围绕猜数游戏介绍条件控制的循环,围绕韩信点兵实例介绍穷举法和流程转移控制语句,围绕猴子吃桃实例介绍递推法。本章内容对应"C语言程序设计精髓"MOOC课程的第5周视频,主要内容如下:

☞ 计数控制的循环,条件控制的循环,嵌套循环
☞ for语句,while语句,do-while语句,continue语句,break语句
☞ 结构化程序设计的基本思想,程序调试与排错

## 6.1 循环控制结构与循环语句

第5章例5.5程序每次运行时只允许进行一次算术运算。能否每次运行程序时允许用户连续进行多次算术运算呢?

若要满足上述用户需求,则要使用本章介绍的循环结构(Loop Structure)。实际应用中的许多问题,都会涉及重复执行一些操作,如级数求和、穷举或迭代求解等。若需重复处理的次数是已知的,则称为计数控制的循环(Counter Controlled Loop),若重复处理的次数是未知的,是由给定条件控制的,称为条件控制的循环(Condition Controlled Loop)。二者都需要用循环结构来实现。

按照结构化程序设计的观点,任何复杂问题都可用顺序、选择和循环这三种基本结构编程实现,它们是复杂程序设计的基础。

循环结构通常有两种类型:

(1)当型循环结构(如图6-1所示),表示当条件P成立(为真)时,反复执行A操作,直到条件P不成立(为假)时结束循环。

(2)直到型循环结构(如图6-2所示),表示先执行A操作,再判断条件P是否成立(为真),若条件P成立(为真),则反复执行A操作,直到条件P不成立(为假)时结束循环。

C语言提供for、while、do-while三种循环语句(Loop Statement)来实现循环结构。循环语句在给定条件为真的情况下,重复执行一个语句序列,这个被重复执行的语句序列称为循环体(Body of Loop)。

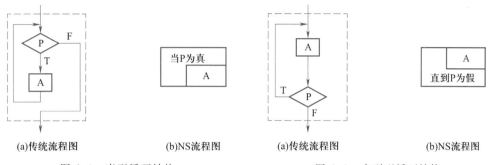

(a)传统流程图　　　　　　(b)NS流程图　　　　　(a)传统流程图　　　　　　(b)NS流程图

图 6-1　　当型循环结构　　　　　　　图 6-2　　直到型循环结构

### 1. while 语句

while 语句属于当型循环。其一般形式为：

**while (**循环控制表达式**)**

{

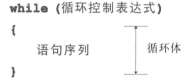

}

while 语句中的循环控制表达式是在执行循环体之前测试的。其执行过程如下：

（1）计算循环控制表达式的值；

（2）如果循环控制表达式的值为真，那么就执行循环体中的语句，并返回步骤（1）；

（3）如果循环控制表达式的值为假，就退出循环，执行循环体后面的语句。

为了使程序易于维护，建议即使循环体内只有一条语句，也将其用花括号括起来。这是因为当需要在循环体中增加语句时，如果忘记加上花括号，那么仅 while 后面的第 1 条语句会被当做循环体中的语句来处理，从而导致逻辑错误。

### 2. do-while 语句

do-while 语句属于直到型循环。其一般形式为：

**do**

{

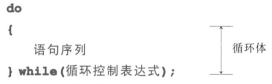

**}** **while(**循环控制表达式**)**;

与 while 语句不同的是，do-while 语句中的循环控制表达式是在执行循环体之后测试的。do-while 语句的执行过程如下：

（1）执行循环体中的语句；

（2）计算循环控制表达式的值；

（3）如果循环控制表达式的值为真，那么返回步骤（1）；

（4）如果循环控制表达式的值为假，就退出循环，执行循环体后面的语句。

可见，对 do-while 语句来说，由于是先执行循环体后计算并判定循环控制条件为真还是为假，所以循环体内的语句将至少被执行一次。

### 3. for 语句

for 语句属于当型循环结构。它的使用方式非常灵活,在 C 语言程序中的使用频率也最高。其一般形式如下:

**for (**初始化表达式; 循环控制表达式; 增值表达式**)**

**{**

　　　　语句序列　　　循环体

**}**

其中,初始化表达式的作用是为循环控制变量初始化(Initialization),即赋初值,它决定了循环的起始条件;循环控制表达式是循环控制条件(**Loop Control Condition**),准确地说是控制循环继续执行的条件,当这个表达式的值为真(非 0)时继续重复执行循环,否则结束循环,执行循环体后面的语句,因此它也决定了循环何时才能结束;增值表达式的作用是每执行一次循环后将循环控制变量增值(**Increment**),即定义每执行一次循环后循环控制变量如何变化。在每次(包括第一次)循环体被执行之前,都要对循环控制条件测试一次。每次循环体执行完以后,都要执行一次增值表达式。注意,如何对循环变量进行增值,决定了循环的执行次数,如果在循环体内再次改变这个变量的值,将改变循环正常的执行次数。

for 语句可用 while 语句来等价实现,与 for 语句等价的 while 语句的形式为:

　　　　初始化表达式;

**while (**循环控制表达式**)**

**{**

　　　　语句序列

　　　　增值表达式;　　　循环体

**}**

注意,**for** 语句中三个表达式之间的分隔符是分号,有且仅有两个分号,既不能多,也不能少。一般情况下,循环控制表达式很少省略,若省略,则表示循环条件永真。当已在 for 语句前面为循环控制变量赋初值时,初始化表达式可以省略;当已在循环体中改变了循环控制变量时,增值表达式可以省略。例如,写成如下形式都是正确的:

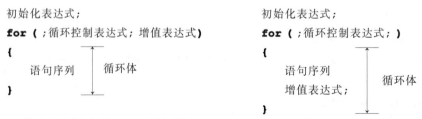

【例 6.1】编程从键盘输入 $n$,计算并输出 $1+2+3+\cdots+n$ 的值。

【问题求解方法分析】将 $n$ 个数相加,用 $n$ 个变量存储 $n$ 个数值再进行相加的方法,显然是不现实的。因为首先不知道 $n$ 的值是多少,因此不知道该定义多少个变量,其次,即使 $n$ 值是确定的,如果 $n$ 值较大,那么需要定义的变量就会很多,而且当 $n$ 值增大时,需要定义的变量数也要增加。而如果采用循环的方法,每次循环都是在前一次求和的基础上继续累加下一个数,那么循环 n 次就实现了 n 个数相加,此时只需定义三个变量就够了。这种累加求和的方法可用如图 6-3 所示的流程图来描述,也可用自然语言描述如下:

**step 1** 从键盘输入 n 值。

**step 2** 累加求和变量赋初值,sum = 0。

**step 3** 累加次数计数器 i 置初值,i = 1。

**step 4** 若 i 未超过 n,则反复执行 step 5~step 6,否则执行 step 7。

**step 5** 进行累加运算,sum = sum+i。

**step 6** 累加次数计数器 i 加 1,i = i+1,且转 step 4。

**step 7** 打印累加结果值 sum。

方法 1:用 for 语句编程实现。

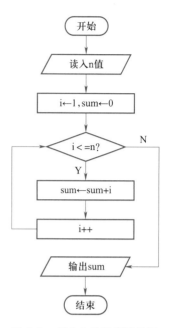

图 6-3　例 6.1 的程序流程图

```c
1    #include <stdio.h>
2    int main(void)
3    {
4        int  n;
5        printf("Input n:");
6        scanf("%d", &n);
7        int sum = 0;          // 累加和变量初始化为 0
8        for (int i = 1; i <= n; i++)
9        {
10           sum = sum + i;          // 做累加运算
11       }
12       printf("sum = %d\n", sum);
13       return 0;
14   }
```

注意,由于每次循环体执行完以后,都要执行一次增值表达式。因此,这里在最后退出 for 循环后,i 的值实际为 n+1。

还需要注意的是,cqq 允许在 for 语句的初始化表达式中定义一个或多个变量,如程序第 8 行语句所示,但在 for 语句头中定义的变量仅限于在 for 循环体内访问该变量。在 for 语句外访问该变量时,还需要对变量重新定义。

方法 2:用 while 语句编程实现。

微视频
用循环实现
累加运算

微视频
例 6.1

教学课件

```c
1    #include <stdio.h>
2    int main(void)
3    {
4        int  n;
```

```
5        printf("Input n:");
6        scanf("%d", &n);
7        int sum = 0;                    // 累加和变量初始化为 0
8        int i = 1;
9        while (i <= n)
10       {
11           sum = sum + i;              // 做累加运算
12           i++;                        // 累加计数器加 1
13       }
14       printf("sum = %d\n", sum);
15       return 0;
16   }
```

方法 3：用 do-while 语句编程实现。

```
1    #include <stdio.h>
2    int main(void)
3    {
4        int   n;
5        printf("Input n:");
6        scanf("%d", &n);
7        int sum = 0;                    // 累加和变量初始化为 0
8        int i = 1;
9        do{
10           sum = sum + i;              // 做累加运算
11           i++;                        // 累加计数器加 1
12       }while (i <= n);
13       printf("sum = %d\n", sum);
14       return 0;
15   }
```

程序的运行结果如下：

**Input n: 100** ↙

**sum = 5050**

为什么 sum = sum+i 能实现累加功能呢？这是因为 sum = sum+i 中赋值运算符右侧的 sum 执行的是读操作，而左侧的 sum 执行的是写操作，即将 sum 的值先读出来，与 i 的值相加后再写回到 sum 中去。执行第 i 次循环前后，即每次执行语句"sum = sum+i;"前后的 sum 值的变化情况如表 6-1 所示。

动画演示
累加运算的
执行过程

表 6-1　sum 值的变化情况

| 变量 i 的值 | 执行第 i 次循环前 sum 的值 | 执行第 i 次循环后 sum 的值 |
| --- | --- | --- |
| 1 | 0 | 1 |
| 2 | 1 | 3 |
| 3 | 3 | 6 |
| 4 | 6 | 10 |
| 5 | 10 | 15 |
| ... | ... | ... |

从上述分析不难看出,程序第 7 行对累加和变量 sum 初始化为 0 的语句是必不可少的,如果删掉这条语句,那么程序的运行结果如下:

**Input n: 5** ↙

**sum = 4199413**

为什么会出现这样的错误结果呢? 在循环体中语句"sum = sum+i;"的后面增加如下一条打印语句,观察每一步累加的结果值即可分析出原因所在。

**printf("i = %d,sum = %d\n",i,sum);**　　// 用于观察每一步循环中 **sum** 值的变化

在用户输入 n 值为 5 的情况下,我们期望程序输出的运行结果为:

**Input n: 5** ↙

**i = 1,sum = 1**

**i = 2,sum = 3**

**i = 3,sum = 6**

**i = 4,sum = 10**

**i = 5,sum = 15**

**sum = 15**

但是由于第 7 行语句被删掉了,所以实际的运行结果为:

**Input n: 5** ↙

**i = 1,sum = 4199399**

**i = 2,sum = 4199401**

**i = 3,sum = 4199404**

**i = 4,sum = 4199408**

**i = 5,sum = 4199413**

**sum = 4199413**

从这一结果,不难判断错误的原因在于第一次循环之前未将 sum 初始化为 0,未初始化的变量值是一个随机值。因此,要养成在定义变量的同时为变量进行初始化的习惯。

在 C 语言中,有一种特殊的运算符称为**逗号运算符**(**Comma Operator**)。逗号运算符可把多个表达式连接在一起,构成**逗号表达式**,其作用是实现对各个表达式的顺序求值,因此逗号运

算符也称为顺序求值运算符。其一般形式为：

表达式 1，表达式 2，…，表达式 n

逗号运算符在所有运算符中优先级最低，且具有左结合性。因此，在执行时，上述表达式的求解过程为：先计算表达式 1 的值，然后依次计算其后的各个表达式的值，最后求出表达式 n 的值，并将最后一个表达式的值作为整个逗号表达式的值。

在许多情况下，使用逗号表达式的目的并非要得到和使用整个逗号表达式的值，更常见的是要分别得到各个表达式的值，主要用在 for 语句中需要同时为多个变量赋初值等情况。例如，表达式 1 可用逗号表达式顺序地执行为多个变量赋初值的操作。同样地，当需要使多个变量的值在每次循环执行后发生变化时，表达式 3 也可使用逗号表达式。例如，当 n 为偶数时，例 6.1 程序还可用下面方法编程实现。请读者思考为什么 n 为奇数时按下面方法编程结果有误？

```
1    #include <stdio.h>
2    int main(void)
3    {
4        int  i, j, n, sum = 0;
5        printf("Input n:");
6        scanf("%d", &n);
7        for (i=1, j=n; i<=j; i++, j--)
8        {
9            sum = sum + i + j;
10       }
11       printf("sum = %d\n", sum);
12       return 0;
13   }
```

在这个程序中，第 7 行的 for 语句中有两个循环控制变量，其中表达式 1 和表达式 3 都是一个逗号表达式。当 n 为 100 时，如图 6-4 所示，循环累加操作是从待累加的等差数列两边开始同时进行的（对应于表达式 1 分别对 i 和 j 初始化为 1 和 n），每次循环累加两个值 i 和 j，其中 i 的值是不断加 1，j 的值是不断减 1（对应于表达式 3 分别对 i 增值 1 和对 j 增值-1）。这样做的好处是，可以使得循环次数减少为原来的一半（即 50 次）。最后一次执行循环体时，i 值为 50，j 值为 51。当 i 值为 51、j 值为 50 时，因 i <= j 为假而退出循环。

图 6-4　等差数列快速循环累加示意图

【思考题】请读者思考，当用户从键盘任意输入一个 n 值（即 n 不一定是偶数）时，该程序应该如何修改，才能保证程序无论在何种情况下都输出正确的结果。

仅由一个分号构成的语句,称为空语句(Null Statement)。空语句什么也不做,只表示语句的存在。当循环体中是空语句时,表示在循环体中什么也不做,常用于编写延时程序,例如:

```
for (i = 1; i < 50000000; i++)
{
    ;
}
```

或者

```
for (i = 1; i < 50000000; i++)
{
}
```

或者

```
for (i = 1; i<50000000; i++);
```

其中,最后一种形式尤其值得注意,除非特殊需要,一般不在 for 语句后加分号。例如,将例 6.1 程序中的 for 语句写成:

```
for (i = 1; i <= n; i++);// 行末的分号将导致循环什么也不做,只起延时作用
{
    sum = sum + i;
}
```

后,它相当于下面的语句序列:

```
for (i = 1; i <= n; i++)
{
    ;
}
sum = sum + i;
```

将 for 语句末尾加上不该加的分号,是初学者常犯的错误。如果 for 语句末尾有分号,就表示循环体是分号之前的内容,相当于循环体变成了空语句,表示循环体内什么都不做,将产生逻辑错误。如果 while 后面被意外地加上分号,那么情况会更糟,有可能产生死循环(Endless Loop)。例如:

```
i = 1;
while (i <= n);          // 行末的分号有可能导致死循环
{
    sum = sum + i;
    i++;
}
```

它相当于下面的语句序列:

```
i = 1;
while (i <= n)
```

```
    {
        ;
    }
    sum = sum + i;
    i++;
```

由于在 while 语句之前对循环控制变量 i 初始化为 1,而如果用户输入大于 1 的 n 值,那么因循环体中没有语句改变循环控制变量 i 的值,使得 while 后括号内的循环条件永真,从而使该循环成为死循环。

在本例中,用 for 语句、while 语句和 do-while 语句分别编写了程序,虽然在这里看上去它们的作用是等价的,但其实它们并非在任何时候都是等价的。

当第一次测试循环条件就为假时,while 语句和 do-while 语句是不等价的。例如,下面两段程序就不是等价的。

```
n = 101;
while (n < 100)
{
    printf("n = %d", n);
    n++;
}
//n 的初值不小于 100,循环一次也
  不执行
```

```
n = 101;
do
{
    printf("n = %d", n);
    n++;
}while (n < 100);
//n 的初值不小于 100,但循环至少执行一次
```

第一段程序因为是先判断后执行,所以当 n 初值不满足 while 语句的循环条件时,循环一次也不执行,因此什么都没有打印。而第二段程序虽然 n 初值不满足 while 语句的循环条件,但因为是先执行后判断,即已经执行了一次循环后才进行判断,所以循环至少被执行一次,因此,打印结果为 n = 101。

## 6.2　计数控制的循环

循环次数事先已知的循环称为计数控制的循环。习惯上,用 for 语句编写计数控制的循环更简洁方便。例 6.1 就是一个典型的计数控制的循环,除了累加求和问题外,累乘求积问题也通常需要使用计数控制的循环来编程实现。

【例 6.2】试编写一个程序,从键盘输入 $n$,然后计算并输出 $n!$。

【问题求解方法分析】这是一个循环次数已知的累乘求积问题。当 $n$ 已知时,为了计算 $n!$,首先需要计算 $1!$,然后用 $1! \times 2$ 得到 $2!$,再用 $2! \times 3$ 得到 $3!$,以此类推,直到利用 $(n-1)! \times n$ 得到 $n!$ 为止。这个递推算法可用如下递推公式表示:

$$i! = (i-1)! \times i$$

这个递推公式就可以看成是求解阶乘问题的数学模型,假设 $(i-1)!$ 已经求出,其值用 $p$ 来表示,那么只要将 $p$ 乘以 $i$ 即可得到 $i!$,用 C 语句表示这种累乘关系即为

```
p = p * i;
```

微视频
从累加到累乘

这里赋值运算符两侧的 p 虽然是同一个变量名,但对右侧的 p 是读操作,对左侧的 p 是写操作,即先读取变量 p 的当前值,乘以 i 后,再写回到变量 p 中,而原来 p 中的值被新写入的值所覆盖。令 p 初值为 1,并让 i 值从 1 变化到 n,这样经过 n 次循环递推即可得到 n!了。每次执行语句"p = p * i;"前后 p 值的变化情况如表 6-2 所示。

表 6-2　p 值的变化情况

| 变量 i 的值 | 执行第 i 次循环前 p 的值 | 执行第 i 次循环后 p 的值 |
| --- | --- | --- |
| 1 | 1 | 1 |
| 2 | 1 | 2 |
| 3 | 2 | 6 |
| 4 | 6 | 24 |
| 5 | 24 | 120 |
| … | … | … |

具体算法如下:

**step 1**　输入 n 值。

**step 2**　累乘求积变量赋初值,p = 1。

**step 3**　累乘次数计数器 i 置初值,i = 1。

**step 4**　若循环次数 i 未超过 n,则反复执行 step 5~step 6,否则转去执行 step 7。

**step 5**　进行累乘运算,p = p * i。

**step 6**　累乘次数计数器 i 加 1,i = i+1,且转 step 4。

**step 7**　打印累乘结果,即 n 的阶乘值 p。

程序的流程图如图 6-5 所示。与图 6-3 累加求和程序流程图的不同之处仅在于将累加运算改成了累乘运算,并且累乘变量不能初始化为 0,而应初始化为 1。

动画演示
累乘运算的
执行过程

程序如下:

```
1    #include <stdio.h>
2    int main(void)
3    {
4        int i, n;
5        long  p = 1;                    // 因阶乘值取值范围较大,故 p 定义为长整型,并赋初值 1
6        printf("Input n:");
7        scanf("%d", &n);
8        for (i = 1; i <= n; i++)
9        {
10           p = p * i;                  // 做累乘运算
```

```
11          }
12          printf("%d! = %ld\n", n, p);        // 以长整型格式输出 n 的阶乘值
13          return 0;
14      }
```

程序的运行结果如下:

      **Input n:10** ✓

      **10! = 3628800**

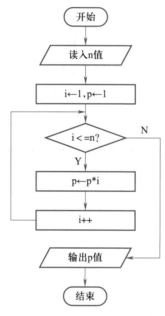

图 6-5　例 6.2 的程序流程图

【例 6.3】从键盘输入 $n$,然后计算并输出 $1 \sim n$ 所有数的阶乘值。

在例 6.2 程序的基础上,将第 12 行的打印语句从循环体外移到循环体内即可依次输出 $1 \sim n$ 所有数的阶乘值。程序如下:

```
1       #include <stdio.h>
2       int main(void)
3       {
4           int  i, n;
5           long p = 1;
6           printf("Input n:");
7           scanf("%d", &n);
8           for (i = 1; i <= n; i++)
9           {
10              p = p * i;
```

```
11            printf("%d! = %ld\n",i, p);      // 输出 1~n 的所有数的阶乘值
12        }
13        return 0;
14    }
```

程序的运行结果如下：

```
Input n:10 ↙
1! = 1
2! = 2
3! = 6
4! = 24
5! = 120
6! = 720
7! = 5040
8! = 40320
9! = 362880
10! = 3628800
```

## 6.3 嵌套循环

【例 6.4】从键盘输入 $n$ 值($10 \geqslant n \geqslant 3$)，然后计算并输出 $\sum_{i=1}^{n} i! = 1! + 2! + 3! + \cdots + n!$。

【问题求解方法分析】计算 $1! + 2! + 3! + \cdots + n!$ 相当于计算 $1+1\times2+1\times2\times3+\cdots+1\times2\times3\times\cdots\times n$。因此可以结合例 6.1 和例 6.2，用嵌套循环计算 $1+1\times2+1\times2\times3+\cdots+1\times2\times3\times\cdots\times n$。其中，外层循环控制变量 $i$ 的值从 1 变化到 $n$，以计算从 1 到 $n$ 的各个阶乘值的累加求和，而内层循环控制变量 $j$ 的值从 1 变化到 $i$，以计算从 1 到 $i$ 的累乘结果即阶乘 $i!$。程序如下：

```
1    #include <stdio.h>
2    int main(void)
3    {
4        int i, j, n;
5        long p, sum = 0;      // 累加求和变量 sum 初始化为 0
6        printf("Input n:");
7        scanf("%d", &n);
8        for (i = 1; i <= n; i++)
9        {
10            p = 1;              // 每次循环之前都要将累乘求积变量 p 赋值为 1
11            for (j = 1; j <= i; j++)
```

```
12              {
13                  p = p * j;          // 累乘求积
14              }
15              sum = sum + p;          // 累加求和
16          }
17          printf("1!+2!+…+%d! = %ld\n", n, sum);
18          return 0;
19      }
```

程序的运行结果如下：

    **Input n: 10** ↙

    **1!+2!+…+10! = 4037913**

本例中第 8~16 行的循环语句的循环体中又包含了另一个循环语句（第 11~14 行），像这种将一个循环语句放在另一个循环语句的循环体中构成的循环，称为**嵌套循环**（Nested Loop）。while、do-while 和 for 这三种循环均可以相互嵌套，即在 while 循环、do-while 循环和 for 循环体内，都可以完整地包含上述任一种循环结构。

执行嵌套循环时，先由外层循环进入内层循环，并在内层循环终止之后接着执行外层循环，再由外层循环进入内层循环中，当外层循环全部终止时，程序结束。

 请注意本例中累加和与累乘积变量的初始化位置，程序在外层循环语句前面即第 5 行对累加和变量 sum 初始化为 0，在外层循环的循环体内、内层循环语句之前即第 10 行对累乘积变量 p 赋初值为 1，也就是说，在内层循环每次计算 i 的阶乘之前都要对 p 重新赋初值为 1，这样才能保证每当 i 值变化后都是从 1 开始累乘来计算 i 的阶乘值。

编写累加求和程序的关键在于寻找累加项（即通项）的构成规律。通常，当累加的项较为复杂或者前后项之间无关时，需要单独计算每个累加项。而当累加项的前项与后项之间有关时，则可以根据累加项的后项与前项之间的关系，通过前项来计算后项。

例如本例，前面的方法是单独计算每个累加项，事实上还可以根据待累加的后项与前项之间的关系，利用前项来计算后项，即将待累加的通项 p 表示为：**p = p * i**。其中，**p 初值为 1，i 值从 1 变化到 n。赋值运算符右侧的 p 值代表前项的值，左侧的 p 值代表后项的值。这样只需使用单重循环即可求解，相当于将例 6.3 程序中的第 11 行语句修改为：**

    **sum = sum + p;**

程序如下：

```
1   #include <stdio.h>
2   int main(void)
3   {
4       int i, n;
5       long sum = 0, p = 1;   // 累加求和及累乘求积变量分别初始化为 0 和 1
6       printf("Input n:");
7       scanf("%d", &n);
```

```
8          for (i = 1; i <= n; i++)
9          {
10             p = p * i;          // 根据后项和前项之间的关系计算累加项(即通项)
11             sum = sum + p;
12         }
13         printf("1!+2!+…+%d! = %ld\n", n, sum);
14         return 0;
15     }
```

在这个程序中,如果在第 5 行将 sum 初值设置为 1,即将累加项的第 1 项作为累加和变量的初值,那么第 8 行的 for 语句还可以从 i = 2 开始循环,即从第 2 项开始计算并累加。显然,相对于用嵌套循环实现的程序而言,用单重循环实现的程序执行效率更高,这是因为程序所需的总的循环次数大大减少了。

在设计嵌套循环时,为了保证其逻辑上的正确性,在嵌套的各层循环体中,应使用复合语句即用一对花括号将循环体语句括起来,并且在一个循环体内必须完整地包含另一个循环。

【例 6.5】这个程序是用于演示嵌套循环的执行过程的。

```
1      #include   <stdio.h>
2      in main(void)
3      {
4          int i, j;
5          for (i = 0; i<3; i++)          // 控制外层循环执行 3 次
6          {
7              printf("i = %d: ", i);
8              for (j = 0; j < 4; j++)          // 控制内层循环执行 4 次
9              {
10                 printf("j = %d ", j);
11             }
12             printf(" \n");
13         }
14         return 0;
15     }
```

程序的运行结果如下:
```
    i = 0: j = 0 j = 1 j = 2 j = 3
    i = 1: j = 0 j = 1 j = 2 j = 3
    i = 2: j = 0 j = 1 j = 2 j = 3
```

输出结果中的第 1 列表明了外层循环控制变量 i 的变化情况和执行次数,即外层循环执行了 3 次,循环控制变量 i 由 0 变化到 2;而第 2~5 列则表明了在每一次执行外层循环时,内层循环控制变量 j 的变化情况和执行次数,即内层循环执行了 4 次,循环控制变量 j 由 0 变化到 3。

由于外层循环被执行了 3 次,因此"j = 0 j = 1 j = 2 j = 3"也被输出了 3 次。可以看出,对于双重嵌套的循环,其总的循环次数等于外层循环次数和内层循环次数的乘积。

如果将上述程序中内层循环的控制变量 j 改成 i,那么程序将输出如下运行结果:

**i = 0:i = 0 i = 1 i = 2 i = 3**

这是为什么呢?原因在于当外层循环控制变量 i 为 0 时,进入内层循环开始执行,因内、外层循环控制变量同名,导致内层循环结束后使外层循环的控制变量 i 变成了 3,不再满足 i<3,从而使得外层循环仅被执行一次就结束了。因此,为避免造成混乱,嵌套循环的内层和外层的循环控制变量不应同名。

## 6.4 条件控制的循环

循环次数事先未知的循环通常是由一个条件控制的,称为**条件控制的循环**。此时用 while 语句和 do-while 语句编程更方便。

### 6.4.1 猜数游戏实例

【例 6.6】编程设计一个简单的猜数游戏:先由计算机"想"一个数请用户猜,如果用户猜对了,则计算机给出提示"Right!",否则提示"Wrong!",并告诉用户所猜的数是大还是小。

【问题求解方法分析】本例程序设计的难点是如何让计算机"想"一个数。"想"反映了一种随机性,可用随机函数 rand()生成计算机"想"的数。由于只允许用户猜一次,因此采用多分支选择结构即可实现。算法设计如下:

**step 1** 通过调用随机函数任意"想"一个数 magic。
**step 2** 输入用户猜的数 guess。
**step 3** 如果 guess 大于 magic,则给出提示:"Wrong! Too big!"。
**step 4** 否则如果 guess 小于 magic,则给出提示:"Wrong! Too small!"。
**step 5** 否则,即 guess 等于 magic,则给出提示:"Right!"。

算法流程图如图 6-6 所示。

程序如下:

```
1    #include  <stdlib.h>
2    #include  <stdio.h>
3    int main(void)
4    {
5        int  magic;              // 计算机"想"的数
6        int  guess;              // 用户猜的数
7        magic = rand();          // 调用随机函数"想"一个数 magic
8        printf("Please guess a magic number:");
9        scanf("%d", &guess);     // 输入用户猜的数 guess
10       if (guess >magic)        // 若 guess>magic,则提示"Wrong! Too big!"
```

微视频
条件控制的
循环

教学课件

```
11          printf("Wrong! Too big!\n");
12      else if (guess < magic)     //若 guess<magic,则提示"Wrong! Too small!"
13          printf("Wrong! Too small!\n");
14      else                            // 否则提示"Right!"并打印这个数
15          printf("Right!\n");
16      return 0;
17  }
```

程序的 3 次测试结果如下:

① **Please guess a magic number:50** ↙
   **Wrong! Too big!**
② **Please guess a magic number:30** ↙
   **Wrong! Too small!**
③ **Please guess a magic number:41** ↙
   **Right!**

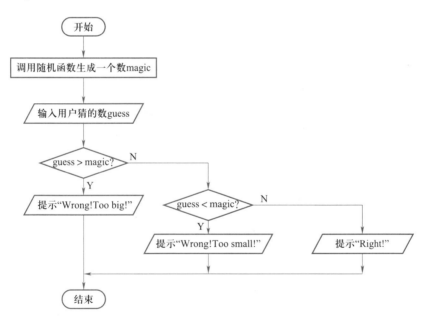

图 6-6  例 6.6 的算法流程图

由于随机函数 rand()产生的是一个在 0~RAND_MAX 的整数,符号常量 RAND_MAX 是在头文件 stdlib. h 中定义的,因此使用该函数时需要包含头文件 stdlib. h。

标准 C 规定 RAND_MAX 的值不大于双字节整数的最大值 32 767。也就是说,程序第 7 行调用 rand()生成的是一个在 0~32 767 的整数,如果想改变计算机生成的随机数的取值范围,那么可采用下面的方法来控制计算机生成的随机数的取值范围:

(1) 利用求余运算 rand()%b 将函数 rand()生成的随机数变化在[0,b-1]。

（2）利用 rand()%b+a 将随机数的取值范围平移到［a，a+b-1］上。

例如，要生成一个 1~100 的随机数，只要将第 7 行语句修改为如下语句即可：

**magic = rand() % 100 + 1;**

【例 6.7】将例 6.6 的猜数游戏改为：每次猜数允许用户直到猜对为止，同时记录用户猜的次数，以此来反映用户"猜"数的水平。

【问题求解方法分析】由于用户猜多少次能猜对事先是未知的，即循环的次数未知，所以这是一个条件控制的循环，控制循环的条件是"直到猜对为止"。由于必须由用户先猜，然后才能知道有没有猜对，因此这是一个典型的直到型循环。所以本例特别适合用 do-while 语句来编程。算法的流程如图 6-7 所示，程序如下：

```
1    #include<stdlib.h>
2    #include<stdio.h>
3    int main(void)
4    {
5        int   magic;               // 计算机"想"的数
6        int   guess;               // 用户猜的数
7        int   counter = 0;         // 计数器，记录用户猜的次数，初始化为 0
8        magic = rand() % 100 + 1;  // 生成一个 1 到 100 之间的随机数
9        do{
10           printf("Please guess a magic number:");
11           scanf("%d", &guess);   // 输入用户猜的数 guess
12           counter++;             // 计数器变量 counter 加 1
13           if (guess > magic)
14               printf("Wrong! Too big!\n");
15           else if (guess < magic)
16               printf("Wrong! Too small!\n");
17           else
18               printf("Right!\n");
19       }while (guess != magic);            // 执行循环直到猜对为止
20       printf("counter = %d\n", counter);  // 打印用户猜数的次数 counter
21       return 0;
22   }
```

程序的两次测试结果如下：

① **Please guess a magic number:50** ✓
**Wrong! Too big!**
**Please guess a magic number:40** ✓

**Wrong! Too small!**
**Please guess a magic number:42** ↙
**Right!**
**counter = 3**
② **Please guess a magic number:42** ↙
**Right!**
**counter = 1**

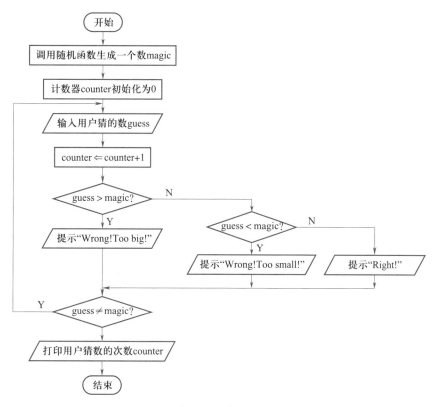

图 6-7　例 6.7 程序的算法流程图

　　每次运行程序,计算机所"想"的数为什么都一样呢? 原来用函数 rand() 所产生的随机数其实只是一个伪随机数,反复调用函数 rand() 所产生的一系列数看似是随机的,但每次执行程序时所产生的随机数序列却是一样的,都是相同的一个数列,而程序又每次只用到了数列中的第一个随机数。

　　解决这个问题的办法就是使程序每次运行时产生不同的随机数序列,由于不同的随机数序列中的第一个随机数是不同的,这样每次运行程序时,计算机所"想"的数就不一样了。产生这种随机数的过程称为"随机化",它是通过调用函数 srand() 为函数 rand() 设置随机数种子来实现的。为了更好地理解这一点,先来看下面的程序:

```
1    #include <stdlib.h>
2    #include <stdio.h>
3    int main(void)
4    {
5        int magic, i;
6        srand(1);                        // 设置随机数种子为 1
7        for (i = 0; i<10; i++)
8        {
9            magic = rand() % 100 + 1;
10           printf("%d ", magic);
11       }
12       printf("\n");
13       return 0;
14   }
```

程序的运行结果如下：

    **42 68 35 1 70 25 79 59 63 65**

如果将第 6 行语句"srand(1);"改成"srand(2);",即将随机数种子由 1 改为 2,那么程序的运行结果将变为：

    **46 17 99 96 85 51 91 32 6 17**

可见,只要设置的随机数种子不同,执行程序时就会产生不同的随机数序列。

按照此方法修改的猜数游戏程序如下,其中加注释的行是新增加的语句。

```
1    #include <stdlib.h>
2    #include <stdio.h>
3    int main(void)
4    {
5        int  magic, guess, counter = 0;
6        unsigned int seed;                    // 定义一个无符号整型变量
7        printf("Please enter seed:");         // 提示输入随机数种子
8        scanf("%u", &seed);                   // 输入函数 srand() 所需要的参数
9        srand(seed);                          // 为函数 rand() 设置随机数种子
10       magic = rand() % 100 + 1;
11       do{
12           printf("Please guess a magic number:");
13           scanf("%d", &guess);
14           counter++;
15           if (guess > magic)
```

```
16              printf("Wrong! Too big!\n");
17          else if (guess < magic)
18              printf("Wrong! Too small!\n");
19          else
20              printf("Right!\n");
21      }while (guess != magic);
22      printf("counter = %d\n", counter);
23      return 0;
24  }
```

程序的两次测试结果如下:

① **Please enter seed:1** ↙

  **Please guess a magic number:42** ↙

  **Right!**

  **counter = 1**

② **Please enter seed:2** ↙

  **Please guess a magic number:50** ↙

  **Wrong! Too big!**

  **Please guess a magic number:40** ↙

  **Wrong! Too small!**

  **Please guess a magic number:46** ↙

  **Right!**

  **counter = 3**

如果不希望每次都通过输入随机数种子来完成随机化,则可以使用下面的语句通过函数 time()读取计算机的时钟值,并把该值设置为随机数种子。

    **srand(time(NULL));**

函数 time()返回以秒计算的日历时间,即从一个标准时间点到当前时刻经过的相对时间(单位为秒),使用 NULL 作为 time()的参数时,time(NULL)的返回值被转换为一个无符号整数,可作为随机数发生器的种子。使用函数 time()时,必须将头文件<time.h>包含到程序中。

按此方法修改的程序如下,其中加注释的行是新增加的语句。

```
1   #include <time.h>              // 将函数 time()所需要的头文件 time.h 包含到程序中
2   #include <stdlib.h>
3   #include <stdio.h>
4   int main(void)
5   {
6       int  magic, guess, counter = 0;
```

```
7          srand(time(NULL));                        // 为函数 rand() 设置随机数种子
8          magic = rand() % 100 + 1;
9          do{
10             printf("Please guess a magic number:");
11             scanf("%d", &guess);
12             counter++;
13             if (guess > magic)
14                 printf("Wrong! Too big! \n");
15             else if (guess < magic)
16                 printf("Wrong! Too small! \n");
17             else
18                 printf("Right! \n");
19         }while (guess != magic);
20         printf("counter = %d\n", counter);
21         return 0;
22     }
```

【例 6.8】将例 6.7 的猜数游戏改为:每次猜数只允许用户最多猜 10 次,即用户猜对了或者猜了 10 次仍未猜对,都结束游戏。

【问题求解方法分析】本例仍是一个条件控制的循环,但是控制循环的条件由"直到猜对为止"变为了"最多猜 10 次",也就是说,若猜对,则结束循环,否则看猜的次数是否超过 10 次,若未超过 10 次,则继续循环,若超过了 10 次,即使未猜对也结束循环。因此,本例只要在例 6.7 程序的基础上加强循环测试条件即可。程序如下:

```
1      #include <time.h>
2      #include <stdlib.h>
3      #include <stdio.h>
4      int main(void)
5      {
6          int  magic, guess, counter = 0;
7          srand(time(NULL));
8          magic = rand() % 100 + 1;
9          do{
10             printf("Please guess a magic number:");
11             scanf("%d", &guess);
12             counter++;
13             if (guess > magic)
14                 printf("Wrong! Too big! \n");
```

```
15              else if (guess < magic)
16                  printf("Wrong! Too small!\n");
17              else
18                  printf("Right!\n");
19          }while (guess != magic && counter < 10);// 猜不对且未超过 10 次时继续猜
20          printf("counter = %d\n", counter);
21          return 0;
22      }
```

请读者运行程序,观察程序运行结果的变化。

【例 6.9】修改例 6.8 程序,增强程序的健壮性,使其具有遇到不正确使用或非法数据输入时避免出错的能力。

【问题求解方法分析】用函数 scanf() 输入用户猜测的数据时,若用户不慎输入了非数字字符,则程序运行就会出错,这是因为 scanf() 按指定格式读取输入缓冲区中的数据,如果读取失败,则缓冲区中的非数字字符不会被读走,仍然留在缓冲区中,这样程序中后面的 scanf() 调用就都是在读取这个非数字字符,不断地读取,不断地失败。

如第 5 章 5.10 节中所述,若函数 scanf() 调用成功,则其返回值为已成功读入的数据项数。通常非法字符的输入会导致数据不能成功读入。例如,要求输入的数据是数字,而用户输入的是字符,通过检验函数 scanf() 返回值,可以确认用户是否不慎输入了非法字符,但例 5.10 只能打印出错误提示信息并结束程序的运行。

若要增强程序的健壮性,仅仅打印出错误提示信息是不够的,必须能够让用户重新输入数据,直到输入了正确的数据为止。当然,在用户重新输入数据之前,还需先清除留存于输入缓冲区中的非数字字符,才能保证后续输入的数据能被正确地读入。程序如下:

```
1       #include <time.h>
2       #include <stdlib.h>
3       #include <stdio.h>
4       int main(void)
5       {
6           int magic, guess, counter = 0;
7           int ret;                        // 用于保存函数 scanf() 的返回值
8           srand(time(NULL));
9           magic = rand() % 100 + 1;
10          do{
11              printf("Please guess a magic number:");
12              ret = scanf("%d", &guess);
13              while (ret != 1) // 若存在输入错误,则重新输入
14              {
15                  while (getchar() != '\n');// 清除输入缓冲区中的非法字符
```

```
16              printf("Please guess a magic number:");
17              ret = scanf("%d", &guess);
18          }
19          counter++;
20          if (guess > magic)
21              printf("Wrong! Too big!\n");
22          else if (guess < magic)
23              printf("Wrong! Too small!\n");
24          else
25              printf("Right!\n");
26      } while (guess != magic && counter < 10);//猜不对且未超过 10 次时继续猜
27      printf("counter = %d\n", counter);
28      return 0;
29  }
```

程序的运行结果如下:

**Please guess a magic number:a ✓**

**Please guess a magic number:50 ✓**

**Wrong! Too small!**

**Please guess a magic number:60 ✓**

**Wrong! Too big!**

**Please guess a magic number:52 ✓**

**Right!**

**counter = 3**

注意,程序第 15 行的清除输出缓冲区的语句在某些编译器下也可以用 fflush(stdin);语句来代替,但是由于 ANSIC 规定函数 fflush( )处理输出数据流以确保输出缓冲区中的内容写入文件,并未对清理输入缓冲区作出任何规定,只是部分编译器增加了此项功能,因此使用函数 fflush( )来清除输入缓冲区中的内容,可能会带来可移植性问题。

【例 6.10】将例 6.9 改为:每次运行程序可以猜多个数,每个数最多可猜 10 次,若 10 次仍未猜对,则停止本次猜数,给出如下提示信息,询问用户是否继续猜数:

**Do you want to continue(Y/N or y/n)?**

若用户输入'Y '或'y',则继续猜下一个数;否则结束程序的执行。

【问题求解方法分析】修改例 6.9 程序,在 do-while 循环外面再增加一个 do-while 循环,用于控制猜多个数,在循环体的开始处让计算机重新"想"一个数,在循环体的最后询问用户是否继续,若用户回答'Y '或'y',则循环继续;否则程序结束。程序如下:

```
1   #include<time.h>
2   #include<stdlib.h>
3   #include<stdio.h>
```

```
4    int main(void)
5    {
6        int   magic, guess, counter = 0, ret;
7        char reply;                          // 保存用户输入的回答
8        srand(time(NULL));
9        do{
10           counter = 0;                     // 猜下一个数之前,将计数器清 0
11           magic = rand() % 100 + 1;
12           do{
13               printf("Please guess a magic number:");
14               ret = scanf("%d", &guess);
15               while (ret != 1)             // 若存在输入错误,则重新输入
16               {
17                   while (getchar() != '\n'); // 清除输入缓冲区中的非法字符
18                   printf("Please guess a magic number:");
19                   ret = scanf("%d", &guess);
20               }
21               counter++;
22               if (guess > magic)
23                   printf("Wrong! Too big!\n");
24               else if (guess < magic)
25                   printf("Wrong!Too small!\n");
26               else
27                   printf("Right!\n");
28           } while (guess != magic && counter < 10);
                                            //猜不对且未超过 10 次时继续猜
29           printf("counter = %d\n", counter);
30           printf("Do you want to continue(Y/N or y/n)?"); //提示是否继续
31           scanf(" %c", &reply);                 // %c 前有一个空格
32       }while (reply == 'Y' || reply == 'y'); // 输入 Y 或 y 则程序继续
33       return 0;
34   }
```

程序的运行结果如下:

**Please guess a magic number:50** ↙
**Wrong! Too small!**
**Please guess a magic number:90** ↙
**Wrong! Too big!**

**Please guess a magic number:80** ✓

**Wrong! Too small!**

**Please guess a magic number:83** ✓

**Right!**

**counter = 4**

**Do you want to continue(Y/N or y/n)? y** ✓

**Please guess a magic number:50** ✓

**Wrong! Too small!**

**Please guess a magic number:90** ✓

**Wrong! Too small!**

**Please guess a magic number:99** ✓

**Right!**

**counter = 3**

**Do you want to continue(Y/N or y/n)? n** ✓

这个程序使用了三重循环,最外层的 do-while 循环控制猜多个数,直到用户想停止时为止,第二层的 do-while 循环控制猜一个数的过程,直到猜对或者猜的次数超过 10 次为止,最内层的 while 循环确保用户每次从键盘输入的数都是合法的数字字符。第 31 行语句在%c 前加空格的作用是,避免前面第 14 行或第 19 行数据输入时存入输入缓冲区中的回车符被第 31 行语句作为有效字符读给字符型变量 reply。详见第 4 章 4.4 节的介绍。

【思考题】(1)运行本例程序时,只要用户输入'Y'或'y'以外的字符,程序都会结束,如果希望用户仅在输入'N'或'n'时才结束程序,输入'N'或'n'以外的字符都继续猜数,那么该如何修改程序 do-while 循环的控制条件呢?

(2)参考本例控制循环结束的方法,修改例 5.5 的计算器程序,使得每次执行程序,用户可以做多次计算,直到用户想停止时按一个键(如'Y'或'y')程序才结束。

### 6.4.2　递推法编程实例

递推法就是利用问题本身所具有的递推关系进行问题求解的方法。所谓递推,是指从已知的初始条件出发,依据某种递推关系,逐次推出所要计算的中间结果和最终结果。其本质是把一个复杂的计算过程转化为一个简单过程的多次重复计算。具体地,递推包括正向顺推和反向逆推两种。

正向顺推是从已知条件出发,向着所求问题方向前进,最后与所求问题联系起来。例如,著名的 Fibonacci 数列就是一个可以利用正向顺推计算得到的数列,它的特点是:在给定两个初始项的情况下,从第 3 项开始的每一项都是前两项之和,即每一项都可以利用前两项正向顺推求得。反向逆推则是从所求问题出发,向着已知条件靠拢,最后与已知条件联系起来。来看下面的例子。

【例 6.11】猴子吃桃问题。猴子第一天摘下若干个桃子,吃了一半,还不过瘾,又多吃了一个。第二天早上又将剩下的桃子吃掉一半,并且又多吃了一个。以后每天早上都吃掉前一天剩下的一半零一个。到第 10 天早上再想吃时,发现只剩下一个桃子。问第一天共摘了多少桃子。

问题分析:由题意可知,若猴子每天不多吃一个,则每天剩下的桃子数将是前一天的一半,换句话说,就是每天剩下的桃子数加 1 后的结果刚好是前一天的一半,即猴子每天剩下的桃子数都比前一天的一半少一个,假设第 $i+1$ 天的桃子数是 $x_{i+1}$,第 $i$ 天的桃子数 $x_i$,则有 $x_{i+1} = x_i/2-1$。换句话说,就是每天剩下的桃子数加 1 之后,刚好是前一天的一半,即 $x_i = 2\times(x_{i+1}+1)$,第 $n$ 天剩余的桃子数是 1,即 $x_n = 1$。

根据递推公式 $x_i = 2\times(x_{i+1}+1)$,从初值 $x_n = 1$ 开始反向逆推,依次得到 $x_{n-1} = 4$,$x_{n-2} = 10$,$x_{n-3} = 22$……直到推出第 1 天的桃子数为止,即为所求。

例如,第 1 次反向逆推由第 10 天的 1 个桃子递推得到第 9 天的 4 个桃子,第 2 次反向逆推由第 9 天的 4 个桃子递推得到第 8 天的 10 个桃子,第 3 次反向逆推由第 8 天的 10 个桃子递推得到第 7 天的 22 个桃子……以此类推,直到第 9 次反向逆推由第 2 天的 766 个桃子递推得到第 1 天的 1 534 个桃子为止。

根据上述逆向反推过程,可归纳出求解猴子吃桃问题的递推关系式为:

$$\begin{cases} x_1 = 1 & n = 10 \\ x_n = 2\times(x_{n+1}+1) & 1 \leq n < 10 \end{cases}$$

在此基础上,以第 10 天的桃子数作为递推的初始条件,将上述递推关系采用直到型循环实现,程序代码如下:

```
1    #include <stdio.h>
2    int main(void)
3    {
4        int days;
5        printf("Input days:");
6        scanf("% d", &days);
7        int x = 1;
8        do{
9            x = (x + 1) * 2;
10           days--;
11       }while (days > 1);
12       printf("x=% d\n", x);
13       return 0;
14   }
```

采用当型循环实现的程序代码如下:

```
1    #include <stdio.h>
2    int main(void)
3    {
4        int days;
```

```
5        printf("Input days:");
6        scanf("% d", &days);
7        int x = 1;
8        while (days > 1)
9        {
10           x = (x + 1) * 2;
11           days--;
12       }
13       printf("x=% d\n", x);
14       return 0;
15   }
```

程序运行结果如下：

  **Input days:10**↙

  **x=1534**

## 6.5　流程的转移控制

goto 语句、break 语句、continue 语句和 return 语句是 C 语言中用于控制流程转移的跳转语句。其中，控制从函数返回值的 return 语句将在第 7 章介绍。

### 6.5.1　goto 语句

goto 语句为无条件转向语句，它既可以向下跳转，也可往回跳转。其一般形式为：

它的作用是在不需任何条件的情况下直接使程序跳转到该语句标号（Label）所标识的语句去执行，其中语句标号代表 goto 语句转向的目标位置，应使用合法的标识符表示语句标号，其命名规则与变量名相同。尽管 goto 语句是无条件转向语句，但通常情况下 goto 语句与 if 语句联合使用。其形式为：

**if (表达式) goto** 语句标号；　　　　语句标号：……
  ……　　　　　　　　　　　　　　……
语句标号：……　　　　　　　　　　　　**if (表达式) goto** 语句标号；

良好的编程风格建议少用和慎用 goto 语句，尤其是不要使用往回跳转的 goto 语句，不要让 goto 制造出永远不会被执行的代码（即死代码）。

### 6.5.2 break 语句

break 语句除用于退出 switch 结构外,还可用于由 while、do-while 和 for 构成的循环语句的循环体中。当执行循环体遇到 break 语句时,循环将立即终止,从循环语句后的第一条语句开始继续执行。break 语句对循环执行过程的影响示意如下:

```
while (表达式1)          do                   for (;表达式1;)
{                       {                    {
  …                       …                    …
  if (表达式2) break;      if (表达式2) break;      if (表达式2) break;
  …                       …                    …
}                       }while (表达式1);      }
循环后的第一条语句          循环后的第一条语句        循环后的第一条语句
```

可见,break 语句实际是一种有条件的跳转语句,跳转的语句位置限定为紧接着循环语句后的第一条语句。若希望跳转的位置就是循环语句后的语句,则可以用 break 语句代替 goto 语句。

【例 6.12】读入 5 个正整数并且显示它们。当读入的数据为负数时,程序立即终止。

这个程序既可用 goto 语句来编程,也可用 break 语句来编程。用 goto 语句编程如下:

```
1    #include <stdio.h>
2    int main(void)
3    {
4        int  i, n;
5        for (i = 1; i <= 5; i++)
6        {
7            printf("Input n:");
8            scanf("%d", &n);
9            if (n < 0)    goto END;
10           printf("n = %d\n", n);
11       }
12   END:printf("Program is over!\n");
13       return 0;
14   }
```

用 break 语句编写的程序如下:

```
1    #include <stdio.h>
2    int main(void)
3    {
4        int  i, n;
5        for (i = 1; i <= 5; i++)
6        {
```

```
7            printf("Input n:");
8            scanf("%d", &n);
9            if (n < 0)    break;
10           printf("n = %d\n", n);
11       }
12       printf("Program is over!\n");
13       return 0;
14   }
```

两个程序的运行结果如下：

**Input n:10** ✓

**n = 10**

**Input n:-10** ✓

**Program is over!**

虽然 break 语句与 goto 语句都可用于终止整个循环的执行,但二者的本质区别在于:goto 语句可以向任意方向跳转,可以控制流程跳转到程序中任意指定的语句位置,而 break 语句只限定流程跳转到循环语句之后的第一条语句去执行,无须像 goto 语句那样用语句标号指示跳转的语句位置,因此也就避免了因过多使用 goto 语句标号使流程随意跳转而导致的程序流程混乱的问题。

### 6.5.3 continue 语句

continue 语句与 break 语句都可用于对循环进行内部控制,但二者对流程的控制效果是不同的。当在循环体中遇到 continue 语句时,程序将跳过 continue 语句后面尚未执行的语句,开始下一次循环,即只结束本次循环的执行,并不终止整个循环的执行。continue 语句对循环执行过程的影响示意如下:

```
while (表达式1)              do                        for (;表达式1;)
{                           {                         {
  ...                         ...                       ...
  if (表达式2) continue;      if (表达式2) continue;     if (表达式2) continue;
  ...                         ...                       ...
}                           }while (表达式1);          }
```

break 语句和 continue 语句在流程控制上的区别可从图 6-8 和图 6-9 的对比中略见一斑。

【例 6.13】用 continue 语句代替例 6.12 程序中的 break 语句,重新编写和运行程序,分析程序功能有什么变化,进而对 continue 与 break 语句进行对比。

```
1    #include <stdio.h>
2    int main(void)
3    {
4        int  i, n;
5        for (i = 1; i <= 5; i++)
```

```
6          {
7              printf("Input n:");
8              scanf("%d", &n);
9              if (n < 0)    continue;
10             printf("n = %d\n", n);
11         }
12         printf("Program is over!\n");
13     return 0;
14     }
```

微视频
for 和 while
完全等价吗?

教学课件

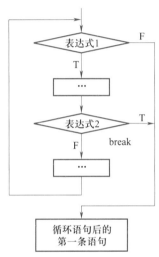

图 6-8　break 语句流程图

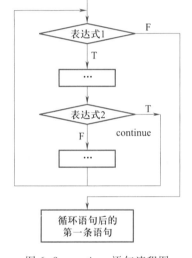

图 6-9　continue 语句流程图

程序的运行结果如下:

  **Input n:10** ✓

  **n = 10**

  **Input n:-10** ✓

  **Input n:20** ✓

  **n = 20**

  **Input n:-20** ✓

  **Input n:30** ✓

  **n = 30**

  **Program is over!**

从上述测试结果可以看出:当程序读入正数时,显示该数,而当程序读入负数时,程序不显示该数,继续等待用户输入下一个数,直到读完 5 个数据为止。

大多数 for 循环可以转换为 while 循环,但并非全部。例如,当循环体中有 continue 语句时,二者就并非是等价的。

【思考题】如果将例 6.13 程序中的 for 语句用 while 语句代替,那么程序的输出结果会和原来一样吗?请读者上机运行程序,观察运行结果是否发生改变,并解释其原因。

 **注意**,在嵌套循环的情况下,break 语句和 continue 语句只对包含它们的最内层的循环语句起作用,不能用 break 语句跳出多重循环。若要跳出多重循环,使用 break 语句只能一层一层地跳出。而显然 goto 语句是跳出多重循环的一条捷径。

在程序设计语言中保留 goto 语句的主要原因是在某些情况下,使用 goto 语句可以提高程序的执行效率,或者使程序结构更清晰。如下两种情形特别适合于使用 goto 语句:

(1)快速跳出多重循环。

(2)跳向共同的出口位置,进行退出前的错误处理工作。

### 6.5.4 穷举法编程实例

【例 6.14】韩信点兵问题。韩信有一队兵,他想知道有多少人,便让士兵排队报数。按从 1 至 5 报数,最末一个士兵报的数为 1;按从 1 至 6 报数,最末一个士兵报的数为 5;按从 1 至 7 报数,最末一个士兵报的数为 4;最后再按从 1 至 11 报数,最末一个士兵报的数为 10。请编程计算韩信至少有多少兵。

【问题求解方法分析】设兵数为 x,则按题意 x 应满足下述关系式:

$$x \% 5 == 1 \ \&\& \ x \% 6 == 5 \ \&\& \ x \% 7 == 4 \ \&\& \ x \% 11 == 10$$

采用穷举法对 x 从 1 开始逐个试验,第一个使得上述关系式成立的 x 值即为所求。所谓穷举(Exhaustion),简单地说就是通过尝试问题的所有可能来得到满足解的条件的最终答案。因此,穷举法有两个基本要素,一是确定穷举对象及其穷举的范围,通常用循环结构实现,二是确定符合答案的条件,通常用分支结构实现。

```
1    #include <stdio.h>
2    int main(void)
3    {
4        for (int x = 1; x < 3000; x++)
5        {
6            if(x%5 == 1 && x%6 == 5 && x%7 == 4 && x%11 == 10)
7            {
8                printf("x = %d\n", x);
9            }
10       }
11       return 0;
12   }
```

程序运行结果如下:

x = 2111

虽然这个程序似乎也得到了正确的结果,但这实属偶然,算是"瞎猫碰到了死耗子",因为程

微视频
韩信点兵

教学课件

微视频
穷举法解决问题

序只从 1 试验到 3000,如果真正的解不在这个范围内,那么程序运行以后将一无所获。
如果去掉 x<3000 的限制,又会怎样呢? 显然一定会找到解,而且不止一个解,更严重
的是程序将陷入死循环,即循环永远都不会退出。那么如何让循环在找到第一个满足
关系式的解后立即退出循环呢? 显然,可以使用 break 语句,程序如下:

```
1    #include <stdio.h>
2    int main(void)
3    {
4        for (int x = 1; ; x++)
5        {
6            if(x%5 == 1 && x%6 == 5 && x%7 == 4 && x%11 == 10)
7            {
8                printf("x = %d\n", x);
9                break;
10           }
11       }
12       return 0;
13   }
```

由于本例中,程序退出循环以后什么也不做,直接结束程序的运行,因此还可以调用函数
exit()来直接结束程序的运行。程序如下:

```
1    #include <stdio.h>
2    #include <stdlib.h>
3    int main(void)
4    {
5        for (int x = 1; ; x++)
6        {
7            if(x%5 == 1 && x%6 == 5 && x%7 == 4 && x%11 == 10)
8            {
9                printf("x = %d\n", x);
10               exit(0);
11           }
12       }
13       return 0;
14   }
```

可读性更好的方法是使用标志变量,即定义一个标志变量 find,标志是否找到了解,先置
find 为假,表示"未找到",一旦找到了满足给定条件的解,就将 find 置为真,表示"找到了"。相
应的,循环控制表达式取为"find 的逻辑非"的值,当 find 值为 0(假)时,即!find 的值为真,表示
未找到,继续循环,否则表示已找到,退出循环。程序如下:

```
1    #include <stdio.h>
```

```
2      int main(void)
3      {
4          int find = 0;                        // 置找到标志变量为假
5          for (int x = 1; !find; x++)          // find 为假时继续循环
6          {
7              if(x%5 == 1 && x%6 == 5 && x%7 == 4 && x%11 == 10)
8              {
9                  printf("x = %d\n", x);
10                  find = 1;                    // 置找到标志变量为真
11              }
12          }
13          return 0;
14      }
```

【思考题】第 10 行输出 x 值的语句放到 for 循环体外,还能输出正确的结果吗?

上面这个程序还可以用 do-while 语句来重写,使程序更简洁,可读性更好。

```
1      #include <stdio.h>
2      int main(void)
3      {
4        int x = 0;        // 因 do-while 循环中先对 x 加 1,故这里 x 初始化为 0
5        int  find = 0;    // 标志变量初值置为假
6        do{
7          x++;
8          find = (x%5 == 1 && x%6 == 5 && x%7 == 4 && x%11 == 10);
9        }while (!find);
10        printf("x = %d\n", x);
11        return 0;
12      }
```

程序第 8 行语句根据逻辑表达式 x%5 == 1 && x%6 == 5 && x%7 == 4 && x%11 == 10 的值为真还是为假,相应地将标志变量 find 置为真或假。

当然,本例程序也可以写成如下形式,请读者自己分析其原理。

```
1      #include <stdio.h>
2      int main(void)
3      {
4        int  x = 0;          // 因 do-while 循环中先对 x 加 1,故这里 x 初始化为 0
5        do{
6          x++;
7        }while (!(x%5 == 1 && x%6 == 5 && x%7 == 4 && x%11 == 10));
```

```
8        printf("x = %d\n", x);
9        return 0;
10       }
```

## 6.6 本章扩充内容

### 6.6.1 结构化程序设计的核心思想

1966 年，C. Bohm 和 G. Jacopini 首先证明了只用顺序、选择和循环三种基本控制结构就能实现任何"单入口、单出口"的程序，这给结构化程序设计奠定了理论基础。1971 年，IBM 公司的 Mills 进一步提出"程序应该只有一个入口和一个出口"的论断，进一步补充了结构化程序设计的规则。那么，究竟什么是结构化程序设计（Structured Programming）呢？目前还没有一个严格的、为所有人普遍接受的定义。1974 年，D. Gries 教授将已有的对结构化程序设计的不同解释归纳为 13 种，现在一个比较流行的定义是：

微视频
结构化程序
设计

结构化程序设计是一种进行程序设计的原则和方法，按照这种原则和方法设计的程序具有结构清晰、容易阅读、容易修改、容易验证等特点。

20 世纪 80 年代，人们开始把"结构清晰、容易阅读、容易修改、容易验证"作为衡量程序质量的首要条件。也就是说，所谓的"好"程序是指"好结构"的程序，一旦效率与"好结构"发生矛盾，那么宁可在可容忍的范围内降低效率，也要确保好的结构。

结构化程序设计的基本思想归纳起来有以下 3 个要点。

（1）采用顺序、选择和循环三种基本结构作为程序设计的基本单元，用这三种基本结构编写的程序在语法结构上具有如下 4 个特性：

- 只有一个入口。
- 只有一个出口。
- 无不可达语句，即不存在永远都执行不到的语句。
- 无死循环，即不存在永远都执行不完的循环。

（2）尽量避免使用 goto 语句，因为它破坏了结构化设计风格，并且容易带来错误的隐患。

goto 语句可以不受限制地转向程序中（同一函数内）的任何地方，使程序流程随意转向，如果使用不当，不仅有可能造成不可达语句，而且还会造成程序流程的混乱，影响程序的可读性。造成程序流程混乱的根源并非 goto 语句本身，而在于使用了较多的 goto 语句标号。例如，在程序中的多个地方，用 goto 语句转向同一语句标号处，进行相同的错误处理，不但不会影响程序结构的清晰，相反还会使程序变得更加简洁。

因此，结构化程序设计规定，尽量不要使用多于一个的 goto 语句标号，同时只允许在一个"单入口单出口"的模块内用 goto 语句向前跳转，不允许回跳。当然，也不能简单地认为避免使用 goto 语句的程序设计方法就是结构化程序设计方法。结构化程序设计关注的焦点是程序结构的好坏，而有无 goto 语句，并不是程序结构好坏的标志。限制和避免使用 goto 语句，只是得到结构化程序的一个手段,而不是我们的目的。

（3）采用自顶向下（Top-Down）、逐步求精（Stepwise Refinement）的模块化程序设计方法（见第 7 章）。

### 6.6.2 常用的程序调试与排错方法

按照 Brian W. Kernighan 和 Rob Pike 的观点,除为了取得堆栈轨迹和一两个变量的值之外,尽量不要使用排错系统,因为人很容易在复杂数据结构和控制流的细节中迷失方向,有时以单步运行遍历程序的方式还不如努力思考,并辅之以在关键位置增设打印语句和测试代码,后者的效率更高。例如,在例 6.1 中,实际上我们已经尝试了这样一种程序排错的方法。

与审视和思考后精心安排的显示输出相比,通过按键或单击经过许多语句花费的时间会更长。换句话说,确定在某个地方安放打印语句比以单步方式走到关键的代码段更快。更重要的是,用于排错的语句存在于程序中,而排错系统的执行则是转瞬即逝的。

总之,使用调试（Debug）工具,盲目地东翻西找不可能有效率,毕竟任何工具都不可能代替我们自己的思考。通过排错系统帮助发现程序出错的状态是有用的,而在此之后,就应该努力地去考虑出错的线索:问题为什么会发生? 以前是否遇到过类似的情况? 程序里哪些语句刚刚被修改过? 在引起错误的输入数据里有什么特殊的东西? 然后的工作就是精心选择几个测试用例和插入代码中的打印语句。

程序排错的第一步是找出错误的根源,然后才能对症下药。排错是一种技艺,就像解一个谜题或侦破一个杀人谜案,不要忽视程序运行的错误结果,它常常会提供许多发现问题的线索。只要顺着这些线索,像将一条搞乱了的绳索一样,一点一点地耐心地捋,同时正确利用逆向思维和推理寻找问题的根源。如果仍然未发现问题的线索,那么可以试一试下面的策略:

（1）缩减输入数据,设法找到导致失败的最小输入。

（2）采用注释的办法"切掉"一些代码,减少有关的代码区域,调试无误后再"打开"这些注释,即采用分而治之的策略将问题局部化。

（3）采用增量测试（Incremental Testing）方法。增量测试是保持一个可工作程序的过程,即开发初期先建立一个可运作单元（一段已被测试过的可正常工作的代码）,随着新代码的加入,测试和排错也在同步进行,如图 6-10 所示。

由于错误最可能出现在新加入的代码或与源代码有联系的代码块中,因此,扩充程序时需不断测试新加入的代码及新加入代码与可运作单元之间的联系,使待调试的代码仅限制在范围很小的程序块中,从而减小了查错区域,使编程者更容易发现错误。

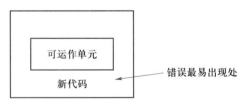

图 6-10　增量测试示意图

找到程序的错误后,就要考虑如何进行改错。改错时要注意以下 3 个问题:

（1）不要急于修改缺陷（Bug）,先思考一下,修改相关代码行后会不会引发其他的缺陷。

（2）程序中可能潜伏着同一类型的很多 bug。这时要乘胜追击,改正所有的类似 bug。

（3）改错后要立即进行回归测试（Regression Test）,即对以前修复过的 bug 重新进行测试,看该 bug 是否会重新出现，以避免修复 bug 后又引起其他新的 bug。

### 6.6.3　数值溢出

C 语言提供的类型都有其取值范围。当超过一种数据类型能够存放的最大取值范围时，就会发生数值溢出。来看下面的例子。

【例 6.15】编程计算 $a^1+a^2+\cdots+a^n$。其中，$a$ 和 $n$ 由用户从键盘输入。请分析下面程序错在哪里。

```
1    #include <stdio.h>
2    #include <math.h>
3    int main(void)
4    {
5        int i, a, n;
6        printf("Input a,n:");
7        scanf("%d,%d", &a, &n);
8        long sum = 0;
9        for (i=1; i<=n; i++)
10       {
11           sum = sum + pow(a, i);
12       }
13       printf("sum=%ld\n", sum);
14       return 0;
15   }
```

该程序的运行结果如下：

```
Input a,n:2,32↙
sum=-2147483648
```

显然，这个结果是错误的。为了分析程序的错误原因，可以在循环体中第 11 行语句后增加如下一条打印语句，以观察每次循环后 sum 值的变化情况：

```
printf("i=%d, pow=%.0f, sum=%ld\n", i, pow(a,i), sum);
```

此时，再次运行该程序，运行结果如下：

```
Input a,n:2,32
i=1, pow=2, sum=2
i=2, pow=4, sum=6
i=3, pow=8, sum=14
i=4, pow=16, sum=30
i=5, pow=32, sum=62
i=6, pow=64, sum=126
i=7, pow=128, sum=254
```

```
i=8, pow=256, sum=510
i=9, pow=512, sum=1022
i=10, pow=1024, sum=2046
i=11, pow=2048, sum=4094
i=12, pow=4096, sum=8190
i=13, pow=8192, sum=16382
i=14, pow=16384, sum=32766
i=15, pow=32768, sum=65534
i=16, pow=65536, sum=131070
i=17, pow=131072, sum=262142
i=18, pow=262144, sum=524286
i=19, pow=524288, sum=1048574
i=20, pow=1048576, sum=2097150
i=21, pow=2097152, sum=4194302
i=22, pow=4194304, sum=8388606
i=23, pow=8388608, sum=16777214
i=24, pow=16777216, sum=33554430
i=25, pow=33554432, sum=67108862
i=26, pow=67108864, sum=134217726
i=27, pow=134217728, sum=268435454
i=28, pow=268435456, sum=536870910
i=29, pow=536870912, sum=1073741822
i=30, pow=1073741824, sum=2147483646
i=31, pow=2147483648, sum=-2147483648
i=32, pow=4294967296, sum=-2147483648
sum=-2147483648
```

从这个结果不难发现,当 i=31 时,将 $2^{31}$ 即 2 147 483 648 累加到 sum 中时发生了数值溢出问题,导致进位到达了最前面的符号位,使得符号位由 0 变成了 1,从而使得显示的 sum 值被解释为一个负数,其根本原因是 sum 被定义为 long 型,而 long 型的取值上界为 $2^{31}-1$ 即 2 147 483 647,当 i=30 时,sum 的值已经接近 long 型的取值上界,因此继续执行累加运算,运算结果超出了类型所能表示的数的上界,因此出现了数值溢出问题。

将 sum 定义为 long long 类型,同时修改打印语句为:

```
printf("i=%d, pow=%.0f, sum=%I64d\n", i, pow(a,i), sum);
printf("sum=%I64d\n", sum);
```

注意,在 Code::Blocks 下,输出 long long 类型的数据需要使用的格式字符是%I64d。

此时,在 Code::Blocks 下运行该程序,虽然可以在输入 2,32 的情况下得到正确的运行结果,但 long long 类型的取值范围依然是有限的,在输入的 n 值超过 61 时,仍然会发生数值溢出问题。

此外,当程序从高位计算机向低位计算机移植(例如从 64 位系统移植到 32 位系统)时,也有可能出现数值溢出问题。了解数据类型的取值范围并合理选择数据类型,有助于减少数值溢出发生的概率。常见数据类型的取值范围见附录 B。

## 6.7 本章知识点小结

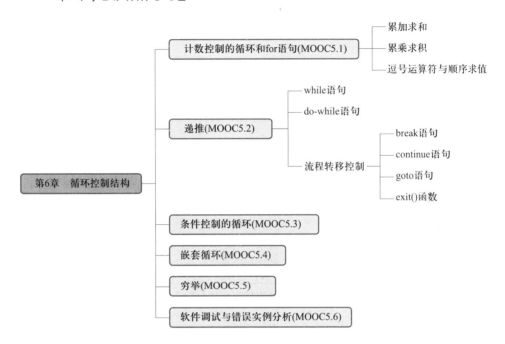

## 6.8 本章常见错误小结

| 常见错误实例 | 常见错误描述 | 错误类型 |
|---|---|---|
| `while (i <= n)`<br>`{`<br>`    sum = sum + i;`<br>`    i++;`<br>`}` | 在循环开始前,未将计数器变量、累加求和变量或者累乘求积变量初始化,导致运行结果出现乱码 | 运行时错误 |
| `while (i <= n)`<br>`    sum = sum + i;`<br>`    i++;` | 在界定 while 和 for 语句后面的复合语句时,忘记了花括号 | 运行时错误 |
| `for (i = 1; i <= n; i++) ;`<br>`{`<br>`        sum = sum + i;`<br>`}` | 在紧跟 for 语句表达式圆括号外之后写了一个分号。位于 for 语句后面的分号使循环体变成了空语句,即循环体不执行任何操作 | 运行时错误 |

| 常见错误实例 | 常见错误描述 | 错 误 类 型 |
|---|---|---|
| while (i <= n) ;<br>{<br>　sum = sum + i;<br>　i++;<br>} | 在紧跟 while 语句条件表达式的圆括号外之后写了一个分号。位于 while 语句后面的分号使循环体变成了空语句,在第一次执行循环且循环控制条件为真时,将引起死循环 | 运行时错误 |
| while (n < 100)<br>{<br>　printf("n = %d", n);<br>} | 在 while 循环语句的循环体中,没有改变循环控制条件的操作,在第一次执行循环且循环控制条件为真时,将导致死循环 | 运行时错误 |
| do{<br>　sum = sum + i;<br>　i++;<br>}while (i <= n) | do-while 语句的 while 后面忘记加分号 | 编译错误 |
| for (i = 1, i <= n, i++)<br>{<br>　p = p * i;<br>} | 用逗号分隔 for 语句圆括号中的三个表达式 | 编译错误 |
|  | 嵌套循环中的左花括号"{"与右花括号"}"不配对 | 编译错误 |
|  | 嵌套循环的内层和外层的循环控制变量同名 | 运行时错误 |

# 习　题　6

6.1　分析并写出下列程序的运行结果。

（1）

```
1    #include <stdio.h>
2    int main(void)
3    {
4        int    i, j, k;
5        char   space = ' ';
6        for (i = 1; i <= 4; i++)
7        {
8            for (j = 1; j <= i; j++)
9            {
10               printf("%c",space);
```

```
11            }
12            for (k = 1; k <= 6; k++)
13            {
14                printf("*");
15            }
16            printf("\n");
17        }
18        return 0;
19    }
```

（2）

```
1    #include <stdio.h>
2    int main(void)
3    {
4        int  k = 4, n;
5        for (n = 0; n < k; n++)
6        {
7            if (n % 2 == 0)  continue;
8            k--;
9        }
10        printf("k = %d, n = %d\n", k, n);
11        return 0;
12    }
```

（3）

```
1    #include <stdio.h>
2    int main(void)
3    {
4        int  k = 4, n;
5        for (n = 0; n < k; n++)
6        {
7            if (n % 2 == 0)  break;
8            k--;
9        }
10        printf("k = %d, n = %d\n", k, n);
11        return 0;
12    }
```

6.2 阅读下面程序,按要求在空白处填写适当的表达式或语句,使程序完整并符合题目要求,然后上机运行程序,写出程序的运行结果。

（1）计算 1+3+5+7+…+99+101 的值。

```
1    #include <stdio.h>
2    int main(void)
```

```
3      {
4          int i, sum = 0;
5          for (i = 1; i <= 101;      ①      )
6          {
7                      ②           ;
8          }
9          printf("sum = %d\n", sum);
10         return 0;
11     }
```

（2）计算 $1*2*3+3*4*5+\cdots+99*100*101$ 的值。

```
1      #include <stdio.h>
2      int main(void)
3      {
4          long i;
5          long term, sum = 0;
6          for (i = 1;      ①      ; i = i + 2)
7          {
8              term =         ②         ;
9              sum = sum + term;
10         }
11         printf("sum = %ld", sum);
12         return 0;
13     }
```

（3）计算 $a+aa+aaa+\cdots+aa\cdots a$（n 个 a）的值，n 和 a 的值由键盘输入。

```
1      #include <stdio.h>
2      int main(void)
3      {
4          long      ①      , sum = 0;
5          int a, i, n;
6          printf("Input a,n:");
7          scanf("%d,%d", &a, &n);
8          for (i = 1; i <= n; i++)
9          {
10             term =         ②         ;
11             sum = sum + term;
12         }
13         printf("sum = %ld\n", sum);
14         return 0;
15     }
```

（4）计算 $1-1/2+1/3-1/4+\cdots+1/99-1/100+\cdots$，直到最后一项的绝对值小于 $10^{-4}$ 为止。

```
1    #include <stdio.h>
2    #include <math.h>
3    int main(void)
4    {
5        int  n = 1;
6        float term = 1.0, sign = 1,sum = 0;
7        while (____①____)
8        {
9            _____②_____ ;
10           sum = sum + term;
11           sign = ____③____ ;
12           n++;
13       }
14       printf("sum = %f \n", sum);
15       return 0;
16   }
```

（5）利用 $\sin x \approx x - \dfrac{x^3}{3!} + \dfrac{x^5}{5!} - \dfrac{x^7}{7!} + \dfrac{x^9}{9!} - \cdots$，计算 $\sin x$ 的值，直到最后一项的绝对值小于 $10^{-5}$ 时为止。

```
1    #include <stdio.h>
2    #include <math.h>
3    int main(void)
4    {
5        int  n = 1, count = 1;
6        double x;
7        double sum, term;
8        printf("Input x:");
9        scanf("%lf",____①____);
10       sum = x;
11       term = x;
12       do{
13           term = _____②_____ ;
14           sum = sum + term;
15           n = n + 2;
16           ____③____ ;
17       }while (_____④_____);
18       printf("sin(x) = %f, count = %d \n", sum, count);
19       return 0;
20   }
```

6.3　程序改错题。爱因斯坦曾出过这样一道数学题:有一条长阶梯,若每步跨 2 阶,最后剩下 1 阶;若每步跨 3 阶,最后剩下 2 阶;若每步跨 5 阶,最后剩下 4 阶;若每步跨 6 阶,则最后剩下 5 阶;只有每步跨 7 阶,最后才正好 1 阶不剩。参考例 6.14 程序,编写计算这条阶梯共有多少阶的程序如下所示,其中存在一些语法和逻辑错误,请找出并改正之。

```
1      #include <stdio.h>
2      int main(void)
3      {
4          int   x = 1, find = 0;
5          while (!find);
6          {
7              if (x%2 = 1 && x%3 = 2 && x%5 = 4 && x%6 = 5 && x%7 = 0)
8              {
9                  printf("x = %d\n", x);
10                 find = 1;
11                 x++;
12             }
13         }
14         return 0;
15     }
```

6.4　参考例 6.4 程序,编程计算并输出 1 到 $n$ 之间的所有数的平方和立方。其中,$n$ 值由用户从键盘输入。

6.5　某人在国外留学,不熟悉当地天气预报中的华氏温度值,请编程按每隔 10° 输出 0° 到 300° 之间的华氏温度到摄氏温度的对照表,以方便他对照查找。已知华氏和摄氏温度的转换公式为 $C = 5/9 \times (F - 32)$,其中,$C$ 表示摄氏温度,$F$ 表示华氏温度。

6.6　假设银行一年整存零取的月息为 1.875%,现在某人手头有一笔钱,他打算在今后 5 年中,每年年底取出 1 000 元作为孩子来年的教育金,到第 5 年孩子毕业时刚好取完这笔钱,请编程计算第 1 年年初时他应存入银行多少钱。注意:每年年底结算一次,扣除取出的钱,剩余的作为下一年度存款本金。每年的利息按月计算,不是复利。

6.7　假设今年的工业产值为 100 万元,产值增长率从键盘输入,请编程计算工业产值过多少年后可实现翻一番(即增加 1 倍)。

6.8　参考习题 6.2 的程序(5),利用 $\dfrac{\pi}{4} = 1 - \dfrac{1}{3} + \dfrac{1}{5} - \dfrac{1}{7} + \cdots$,编程计算 $\pi$ 的近似值,直到最后一项的绝对值小于 $10^{-4}$ 时为止,输出 $\pi$ 的值并统计累加的项数。

6.9　参考习题 6.2 的程序(5),利用 $e = 1 + \dfrac{1}{1!} + \dfrac{1}{2!} + \dfrac{1}{3!} + \cdots + \dfrac{1}{n!}$,编程计算 $e$ 的近似值,直到最后一项的绝对值小于 $10^{-5}$ 时为止,输出 $e$ 的值并统计累加的项数。

6.10　水仙花数是指各位数字的立方和等于该数本身的三位数。例如,153 是水仙花数,因为 $153 = 1^3 + 3^3 + 5^3$。请编程计算并输出所有的水仙花数。

6.11　已知不等式:$1! + 2! + \cdots + m! < n$,请编程对用户指定的 $n$ 值计算并输出满足该不等式的 $m$ 的整数解。

6.12　输入一些正数,编程计算并输出这些正数的和,输入负数或零时表示输入数据结束。

6.13　参考例 6.15 程序,输入一些整数,编程计算并输出其中所有正数的和,输入负数时不累加,继续输入下一个数。输入零时表示输入数据结束。

6.14 马克思手稿中有这样一道趣味数学题:男人、女人和小孩总计 30 个人,在一家饭店里吃饭,共花了 50 先令,每个男人各花 3 先令,每个女人各花 2 先令,每个小孩各花 1 先令,请用穷举法编程计算男人、女人和小孩各有几人。

6.15 鸡兔同笼,共有 98 个头,386 只脚,请用穷举法编程计算鸡、兔各有多少只。

6.16 古代《张丘建算经》中有一道百鸡问题:鸡翁一,值钱五;鸡母一,值钱三;鸡雏三,值钱一。百钱买百鸡,问鸡翁、母、雏各几何? 其意为:公鸡每只 5 元,母鸡每只 3 元,小鸡 3 只 1 元。请用穷举法编程计算,若用 100 元买 100 只鸡,则公鸡、母鸡和小鸡各能买多少只。

6.17 用 100 元人民币兑换 10 元、5 元和 1 元的纸币(每一种都要有)共 50 张,请用穷举法编程计算共有几种兑换方案,每种方案各兑换多少张纸币。

6.18 分别按如下三种形式,编程输出九九乘法表。

```
1   2   3   4   5   6   7   8   9
-   -   -   -   -   -   -   -   -
1   2   3   4   5   6   7   8   9
2   4   6   8   10  12  14  16  18
3   6   9   12  15  18  21  24  27
4   8   12  16  20  24  28  32  36
5   10  15  20  25  30  35  40  45
6   12  18  24  30  36  42  48  54
7   14  21  28  35  42  49  56  63
8   16  24  32  40  48  56  64  72
9   18  27  36  45  54  63  72  81
```

```
1   2   3   4   5   6   7   8   9
-   -   -   -   -   -   -   -   -
1
2   4
3   6   9
4   8   12  16
5   10  15  20  25
6   12  18  24  30  36
7   14  21  28  35  42  49
8   16  24  32  40  48  56  64
9   18  27  36  45  54  63  72  81
```

```
1   2   3   4   5   6   7   8   9
-   -   -   -   -   -   -   -   -
1   2   3   4   5   6   7   8   9
    4   6   8   10  12  14  16  18
        9   12  15  18  21  24  27
            16  20  24  28  32  36
                25  30  35  40  45
                    36  42  48  54
                        49  56  63
                            64  72
                                81
```

6.19 (选做)有一天,一位百万富翁遇到一个陌生人,陌生人找他谈一个换钱的计划,陌生人对百万富翁说:"我每天给你 10 万元,而你第一天只需给我 1 分钱,第二天我仍给你 10 万元,你给我 2 分钱,第三天我仍给你 10 万元,你给我 4 分钱……你每天给我的钱是前一天的 2 倍,直到满一个月(30 天)为止",百万富翁很高兴,欣然接受了这个契约。请编程计算在这一个月中陌生人总计给百万富翁多少钱,百万富翁总计给陌生人多少钱。

6.20 (选做)一辆卡车违反了交通规则,撞人后逃逸。现场有三人目击了该事件,但都没有记住车号,只记住车号的一些特征。甲说:车号的前两位数字是相同的;乙说:车号的后两位数字是相同的,但与前两位不同;丙是位数学家,他说:4 位的车号正好是一个整数的平方。请根据以上线索编程协助警方找出车号,以便尽快破案,抓住交通肇事犯。

6.21　(选做)在海军节开幕式上,有 A、B、C 三艘军舰要同时开始鸣放礼炮各 21 响。已知 A 舰每隔 5 秒放 1 次,B 舰每隔 6 秒放 1 次,C 舰每隔 7 秒放 1 次。假设各炮手对时间的掌握非常准确,请编程计算观众总共可以听到几次礼炮声。

6.22　国王的许诺。相传国际象棋是古印度舍罕王的宰相达依尔发明的。舍罕王十分喜欢象棋,决定让宰相自己选择何种赏赐。这位聪明的宰相指着 8×8 共 64 格的象棋盘说:陛下,请您赏给我一些麦子吧,就在棋盘的第 1 个格子中放 1 粒,第 2 格中放 2 粒,第 3 格中放 4 粒,以后每一格都比前一格增加 1 倍,依此放完棋盘上的 64 个格子,我就感恩不尽了。舍罕王让人扛来一袋麦子,他要兑现他的许诺。请问:国王能兑现他的许诺吗?分别采用两种累加方法(直接计算累加的通项,利用前项计算后项)编程计算舍罕王共需要多少麦子赏赐他的宰相,这些麦子合多少立方米(已知 1 立方米麦子约 $1.42×10^8$ 粒)。

6.23　兔子理想化繁衍问题。假设一对小兔的成熟期是一个月,即一个月可长成成兔,那么如果每对成兔每个月都可以生一对小兔,一对新生的小兔从第二个月起就开始生兔子,试问从一对兔子开始繁殖,一年以后可有多少对兔子? 请用正向顺推法编程求解该问题。

# 第7章 函数与模块化程序设计

 内容导读

本章围绕阶乘计算介绍函数的定义、参数传递、递归函数、函数复用和防御性程序设计,并将上一章中的猜数游戏采用"自顶向下、逐步求精"的模块化程序设计方法对其重新设计。本章内容对应"C语言程序设计精髓"MOOC课程的第6周和第7周视频,主要内容如下:

- ☑ 函数定义、函数调用、函数原型、函数的参数传递与返回值
- ☑ 递归函数和函数的递归调用
- ☑ 函数封装,函数复用,函数设计的基本原则,程序的健壮性
- ☑ 变量的作用域与存储类型,全局变量、自动变量、静态变量、寄存器变量
- ☑ "自顶向下、逐步求精"的模块化程序设计方法

## 7.1 分而治之与信息隐藏

实际应用中,为了降低开发大规模软件的复杂度,开发人员通常会把一个复杂的任务分解为若干个简单的子任务,并提炼出公共任务,把不同的子任务分派给不同的开发人员分工协作完成,这就是所谓的分而治之(**Divide and Conquer**, **Wirth,1971**)。

微视频
分治

模块化程序设计(**Modular Programming**)就体现了这种"分而治之"的思想。通过功能分解实现模块化程序设计,功能分解是一个自顶向下、逐步求精的过程,即一步一步地把大功能分解为小功能,逐步求精,各个击破,直到完成最终的程序。模块化程序设计不仅使程序更容易理解,也更容易调试和维护。

函数是C语言中模块化程序设计的最小单位,既可以把每个函数都看做一个模块,也可以将若干相关的函数合并成一个模块。如果把程序设计比作制造机器,那么函数就好比是它的零部件,可以先将这些"零部件"单独设计、调试、测试好,用的时候拿出来装配,并进行总体调试。这些"零部件"既可以是自己设计的,也可以是别人设计好的,或者是现成的标准产品。

图7-1显示了一个典型的C程序结构。如图所示,一个C程序可以由一个或多个源程序文件组成,一个源程序文件又可以由一个或多个函数组成。设计得当的函数可以把函数内部的信息(包括数据和具体操作的细节)对不需要这些信息的其他模块隐藏起来,即不能访问,让使用者不必关注函数内部是如何做的,只知道它能做什么以及如何使用它即可,从而使得整个程序的结构更加紧凑,逻辑也更加清晰。这就是所谓的信息隐藏(**Information Hiding, Parnas, 1972**)的思想。显然,在进行模块化程序设计时,我们应该遵循信息隐藏的原则。

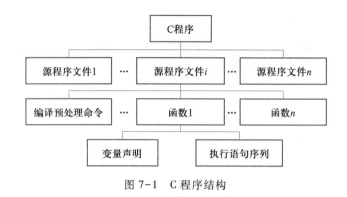

图 7-1　C 程序结构

## 7.2　函数的定义

### 7.2.1　函数的分类

在 C 语言中,函数(Function)是构成程序的基本模块。程序的执行从 main()的入口开始,到 main()的出口结束,中间循环、往复、迭代地调用一个又一个函数。每个函数分工明确,各司其职,对这些函数而言,main()函数就像是一个总管。虽然 main()函数有点特殊,但还是可以从使用者的角度对函数分类,将函数分为标准库函数和自定义函数两类。

**1. 标准库函数**

前面介绍了一些常用的标准库函数,如 printf()、scanf()等。符合ANSI C 标准的 C 语言的编译器,都必须提供这些库函数。当然,函数的行为也要符合 ANSI C 的定义。使用 ANSI C 的库函数,必须在程序的开头把该函数所在的头文件包含进来。例如,使用在 math.h 内定义的 fabs()函数时,只要在程序开头将头文件<math.h>包含到程序中即可。

此外,还有第三方函数库可供用户使用,它们不在 ANSI C 标准范围内,是由其他厂商自行开发的 C 语言函数库,能扩充 C 语言在图形、数据库等方面的功能,用于完成 ANSI C 未提供的功能。

**2. 自定义函数**

如果库函数不能满足程序设计者的编程需要,那么就需要自行编写函数来完成自己所需的功能,这类函数称为自定义函数。开发团队内部可采取"拿来拿去主义",既可以使用别人编写的函数,也可以把自己编写的函数拿给别人共享,即提倡"我为人人,人人为我"的集体主义精神。

### 7.2.2　函数的定义

和使用变量一样,函数在使用之前必须先定义。函数定义的基本格式为:

　　返回值类型　函数名(类型　形式参数 1,　类型　形式参数 2,…)◂——函数头部

声明语句序列
可执行语句序列

函数体

函数名是函数的唯一标识,用于说明函数的功能。函数名标识符的命名规则与变量的命名规则相同。函数命名应以直观且易于拼读为宜,做到"见名知意",不建议使用汉语拼音,建议使用英文单词及其组合,这样便于记忆和阅读。为了便于区分,通常变量名用小写字母开头的单词组合而成,函数名则用大写字母开头的单词组合而成。

标识符的命名和命名风格的选择主要依照个人的习惯,此外通常采用与操作系统或开发工具一致的命名风格。其中,Windows 应用程序的标识符通常采用"大小写"混排的单词组合而成。例如,函数名采用 FunctionName 这样的形式,变量名采用 newValue 这样的形式。而在 Linux/UNIX 应用程序的标识符通常采用"小写加下划线"的方式。例如函数名采用 function_ name 这样的形式,变量名采用 new_value 这样的形式。

本书采用的是 Windows 风格。函数名使用"动词"或者"动词+名词"(动宾词组)的形式,如函数名 GetMax 等。而变量名使用"名词"或者"形容词+名词"的形式,如变量名 oldValue 与 newValue等。

函数体必须用一对花括号包围,这里的花括号{ }是函数体的定界符。在函数体内部定义的变量只能在函数体内访问,称为内部变量。函数头部参数表里的变量,称为形式参数(Parameter,简称形参),也是内部变量,即只能在函数体内访问。

形参表是函数的入口。如果说函数名相当于说明运算的规则的话,那么形参表里的形参就相当于运算的操作数,而函数的返回值就是运算的结果。

若函数没有函数返回值,则需用 void 定义返回值的类型。若函数不需要入口参数,则需用 void 代替形参表中的内容,表示该函数不需要任何外部数据。

【例 7.1a】用函数编写计算整数 n 的阶乘 n!。

```
1      // 函数功能:      用迭代法计算 n!
2      //函数入口参数:整型变量 n 表示阶乘的阶数
3      //函数返回值:    返回 n! 的值
4
5      long   Fact(int   n)               // 函数定义
6      {
7          int   i;
8          long result = 1;
9          for (i = 2; i <= n; i++)
10         {
11             result *= i;
12         }
```

```
13        return result;              // 将 result 的值作为函数的返回值返回
14     }
```

在本例程序中,定义了一个名为 Fact 的函数(Fact 是单词 factorial 的前四个字母,factorial 为阶乘之意)。函数 Fact() 的功能是计算 n 的阶乘 n!。第 5 行函数头部的参数表里有一个形参,形参 n 的类型为 int,函数返回值的类型为 long,之所以用 long,是因为考虑到阶乘的值有可能会超出 int 型数据的表示范围。第 13 行是函数 Fact() 的最后一条语句,将 result 的值作为函数的返回值返回,其中,关键字 return 后面的变量或表达式的值代表函数要返回的值,它的类型应该与函数定义头部中声明的函数返回值类型一致。

 注意,在函数定义的前面写上一段注释来描述函数的功能及其形参,是一个非常好的编程习惯。函数的注释必须给其他程序员以足够的信息,让其了解如何使用该函数。但是为了节省篇幅,本书后面的程序对函数注释进行了简化,只标明了函数的功能。

## 7.3  向函数传递值和从函数返回值

### 7.3.1  函数调用

例 7.1a 并不是一个可运行的程序。有 main() 的程序才能运行,函数必须被 main() 直接或间接调用才能发挥作用。那么如何进行函数调用(Function Call)呢?

main() 函数调用函数 Fact() 时,必须提供一个称为实际参数(Argument,简称实参)的表达式给被调用的函数。为叙述方便,下面将调用其他函数的函数简称为主调函数,被调用的函数简称为被调函数。主调函数把实参的值复制给形参的过程,称为参数传递。

微视频
函数调用

教学课件

【例 7.1b】编写 main() 函数,调用函数 Fact() 来计算 m!。其中,m 的值由用户从键盘输入。

```
1     #include<stdio.h>
2     int main(void)
3     {
4        int  m;
5        long ret;
6        printf("Input m:");
7        scanf("%d", &m);
8        ret = Fact(m);            // 调用函数 Fact(),并将函数的返回值存入 ret
9        printf("%d! = %ld\n", m, ret);
10       return 0;
11    }
```

本例中,函数 main()将阶乘计算的任务交给函数 Fact(),函数 main()只负责调用函数 Fact()(见程序第 8 行),将实参 m 的值传给 Fact(),并将 Fact()返回的计算结果值 ret 打印出来(见程序第 9 行)。至于函数 Fact()接收数据以后,在函数 Fact()内部是如何计算阶乘的,main()可以毫不关心,它只要了解函数 Fact()的功能和接口,知道如何调用 Fact()即可。这样做不仅实现了信息隐藏,而且使"减肥"后的主函数也显得更加轻灵、结构更加紧凑、层次更加清晰。

下面结合图 7-2 来分析函数 Fact()的调用过程。主函数执行到程序第 8 行,执行函数 Fact()调用,把实参 m(假设为 3)的值复制给形参 n,然后程序转入其内部运行,为函数内的每个变量(包括形参)分配内存,开始执行函数内的第一条语句。首先将 result 初始化为 1,然后通过 for 循环计算 n 的阶乘值,result 的值变为 6,当函数执行到 return 语句时退出函数 Fact()的运行,将 result 的值 6 返回给调用它的主函数,在主函数中,函数 Fact()的返回值被赋值给了变量 ret,于是变量 ret 的值变为 6,然后程序从调用 Fact ()的地方继续往下执行其后的语句。

微视频
函数参数传递

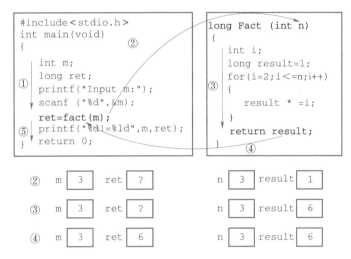

图 7-2　例 7.1a 和例 7.1b 函数调用过程

有返回值的函数必须有 return 语句。return 语句用来指明函数将返回给主调函数的值是什么。无论在函数的什么位置,只要执行到它,就立即返回到函数的调用者。

　注意,函数的返回值只能有一个,函数返回值的类型可以是除数组(第 8 章介绍)以外的任何类型。函数中的 **return** 语句可以有多个,但不表示函数可以有多个返回值。多个 return 语句通常出现在 if-else 语句中,表示在不同的条件下返回不同的值。

当函数返回值类型为 void 类型时,表示函数没有返回值,函数可以没有 return 语句,程序一直运行到函数的最后一条语句后再返回。如果程序不是运行到函数的最后一条语句才返回,那么必须使用 return 语句返回,无须返回任何值的 return 语句可写成

**return;**

和其他函数相比,main()函数有点特殊。main()函数是由系统调用的,使得 C 程序从 main()函数开始执行,调用其他函数后流程回到 main()函数,在 main()函数中结束整个程序的运行。

若定义 main() 时未显式指明其返回值类型,也未使用 void,则其返回值将被默认为 int 类型。虽然 C 语言语法允许这样做,但实际编程时通常会将 main 函数写成如下形式:

```
int main()                        int main(void)
{                                 {
    ……              或者          ……
    return 0;                         return 0;
}                                 }
```

第一种形式中,main() 中 return 返回的 0 值等价于调用 exit() 时提供的参数。第二种形式进一步用 void 显式指出 main() 函数没有参数。

事实上,仅被系统调用的 main() 也可以有标准参数和返回值,带参数的 main() 将在第 11 章介绍。第二种形式最规范,因此本书采用了第二种形式。

### 7.3.2 函数原型

【例 7.1】将例 7.1a 和例 7.1b 合并成一个完整的程序。

```
1     #include<stdio.h>
2     // 函数功能:用迭代法计算 n!
3     long Fact(int n)           // 函数定义
4     {
5         int i;
6         long result = 1;
7         for (i = 2; i <= n; i++)
8         {
9             result *= i;
10        }
11        return result;
12    }
13    int main(void)
14    {
15        int   m;
16        long ret;
17        printf("Input m:");
18        scanf("%d", &m);
19        ret = Fact(m);            // 调用函数 Fact(),并将函数的返回值存入 ret
20        printf("%d! = %ld\n", m, ret);
21        return 0;
22    }
```

微视频
函数原型

答疑解惑:将所有函数定义放置在 main() 函数的前面是不是就可以不用如此麻烦的函数原型了呢?

合并后程序的另外一种写法是:

```
1       #include<stdio.h>
2       long   Fact(int   n);          // 函数原型声明
3       int main(void)
4       {
5          int   m;
6          long ret;
7          printf("Input m:");
8          scanf("%d", &m);
9          ret = Fact(m);          // 调用函数 Fact(),并将函数的返回值存入 ret
10         printf("%d! = %ld\n", m, ret);
11         return 0;
12      }
13      // 函数功能:用迭代法计算 n!
14      long   Fact(int   n)          // 函数定义
15      {
16         int   i;
17         long result = 1;
18         for (i = 2; i <= n; i++)
19         {
20             result *= i;
21         }
22         return result;
23      }
```

两种写法的程序的运行结果均为:

**Input m:10** ↙

**10! = 3628800**

两种写法在功能上完全等价,形式上的区别是第一个程序里函数 Fact() 的定义在 main() 之前,而第二个程序里函数 Fact() 的定义在 main() 之后,并且程序中的第2行多了下面这样一条被称为函数原型(Function Prototype)声明的语句:

**long   Fact(int   n);**                // 函数原型声明

函数原型声明(第2行)的语法格式通常与函数定义的头部(第14行)是一致的,唯一区别是函数原型的末尾多了一个分号。当然,在函数原型的形参列表中,形参变量名可以省略,只给出形参的类型即可。

当函数的定义出现在函数调用之前时,函数原型是可以省略的。例如,在第一个程序里,Fact() 先定义,编译器在编译 main() 时就知道了 Fact() 有哪些参数,以及返回值类型是什么,从而可以正确进行编译。然而当函数的定义出现在函数调用之后时,函数原型是必不可少的。例如,假设在第二个程序中没有第2行的函数原型声明,那么编译器在编译 main() 时就不知道有

关 Fact()的信息,在 Code::Blocks 下编译程序时将出现如下错误信息:

**conflicting types for 'Fact'**

可见,函数原型的主要作用是告诉编译器,函数 Fact()将从调用程序接收一个 int 型参数,编译器检查函数调用语句中实参的类型和数量与函数原型是否匹配。因此,在不需要参数和返回值时,最好用 void 标明,否则编译器会默认为函数的返回值为 int 型,而且虽然第 2 行函数原型中的形参和形参类型可以省略不写,但写上会有助于编译器对函数参数类型的匹配检查。

微视频
函数原型与
函数定义的
区别

### 7.3.3　函数封装与防御性程序设计

当用户使用 ANSI C 的标准库函数时,可以通过查找联机帮助或使用手册了解其用法。除了功能(即函数"能做什么")以外,用户最关心的是它对外的接口(即参数和返回值)的含义,至于在它的内部定义了哪些变量,使用了什么算法等细节内容(即函数是"怎样做的")全被封装了起来,用户看不到,也不必去关心。这就是函数封装(Encapsulation)。

教学课件

函数封装使得外界对函数的影响仅限于几个入口参数。而函数对外界的影响也仅限于一个返回值和数组、指针类型的参数(分别在第 8 章和第 9 章介绍),不仅便于各个函数单独测试、排错,也便于多人合作开发程序。

通常函数接口设计好以后,不要轻易改动,而函数内部的实现细节可以修改(例如换成其他算法),只要函数的功能和接口不变,那么就不会影响它的调用者,无须修改调用它的程序。

究竟入口参数会对函数产生怎样的影响,而函数的返回值又会对外界产生怎样的影响呢?现在让我们来重新运行一下例 7.1 中的程序。

**Input m:-10** ↙

**-10! = 1**

显然,这是不对的。为了让函数 Fact()具有遇到不正确使用或非法数据输入时仍能保护自己避免出错的能力,即增强程序的健壮性(Robustness),使函数具有防弹(Bulletproof)功能,需要在函数的入口处增加对函数参数合法性的检查,这是一种常用的增强程序健壮性的方法。像这种在程序中增加一些代码,用于专门处理某些异常情况的技术,称为防御式编程(Defensive Programming)。

【例 7.2】下面程序是在例 7.1 程序的基础上修改而成的,增加了对函数入口参数合法性的检查,请分析这个程序能否达到预期目的。

```
1    #include<stdio.h>
2    long  Fact(int  n);
3    int main(void)
4    {
5        int  m;
6        long ret;
7        printf("Input m:");
```

```
8          scanf("%d", &m);
9          ret = Fact(m);
10         printf("%d! = %ld\n", m, ret);
11         return 0;
12     }
13     // 函数功能:用迭代法计算 n!
14     long  Fact(int  n)
15     {
16         int  i;
17         long result = 1;
18         if (n < 0)              // 增加对函数入口参数合法性的检查
19         {
20             printf("Input data error!\n");
21         }
22         else
23         {
24             for (i = 2; i <= n; i++)
25                 result *= i;
26             return result;
27         }
28     }
```

此时,程序在 Code∷Blocks 下的运行结果如下:

**Input m:-10** ↙

**Input data error!**

**-10! = 18**

虽然程序增加了对函数入口参数合法性的检查,但仍未避免返回一个错误的结果,并没有真正起到防范错误的作用。其实,从程序编译时编译器给出的如下警告信息也可以看出一些端倪。

**control reaches end of non-void function**

这个警告信息指出:在函数 Fact() 中,控制到达了非 void 型函数的末尾,意味着该函数需要有个返回值,但是函数并没有返回一个值,即并非所有的控制分支都有返回值。既然在第 18～21 行的 if 分支中没有用 return 返回一个值,那么为什么在函数调用结束后,主函数的第 10 行仍然打印出了一个莫名其妙的函数返回值 18 呢?

这是因为有的编译器会把 printf() 函数的返回值作为函数 Fact() 的返回值返回给主函数,虽然我们几乎不会去使用 printf() 函数的返回值,但它是有返回值的,它的返回值就是 printf() 函数输出的字符个数,第 20 行输出的字符个数为 18,所以函数 Fact() 在打印出"Input data error!"以后,函数调用结束,并将 18 返回给了主函数,于是打印出:

  **-10! = 18**

  当然,并非所有的编译器都这样处理。显然,应将第 20 行的语句修改为

   **return -1;**

但此时重新运行程序,得到的如下结果仍然是不正确的:

   **Input m: -10** ✓

   **-10! = -1**

  这是为什么呢? 原因出在主函数上。原来主函数没有对函数 Fact() 返回的代表异常情况发生的特殊值进行相应的处理。正确的代码应该如下:

```
1     #include<stdio.h>
2     long  Fact(int  n);
3     int main(void)
4     {
5         int  m;
6         printf("Input m:");
7         scanf("%d", &m);
8         long ret = Fact(m);
9         if (ret == -1)              // 增加对函数返回值的检验
10            printf("Input data error!\n");
11        else
12            printf("%d! = %ld\n", m, ret);
13        return 0;
14    }
15    // 函数功能:用迭代法计算 n!。当 n>=0 时,返回 n! 的值;否则返回-1
16    long  Fact(int  n)
17    {
18        long result = 1;
19        if (n < 0)                  // 增加对函数入口参数合法性的检查
20        {
21            return -1;
22        }
23        else
24        {
25            for (int i = 2; i <= n; i++)
26            {
27                result *= i;
28            }
29            return result;
```

```
30            }
31        }
```

程序的两次测试结果如下：

　　① **Input m:-10** ↙
　　　**Input data error!**
　　② **Input m:10** ↙
　　　**10! = 3628800**

实参的数量必须与形参相等，它们的类型必须匹配，匹配的原则与变量赋值的原则一致。当实参和形参的类型不匹配时，某些编译器是保持沉默的，仅当函数原型与函数定义中的参数类型不一致时，编译器才会"大喊大叫"，指出参数类型不匹配的错误。而另一些编译器可以捕获实参与形参类型不匹配的错误，并发出警告。

【例 7.3】下面的程序同样是在例 7.1 程序的基础上修改的，请分析该程序能否实现预期功能。

```
1    #include<stdio.h>
2    unsigned long  Fact(unsigned int  n);
3    int main(void)
4    {
5        int   m;
6        printf("Input m:");
7        scanf("%d", &m);
8        long ret = Fact(m);
9        if (ret == -1)            // 增加对函数返回值的检验
10           printf("Input data error! \n");
11       else
12           printf("%d! = %ld\n", m, ret);
13       return 0;
14   }
15   // 函数功能：用迭代法计算无符号整型变量 n 的阶乘
16   unsigned long  Fact(unsigned int  n)
17   {
18       unsigned long result = 1;
19       if (n < 0)
20       {
21           return -1;
22       }
23       else
24       {
```

```
25          for (unsigned int i = 2; i <= n; i++)
26          {
27              result *= i;
28          }
29          return result;
30      }
31  }
```

请读者思考:当用户输入 −1 时,程序运行以后会显示"Input data error!"吗？此时,第 21 ~ 24 行的语句会被执行吗？

这个程序中存在几个非常隐蔽的错误。首先,在函数 Fact() 中,由于形参 n 被声明为无符号整型,而无符号整型数是永远都不可能为负值的,所以第 21 行中 if 条件表达式的值是永假的(冗余的判断),这样其分支中的语句(第 23 行)就成了死语句,永远不会被执行,于是函数 Fact() 也就不可能返回 −1 了,这就进一步导致主函数中的第 10 行 if 语句的条件为假,进而第 11 行的语句不被执行,因而当用户输入 −1 时,程序不会显示"Input data error!"。

其次,当程序调用函数 Fact(),将实参值 −1 传给形参时,实际是将 −1 的二进制表示中的最高位(符号位)1 解释成了数据位,从而将有符号整数 −1 解释成了无符号 4 字节整数。只要在程序第 20 行和第 21 行中间插入如下打印语句即可验证这一分析结果。

**printf("n = %u\n", n);**

该程序在 Code∶∶Blocks 下编译显示如下警告信息,提示第 21 行语句中的条件判断是永假的:

**comparison of unsigned expression < 0 is always false**

再次,程序中函数 Fact() 的返回值类型与主函数中接收函数返回值的变量 ret 的类型也不完全一致,当函数的返回值超出接收变量数据表示范围时,有可能丢失数据信息。为了避免上述问题,修改程序如下:

```
1   #include<stdio.h>
2   unsigned long  Fact(unsigned int  n);
3   int main(void)
4   {
5       int  m;
6       do{
7           printf("Input m(m > 0):");
8           scanf("%d", &m);
9       }while (m < 0);   // 增加对输入数据的限制,确保输入的数据为无符号整数
10      printf("%d! = %lu \n", m, Fact(m)); // 无符号长整型格式输出阶乘值
11      return 0;
12  }
13  // 函数功能:用迭代法计算无符号整型变量 n 的阶乘
```

```
14    unsigned long  Fact(unsigned int  n)
15    {
16        unsigned long result = 1;
17        for (unsigned int i = 2; i <= n; i++)
18        {
19            result *= i;
20        }
21        return result;
22    }
```

此时,程序的运行结果如下:

```
Input m(m > 0):-1 ↙
Input m(m > 0):10 ↙
10! = 3628800
```

【例 7.4】编写计算组合数的程序。

【问题求解方法分析】由于组合数的计算公式为:$C_m^k = \dfrac{m!}{k!\ (m-k)!}$,此公式中用到 3 次阶乘的计算,所以可以复用(Reuse)前面已经编写好的阶乘计算函数 Fact()。

```
1     #include<stdio.h>
2     unsigned long  Fact(unsigned int  n);
3     int main(void)
4     {
5         int m, k;
6         do{
7             printf("Input m,k (m >= k > 0):");
8             scanf("%d,%d", &m, &k);
9         }while (m < k||m <= 0||k < 0);
10        unsigned long p = Fact(m)/(Fact(k)* Fact(m-k));
11        printf("p = %lu \n", p);
12        return 0;
13    }
14    // 函数功能:用迭代法计算无符号整型变量 n 的阶乘
15    unsigned long  Fact(unsigned int  n)
16    {
17        unsigned long result = 1;
18        for (unsigned int i = 2; i <= n; i++)
19        {
20            result *= i;
```

```
21            }
22        return result;
23     }
```

程序的 3 次测试结果为：

① **Input m,k (m >= k > 0): 3,2** ↙
　**p = 3**

② **Input m,k (m >= k > 0): 2,3** ↙
　**Input m,k (m >= k > 0): 3,3** ↙
　**p = 1**

③ **Input m,k (m >= k > 0):-2,-4** ↙
　**Input m,k (m >= k > 0): 4,2** ↙
　**p = 6**

### 7.3.4　函数设计的基本原则

如果某一功能重复实现 3 遍以上，就应考虑将其写成函数。这样不仅能使程序的结构更清晰，而且有利于模块的重用，既方便自己，也方便别人。从根本上讲，函数设计要遵循"信息隐藏"的指导思想，即把与函数有关的代码和数据对程序的其他部分隐藏起来。一般来说，设计函数时，需要遵循以下几项基本原则：

（1）函数的规模要小，尽量控制在 50 行代码以内，因为这样的函数比代码行数更长的函数更容易维护，出错的几率更小。

（2）函数的功能要单一，不要让它身兼数职，不要设计具有多种用途的函数。

（3）每个函数只有一个入口和一个出口。尽量不使用全局变量向函数传递信息。

（4）在函数接口中清楚地定义函数的行为，包括入口参数、出口参数、返回状态、异常处理等，让调用者清楚函数所能进行的操作以及操作是否成功，应尽可能多地考虑一些可能出错的情况。定义好函数接口以后，轻易不要改动。

（5）在函数的入口处，对参数的有效性进行检查。

（6）在执行某些敏感性操作（如执行除法、开方、取对数、赋值、函数参数传递等）之前，应检查操作数及其类型的合法性，以避免发生除零、数据溢出、类型转换、类型不匹配等因思维不缜密而引起的错误。

（7）不能认为调用一个函数总会成功，要考虑到如果调用失败，应该如何处理。

（8）对于与屏幕显示无关的函数，通常通过返回值来报告错误，因此调用函数时要校验函数的返回值，以判断函数调用是否成功。对于与屏幕显示有关的函数，函数要负责相应的错误处理。错误处理代码一般放在函数末尾，对于某些错误，还要设计专门的错误处理函数。

（9）由于并非所有的编译器都能捕获实参与形参类型不匹配的错误，所以程序设计人员在函数调用时应确保函数的实参类型与形参类型相匹配。在程序开头进行函数原型声明，并将函数参数的类型书写完整（没有参数时用 void 声明），有助于编译器进行类型匹配检查。

（10）当函数需要返回值时,应确保函数中的所有控制分支都有返回值。函数没有返回值时应用 void 声明。

## 7.4 函数的递归调用和递归函数

如果一个对象部分地由它自己组成或按它自己定义,则我们称它是递归(Recursive)的。

在日常生活中,字典就是一个递归问题的典型实例,字典中的任何一个词汇都是由"其他词汇"解释或定义的,但是"其他词汇"在被定义或解释时又会间接或直接地用到那些由它们定义的词。

前面在计算正整数 $n$ 的阶乘时,是利用阶乘的定义即 $n!=n×(n-1)×(n-2)×\cdots×2×1$ 来计算的。其实,还可以将 $n!=n×(n-1)×(n-2)×\cdots×2×1$ 写成 $n!=n×(n-1)!$,即利用 $(n-1)!$ 来计算 $n!$,同理再用 $(n-2)!$ 来计算 $(n-1)!$,即 $(n-1)!=(n-1)×(n-2)!$,依此类推,直到用 $1!=1$ 逆向递推出 $2!$,再依次递推出 $3!,4!,\cdots,n!$ 时为止。这说明阶乘是可以根据其自身来定义的问题,因此阶乘也是可递归求解的典型实例。这个递归问题可用如下递归公式表示:

$$n!=\begin{cases}1 & n=0,1\\ n×(n-1)! & n\geq 2\end{cases}$$

下面采用递归方法实现阶乘的计算。

【例 7.5】用递归方法计算整数 $n$ 的阶乘 $n!$。

用递归方法实现计算阶乘函数的程序如下:

微视频
函数的递
归调用

```
1    #include<stdio.h>
2    long Fact(int  n);
3    int main(void)
4    {
5        int  n;
6        long result;
7        printf("Input n:");
8        scanf("%d", &n);
9        result = Fact(n);              // 调用递归函数 Fact()计算 n!
10       if (result == -1)             // 处理非法数据
11           printf("n < 0, data error! \n");
12       else                           // 输出 n! 值
13           printf("%d! = %ld\n", n, result);
14       return  0;
15   }
16   // 函数功能:用递归法计算 n!,当 n >= 0 时返回 n!,否则返回-1
17   long Fact(int  n)
18   {
```

```
19        if (n < 0)                        // 处理非法数据
20            return -1;
21        else if (n == 0 || n == 1)        // 基线情况,即递归终止条件
22            return 1;
23        else                              // 一般情况
24            return (n * Fact(n-1));       // 递归调用,利用(n-1)! 计算 n!
25    }
```

可见,递归是一种可根据其自身来定义或求解问题的编程技术,它是通过将问题逐步分解为与原始问题类似的更小规模的子问题来解决问题的,即将一个复杂问题逐步简化并最终转化为一个最简单的问题,最简单问题的解决,就意味着整个问题的解决。显然对于具体的问题首先需要关注的是:最简单的问题是什么? 对于本例,$n=0$ 或 1 就是计算 $n!$ 的最简单的问题。当函数递归调用到最简形式,即当 $n=1$ 时,递归调用结束,然后逐级将函数返回值返回给上一级调用者。因此,一个递归函数必须包含如下两个部分:

（1）由其自身定义的与原始问题类似的更小规模的子问题,它使递归过程持续进行,称为一般情况（General Case）;

（2）递归调用的最简形式,它是一个能够用来结束递归调用过程的条件,通常称为基线情况（Base Case）。

本例中,基线情况是 $0!=1$ 和 $1!=1$;一般情况则是将 $n!$ 表示成 $n$ 乘以 $(n-1)!$,如第 24 行语句所示,在调用函数 Fact() 计算 $n!$ 的过程中又调用了函数 Fact() 来计算 $(n-1)!$。像这种“在函数内直接或间接地自己调用自己”的函数调用,就称为递归调用（Recursive Call）,这样的函数则称为递归函数（Recursive Function）。

下面以 3! 的计算过程来说明递归调用的过程（如图 7-3 所示）。

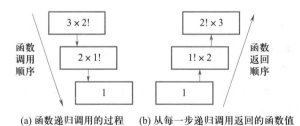

（a）函数递归调用的过程　　（b）从每一步递归调用返回的函数值

图 7-3　3! 的递归调用示意图

（1）为了计算 3!,需要先调用函数 Fact() 计算 2!。
（2）为了计算 2!,需要先调用函数 Fact() 计算 1!。
（3）计算 1! 时,递归终止,返回 1 作为 1! 的计算结果。
（4）返回到（2）中,利用 $1!=1$,求出 $2!=2×1!=2×1=2$,返回 2 作为 2! 的计算结果。
（5）返回到（1）中,利用 $2!=2$,求出 $3!=3×2!=3×2=6$。
递归将复杂的情形逐次归结为较简单的情形来计算,一直到归并为最简单的情形为止。从

这个意义上来说,递归是一种比迭代更强的循环结构,二者有很多相似之处。迭代显式地使用重复结构;而递归使用选择结构,通过重复函数调用实现重复结构。迭代和递归都涉及终止测试,迭代在循环条件为假时终止循环;递归则在遇到基线条件时终止递归。迭代不断修改循环控制变量,直到它使循环条件为假时为止;递归则不断产生最初问题的简化副本,直到简化为递归的基线情况。如果循环条件测试永远为真,则迭代变成无限循环;如果递归永远无法回推到基线情况,则将变成无穷递归。

可见,任何递归函数都必须至少有一个基线情况,并且一般情况必须最终能转化为基线情况,否则程序将无限递归下去,导致程序出错。

【例 7.6】用递归方法编程计算 Fibonacci 数列。

$$\text{fib}(n) = \begin{cases} 1 & n = 1 \\ 1 & n = 2 \\ \text{fib}(n-1) + \text{fib}(n-2) & n > 2 \end{cases}$$

程序如下:

```
1    #include<stdio.h>
2    long Fib(int n);
3    int main(void)
4    {
5        int n, i, x;
6        printf("Input n:");
7        scanf("%d",&n);
8        for (i = 1; i <= n; i++)
9        {
10           x = Fib(i);    // 调用递归函数 Fib()计算 Fibonacci 数列的第 n 项
11           printf("Fib(%d) = %d\n", i, x);
12       }
13       return 0;
14   }
15   // 函数功能:用递归法计算 Fibonacci 数列中的第 n 项的值
16   long Fib(int n)
17   {
18       if (n == 1)   return 1;              // 基线情况
19       else if (n == 2)   return 1;         // 基线情况
20       else return (Fib(n-1)+Fib(n-2));   // 一般情况
21   }
```

程序运行结果如下:

```
Input n:10↙
Fib(1) = 1
```

```
Fib(2) = 1
Fib(3) = 2
Fib(4) = 3
Fib(5) = 5
Fib(6) = 8
Fib(7) = 13
Fib(8) = 21
Fib(9) = 34
Fib(10) = 55
```

微视频
变量的作用域

从例 7.5 和例 7.6 可以看出,用递归编写程序更直观、更清晰、可读性更好,更逼近数学公式的表示,能更自然地描述问题的逻辑,尤其适合非数值计算领域,如 Hanoi 塔、骑士游历、八皇后问题。但是从程序运行效率来看,递归函数在每次递归调用时都需要进行参数传递、现场保护等操作,增加了函数调用的时空开销,导致递归程序的时空效率偏低。

例如,如图 7-4 所示,仅计算 Fib(5) 就调用了 9 次 Fib (),并且函数 Fib () 中的每一层递归有加倍增长函数调用次数的趋势。

图 7-4　计算 Fibonacci 数列的
递归调用过程

可以证明,每个迭代程序原则上都可以转换成等价的递归程序,但反之不然,如 Hanoi 塔是一个典型的只有用递归才能解决的问题。对于数值计算领域的许多问题,都可以用迭代法代替递归方法实现。因此,为了提高程序的执行效率,应尽量用迭代形式替代递归形式。

## 7.5　变量的作用域和生存期

### 7.5.1　变量的作用域

程序中被花括号括起来的区域,叫做语句块( Block )。函数体是语句块,分支语句和循环体也是语句块。变量的作用域( Scope )规则是:每个变量仅在定义它的语句块(包含下级语句块)内有效,并且拥有自己的存储空间。

不在任何语句块内定义的变量,称为全局变量( Global Variable )。全局变量的作用域为整个程序,即全局变量在程序的所有位置均有效。这是因为假如把整个程序看做一个大语句块,按照变量的作用域规则,在与 main () 平行的位置即不在任何语句块内定义的变量,就应该在程序的所有位置均有效。相反,在除整个程序以外的其他语句块内定义的变量,称为局部变量( Local Variable )。

全局变量从程序运行开始起就占据内存,仅在程序结束时才将其释放,所谓释放内存,其实就是将内存中的值恢复为随机值(即乱码)。由于全局变量的作用域是整个程序,在程序运行期间始终占据着内存,因此在程序运行期间的任何时候,在程序的任何地方,都可以访问(读或者写)全局变量的值。

【例7.7】在例7.6用递归方法编程输出 Fibonacci 数列的基础上,同时打印出计算Fibonacci 数列每一项时所需的递归调用次数。

程序如下:

```
1    #include<stdio.h>
2    long Fib(int n);
3    int count;    // 全局变量 count 用于累计递归函数被调用的次数,自动初始化为 0
4    int main(void)
5    {
6        int n, i, x;
7        printf("Input n:");
8        scanf("%d", &n);
9        for (i = 1; i <= n; i++)
10       {
11           count = 0;    // 计算下一项 Fibonacci 数列时将计数器 count 清零
12           x = Fib(i);
13           printf("Fib(%d) = %d, count = %d\n", i, x, count);
14       }
15   return 0;
16   }
17   // 函数功能:用递归法计算 Fibonacci 数列中的第 n 项的值
18   long Fib(int n)
19   {
20       count++;    // 累计递归函数被调用的次数,记录于全局变量 count 中
21       if (n == 1)    return 1;                // 基线情况
22       else if (n == 2)    return 1;           // 基线情况
23       else    return (Fib(n-1)+Fib(n-2));     // 一般情况
24   }
```

程序运行结果如下:

```
Input n:10↙
Fib(1) = 1, count = 1
Fib(2) = 1, count = 1
Fib(3) = 2, count = 3
Fib(4) = 3, count = 5
Fib(5) = 5, count = 9
Fib(6) = 8, count = 15
Fib(7) = 13, count = 25
Fib(8) = 21, count = 41
```

微视频
变量的作用域

**Fib(9) = 34, count = 67**

**Fib(10) = 55, count = 109**

与例 7.6 程序相比,本例程序增加了第 3、第 11、第 20 这 3 行代码,并修改了第 13 行代码。其中,第 3 行定义了全局变量 count,用于累计递归函数调用次数,这里虽未对 count 初始化,但因全局变量在不指定初值时会自动初始化为 0,因此此时 count 的值仍为 0。

程序第 11 行在 for 循环体内之所以为 count 赋值为 0,是因为每次计算下一项 Fibonacci 数列时都应重新从 0 开始计数。第 20 行在每次进入递归函数时,都将 count 加 1。第 13 行修改为在输出 Fibonacci 数列的同时输出计算 Fibonacci 数列每一项时所需的递归调用次数。

在本例程序中,通过使用全局变量 count,像对函数"做手术"一样,轻而易举地获得了在函数外部不易获得的递归函数调用次数这个内部信息。如果换成用局部变量来累计递归函数的调用次数,那么不仅增加了函数 Fib() 入口参数的复杂度,而且计算过程也是相当麻烦的。

这个程序让我们看到,如果一个变量的类型固定(随着程序的升级不会改变),并只有很有限的几个地方需要修改它的值,而且这个变量的值经常被程序中多个模块和函数使用,大多数地方只是读取它的值,而不修改它的值,那么这时就比较适合将这个变量定义为全局变量。

任何事物都有其两面性,虽然使用全局变量使函数之间的数据交换更容易,也更高效,但由于全局变量可以在任何函数中被访问,任何函数都可以对它进行改写,所以很难确定是哪个函数在什么地方改写了它,这就给程序的调试和维护带来困难。

使用太多的全局变量,和使用太多的 goto 语句标号一样,都会导致程序混乱不堪,很难保证哪个变量不会被意外修改,也很难推断变量的值究竟是在哪个地方被修改的,而任何一个函数对它的修改都会作用到全局,同样,依赖全局变量的函数也会受此所影响。

由于全局变量破坏了函数的封装性,因此建议尽量不要使用全局变量,不得不使用时一定要严格限制,尽量不要在多个地方随意修改它的值,切不可贪图一时方便而造成后患无穷。

下面再来解释另一个问题:为什么在并列的语句块内定义的同名变量互不干扰呢?这是因为它们各自占据着不同的内存单元,并且有着不同的作用域。例如,形参和实参同名,但是因为它们占用不同的存储单元,所以它们的值是互不干扰的,这就意味着形参值的改变是不会影响实参的,并且只能在定义该形参的函数内部访问形参的值。来看下面的程序。

【例 7.8】分析并运行下面的程序,看它能否实现两数互换的功能。

```
1       #include<stdio.h>
2       void Swap(int a, int b);
3       int main(void)
4       {
5           int a, b;
6           printf("Input a, b:");
7           scanf("%d,%d", &a, &b);
8           Swap(a, b);
9           printf("In main():a = %d, b = %d\n", a, b);
10          return 0;
```

微视频
编译器如何区
分不同作用域
内的同名变量?

教学课件

```
11      }
12      void Swap(int a, int b)
13      {
14          int temp;
15          temp = a;
16          a = b;
17          b = temp;
18          printf("In Swap():a = %d, b = %d\n", a, b);
19      }
```

程序的运行结果如下：

  **Input a, b: 15,8**↙

  **In Swap():a = 8, b = 15**

  **In main():a = 15, b = 8**

  main() 和 Swap() 的函数体是两个并列的语句块，a 和 b 分别是在各自的语句块中定义的局部变量。程序每次运行进入一个语句块，就像进入了一个屏蔽层，因此，虽然它们同名，但是各自占据不同的内存单元，作用域不同（main() 中的 a 和 b 的作用域是从第 5～10 行，Swap() 中 a 和 b 的作用域是从第 14～18 行），不会相互干扰。也正因如此，尽管在 Swap() 函数内部，实现了 a 值和 b 值的互换，但是并未造成 main() 中 a 值和 b 值的改变。这也进一步说明了函数的参数传递是"单向的值传递"，即只能将实参的值单向传递给形参，而不能反向将形参的值传给实参，形参值的改变也不会影响实参，其根本原因是实参和形参分别占据着不同的存储单元。

  我们还注意到，在并列的语句块之间只能通过一些特殊通道传递数据，如函数参数、返回值，以及全局变量。因全局变量破坏了函数的封装性，所以不建议采用。而由于函数只能返回一个数据值给调用者，因此两数互换后的这两个数据是不能通过函数返回值来返回的，由于本例函数 Swap() 不需要返回值，因此本例用 void 定义该函数返回值的类型。于是，最后就只剩下函数参数这一种数据传输的途径了。

  那么为什么用简单变量作为函数的形参不能实现函数之间的数据交换呢？下面结合图 7-5 来分析一下原因。为说明方便，将 Swap() 函数修改如下：

```
1      void Swap(int x, int y)
2      {
3          int temp;
4          temp = x;            // 执行图 7-5(b)中的步骤①
5          x = y;               // 执行图 7-5(b)中的步骤②
6          y = temp;            // 执行图 7-5(b)中的步骤③
7      }
```

  （1）在主函数中，调用函数 Swap() 后，先进行如图 7-5(a) 所示的由实参向形参的"单向值传递"，即将实参 a 的值复制给形参 x，将实参 b 的值复制给形参 y，然后转去执行函数 Swap()。

  （2）在函数 Swap() 中，利用临时变量 temp 将形参 x 和 y 的值互换（如图 7-5(b) 所示），尽

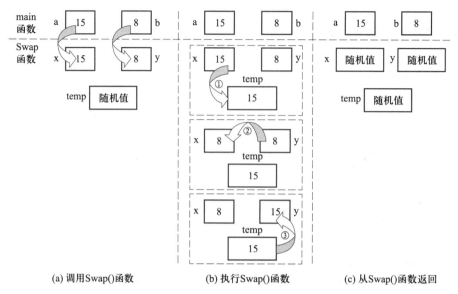

(a) 调用Swap()函数        (b) 执行Swap()函数        (c) 从Swap()函数返回

图 7-5    Swap()函数调用前后参数变化示意图

管此时形参 x 和 y 的值实现了互换,但当函数 Swap()执行完毕,程序的控制流程从函数 Swap()返回主函数,如图 7-5(c)所示。

(3) 由于形参 x 和 y 是局部变量,离开定义它们的函数 Swap()时,为其分配的存储空间就被释放了,它们的值将变为随机值,并且不能在它们的作用域之外去访问它们。

由于在主函数中不能访问 x 和 y,同时形参 x 和 y 的值又无法反向传给实参,所以主函数中实参 a 和 b 的值没有变化,仍保持原来的值,显然,函数 Swap()做了"无用功"。在前面的例程中,传给函数形参的是函数实参值的一个副本,这就是所谓的按值传递实参。由于只是实参的一个副本传给被调函数,因此实参的值是不能在被调函数内被修改的。若要通过函数 Swap()修改主函数中实参 a 和 b 的值,则需要使用指针变量作为函数的形参(详见第 9 章 9.4 节)

### 7.5.2　变量的生存期

变量的生存期是指变量从生成到被撤销的时间段,即从分配内存到释放内存的时间段,实际上就是变量占用内存的时间。在 C 语言中,变量的生存期是由变量的存储类型声明的,变量的存储类型决定了变量的生存期,即决定变量何时"生",何时"灭"。变量的存储类型的一般声明方式如下:

**存储类型　数据类型 变量名表;**

变量只能在其生存期内被访问,而变量的作用域也会影响变量的生存期。因此,C 语言中提供的存储类型主要有以下几种:

(1) 自动变量　(Automatic Variable)

(2) 静态变量　(Static Variable)

(3) 外部变量　(Extern Variable)

（4）寄存器变量 （Register Variable）

变量的存储类型代表编译器为变量分配内存的方式,例如自动变量在动态存储区分配内存,静态变量和外部变量都在静态存储区分配内存。在动态存储区分配内存的变量生存期通常较短,而在静态存储区中分配内存的变量生存期则较长。

**1. 自动变量**

自动变量的标准定义格式为

    auto 类型名 变量名；

例如:

    **auto int temp;**

由于自动变量极为常用,所以 C 语言把它设计成缺省的存储类型,即 auto 可以省略不写。反之,如果没有指定变量的存储类型,那么变量的存储类型就缺省为 **auto**。

前面章节的例程中使用的局部变量(包括形参)都是 auto(自动)存储类型。自动变量的"自动"体现在进入语句块时自动申请内存,退出语句块时自动释放内存。它仅能被语句块内的语句访问,在退出语句块以后不能再访问。因此,自动变量也称为动态局部变量。

例如,在函数内部定义的变量就是局部变量,每次进入函数(包括 main() 在内)时,都为其重新分配内存空间,函数结束时,释放为其分配的内存空间用于其他用途,存储在其中的数值也将伴随着内存空间的释放而丢失,再回头来看例 7.8 程序的主函数内为什么不能访问 Swap() 函数中的形参 a 和 b 呢? 这是因为形参属于动态局部变量,在 Swap() 函数调用结束后,形参 a 和 b 的存储空间就被释放了,因此无法再继续访问它们的值。

【例 7.9】运行下面的程序,观察和分析程序的运行结果。

```
1    #include<stdio.h>
2    long Func(int n);
3    int main(void)
4    {
5        int i, n;
6        printf("Input n:");
7        scanf("%d", &n);
8        for (i = 1; i <= n; i++)
9        {
10            printf("%d! = %ld\n", i, Func(i));
11        }
12        return 0;
13   }
14   long Func(int n)
15   {
16        auto long p = 1;    //定义自动变量
17        p = p * n;
```

```
18        return p;
19    }
```

程序的运行结果如下：

    **Input n:10** ↙

    **1! = 1**

    **2! = 2**

    **3! = 3**

    **4! = 4**

    **5! = 5**

    **6! = 6**

    **7! = 7**

    **8! = 8**

    **9! = 9**

    **10! = 10**

第 16 行定义的变量 p 就是一个自动变量。因每次进入函数 Func() 内部执行时，变量 p 都被重新初始化为 1，因此每次进入函数内执行第 17 行语句时都是将 $1*n$ 的结果值赋值给变量 p。因每次调用函数 Func() 时传递给形参 n 的实参值分别是 1、2、3、4、5、6、7、8、9、10，因此每次从函数返回的 p 值就分别为 1、2、3、4、5、6、7、8、9、10。

如果第 16 行定义变量 p 时不对 p 进行初始化，那么程序运行结果会因变量未初始化而出现乱码，并且在 Code::Blocks 下编译会提示下面的警告信息：

**'p' is used uninitialized in this function**

这说明如下两个问题：

（1）自动变量在定义时不会自动初始化，除非程序员在程序中显示指定初值，否则自动变量的值是随机不确定的，即乱码。

（2）自动变量在退出函数后，其分配的内存立即被释放，再次进入语句块，该变量被重新分配内存，所以不会保持上一次退出函数前所拥有的值。

**2. 静态变量**

一个自动变量（即动态局部变量）在退出定义它的函数后，因系统给它分配的内存已经被释放，下次再进入该函数时，系统会给它重新分配内存，因此它的值是不会被保留的。如果希望系统为其保留这个值，除非系统分配给它的内存在退出函数调用时不释放。这时就要用到静态变量。用 static 关键字定义的变量称为静态变量。静态变量的定义格式为

    **static 类型名 变量名；**

【例 7.10】下面程序利用静态变量计算 n 的阶乘。

```
1    #include<stdio.h>
2    long Func(int n);
3    int main(void)
4    {
```

```
5          int i, n;
6          printf("Input n:");
7          scanf("%d", &n);
8          for (i = 1; i <= n; i++)
9          {
10             printf("%d! = %ld\n", i, Func(i));
11         }
12         return 0;
13     }
14     long Func(int n)
15     {
16         static long p = 1;          // 定义静态局部变量
17         p = p * n;
18         return p;
19     }
```

程序的运行结果为:

```
Input n:10↙
1! = 1
2! = 2
3! = 6
4! = 24
5! = 120
6! = 720
7! = 5040
8! = 40320
9! = 362880
10! = 3628800
```

对比例 7.9 和例 7.10 的运行结果,不难发现:静态变量是与程序"共存亡"的,而自动变量是与程序块"共存亡"的。静态变量的值之所以会保持到下一次函数调用,是因为静态变量是在静态存储区分配内存的,在静态存储区分配的内存在程序运行期间是不会被释放的,其生存期是整个程序运行期间。

静态局部变量与自动变量都是在函数内定义的,因此它们的作用域都是局部的,即仅在函数内可被访问。但不同于自动变量的是,静态局部变量在退出函数后仍能保持其值到下一次进入函数时。这是因为自动变量是在动态存储区分配内存的,其占据的内存在退出函数后立即被释放了,在每次调用函数时都需重新初始化,因此,自动变量的值不能保持到下一次进入函数时。而静态局部变量是在静态存储区分配内存的,仅在第一次调用函数时被初始化一次,其占据的内存在退出函数后不会被释放,因此静态局部变量的值可保持到下一次进入函数时。

在下一次进入函数时,静态局部变量的值仍保持上一次退出函数前所拥有的值,这使得定义了静态局部变量的函数具有一定的"记忆"功能,而本例正是利用了这一记忆功能才实现了累乘计算阶乘的值。然而,函数的这种"记忆"功能也使得函数对于相同的输入参数输出不同的结果,因此建议尽量少用静态局部变量。

**3. 外部变量**

如果在所有函数之外定义的变量没有指定其存储类别,那么它就是一个外部变量。外部变量是全局变量,它的作用域是从它的定义点到本文件的末尾。但是如果要在定义点之前或者在其他文件中使用它,那么就需要用关键字 extern 对其进行声明(注意不是定义,编译器并不对其分配内存),格式为

**extern** 类型名 变量名;

和静态变量一样,外部变量也是在静态存储区内分配内存的,其生存期是整个程序的运行期。没有显式初始化的外部变量由编译程序自动初始化为 0。

那么,全局变量与静态变量相比有何不同呢?这需要从生存期和作用域两个角度来分析,首先静态变量与全局变量都是在静态存储区分配内存的,都只分配一次存储空间并且仅被初始化一次,都能自动初始化为 0,其生存期都是整个程序运行期间,即从程序运行起就占据内存,程序退出时才释放内存。但是它们的作用域有可能是不同的,这取决于静态变量是在哪里定义的。在函数内定义的静态变量,称为静态局部变量,静态局部变量只能在定义它的函数内被访问,而在所有函数外定义的静态变量,称为静态全局变量,静态全局变量可以在定义它的文件内的任何地方被访问,但不能像非静态的全局变量那样被程序的其他文件所访问。

**4. 寄存器变量**

寄存器变量就是用寄存器存储的变量。其定义格式为:

**register** 类型名 变量名;

寄存器(Register)是 CPU 内部的一种容量有限但速度极快的存储器。由于 CPU 进行访问内存的操作是很耗时的,使得有时对内存的访问无法与指令的执行保持同步。因此,将需要频繁访问的数据存放在 CPU 内部的寄存器里,即将使用频率较高的变量声明为 register,可以避免 CPU 对存储器的频繁数据访问,使程序更小、执行速度更快。

现代编译器能自动优化程序,自动把普通变量优化为寄存器变量,并且可以忽略用户的 register 指定,所以一般无须特别声明变量为 register。

## 7.6　模块化程序设计

### 7.6.1　模块分解的基本原则

模块化程序设计(Modular Programming)思想最早出现在汇编语言中,在结构程序设计的概念提出以后,逐步完善并形成了模块化程序设计方法。按照模块化程序设计的思想,无论多么复杂的任务,都可以划分为若干个子任务。若子任务较复杂,还可以将子任务继续分解,直到分解成为一些容易解决的子任务为止。

C 语言中的函数是功能相对独立的用于模块化程序设计的最小单位,因此,在 C 语言中可把每个子任务设计成一个子函数,总任务由一个主函数和若干子函数组成的程序完成,主函数起着任务调度的总控作用。

　　无论结构化方法还是面向对象方法,模块化的基本指导思想都是"信息隐藏",即把不需要调用者知道的信息都封装在模块内部,使模块的实现细节对外不可见。按照这一指导思想,模块分解的基本原则是:高聚合、低耦合,保证每个模块的相对独立性。无论结构化方法还是面向对象方法,都要遵循这个原则。高聚合指的是模块内部的联系越紧密越好,内聚性越强越好,简单地说就是模块的功能要相对独立和单一,让模块各司其职,每个模块只专心负责一件事情。低耦合指的是模块之间联系越松散越好,模块之间仅仅交换那些为完成系统功能必须交换的信息,这意味着模块对外的接口越简单越好,因为接口越简单,模块与外界打交道的变量和交换的数据就越少,这样就会降低模块之间相互影响的程度。

　　模块化程序设计的好处是,可以先将模块各个击破,最后再将它们集成在一起完成总任务,这样不仅便于进行单个模块的设计、开发、调试、测试和维护等工作,而且还可以使得开发人员能够团队合作,按模块分配和完成子任务,实现并行开发,有利于缩短软件开发的周期,同时还有利于模块的复用,使得构建一个新的软件系统时不必从零做起,直接使用已有的经过反复验证的软件库中现成的模块,组装或在此基础上构建新的系统,有利于提高软件生产率和程序质量。这种意义的复用不是人类懒惰的表现,而是智慧的表现。

　　注意,模块化程序设计是指一个规模较大的系统的设计过程,表面上是将系统划分为若干子系统,任务分解为若干个子任务,其本质思想是要实现不同层次的数据或过程的抽象。在每个模块的设计过程中,可采用"自顶向下、逐步求精"的方法进行模块化程序设计。模块化程序设计是程序设计中最重要的思想之一。C 语言通过模块和函数两种手段来支持这种思想。我们从 ANSI C 标准函数库带来的方便就能体会到这一思想的神奇所在。

### 7.6.2　自顶向下、逐步求精

　　抽象是处理复杂问题的重要工具,逐步求精( Stepwise Refinement )就是一种具体的抽象技术,它是 1971 年由 Wirth 提出的用于结构化程序设计的一种最基本的方法。

　　为了解决一个复杂问题,人们往往不可能一开始就能了解到问题的全部细节,而只能对问题的全局做出决策,设计出对问题本身较为自然的、很可能是用自然语言表达的抽象算法。这个抽象算法由一些抽象数据及其上的操作(即抽象语句)组成,仅仅表示解决问题的一般策略和问题解的一般结构。对抽象算法进一步求精,就进入下一层抽象。每求精一步,抽象语句和抽象数据都将进一步分解和精细化,如此继续下去,直到最后的算法能为计算机所"理解"为止,即将一个完整的、较复杂的问题分解成若干相对独立的、较简单的子问题,若这些子问题还较复杂,可再分解它们,直到能够容易地用某种高级语言表达为止。换句话说,逐步求精技术就是按照先全局后局部、先整体后细节、先抽象后具体的过程,组织人们的思维活动,从最能反映问题体系结构的概念出发,逐步精细化、具体化,逐步补充细节,直到设计出可在机器上执行的程序。

　　自底向上( Down-Top )方法是先编写出基础程序段,然后再扩大、补充和升级。在前面的章节中,例如在编写猜数游戏程序时,我们使用的都是这种循序渐进的编程方法。

自顶向下(Top-Down)的程序设计方法是相对于自底向上方法而言的,它是自底向上方法的逆方法。自顶向下方法是先写出结构简单、清晰的主程序来表达整个问题;在此问题中包含的复杂子问题用子程序来实现;若子问题中还包含复杂的子问题,再用另一个子程序(即函数)来解决,直到每个细节都可用高级语言表达为止。

显然,逐步求精是一种自顶向下的程序分析和设计方法。当然,在具体实践中,对这种自顶向下的分析和设计方法的理解不能太绝对化。因为有时按某种方式求精后,在以后的步骤中会发现原来那种求精方案并不好,甚至是错误的。此时,必须自底向上对已决定的某些步骤进行修改;否则,要求上层每一步都是绝对正确和最好的,实际上是不现实的。

因此,逐步求精技术可以理解为是一种由不断的自底向上修正所补充的自顶向下的程序设计方法。其优点有以下两点:

(1)用逐步求精方法最终得到的程序是有良好结构的程序,这样的程序具有结构清晰、容易阅读、容易修改的特点。整个程序由一些相对较小的程序子结构组成,每个子结构都具有一定的相对独立的意义,改变某些子问题的策略相当于改变相应的局部结构的内部算法,不会影响程序的全局结构。

(2)用逐步求精方法设计程序,可简化程序的正确性验证。结合逐步求精过程,采取边设计边逐级验证的方法,与整个程序写完后再验证相比,可大大减少程序调试的时间和复杂度。

用逐步求精实现技术求解问题的大致步骤为:

(1)对实际问题进行全局性分析、决策,确定数学模型。

(2)确定程序的总体结构,将整个问题分解成若干相对独立的子问题。

(3)确定子问题的具体功能及其相互关系。

(4)在抽象的基础上,将各个子问题逐一精细化,直到能用高级语言描述为止。

### 7.6.3　模块化程序设计与多文件编程实例

前面章节的 C 程序都是用一个源文件实现的,但现实中几乎没有只用一个源文件实现的软件。实际的大型软件通常都是由一个团队合作开发完成的,将一个开发任务分解成若干个模块,每个模块分别由不同的程序员开发完成并且放在不同的源文件中,由多个源文件构成一个项目(Project)。即使只有一个开发人员,在模块化程序设计的过程中,通常也会使用这种多文件编程方法。

C 编译器会单独编译每一个源文件分别生成一个目标代码,然后在链接阶段将这些目标代码连同标准函数库中的函数链接在一起,形成可执行文件。这样做的最大好处是使程序的结构更清晰,更易于维护,为团队成员合作开发大型项目提供了方便,而且当某个文件的代码发生变更时,只需单独编译这个修改了的文件,而不必重新编译项目的所有文件,可以节省程序编译的时间。建立并维护程序员自己的模块库(也称函数库),方便了自己或其他程序员在未来的程序中复用(Reuse)这些库函数,可以提高软件开发的效率。

实现多文件编程,面临的两个主要问题是:如何将代码分成多个文件?如何在多个文件中共享函数?

在模块分解后,每个模块均由一个扩展名为 .c 的源文件和一个扩展名为 .h 的头文件构成,其中 main( ) 所在的文件称为主模块。

模块之间通过互相调用函数和共享全局变量联系起来,头文件是它们相互联系的纽带。一般地,把需要共享的函数放在一个单独的.c 文件中,把共享函数的函数原型、宏定义和全局变量声明等放在一个单独的.h 头文件中,其他需要共享这个函数的程序用#include 包含这个头文件后,就可以调用这个函数了。因头文件<stdio.h>几乎在每个文件中都要使用,因此几乎每个文件都要包含这个头文件。

对于系统提供的标准库函数的头文件,通常用尖括号包含头文件。此时,C 编译器直接到系统的 include 子目录中去寻找尖括号内文件名所指定的头文件,然后将文件内容包含到这个命令所在的文件中。对于用户自己创建的头文件,通常用双引号包含头文件。此时,C 编译器首先搜索当前子目录,如果在当前子目录中找不到文件名所指定的头文件,再去搜索 C 的系统子目录。用这样两种形式区分被包含的头文件,主要目的是为了减少编译器搜索指定文件的时间,从而加快编译速度。

需要注意的是,头文件里对全局变量的声明要加上 extern 关键字,用以声明该变量为外部变量。变量声明与变量定义不同的是:对于变量声明,编译器并不对其分配内存,因为这个变量实际是在其他模块定义的,即希望这个变量的内存是在其他模块分配的,用 **extern** 声明表示要使用在其他模块定义的变量。如果模块内不允许使用模块外定义的函数和全局变量,只要在定义它们时加上 static 关键字,就能保证只能在该模块内使用它们了。

下面通过一个实例来说明采用"自顶向下、逐步求精"的模块化程序设计方法的设计过程,以及如何实现多文件编程。

【例 7.11】在第 6 章中,从例 6.6 到例 6.10,我们采用自底向上的方法编写了一个"猜数"游戏程序,程序的所有功能都是在主函数中完成的,现在让我们改用"自顶向下、逐步求精"的模块化程序设计方法,重新编写这个程序。

按例 6.10 题目要求,进行模块分解。在做整体流程设计时,只关心这些函数应该做什么,而不用关心它们怎么做。先将任务分解为"计算机生成一个随机数"和"用户猜数字"两个子任务,如图 7-6 所示。

图 7-6　模块分解过程

假设"计算机生成一个随机数"和"用户猜数字"这两个子任务分别用函数 MakeNumber( ) 和 GuessNumber( ) 实现,根据如图 7-7 所示的程序主流程,可得到主函数的基本框架代码如下:

```
1    #include <stdio.h>
2    #include <time.h>
3    #include <stdlib.h>
```

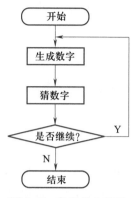

图 7-7　程序的主流程

```
4    #include "guess.h"              // 此头文件将在全部代码编写完毕后添加
5    int main(void)
6    {
7        int number;                 // 计算机生成的随机数
8        char reply;                 // 用户对于是否继续猜数的回答
9        srand(time(NULL));          // 初始化随机种子
10       do{
11           number = MakeNumber();  // 计算机生成一个随机数
12           GuessNumber(number);    // 用户猜数字
13           printf("Do you want to continue(Y/N or y/n)?");   //提示是否继续
14           scanf("%c", &reply);    // %c 前有一个空格
15       }while(reply=='Y' || reply=='y');    // 输入 Y 或 y 则程序继续
16       return 0;
17   }
```

在自顶向下完成程序基本框架后,再对各个子模块进一步细化,先对主函数中调用的 MakeNumber( ),并给出其实现代码如下:

```
1    // MakeNumber.c
2    #include <stdio.h>
3    #include<assert.h>
4    #include "MakeNumber.h"
5    // 函数功能:计算机生成一个随机数
6    // 函数参数:无
7    // 函数返回值:返回计算机生成的随机数
8    int MakeNumber(void)
9    {
10       int number;
```

```
11        number = (rand() % (MAX_NUMBER - MIN_NUMBER + 1) ) + MIN_NUMBER;
12        assert(number >= MIN_NUMBER && number <= MAX_NUMBER);
13        return number;
14    }
```

相应地,其所对应的头文件 MakeNumber.h 为:

```
1    // MakeNumber.h
2    #define MAX_NUMBER 100
3    #define MIN_NUMBER 1
4    int MakeNumber(void);
```

函数 MakeNumber() 实现代码中的第 4 行语句调用函数 rand() 生成随机数,通过运算把数值控制在区间[ MIN_NUMBER, MAX_NUMBER ]内。这里 MIN_NUMBER 和 MAX_NUMBER 都是宏常量,其值分别为 0 和 100。第 5 行语句使用了断言( Assert )测试算法的正确性,即用 assert() 测试程序第 4 行语句生成的随机数是否确实位于区间[ MIN_NUMBER, MAX_NUMBER ]内。

assert() 其实是一个在<assert.h>中定义的宏,为了便于理解,我们不妨将其想象为一个函数。使用 assert() 的源文件中只需包含头文件<assert.h>即可。assert() 的功能是在程序的调试阶段验证程序中某个表达式的真与假,assert 后面括号内的表达式为真时,它静如淑女,只是悄无声息地继续执行下一条语句;为假时,它立刻化作一个魔鬼,宣判程序的“死刑”。

是否可以使用条件语句来代替 assert() 进行验证呢?使用条件语句会使程序编译后的目标代码体积变大,同时还会降低最终发布的程序的执行效率,而使用断言则不仅便于在调试程序时发现错误(在程序出错时不仅告诉我们程序有错,还能告诉我们错误的位置),同时还不会影响程序的效率,因为断言仅在 debug 版本中才会产生检查代码,而在正式发布的 Release 版本中没有这些代码。也因如此,断言仅能用于调试程序,不能作为程序的功能。

通常,在下面几种情况中才考虑使用断言:

(1)检查程序中的各种假设的正确性,例如一个计算结果是否在合理的范围内。

(2)证实或测试某种不可能发生的状况确实不会发生,例如一些理论上永远不会执行到的分支(如 switch 的 default: 后)确实不会被执行。

接下来,分析图 7-6 中“用户猜数字”这个抽象算法,可以进一步将其分解为“判断用户猜的数是否合法”和“判断用户猜的数是大是小”两个子任务,如图 7-8 所示。

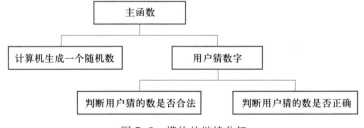

图 7-8　模块的继续分解

假设将“判断用户猜的数是否合法”和“判断用户猜的数是否正确”两个子任务分别用函数

IsValidNum()和 IsRight()实现,于是根据如图 7-9 所示的猜数函数实现流程,可以得到对函数
GuessNumber()进一步细化的抽象算法如下:

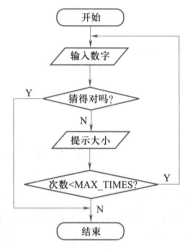

图 7-9  猜数函数的实现流程

```
void GuessNumber(int number)
{
    记录用户猜测次数的计数器置初值为 0;
    do{
        读入用户猜测的数字;
        判断用户猜的数是否有输入错误,是否在合法的数值范围内,并进行错误处理;
        记录用户猜测次数的计数器增 1;
        判断用户猜的数是大还是小,并输出相应的提示信息;
    }while(未猜对并且猜测次数未超过 MAX_TIMES 次);
    若用户猜的数是正确的
        输出"Congratulations! You're so cool!";
    否则若超过 MAX_TIMES 次仍未猜对
        输出"Mission failed after 10 attempts.";
}
```

进一步细化得到函数 GuessNumber() 的可以直接转换为代码实现的抽象算法如下:

```
void GuessNumber(int number)
{
    令记录用户猜测次数的计数器 count=0;
    do{
        读入用户猜测的数字;
        while (用户输入非法字符,或者函数 IsValidNum()的返回值为 0)
        {
```

```
            printf("Input error!\n");
            while (getchar() != '\n' );    //清除输入缓冲区中的错误数据
            读入用户猜测的数字;
        }
        count++;                        // 记录用户猜的次数
        调用函数 IsRight() 判断用户猜的数是大还是小,并输出相应的提示信息
    }while (函数 IsRight() 返回值为 0 && count <= MAX_TIMES);
    if (函数 IsRight() 返回值为 1)    // 若猜对,输出相应的提示信息
        printf("Congratulations! You're so cool!\n");
    else        // 若超过 MAX_TIMES 次仍未猜对,则输出相应的提示信息
        printf("Mission failed after %d attempts.\n", MAX_TIMES);
    }
```

根据该抽象算法,可以写出函数 GuessNumber() 的实现代码如下:

```
1    //GuessNumber.c
2    #include <stdio.h>
3    #include "IsRight.h"
4    #include "IsValidNum.h"
5    //函数功能:用户猜数字
6    //函数参数:number 是计算机生成的数
7    //函数返回值:无
8    void GuessNumber(int number)
9    {
10       int guess;              // 用户猜的数
11       int count = 0;          // 用户猜的次数
12       intright = 0;           // 猜的结果对错与否
13       int ret;                // 记录 scanf() 的返回值,即读入的数据项数
14       do{
15           printf("Try %d:", count+1);
16           ret = scanf("%d", &guess);           // 读入用户猜的数
17           // 处理用户输入,判断是否有输入错误,是否在合法的数值范围内
18           while (ret != 1 ||!IsValidNum(guess))
19           {
20               printf("Input error!  \n");
21               while (getchar() != '\n');        // 清除输入缓冲区中的错误数据
22               printf("Try %d:", count+1);
23               ret = scanf("%d", &guess);        // 读入用户猜的数
24           }
```

```
25          count++;                                    // 记录用户猜的次数
26          right = IsRight(number, guess);       // 判断用户猜的数是大还是小
27     }while (! right && count < MAX_TIMES);
28     if (right)              // 若用户猜对了,则输出相应的提示信息
29          printf("Congratulations! You're so cool! \n");
30     else                   // 若超过 MAX_TIMES 次仍未猜对,输出相应的提示信息
31          printf("Mission failed after %d attempts.\n", MAX_TIMES);
32  }
```

相应地,其所对应的头文件 GuessNumber.h 为:

```
1   // GuessNumber.h
2   void GuessNumber(const int number);
```

最后,再对 GuessNumber() 函数中调用的两个函数 IsValidNum() 和 IsRight() 进行细化,并分别给出其实现代码如下:

```
1   // IsValidNum.c
2   #include "IsValidNum.h"
3   //函数功能:判断用户的输入是否在合法的数值范围(1-100)之内
4   //函数参数:number 是用户输入的数
5   //函数返回值:若合法,则返回非 0 值;否则,返回 0
6   int IsValidNum(int number)
7   {
8       if (number >= MIN_NUMBER && number <= MAX_NUMBER)
9           return 1;
10       else
11           return 0;
12   }
```

```
1   // IsRight.c
2   #include<stdio.h>
3   #include "IsRight.h"
4   //函数功能:判断 guess 和 number 谁大谁小,分别给出相应的提示信息
5   //函数参数:number 是被猜的数,guess 是猜的数息
6   //函数返回值:如果猜对,则返回 1;否则,返回 0
7   int IsRight(int number, const int guess)
8   {
9    if (guess < number)        // 若猜小了,输出相应的提示信息
10    {
11          printf("Wrong! Too small! \n");
12          return 0;
```

```
13        }
14        else if (guess > number) // 若猜大了,输出相应的提示信息
15        {
16            printf("Wrong! Too big! \n");
17            return 0;
18        }
19        else return 1;
20    }
```

相应地,其所对应的头文件如下:

```
1    // IsValidNum.h
2    #define MAX_NUMBER 100
3    #define MIN_NUMBER 1
4    int IsValidNum(int number);
```

```
1    // IsRight.h
2    #define MAX_TIMES   10
3    int IsRight(int number, int guess);
```

最后,还需要补充如下头文件才能得到完整的程序。

```
1    // guess.h
2    int MakeNumber(void);
3    void GuessNumber(int number);
4    int IsValidNum(int number);
5    int IsRight(int number, int guess);
```

在集成开发环境中运行此多文件程序,需要将所有的.c 文件加入到当前项目中。编译器会按照项目文件的指引,把各个.c 文件分别编译为同名的.obj 目标文件。然后再将这些.obj 目标文件链接(Link)到一起,生成最后的.exe 可执行文件。详细步骤参见配套的学习指导。

### 7.6.4 条件编译

如果定义了头文件 a.h、b.h 和源文件 demo.c,在 b.h 中包含了 a.h,在 demo.cpp 中同时包含了 a.h 和 b.h,这样就会出现 a.h 被重复包含的问题,多重包含经常出现在需要使用很多头文件的大型程序中。使用条件编译可以解决头文件多重包含的问题。

例如,头文件 GuessNumber.h 写成下面这样:

**#ifndef _GuessNumber_H_**
**#define _GuessNumber_H_**
**...** // (头文件内容)
**#endif**

这里的#ifndef 和#endif 均为被称为条件编译的编译预处理命令,编译预处理命令主要包括三种:文件包含、宏定义和条件编译。条件编译由#if,#ifdef,#ifndef,#else,#elif 和#endif 组合而

成,使某些代码仅在特定的条件成立时才会被编译进可执行文件。

以头文件 GuessNumber.h 为例,当头文件第一次被包含时,执行条件编译指令下面的宏定义,宏常量_GuessNumber_H_被定义为 1。如果头文件被再次包含,因为宏_GuessNumber_H_已经被定义,于是不再执行条件编译指令#ifndef 和#endif 之间的内容。#ifndef 和#define 后面的宏常量_HEADERNAME_H_按照被包含的头文件的文件名取名,以避免由于其他头文件使用相同的宏常量而引起冲突。

## 7.7　本章扩充内容——代码风格

代码风格(Coding Style)是一种习惯,养成良好的代码风格对保证程序的质量至关重要,因为很多程序错误是由程序员的不良编程习惯引起的。

代码风格包括程序的版式、标识符命名、函数接口定义、文档等内容。标识符命名的共性原则已在 2.4 节和 7.2.2 节介绍,函数接口定义已在 7.3.4 节介绍,因此本节只介绍程序的版式。

微视频
代码风格

程序的版式好比是程序的"书法",比书法好学得多,基本不需要特别练习,但是坏习惯一旦养成,就像书法一样难以改变。虽然程序的版式不会影响程序的功能,但却影响程序的可读性,它是保证代码整洁、层次清晰的主要手段。代码风格是最易获得和实践的软件工程规则。

**1. 代码行**

(1)一行内只写一条语句,一行代码只定义一个变量。这样的代码容易阅读,便于程序测试和写注释。

(2)在定义变量的同时初始化该变量。这样可以避免变量的初始化被遗忘,或者引用未初始化的变量。

(3)if、for、while、do 等语句各自占一行,分支或循环体内的语句一律用"{"和"}"括起来,这样便于以后的代码维护。

**2. 对齐与缩进**

(1)程序的分界符"{"和"}"一般独占一行,且位于同一列,同时与引用它们的语句左对齐,这样便于查看"{"与"}"的配对情况。

(2)采用梯形层次对应好各层次,同层次的代码在同层次的缩进层上,即位于同一层"{"和"}"之内的代码在"{"右边数格处左对齐。

(3)一般用设置为 4 个空格的 Tab 键缩进。许多集成开发环境都支持自动缩进,即根据用户代码的输入,智能判断应该缩进还是反缩进,使用不同的快捷键实现代码格式的自动整理。

**3. 空行及代码行内的空格**

(1)在每个函数定义结束后加一空行,能起到使程序布局更加美观、整洁和清晰的作用。

(2)在一个函数体内,相邻的两组逻辑上密切相关的语句块之间加空行。需要说明的是,本书为了节省篇幅,所有的程序都没有加空行。

(3)关键字之后加空格,以便突出关键字。例如,关键字 int、float 等后面至少加一个空格;

关键字 if、for、while 等后面一般只加一个空格。

（4）函数名之后不加空格，紧跟左括号，以便与关键字相区别。

（5）赋值、算术、关系、逻辑等运算符的前后各加一个空格，但一元运算符前后不加。

（6）对表达式较长的 for 和 if 语句，为了紧凑，可在适当地方去掉一些空格。例如：

```
for (i=0; i<10; i++)
```

（7）左圆括号向后紧跟，右圆括号、逗号和分号向前紧跟，紧跟处不留空格。例如：

```
Function(x, y, z)
```

（8）函数参数的逗号分隔符和 for 中的分号后面加一个空格，可以增加单行的清晰度。

**4. 长行拆分**

为了便于阅读，如果代码行太长，则要考虑在适当位置进行拆分，拆分出的新行要进行适当的缩进，使排版整齐。

**5. 程序注释**

注释对于程序犹如眼睛对于人的重要性一样，程序越复杂，注释就越显得有价值。没有注释的程序对于读者好比眼前一团漆黑。当然，注释并非越多越好，无意义和多余的注释如同垃圾，不但白写，还可能扰乱了读者的视线，甚至可能出现二义性，比不加注释还要糟糕。良好的注释应使用简明易懂的语言来对程序特殊部分的功能和意义进行说明，既简单明了，又准确易懂，能精确地表述和清晰地展现程序的设计思想，并能揭示代码背后隐藏的重要信息。程序员开发程序的思维体现在注释和规范的代码本身。

书写注释的最重要的功效在于传承，即让继任者能够轻松阅读、复用、修改自己的代码。所以程序员应该养成写注释的习惯。那么通常在哪些地方需要写注释呢？

（1）在重要的程序文件的首部，对程序的功能、编程者、编程日期以及其他相关信息（如版本号等）加以注释说明。例如，C 风格的注释如下：

```
/*程序功能   :介绍变量的使用
    编程者    :Su xiaohong
    日期      :31/7/2023
    版本号    :1.0                */
```

C++风格的注释如下：

```
//   程序功能   :介绍变量的使用
//   编程者    :Su xiaohong
//   日期      :31/7/2023
//   版本号    :1.0
```

（2）在用户自定义函数的前面，对函数接口加以注释说明。

（3）在一些重要的语句行的右方，如在定义一些非通用的变量、函数调用、较长的多重嵌套的语句块结束处，加以注释说明。

（4）在一些重要的语句块的上方，尤其是在语义转折处，对代码的功能、原理进行解释。

写注释时，要注意以下几点：

（1）注释不是白话文翻译，不要鹦鹉学舌。

（2）不写做了什么,要写想做什么,如何做。

（3）注释可长可短,但应画龙点睛,重点加在语义转折处。

（4）边写代码边注释。

（5）修改代码的同时也修改注释。

（6）供别人使用的函数必须严格注释,特别是入口参数和出口参数,内部使用的函数以及某些简单的函数可以简单注释。本书为节省篇幅,均使用了这种简单的注释方法。例如:

```
// 两数互换
void Swap(int *x, int *y);
```

注释是与代码距离最近的文档,也是程序员在编写代码时最方便修改的文档。很多软件可以通过自动化的工具将注释从代码中提取出来,形成程序的文档。这类工具被称为自动文档工具,其中应用最多的是免费的开放源代码软件 Doxygen。

## 7.8　本章知识点小结

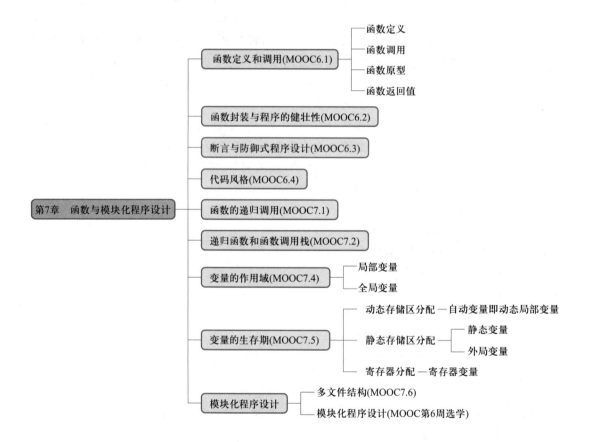

## 7.9  本章常见错误小结

| 常见错误实例 | 常见错误描述 | 错 误 类 型 |
|---|---|---|
| `void Fun(double x, y)`<br>`{`<br>`    ...`<br>`}` | 在函数定义时,省略了形参列表中的某些形参的类型声明 | 编译错误 |
| | 函数定义时与函数原型中给出的函数返回值类型不一致 | 编译错误 |
| | 在函数返回值类型不是 int 且该函数的调用语句出现在它的定义之前时,没有给出函数原型 | 编译错误 |
| `long Fact(int n)` | 在函数原型的行末,忘记写上一个分号 | 编译错误 |
| `long Fact(int n);`<br>`{`<br>`    ...`<br>`}` | 在函数定义的行末,即形参列表右侧圆括号后面,多写了一个分号 | 编译错误 |
| | 在一个函数体内,定义另外一个函数 | 编译错误 |
| `long Fact(int n)`<br>`{`<br>`    int n;`<br>`    ...`<br>`}` | 在一个函数体内,将一个形参变量再次定义成一个局部变量 | 编译错误 |
| | 在定义一个有返回值的函数时,忘记用 return 返回一个值 | 提示 warning |
| `void Fun(int x, int y)`<br>`{`<br>`    return x+y;`<br>`}` | 从返回值类型是 void 的函数中返回一个值 | 提示 warning |
| | 使用了标准数学函数,但是忘了在程序开头包含头文件<math.h> | 提示 warning |
| | 使用了断言 assert(),但是忘了在程序开头包含头文件<assert.h> | 链接错误 |

# 习 题 7

**7.1** 用全局变量编程模拟显示一个数字式时钟,然后上机验证。

```
1    #include <stdio.h>
2    int hour, minute, second;              // 定义全局变量
3    void Update(void)
4    {
5        second++;
6        if (second == 60)
7        {
8            ____①____ ;
9            minute++;
10       }
11       if (____②____)
12       {
13           minute = 0;
14           hour++;
15       }
16       if (hour == 24)
17           ____③____ ;
18   }
19   void Display(void)
20   {
21       printf("____④____", hour, minute, second);
22   }
23   void Delay(void)
24   {
25       int t;
26       for (t = 0; t < 100000000; t++);   // 用循环体为空语句的循环实现延时
27   }
28   int main(void)
29   {
30       int i;
31       ____⑤____ ;
32       for (i = 0; i < 1000000; i++)       // 利用循环结构,控制时钟运行的时间
33       {
34           Update();                       // 更新时、分、秒显示值
35           Display();                      // 显示时、分、秒
36           Delay();                        // 模拟延迟时间为 1 秒
37       }
```

```
38        return 0;
39    }
```

**7.2** 用函数编程计算两整数的最大值,在主函数中调用该函数计算并输出从键盘任意输入的两整数的最大值。

**7.3** 采用穷举法,用函数编程实现计算两个正整数的最小公倍数(Least Common Multiple,LCM)的函数,在主函数中调用该函数计算并输出从键盘任意输入的两整数的最小公倍数。

**7.4** 参考例 7.4,利用求阶乘函数 Fact(),编程计算并输出从 1 到 $n$ 之间所有数的阶乘值。

**7.5** 参考例 7.4,利用求阶乘函数 Fact(),编程计算并输出 1! +2! +……+$n$! 的值。

**7.6** 两个正整数的最大公约数(Greatest Common Divisor,GCD)是能够整除这两个整数的最大整数。请分别采用如下三种方法编写计算最大公约数的函数 Gcd(),在主函数中调用该函数计算并输出从键盘任意输入的两整数的最大公约数。

(1)穷举法。由于 a 和 b 的最大公约数不可能比 a 和 b 中的较小者还大,否则一定不能整除它,因此,先找到 a 和 b 中的较小者 t,然后从 t 开始逐次减 1 尝试每种可能,即检验 t 到 1 之间的所有整数,第一个满足公约数条件的 t,就是 a 和 b 的最大公约数。

(2)欧几里得算法,也称辗转相除法。对正整数 a 和 b,连续进行求余运算,直到余数为 0 为止,此时非 0 的除数就是最大公约数。设 r=a mod b 表示 a 除以 b 的余数,若 r≠0,则将 b 作为新的 a,r 作为新的 b,即 Gcd(a, b)=Gcd(b, r),重复 a mod b 运算,直到 r=0 时为止,此时 b 为所求的最大公约数。例如,50 和 15 的最大公约数的求解过程可表示为:Gcd(50, 15)=Gcd(15, 5)=Gcd(5, 0)=5。

(3)递归方法。对正整数 a 和 b,当 a>b 时,若 a 中含有与 b 相同的公约数,则 a 中去掉 b 后剩余的部分 a-b 中也应含有与 b 相同的公约数,对 a-b 和 b 计算公约数就相当于对 a 和 b 计算公约数。反复使用最大公约数的如下 3 条性质,直到 a 和 b 相等为止,这时,a 或 b 就是它们的最大公约数。

性质 1　如果 a>b,则 a 和 b 与 a-b 和 b 的最大公约数相同,即 Gcd(a, b)=Gcd(a-b, b)

性质 2　如果 b>a,则 a 和 b 与 a 和 b-a 的最大公约数相同,即 Gcd(a, b)=Gcd(a, b-a)

性质 3　如果 a=b,则 a 和 b 的最大公约数与 a 值和 b 值相同,即 Gcd(a, b)=a=b

**7.7(选做)** 5 个水手在岛上发现了一堆椰子,先由第一个水手把椰子分为等量的 5 堆,还剩下 1 个给了猴子,自己藏起 1 堆。然后,第二个水手把剩下的 4 堆混合后重新分为等量的 5 堆,还剩下 1 个给了猴子,自己藏起 1 堆。以后第三、四个水手依次按此方法处理。最后,第五个水手把剩下的椰子分为等量的 5 堆后,同样剩下 1 个给了猴子。请用迭代法编程计算并输出原来这堆椰子至少有多少个。

**7.8(选做)** 有 5 个人围坐在一起,问第五个人多大年纪,他说比第四个人大 2 岁;问第四个人,他说比第三个人大 2 岁;问第三个人,他说比第二个人大 2 岁;问第二个人,他说比第一个人大 2 岁。第一个人说自己 10 岁,请利用递归法编程计算并输出第 5 个人的年龄。

**7.9(选做)** 在一种室内互动游戏中,魔术师要每位观众心里想一个 3 位数 abc(a、b、c 分别是百位、十位和个位数字),然后魔术师让观众心中记下 acb、bac、bca、cab、cba5 个数以及这 5 个数的和值。只要观众说出这个和是多少,则魔术师一定能猜出观众心里想的原数 abc 是多少。例如,观众甲说他计算的和值是 1999,则魔术师立即说出他想的数是 443,而观众乙说他计算的和值是 1998,则魔术师说:"你算错了!"。请编程模拟这个数字魔术游戏。

**7.10(选做)** 中国古代民间有这样一个游戏:两个人从 1 开始轮流报数,每人每次可报一个数或两个连续的数,谁先报到 30,谁为胜方。若要改成游戏者与计算机做这个游戏,则首先需要决定谁先报数,可以通过生成一个随机整数来决定计算机和游戏者谁先报数。计算机报数的原则是:若剩下数的个数除以 3,余数为 1,则报 1 个数,若剩下数的个数除以 3,余数为 2,则报 2 个数,否则随机报 1 个或 2 个数。游戏者通过键盘输入自己报的数,所报的数必须符合游戏的规则。如果计算机和游戏者都未报到 30,则可以接着报数。先报到 30 者即为胜方。请编程实现这个游戏,看一看游戏者和计算机谁能获胜。

**7.11(选做)** 汉诺(Hanoi)塔是必须用递归方法才能解决的经典问题。它来自于印度神话。上帝创造世界时作了三根金刚石柱子,在第一根柱子上从下往上按大小顺序摞着 64 片黄金圆盘。上帝命令婆罗门把圆盘从下面开始按大小顺序重新摆放到第二根柱子上,并且规定每次只能移动一个圆盘,在小圆盘上不能放大圆盘。请编程求解 n(n>1)个圆盘的汉诺塔问题。

微视频
汉诺塔

**7.12** 素数探求。素数(Prime Number),又称为质数,它是不能被 1 和它本身以外的其他整数整除的正整数。按照这个定义,负数、0 和 1 都不是素数,而 17 之所以是素数,是因为除了 1 和 17 以外,它不能被 2~16 之间的任何整数整除。

**任务 1:**试商法是最简单的判断素数的方法。用 $i = 2 \sim m - 1$ 之间的整数去试商,若存在某个 $m$ 能被 1 与 $m$ 本身以外的整数 $i$ 整除(即余数为 0),则 $m$ 不是素数,若上述范围内的所有整数都不能整除 $m$,则 $m$ 是素数。采用试商法,分别用 goto 语句、break 语句和采用设置标志变量并加强循环测试等三种方法编写素数判断函数 IsPrime(),从键盘任意输入一个整数 $m$,判断 $m$ 是否为素数,如果 $m$ 是素数,则按" %d is a prime number\n" 格式打印该数是素数,否则按" %d is not a prime number\n" 格式打印该数不是素数。然后分析哪一种方法的可读性更好。

教学课件

**任务 2:**用数学的方法可以证明,不能被 $2 \sim \sqrt{m}$(取整)之间的数整除的数,一定不能被 1 和它本身之外的其他任何整数整除。根据素数的这个性质,通过修改素数判断函数 IsPrime()的具体实现,编程完成任务 1。

**任务 3:**从键盘任意输入一个整数 $n$,编程计算并输出 1~n 之间的所有素数之和。

动画演示

**任务 4:**从键盘任意输入一个整数 $m$,若 $m$ 不是素数,则计算并输出其所有的因子(不包括 1),例如对于 16,输出 2、4、8;否则输出" No divisor! It is a prime number"。

**任务 5:**如果一个正整数 $m$ 的所有小于 $m$ 的不同因子(包括 1)加起来正好等于 $m$ 本身,那么就称它为**完全数**(Perfect Number)。例如,6 就是一个完全数,是因为 6 = 1+2+3。请编写一个判断完全数的函数 IsPerfect(),然后判断从键盘输入的整数是否是完全数。

**任务 6:**从键盘任意输入一个整数 $m$,若 $m$ 不是素数,则对 $m$ 进行质因数分解,并将 $m$ 以质因数从小到大顺序排列的乘积形式输出,否则输出" It is a prime number"。例如,用户输入 90 时,程序输出 90 = 2× 3× 3× 5;用户输入 17 时,程序输出" It is a prime number"。

**7.13** 小学生计算机辅助教学系统。计算机在教育中的应用常被称为**计算机辅助教学**(Computer-Aided Instruction, CAI)。请编写一个程序来帮助小学生学习乘法。使用模块化程序设计方法,按下列任务要求以循序渐进的方式编程。

**任务 1:**程序首先随机产生两个 1~10 之间的正整数,在屏幕上打印出问题。例如:

**6*7 = ?**

然后让学生输入答案。程序检查学生输入的答案是否正确。若正确,则打印" Right!",然后问下一个问题;否则打印" Wrong! Please try again. ",然后提示学生重做,直到答对为止。

**任务 2:**在任务 1 的基础上,当学生回答错误时,最多给三次重做的机会,三次仍未做对,则显示" Wrong! You have tried three times! Test over!",程序结束。

**任务 3:**在任务 1 的基础上,**连续做 10 道乘法运算题**,不给机会重做,若学生回答正确,则显示" Right!",否则显示" Wrong!"。10 道题全部做完后,按每题 10 分统计并输出总分,同时为了记录学生能力提高的过程,再输出学生的回答正确率(即答对题数除以总题数的百分比)。

**任务 4:**在任务 3 的基础上,通过计算机随机产生 10 道四则运算题,两个操作数为 1~10 之间的随机数,运算类型为随机产生的加、减、乘、整除中的任意一种,不给机会重做,如果学生回答正确,则显示" Right!",否则显示"Wrong!"。10 道题全部做完后,按每题 10 分统计总得分,然后打印出总分和学生的回答正确率。

任务 5:在任务 4 基础上,为使学生通过反复练习熟练掌握所学内容,在学生完成 10 道运算题后,若回答正确率低于 75%,则重新做 10 道题,直到回答正确率高于 75%时才退出程序。

任务 6:开发一个 CAI 系统所要解决的另一个问题是学生疲劳的问题。消除学生疲劳的一种办法就是通过改变人机对话界面来吸引学生的注意力。在任务 5 的基础上,使用随机数产生函数产生一个 1~4 之间的随机数,配合使用 switch 语句和 printf()函数调用,来为学生输入的每一个正确或者错误的答案输出不同的评价。

对于正确答案,可在以下 4 种提示信息中选择一个进行显示:

**Very good!**

**Excellent!**

**Nice work!**

**Keep up the good work!**

对于错误答案,可在以下 4 种提示信息中选择一个进行显示:

**No. Please try again.**

**Wrong. Try once more.**

**Don't give up!**

**Not correct. Keep trying.**

# 第8章　数组和算法基础

 内容导读

本章围绕计算平均分、最高分、成绩排序与查询等学生成绩管理问题,重点介绍向函数传递一维数组和二维数组的方法。本章内容对应"C 语言程序设计精髓"MOOC 课程的第 8 周视频,主要内容如下:

☑　数组类型,数组的定义和初始化,以及对数组名特殊含义的理解

☑　向函数传递一维数组和二维数组

☑　排序、查找、求最大最小值等常用算法

## 8.1　一维数组的定义和初始化

考虑这样一个问题,如何读取 5 个人的成绩,然后输出它们的平均值呢? 先定义了 5 个整型变量存储 5 个人的成绩,用 scanf() 依次输入 5 个人的成绩,然后对它们进行求和,最后再计算并输出其平均值。是这样吧? 然而,如果学生人数增加到 100 或更多呢? 定义 100 个变量显然是不现实的。为此,C 语言引入数组类型来解决这类需要对相同类型的批量数据进行处理的问题。

数组(Array)是一组具有相同类型的变量的集合,它是一种顺序存储、随机访问的顺序表结构。例如,对上例应用数组可以将 10 个成绩值存储在内存的一个连续区域中,使用一个统一的名字来标识这组相同类型的数据,这个名字称为数组名。构成数组的每个数据项称为数组元素(Element)。C 程序通过数组的下标(Subscript)实现对数组元素的访问。

例如,在前面的程序中,可以定义如下数组来存储 5 个学生的成绩。

**int score[5];**

在该声明语句中,int 代表该数组的基类型(Base Type),即数组中元素的类型。下标的个数表明数组的维数(Dimension),本例中下标个数为 1,表明数组 score 是一维数组。score 后方括号内的数字代表数组元素的个数。因此,该语句通过指定数组元素的类型、名字和元素个数,定义了一个有 5 个 int 型元素的一维数组 score。其在内存中的逻辑存储结构如图 8-1 所示。

 注意,C 语言中数组的下标都是从 0 开始的。图 8-1 所示数组的下标值为 0 到 4,而不是 1 到 5,其中,第一个元素的下标值为 0,最后一个元素的下标值为 4。为了访问数组的每个元素,可以通过数组名加上下标值的形式,在数组名的右侧添加方括号,然后将下标值写在其中。例如,在 score 数组中,第 1 个元素为 score[0],值为 90,第 5 个元

素为 score[4],值为 95。计算 5 个学生的平均分的程序如下:

图 8-1 一维数组的存储结构

```
1    #include<stdio.h>
2    int main(void)
3    {
4        int score[5];
5        int totalScore = 0;
6        int i;
7        printf("Input the scores of five students:\n");
8        for (i = 0; i < 5; i++)
9        {
10           scanf("%d", &score[i]);
11           totalScore = totalScore + score[i];
12       }
13       printf("The average score is %f\n", totalScore/ 5.0);
14       return  0;
15   }
```

程序第 8~12 行 for 语句的功能是读取学生的成绩,存入 score 数组,并累加到变量 total-Score 中。变量 i 的作用是保存数组下标,在第一轮 for 循环中,i 被初始化为 0,将读入的第 1 个学生成绩存入 score[0](第 10 行),并累加到变量 totalScore 中(第 11 行)。在第二轮循环中,i 的值变为 1,将读入的第 2 个学生成绩存入 score[1](第 10 行),并累加到变量 totalScore 中(第 11 行),继续循环,直到第 5 个学生成绩存入 score[4]并累加到变量 totallScore 中,循环结束。

假设学生人数从 5 增加到 100,在没有使用数组编程时,需要在程序中增加 95 个变量,而使用数组编程以后,只需将程序中所有的 5 改为 100 即可。但问题是在程序中修改常数的工作量较大,而且还有可能产生遗漏。因此,良好的编程习惯是把数组的长度用宏常量或 const 常量来定义。例如,本例可将第 4 行语句修改为:

   **int score[SIZE];**
并在第 1 行和第 2 行之间增加如下的宏定义:

   **#define SIZE 5**

   注意,C89 规定在定义数组时不能使用变量定义数组的大小,即下面的定义是非法的。

    **scanf("%d",&n);**

```
        int   score[n];        // c99 允许,c89 不允许
```

但 C99 允许像上面这样用变量定义数组的大小。

对一维数组进行初始化时,可将元素初值放在=后面用一对花括号括起来的初始化列表中,即:

```
    int score[5] = {90,80,70,100,95};
```

初始化列表中提供的初值个数不能多于数组元素的个数。若省略对数组长度的声明,例如:

```
    int score[] = {90,80,70,100,95};
```

那么,系统会自动按照初始化列表中提供的初值个数对数组进行初始化并确定数组的大小,所以只给部分数组元素赋初值时,对数组的长度声明不能省略。

当数组在所有函数外定义,或用 static 定义为静态存储类型时,即使不给数组元素赋初值,那么数组元素也会自动初始化为 0,这是在编译阶段完成的。

【例 8.1】编程实现显示用户输入的月份(不包括闰年的月份)拥有的天数。

```
1    #include<stdio.h>
2    #define MONTHS 12
3    int main(void)
4    {
5        int days[MONTHS] = {31,28,31,30,31,30,31,31,30,31,30,31};
6        int month;
7        do{
8            printf("Input a month:");
9            scanf("%d", &month);
10       }while(month < 1 ||month > 12);   // 处理不合法数据的输入
11       printf("The number of days is %d\n", days[month-1]);
12       return  0;
13   }
```

程序的运行结果如下:

```
    Input a month:13 ↙
    Input a month:2 ↙
    The number of days is 28
```

第 11 行之所以输出第 month 个月的天数用 days[month-1],而不是 days[month],是因为数组 days 的下标是从 0 开始的,即 days[0]代表 1 月份的天数,days[1]代表 2 月份的天数,依此类推,因此第 month 个月的天数应该为 days[month-1]。

由于编译程序不检查数组下标值是否越界,一旦下标越界,将访问数组以外的空间,那里的数据是未知的,不受我们掌控,如果被意外修改,很可能会带来严重的后果。本例中为了防止访问数组以外的空间,也为了输出有意义的结果,用第 7 ~ 10 行的 do-while 语句来输入 month 的值,确保用户输入的 month 值在 1 ~ 12 之内。如果删掉第 7 行和第 10 行,那么程序在用户输入

13 时将输出无意义的结果值(即乱码)。例如:

**Input a month:13** ✓

**The number of days is 1310656**

因此,使用数组编写程序时,要格外小心,程序员要自己确保元素的正确引用,以免因下标越界而造成对其他存储单元中数据的破坏。来看下面的程序。

【例 8.2】数组下标越界访问的程序示例。

```
1    #include<stdio.h>
2    int main(void)
3    {
4        int a = 1, c = 2, b[5] = {0}, i;
5        printf("%p, %p, %p\n", b, &c, &a);    // 用%p 格式打印数组 b、变量 c 和 a 的首地址
6        for (i = 0; i <= 8; i++)              // 让下标值越界访问数组的元素
7        {
8            b[i] = i;
9            printf("%d  ", b[i]);
10       }
11       printf("\nc = %d, a = %d, i = %d\n", c, a, i);
12       return  0;
13   }
```

微视频
一维数组的
下标越界问题

教学课件

在 Code::Blocks 下运行程序的输出结果为:

**0018FF2C, 0018FF40, 0018FF44**

**0  1  2  3  4  5  6  7  8**

**c = 5, a = 6, i = 9**

运行程序或单步执行观察变量值的变化情况,我们发现变量 a 和 c 的值因数组越界而被悄悄破坏了。根据第一行输出的数组 b、变量 a 和 c 的首地址,结合图 8-2 所示的内存数据变化情况,不难理解为什么在执行第 6~10 行的 for 语句对数组越界访问后,内存中变量 a 和 c 的值被分别修改为了 6 和 5,并且程序运行后会弹出如图 8-3 所示的对话框,选择"关闭程序"相当于宣布程序"安乐死",这种问题常常与非法访问内存相关。

| 0018FF2C | 0 | b[0] | | | 0018FF2C | 0 | b[0] |
| 0018FF30 | 0 | b[1] | | | 0018FF30 | 1 | b[1] |
| 0018FF34 | 0 | b[2] | | | 0018FF34 | 2 | b[2] |
| 0018FF38 | 0 | b[3] | 执行第6~10行的 | | 0018FF38 | 3 | b[3] |
| 0018FF3C | 0 | b[4] | for语句对数组越 | | 0018FF3C | 4 | b[4] |
| 0018FF40 | 2 | c | 界访问后 | → | 0018FF40 | 5 | c |
| 0018FF44 | 1 | a | | | 0018FF44 | 6 | a |
| 0018FF48 | | i | | | 0018FF48 | 9 | i |
| 0018FF4C | | b[8] | | | 0018FF4C | 8 | b[8] |

图 8-2　对数组越界访问后内存中数据的变化情况

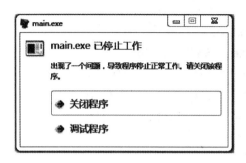

图 8-3 程序非法访问内存后弹出的对话框

注意,因不同的编译系统为变量分配的内存地址有所不同,因此在不同的系统下运行程序可能会输出不同的地址值。

【思考题】请读者自己分析为什么程序输出的变量 i 的值是 9?

## 8.2 二维数组的定义和初始化

从前一节,我们已经知道一维数组的一般定义格式为:

  类型 数组名[元素个数];

一维数组是用一个下标确定各元素在数组中的顺序,可用排列成一行的元素来表示。如果要定义一个二维数组,只要增加一维下标即可,二维数组的一般定义格式为:

  类型 数组名[第一维长度][第二维长度];

二维数组用两个下标确定各元素在数组中的顺序,可用排列成 i 行 j 列的元素表示。第一维的长度代表数组每一列的元素个数,第二维的长度代表数组每一行的元素个数。例如,

  **short matrix[3][4];**

声明的是一个具有 3 行 4 列共 12 个短整型元素的二维数组。第一维(行)的下标值从 0 变化到 2,第二维(列)的下标值从 0 变化到 3,因此,第一个元素的下标为 matrix[0][0],最后一个元素为 matrix[2][3]。数组 matrix 的逻辑存储结构如图 8-4 所示。

| | 第0列 | 第1列 | 第2列 | 第3列 |
|---|---|---|---|---|
| 第0行 | matrix[0][0] | matrix[0][1] | matrix[0][2] | matrix[0][3] |
| 第1行 | matrix[1][0] | matrix[1][1] | matrix[1][2] | matrix[1][3] |
| 第2行 | matrix[2][0] | matrix[2][1] | matrix[2][2] | matrix[2][3] |

图 8-4 数组 matrix 的逻辑存储结构

一维数组在内存中占用的字节数为:数组长度×sizeof(基类型),二维数组占用的字节数为:第一维长度×第二维长度×sizeof(基类型)。

  由于短整型占 2 个字节,数组 matrix 有 12 个短整型元素,因此在内存中占 24 个字节的连续存储空间。注意,在不同编译系统中,**int** 型所占的字节数是不同的。因此,用 sizeof 运算符来计算一个类型或者变量在内存中所占的字节数更"靠谱儿",并且也

有利于提高程序的可移植性(**Portability**)。

n 维数组用 n 个下标来确定各元素在数组中的顺序,例如

```
int  point[3][2][4];
```

由于 C 语言中不带下标的数组名具有特殊的含义,它代表数组的首地址,因此不能整体引用一个数组,每次只能引用指定下标值的数组元素。例如,用 matrix[i][j]表示二维数组 matrix的第 i 行第 j 列的元素,依次输入数组中的全部元素的值,必须使用循环语句,用外层循环控制行下标 i 从 0 到 2 变化,用内层循环控制列下标 j 从 0 到 3 变化,即

```
for (i = 0; i < 3; i++)           // 行下标值变化
{
    for (j = 0; j < 4; j++)        // 列下标值变化
    {
        scanf("%d", &matrix[i][j]);
    }
}
```

而依次输出数组中的全部元素的值,可以使用下面的循环语句:

```
for (i = 0; i < 3; i++)           // 行下标值变化
{
    for (j = 0; j < 4; j++)        // 列下标值变化
    {
        printf("%4d", matrix[i][j]);
    }
}
```

对于二维数组,既可以按元素初始化,也可以按行初始化。例如下面两行语句是等价的:

```
short  matrix[3][4] = {1,2,3,4,5,6,7,8,9,10,11,12};//按元素初始化
short  matrix[3][4] = {{1,2,3,4},{5,6,7,8},{9,10,11,12}};//按行初始化
```

经过初始化以后,数组 matrix 中的元素如下所示:

```
1    2    3    4
5    6    7    8
9    10   11   12
```

当初始化列表给出数组全部元素的初值时,第一维的长度声明可以省略,此时,系统将按初始化列表中提供的初值个数来定义数组的大小。例如下面两行语句是等价的:

```
short  matrix[][4] = {1,2,3,4,5,6,7,8,9,10,11,12};
short  matrix[3][4] = {1,2,3,4,5,6,7,8,9,10,11,12};
```

按行初始化时,即使初始化列表中提供的初值个数可以少于数组元素的个数,第一维的长度声明也可以省略,此时系统自动给后面的元素初始化为 0。例如下面两行语句是等价的:

```
short  matrix[][4] = {{1,2,3},{4,5},{6}};
short  matrix[3][4] = {{1,2,3,0},{4,5,0,0},{6,0,0,0}};
```

它们对数组 matrix 初始化的结果都是：

```
1   2   3   0
4   5   0   0
6   0   0   0
```

　注意，数组第二维的长度声明永远都不能省略。这是因为 C 语言中的二维数组元素在 C 编译程序为其分配的连续存储空间中是按行存放的，即存完第一行后存第二行，然后存第三行，依此类推。存放时系统必须知道每一行有多少个元素才能正确计算出该元素相对于二维数组第一个元素的偏移量，这样就必须已知数组第二维的长度。例如，系统可以很容易地确定下面的定义

```
short   matrix[][4] = {1,2,3,4,5,6,7,8,9};
```

对数组 matrix 初始化的结果都是：

```
1   2   3   4
5   6   7   8
9   0   0   0
```

但是，假如不指定第二维的长度，即

```
short   matrix[3][] = {1,2,3,4,5,6,7,8,9};
```

那么，系统将无法确定它对数组 matrix 初始化的结果是下面二者中的哪一个。

```
1   2   3   4          1   2   3
5   6   7   8          4   5   6
9   0   0   0          7   8   9
```

【例 8.3】从键盘输入某年某月（包括闰年），编程输出该年的该月拥有的天数。

这个问题曾在习题 5.10 中出现过，当时是用 switch 语句编程实现的，现在改成用数组编程实现，可使程序更简洁。程序如下：

```
1    #include<stdio.h>
2    #define MONTHS 12
3    int main(void)
4    {
5        int days[2][MONTHS] = {{31,28,31,30,31,30,31,31,30,31,30,31},
6                               {31,29,31,30,31,30,31,31,30,31,30,31}};
7        int year, month;
8        do{
9            printf("Input year,month:");
10           scanf("%d,%d", &year, &month);
11       } while(month < 1 || month > 12);   // 处理不合法数据的输入
12       if (((year%4 == 0) && (year%100! = 0)) ||(year%400 == 0)) /* 闰年*/
13           printf("The number of days is %d\n", days[1][month-1]);
14       else   // 非闰年
```

```
15          printf("The number of days is %d\n", days[0][month-1]);
16      return  0;
17    }
```

程序的 5 次测试结果如下：

① **Input year,month:1984,2** ↙
   **The number of days is 29**
② **Input year,month:2000,2** ↙
   **The number of days is 29**
③ **Input year,month:1985,2** ↙
   **The number of days is 28**
④ **Input year,month:1900,2** ↙
   **The number of days is 28**
⑤ **Input year,month:1983,13** ↙
   **Input year,month:1983,-1** ↙
   **Input year,month:1983,1** ↙
   **The number of days is 31**

程序第 5~6 行定义了一个 2 行 12 列的二维数组用于存放平年和闰年每个月的天数。其中,第一行每列元素是平年各月份的天数(平年的 2 月份为 28 天),第二行每列元素是闰年各月份的天数(闰年二月份的天数为 29 天)。

由于满足下列条件之一者才是闰年：

（1）能被 4 整除,但不能被 100 整除。

（2）能被 400 整除。

而描述这一条件用下面的表达式：

**((year %4 == 0) && (year %100! = 0)) || (year %400 == 0)**

因此,程序第 12 行语句的作用是判断 year 是否为闰年。如果是闰年,则输出 days[1][month-1]作为这一年第 month 个月的天数,否则输出 days[0][month-1]作为这一年第 month 个月的天数。

【思考题】如果定义一个整型变量 leap,那么程序第 12~15 行语句也可用下面的两条语句代替,请读者思考和分析其中的原理。

**leap = ((year %4 == 0) && (year %100! = 0)) || (year %400 == 0);**

**printf("The number of days is %d\n", days[leap][month-1]);**

## 8.3  向函数传递一维数组

数组元素和基本型变量一样,既可出现在任何合法的 C 表达式中,也可用作函数参数。

【例 8.4】从键盘输入某班学生某门课的成绩(已知每班人数最多不超过 40 人,具体人数由键盘输入),试编程计算其平均分。

```
1    #include<stdio.h>
2    #define N 40
3    int Average(int score[], int n);          // Average()函数原型
4    void ReadScore(int score[], int n);       // ReadScore()函数原型
5    int main(void)
6    {
7        int score[N], aver, n;
8        printf("Input n:");
9        scanf("%d", &n);
10       ReadScore(score, n);                  // 数组名作为函数实参调用函数 ReadScore()
11       aver = Average(score, n);             // 数组名作为函数实参调用函数 Average()
12       printf("Average score is %d\n",aver);
13       return   0;
14   }
15   // 函数功能：计算 n 个学生成绩的平均分
16   int Average(int score[], int n)            // Average()函数定义
17   {
18       int i, sum = 0;
19       for (i = 0; i < n; i++)
20       {
21           sum += score[i];
22       }
23       return   sum / n;
24   }
25   // 函数功能：输入 n 个学生的某门课成绩
26   void ReadScore(int score[], int n)    // ReadScore()函数定义
27   {
28       int i;
29       printf("Input score:");
30       for (i = 0; i < n; i++)
31       {
32           scanf("%d", &score[i]);
33       }
34   }
```

微视频
向函数传递
一维数组

教学课件

程序的运行结果如下：

    Input n:3 ✓
    Input score:80 100 60 ✓

**Average score is 80**

初看这个程序似乎没有问题,但如果不小心向函数 Average()传入的 n 值为 0,那么程序就会发生除 0 错误。千万不要小看除 0 错误! 1998 年 11 月的《科学美国人》杂志曾报道了美国导弹巡洋舰约克敦号上的一起事故。一个船员不小心错误地输入了一个 0 值,结果造成除 0 错误,导致军舰的推进系统被关闭,使得约克敦号"死"在海上几个小时,其原因就是某个程序没有检查输入的合法有效性。

为使程序具有遇到错误或非法数据输入时仍能保护自己避免出错的能力,增强程序的健壮性和容错能力,可在函数 Average()的入口处,增加对函数入口参数合法有效性的检验,即

**if (n <= 0)    return -1;**

或者将程序第 23 行语句修改为:

**return   n > 0 ? sum/n : -1;**

若要把一个数组传递给一个函数,那么只要使用不带方括号的数组名作为函数实参调用函数即可(如程序第 10 行和第 11 行语句所示)。注意,仅仅是数组名,不带方括号和下标。

由于数组名代表数组第一个元素的地址,因此用数组名作函数实参实际上是将数组的首地址传给被调函数,之所以这样是出于性能方面的考虑。因为相对于以传值方式将全部数组元素的副本传给被调函数而言,只复制一个地址值的效率自然要高得多。

将数组的首地址传给被调函数后,形参与实参数组因具有相同的首地址而实际上占用的是同一段存储单元(如图 8-5 所示),根据这个首地址就可以准确计算出实参数组中每个元素的存储地址,于是在被调函数中就可以通过间接寻址方式读取或者修改这个数组的元素值。因此,当被调函数修改形参数组元素时,实际上相当于是在修改实参数组中的元素值。

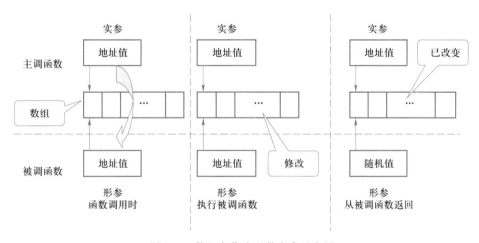

图 8-5　数组名作为函数实参示意图

程序第 16~24 行是函数 Average()的定义,第 16 行函数定义的首部表示函数 Average()期望用形参 score 来接收一个数组,用形参 n 来接收这个数组的大小。

注意:数组作函数形参时,数组的长度可以不出现在数组名后面的方括号内,通常用另一个整型形参来指定数组的长度。如果数组名后面的方括号内出现的是正数,编译器并不生成具有

相应个数的元素的数组,也不进行下标越界检查,编译器只检查它是否大于零,然后将其忽略掉。如果数组名后面的方括号内出现的是负数,则将产生编译错误。因此,数组名后方括号内的数字并不能真正表示接收的数组的大小,向函数传递一维数组时应使用另一个形参来传递数组的长度,如本例中的函数 Average() 和 ReadScore() 所示。

【例 8.5】从键盘输入某班学生某门课的成绩(每班人数最多不超过 40 人),当输入成绩为负值时,表示输入结束,试编程计算并输出其平均分,并输出实际输入的学生人数。

在例 8.4 程序中,由于学生的人数是由键盘输入的,是已知的,因此在程序第 30~33 行使用计数控制的循环来输入每个学生的成绩。而在本例中,学生人数是未知的,以负值作为输入结束的标记值(Sentinel Value),这种循环控制也称为标记控制的循环。在成绩录入的过程中,可通过循环实际被执行的次数来获得实际输入的学生人数。编写函数 ReadScore() 实现成绩录入,通过 ReadScore() 的返回值返回学生人数。完整的程序如下:

```
1    #include<stdio.h>
2    #define N 40
3    int Average(int score[], int n);        // Average()函数原型
4    int ReadScore(int score[]);             // ReadScore()函数原型
5    int main(void)
6    {
7        int score[N], aver, n;
8        n = ReadScore(score);// 调用函数 ReadScore()输入成绩,返回学生人数
9        printf("Total students are %d\n",n);
10       aver = Average(score, n);// 调用函数 Average()计算平均分,返回平均分
11       printf("Average score is %d\n",aver);
12       return   0;
13   }
14   // 函数功能:计算 n 个学生成绩的平均分
15   int Average(int score[], int n)                      // Average()函数定义
16   {
17       int i, sum = 0;
18       for (i = 0; i < n; i++)
19       {
20           sum += score[i];
21       }
22       return   n > 0? sum / n: -1;
23   }
24   // 函数功能:输入学生某门课成绩,当输入成绩为负值时,结束输入,返回学生人数
25   int ReadScore(int score[])      // ReadScore()函数定义
26   {
```

```
27          int i = -1;                    // i 初始化为-1,循环体内增1后可保证数组下标从 0 开始
28          do{
29              i++;
30              printf("Input score:");
31              scanf("%d", &score[i]);
32          }while (score[i] >= 0);        // 输入负值时结束输入
33          return i;                      // 返回学生人数
34      }
```

程序的运行结果如下：

**Input score:80** ↙

**Input score:100** ↙

**Input score:-1** ↙

**Total students are 2**

**Average score is 90**

这个程序之所以在第 27 行将循环变量 i 初始化为-1,是因为在进入 do-while 循环后先执行了一次 i 增 1 的操作,为确保将第一个输入数据赋值给 score[0],所以要将 i 初始化为-1。

【例 8.6】从键盘输入某班学生某门课的成绩(每班人数最多不超过 40 人),当输入为负值时,表示输入结束,试编程计算并打印最高分。

【问题求解方法分析】计算最高分就是求最大值,可先假设第一个学生成绩为当前最高分,其余学生的成绩依次与当前最高分进行比较。一旦发现高于当前最高分的学生成绩,则用该成绩修改当前最高分。这样,当全部学生成绩都比较完以后,最高分也就得到了。程序如下：

```
1    #include<stdio.h>
2    #define N   40
3    int ReadScore(int score[]);        // ReadScore() 函数原型
4    int FindMax(int score[], int n);   // FindMax() 函数原型
5    int main(void)
6    {
7        int score[N], max, n;
8        n = ReadScore(score);          // 调用函数 ReadScore() 输入成绩,返回学生人数
9        printf("Total students are %d\n", n);
10       max = FindMax(score, n);       // 调用函数 FindMax() 计算最高分,返回最高分
11       printf("The highest score is %d\n", max);
12       return 0;
13   }
14   // 函数功能:输入学生某门课的成绩,当输入负值时,结束输入,返回学生人数
15   int ReadScore(int score[])                              // ReadScore() 函数定义
```

```
16    {
17        int i = -1;                          // i 初始化为-1,循环体内增 1 后可保证数组下标从 0 开始
18        do{
19            i++;
20            printf("Input score:");
21            scanf("%d", &score[i]);
22        } while (score[i] >= 0);             // 输入负值时结束成绩输入
23        return i;                            // 返回学生人数
24    }
25    // 函数功能:计算最高分
26    int FindMax(int score[], int n)          // FindMax()函数定义
27    {
28        int max = score[0];                  // 假设 score[0]值为当前最大值
29        for (i = 1; i < n; i++)
30        {
31            if (score[i] > max)              // 若 score[i]值较大
32                max = score[i];              // 用 score[i]值替换当前最大值
33        }
34        return max;                          // 返回最高分
35    }
```

程序的运行结果如下:

```
Input score:80↙
Input score:100↙
Input score:90↙
Input score:60↙
Input score:-1↙
Total students are 4
The highest score is 100
```

## 8.4  排序和查找

　　程序员在程序设计时常常需要对存储在数组中的大量数据进行处理,如排序、查找等。排序(Sorting)是把一系列无序的数据按照特定的顺序(如升序或降序)重新排列为有序序列的过程。对数据进行排序是最重要的应用之一。实际生活中的很多问题都需要对数据进行排序。

　　【例 8.7】从键盘输入某班学生某门课的成绩(每班人数最多不超过 40 人),当输入为负值时,表示输入结束,试编程将分数按从高到低顺序进行排序输出。用函数编程实现排序功能。

【问题求解方法分析】虽然交换法排序的性能较低,但它易于理解和编程实现,而且它是选择法的基础。因此,本例先使用交换排序算法编程。交换法排序(Exchange Sort)借鉴了求最大、最小值的思想。以降序排列为例,其排序的基本过程如图 8-6 所示,首先进行第一轮比较,参与比较的数有 $n$ 个,将第一个数分别与后面所有的数进行比较,若后面的数较大,则交换后面这个数和第一个数的位置;这一轮比较结束以后,就求出了一个最大的数放在了第一个数的位置。然后进入第二轮比较,参与比较的数变为 $n-1$ 个,在这 $n-1$ 个数中再按上述方法求出一个最大的数放在第二个数的位置。然后进入第三轮比较……依次类推,直到第 $n-1$ 轮比较,参与比较的数变为 2 个,求出一个最大的数放在第 $n-1$ 个数的位置,剩下的最后一个数自然就为最小的数,放在数列的最后。

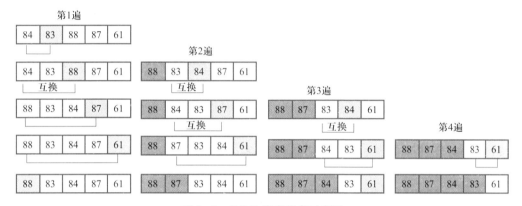

图 8-6　交换法降序排序示意图

$n$ 个数总共需要 $n-1$ 轮比较,由于每一轮比较都新排出一个数,因此每一轮余下的待比较的数都相对于上一轮减少了一个。按交换法进行成绩降序排序的算法描述如下:

```
for (i = 0; i < n-1; i++)
{
    for (j = i+1; j < n; j++)
    {
        若 score[j] > score[i]
        则交换 score[j] 和 score[i] 的值;
    }
}
```

将上述算法写成程序如下:

```
1    #include<stdio.h>
2    #define N 40
3    int ReadScore(int score[]);          // ReadScore() 函数原型
4    void DataSort(int score[], int n);    // DataSort() 函数原型
```

```
5     void PrintScore(int score[], int n); // PrintScore()函数原型
6     int main(void)
7     {
8         int score[N], n;
9         n = ReadScore(score); // 调用函数 ReadScore()输入成绩,返回学生人数
10        printf("Total students are %d\n", n);
11        DataSort(score, n);                    // 调用函数 DataSort()进行成绩排序
12        printf("Sorted scores:");
13        PrintScore(score, n);   // 调用函数 Printscore()输出成绩排序结果
14        return 0;
15    }
16    // 函数功能:输入学生某门课的成绩,当输入负值时,结束输入,返回学生人数
17    int ReadScore(int score[])                  // ReadScore()函数定义
18    {
19        int i = -1;    // i初始化为-1,可保证循环体内 i 增 1 后数组下标从 0 开始
20        do{
21            i++;
22            printf("Input score:");
23            scanf("%d", &score[i]);
24        }while (score[i] >= 0);                 // 输入负值时结束成绩输入
25        return i;                               // 返回学生人数
26    }
27    // 函数功能:按交换法将数组 score 的元素值按从高到低排序
28    void DataSort(int score[], int n)           // DataSort()函数定义
29    {
30        int i, j, temp;
31        for (i = 0; i < n-1; i++)
32        {
33            for (j = i+1; j < n; j++)
34            {
35                if (score[j] > score[i])    // 按数组 score 的元素值从高到低排序
36                {
37                    temp = score[j];
38                    score[j] = score[i];
39                    score[i] = temp;
40                }
```

```
41            }
42          }
43        }
44   // 函数功能：打印学生成绩
45   void PrintScore(int score[], int n)                    // PrintScore()函数定义
46   {
47        int i;
48        for (i = 0; i < n; i++)
49        {
50            printf("%4d", score[i]);
51        }
52        printf("\n");
53   }
```

程序的运行结果如下：

**Input score:84 ↙**
**Input score:83 ↙**
**Input score:88 ↙**
**Input score:87 ↙**
**Input score:61 ↙**
**Input score:-1 ↙**
**Total students are 5**
**Sorted scores: 88  87  84  83  61**

微视频
两数交换

教学课件

本例中，增加的用户自定义函数 PrintScore() 用于输出排序后的学生成绩。排序处理是通过 DataSort() 函数中第 31~42 行的嵌套 for 循环实现的。在主函数中调用函数 DataSort() 时，使用了数组名 score 作为函数的实参，实际上是将实参数组 score 的首地址传给了函数相应的形参，于是形参数组和实参数组共享同一段存储单元。因此，对形参数组元素值的改变，也就相当于是对实参数组元素值的改变（即成绩从无序变为有序）。

在 DataSort() 中的第 37~39 行引入了一个临时变量 temp 来存储需要交换的两个数值中的一个，使用了三条赋值语句来实现"交换 score[j] 和 score[i] 的值"。其交换原理如图 8-7 所示。

为什么要额外引入一个变量 temp 呢？如果不引入变量 temp，采用下面两条赋值语句，能否实现"两数交换"呢？

**score[j] = score[i];**
**score[i] = score[j];**

让我们看看这两条赋值语句的执行效果：假设 score[j] 的值是 70，score[i] 的值是 50，执行

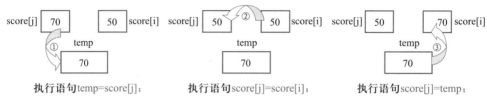

图 8-7 两数交换原理示意图

完第一条赋值语句后,两个元素的值都变成了 50,score[j] 中原有的数据信息 70 被覆盖(丢失)了,这样再执行第二条赋值语句也就失去了意义。

这就好比交换两个瓶子中的饮料一样。假设一个瓶子中装可乐,另一个瓶子中装雪碧。试想一下:若要将这两个瓶子中装的饮料互换一下,在生活中我们是如何做的呢? 任何人都不会拿着可乐瓶直接往雪碧瓶里"灌"。很自然地,我们会想到拿来一个空瓶,先将可乐瓶中的可乐倒入空瓶中暂存,将可乐瓶腾空以后,再将雪碧倒入可乐瓶中。装雪碧瓶腾空以后,再把刚才倒到空瓶中暂存的可乐倒入雪碧瓶中。这里临时变量 temp 就起到了类似"空瓶子"的作用。

本例使用的排序算法是交换法排序。在第 $i$ 轮($i=0,1,2,\cdots,n-2$)比较中,前面的 $i$ 个数是已经排好序的,由于第 $i+1$ 个数和后面余下的所有数都要进行一次比较,每进行一次比较,若后面的数大就交换位置,这样每一轮比较中最多需要 $n-1-i$ 次两数交换操作,使得整个算法所需的交换次数较多,因而算法的排序效率较低。

事实上,完全可以在找出余下的数中的最大值后再与第 $i+1$ 个数交换位置,这样每一轮比较中最多只有一次两数交换操作,整个算法最多有 $n-1$ 次两数交换操作。这种改进的排序算法称为选择法排序(Selection Sort)。按选择法降序排序的过程如图 8-8 所示。

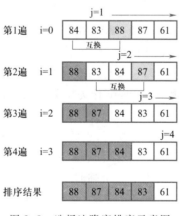

动画演示
选择法排序

图 8-8 选择法降序排序示意图

下面是这个算法的函数实现:

```
1    void DataSort(int score[], int n)
2    {
3        int i, j, k, temp;
```

```
4        for (i = 0; i < n-1; i++)
5        {
6            k = i;
7            for (j = i+1; j < n; j++)
8            {
9                if (score[j] > score[k])  // 按数组 score 的元素值从高到低排序
10               {
11                   k = j;                 // 记录最大数下标位置
12               }
13           }
14           if (k != i)                    // 若最大数所在的下标位置不在下标位置 i
15           {
16               temp = score[k];
17               score[k] = score[i];
18               score[i] = temp;
19           }
20       }
21   }
```

当函数 DataSort() 的内部实现(算法)改变时,只要函数 DataSort() 的接口(形参个数、顺序及其类型声明、函数返回值类型)和函数的功能不变,那么主函数无须做任何改动,程序的运行结果是一样的,这充分体现了模块化程序设计和信息隐藏的好处。

【例 8.8】在例 8.7 程序基础上,要求输入学生成绩的同时输入学生的学号,并且将学生的学号随分数排序结果一同输出,即要得到下面的运行结果,则应该如何修改程序?

**Input student's ID and score:120310122 84** ↙
**Input student's ID and score:120310123 83** ↙
**Input student's ID and score:120310124 88** ↙
**Input student's ID and score:120310125 87** ↙
**Input student's ID and score:120310126 61** ↙
**Input student's ID and score:-1-1** ↙
**Total students are 5**
**Sorted scores:**
**120310124 88**
**120310125 87**
**120310122 84**
**120310123 83**
**120310126 61**

对信息进行排序时,通常只使用信息的一个子项作为键值(Key Value),由键值决定信息的全部子项的排列顺序。本例中,将学生成绩选作键值,故在比较操作中只使用成绩值,而在实际实施交换操作时才移动整个数据结构(包括成绩和学号)。由于本例程序中需要将所有函数的形参列表中都增加一个长整型数组 num 来表示学生的学号,也就是说函数的接口发生了改变,因此主函数及相关函数中的许多语句都要做修改。程序具体修改如下:

```
1    #include<stdio.h>
2    #define N 40
3    int ReadScore(int score[], long num[]);           // ReadScore()函数原型
4    void DataSort(int score[], long num[], int n);      // DataSort()函数原型
5    void PrintScore(int score[], long num[], int n);    // PrintScore()函数原型
6    int main(void)
7    {
8        int score[N], n;
9        long num[N];
10       n = ReadScore(score, num);                      // 输入成绩和学号,返回学生总数
11       printf("Total students are %d \n", n);
12       DataSort(score, num, n);                         // 成绩排序
13       printf("Sorted scores: \n");
14       PrintScore(score, num, n);                       // 输出成绩排序结果
15       return 0;
16   }
17   // 函数功能:输入学生的学号及其某门课成绩,当输入负值时,结束输入,返回学生人数
18   int ReadScore(int score[], long num[])              //ReadScore()函数定义
19   {
20       int i = -1;                    // i 初始化为-1,可保证循环体内 i 增 1 后数组下标从 0 开始
21       do{
22           i++;
23           printf("Input student's ID and score:");
24           scanf("%ld%d", &num[i], &score[i]);          // 以长整型格式输入学号
25       }while (num[i] > 0 && score[i] >= 0);            // 输入负值时结束成绩输入
26       return i;                                        // 返回学生总数
27   }
28   // 函数功能:用选择法按 score 数组元素的降序顺序对 score 和 num 排序
29   void DataSort(int score[], long num[], int n)       // DataSort()函数定义
30   {
31       int i, j, k, temp1;
32       long temp2;
```

```
33      for (i = 0; i < n-1; i++)
34      {
35          k = i;
36          for (j = i+1; j < n; j++)
37          {
38              if (score[j] > score[k])    // 按数组 score 的元素值从高到低排序
39              {
40                  k = j;                              // 记录最大数下标位置
41              }
42          }
43          if (k != i)                              // 若最大数不在下标位置 i
44          {
45              // 交换成绩
46              temp1 = score[k]; score[k] = score[i];score[i] = temp1;
47              // 交换学号
48              temp2 = num[k]; num[k] = num[i]; num[i] = temp2;
49          }
50      }
51  }
52  // 函数功能：打印学生学号和成绩
53  void PrintScore(int score[], long num[], int n)    // PrintScore() 函数定义
54  {
55      int i;
56      for (i = 0; i < n; i++)
57      {
58          printf("%10ld%4d\n", num[i], score[i]);    // 以长整型格式打印学号
59      }
60  }
```

使用数据库时,用户可能需要频繁通过输入键字值来查找相应的记录。在数组中搜索一个特定元素的处理过程,称为查找(Searching)。本节介绍两种查找算法:线性查找(Linear Search)和折半查找(Binary Search)。线性查找也称为顺序查找(Sequential Search),算法简单直观,但效率较低。折半查找算法稍微复杂一些,但效率很高。两种查找算法都可用迭代法实现。

动画演示
顺序查找

【例 8.9】从键盘输入某班学生某门课的学号和成绩(假设每班人数最多不超过 40 人),当输入为负值时,表示输入结束,试编程从键盘任意输入一个学号,查找该学号学生的成绩。

【问题求解方法分析】本例先使用线性查找法。线性查找数组元素就是使用查找键(Search

**Key**）逐个与数组元素进行比较以实现查找。其查找的基本过程为：利用循环顺序扫描整个数组，依次将每个元素与待查找值比较；若找到，则停止循环，输出其位置值；若所有元素都比较后仍未找到指定的数据值，则结束循环，输出"未找到"的提示信息。程序如下：

```
1    #include<stdio.h>
2    #define N 40
3    int ReadScore(int score[], long num[]);     // ReadScore()函数原型
4    int LinSearch(long num[], long x, int n);  // LinSearch()函数原型
5    int main(void)
6    {
7        int score[N], n, pos;
8        long num[N], x;
9        n = ReadScore(score, num);                      // 输入成绩和学号,返回学生总数
10       printf("Total students are %d\n", n);
11       printf("Input the searching ID:");
12       scanf("%ld", &x);                               // 以长整型格式从键盘输入待查找的学号 x
13       pos = LinSearch(num, x, n);                     // 查找学号为 num 的学生
14       if (pos! = -1)                                  // 若找到,则打印其分数
15           printf("score = %d\n", score[pos]);
16       else                                            // 若未找到,则打印"未找到"提示信息
17           printf("Not found!\n");
18       return 0;
19   }
20   // 函数功能:输入学生的学号及其某门课成绩,当输入负值时,结束输入,返回学生人数
21   int ReadScore(int score[], long num[])        // ReadScore()函数定义
22   {
23       int i = -1;                  // i 初始化为-1,循环体内增1后可保证数组下标从 0 开始
24       do{
25           i++;
26           printf("Input student's ID and score:");
27           scanf("%ld%d", &num[i], &score[i]);
28       } while (num[i] > 0 && score[i] >= 0);   // 输入负值时结束成绩输入
29       return i;                                 // 返回学生总数
30   }
31   // 按线性查找法查找值为 x 的数组元素,若找到则返回 x 在数组中的下标位置,否则返回-1
32   int LinSearch(long num[], long x, int n)      // LinSearch()函数定义
33   {
34       int  i;
```

```
35          for (i = 0; i < n; i++)
36          {
37                if (num[i] == x)     return i;          // 若找到则返回 x 在数组中的下标
38          }
39          return -1;                                     // 若循环结束仍未找到,则返回-1
40      }
```

程序的两次测试结果如下:

微视频
顺序查找

① **Input student's ID and score:120310122 84** ✓
**Input student's ID and score:120310123 83** ✓
**Input student's ID and score:120310124 88** ✓
**Input student's ID and score:120310125 87** ✓
**Input student's ID and score:120310126 61** ✓
**Input student's ID and score:-1-1** ✓
**Total students are 5**
**Input the searching ID:120310123** ✓
**score=  83**

教学课件

② **Input student's ID and score:120310122 84** ✓
**Input student's ID and score:120310123 83** ✓
**Input student's ID and score:120310124 88** ✓
**Input student's ID and score:120310125 87** ✓
**Input student's ID and score:120310126 61** ✓
**Input student's ID and score:-1-1** ✓
**Total students are 5**
**Input the searching ID:120310128** ✓
**Not found!**

【例 8.10】在例 8.9 的基础上,改用折半查找法实现学生成绩的查找,假设按学生的学号从小到大的顺序输入学生的成绩。

【问题求解方法分析】例 8.9 程序使用的是线性查找法,它不要求被查找的数组元素事先是有序排列的。在日常生活的很多场合下需要在有序条件下进行检索操作,例如电话簿中的姓名、字典、图书馆或书架上的书、邮递员包裹里的信件、班级名册、地址簿、计算机中的文件列表等,在有序表中查找信息比较容易,如果信息列表(例如价格表)是有序的,一些特殊数字(如最大和最小值)就会很显眼,因为它们会位于列表的开头或末尾,重复的数字也容易发现,因为它们都是相邻的。

当待查找信息有序排列时,折半查找法比顺序查找法的平均查找速度要快得多。折半查找也称为对分搜索。二分法求方程的根使用的也是对分搜索的思想,正如二分法要求在求根区间中函数是单调的一样,使用折半查找法的前提是被查找的数据集合是已排好序的。顺序查找法不受这一前提条件的约束,所以对于无序的数据而言,顺序查找是唯一可行的办法。

折半查找法的基本思想为:首先选取位于数组中间的元素,将其与查找键进行比较。如果它们的值相等,则查找键被找到,返回数组中间元素的下标。否则,将查找的区间缩小为原来区间的一半,即在一半的数组元素中查找。假设数组元素已按升序排序,如果查找键小于数组的中间元素值,则在前一半数组元素中继续查找,否则在后一半数组元素中继续查找。如果在该子数组(原数组的一个片段)中仍未找到查找键,则算法将在原数组的四分之一大小的子数组中继续查找。每次比较之后,都将目标数组中一半的元素排除在比较范围之外。不断重复这样的查找过程,直到查找键等于某个子数组中间元素的值(找到查找键),或者子数组只包含一个不等于查找键的元素(即没有找到查找键)时为止。

动画演示
折半查找
(找到)

想一想我们在运行例 6.10 的猜数游戏程序时,如何才能猜数猜得更快呢?我们是不是在不知不觉中已经运用了这种折半查找的思想呢?

理论上说,折半查找最多所需的比较次数是第一个大于数组元素个数的 2 的幂次数。以查找一个拥有 1 024 个元素的数组为例,采用折半查找,在最坏的情况下只需 10 次比较。因为不断地用 2 来除 1 024 得到的商分别是 512、256、128、64、32、16、8、4、2、1,即 1 024($2^{10}$)用 2 除 10 次就可以得到 1。用 2 除一次就

动画演示
折半查找
(未找到)

相当于折半查找算法中的一次比较。而线性查找法在最坏情况下,即查找键位于所有数据的尾部且数据量较大时,或者已知数据中不存在该值时,查找次数等于总的数据量大小。从平均情况来看,需要一半的数组元素(这里为 512)与查找键进行比较。可见,两种查找算法在效率上可谓是天壤之别。

假如学生成绩是按学号从小到大的顺序排列的,那么按学号查找成绩的折半查找过程如图 8-9 所示。按此算法编写折半查找函数 BinSearch() 如下:

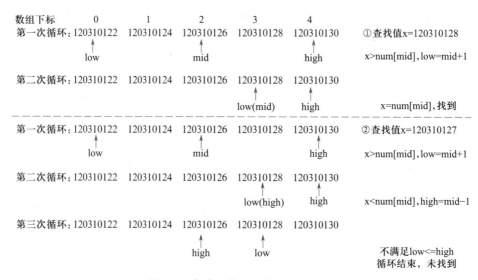

图 8-9　折半查找法查找过程示意图

```
1    //按折半查找法在升序排序的数组 num 中查找 x 所在的数组下标,若找不到,则返回-1
2    int BinSearch(long num[], long x, int n)    //迭代实现的函数定义
3    {
4        int  low=0, high=n-1, mid;         // 区间左端点 low 置为 0,右端点 high 置为 n-1
5        while (low <= high)                // 若左端点小于等于右端点,则继续查找
6        {
7            mid = (high + low) / 2;        // 计算区间中点,即查找区间折半
8            if (x > num[mid])
9            {
10               low = mid + 1;             // 在后一子表中查找
11           }
12           else if (x < num[mid])
13           {
14               high = mid – 1;   // 在前一子表中查找
15           }
16           else
17           {
18               return mid;        // 若找到,则返回 x 所在的下标 mid
19           }
20       }
21       return -1;                 // 循环结束仍未找到,则返回-1
22   }
```

上面这个程序是使用迭代法实现的折半查找,还可以使用递归方法实现折半查找函数,程序如下:

```
1    //按折半查找法在升序排序的数组 num 中查找 x 所在的数组下标,若找不到,则返回-1
2    int BinSearch(long num[], longx, int low, int high)    //递归实现的函数定义
3    {
4        int mid = (high + low) / 2;                        // 计算区间中点,即查找区间折半
5        if (low > high)                                    //递归结束条件
6        {
7            return -1;                                     //找不到,则返回-1
8        }
9        if (x > num[mid])
10       {
11           return BinSearch(num, x, mid+1, high);//在后一子表中查找
12       }
13       else  if (x < num[mid])
```

```
14          {
15              return BinSearch(num, x, low, mid-1);   //在前一子表中查找
16          }
17          return mid;                                 // 若找到，则返回 x 所在的下标 mid
18      }
```

需要注意的是，由于递归实现的折半查找函数的函数接口发生了变化，即形参指定的不是数组的长度，而是查找的初始区间，因此主函数中的函数调用语句需要做相应的修改，将

**pos = BinSearch(num, x, n);**

修改为：

**pos = BinSearch(num, x, 0, n-1);**

上面两个程序看上去似乎天衣无缝，但一个思维缜密的程序员需要考虑所有可能的情况（包括一些罕见的情况）是否会发生。这并非吹毛求疵或鸡蛋里挑骨头。如果数组长度很大，即 high 的值很大，并且一直在后一子表中查找，导致 low 的值和 high 的值很接近，这样 low+high 的值就有可能超出 limits.h 中定义的有符号整数的极限值，那么执行到取数据区间中点的语句"mid = ( high + low ) / 2;"时就会发生数值溢出，导致 mid 成为负数。如何计算 mid 能防止发生数值溢出呢？这时可采用修改计算中间值的方法，用减法代替加法计算 mid 的值，即

**mid = low + (high - low) / 2;**

本节围绕着学生成绩排序和查找问题，介绍了向函数传递一维数组的方法。归纳起来，用数组名作为函数参数时，需要注意以下 3 点：

（1）声明一维形参数组时，在方括号内可以指定数组的长度（声明为定长数组）；也可以不指定数组的长度，而用另一个整型形参指定数组的长度。

（2）用数组名作为函数实参时，形参数组和实参数组既可同名，也可不同名。因数组名代表数组的首地址，所以经过"由实参向形参单向值传递"后，它们都指向了内存中的同一段连续的存储单元，因此形参的改变会影响实参。而用简单变量作为函数实参时，由实参向形参单向传递的是实参变量的值的副本，不是变量的地址，无论它们是否同名，它们都代表内存中不同的存储单元，因此形参的值的改变会影响实参。

## 8.5  向函数传递二维数组

利用一维数组可以处理一组相关的数据，而对于多组相关数据的处理则需要使用多维数组。例如，表 8-1 所示的成绩表中任何一个数据都具有两个属性，以表中第一行第一列的数据 97 为例，它代表的是学号为 120310122 的学生的数学成绩。纵向的列表示的是哪一门课程的成绩，横向的行表示的是哪个学生的成绩。因此，为了明确表示表格中的数据（除最后两行和最后两列的统计数据以外），必须使用两个下标：第一个下标用于表示学生的学号（即元素所在的行），第二个下标用于表示课程的编号（即元素所在的列）。像这种需要两个下标才能表示某个元素的表称为二维表，对二维表格进行数据处理，必须使用二维数组。

表 8-1　4个学生 3 门课的成绩表

| 科目<br>字号 | MT | EN | PH | 学生总分 | 学生平均分 |
|---|---|---|---|---|---|
| 120310122 | 97 | 87 | 92 | 276 | 92 |
| 120310123 | 92 | 91 | 90 | 273 | 91 |
| 120310124 | 90 | 81 | 82 | 253 | 84.3 |
| 120310125 | 73 | 65 | 80 | 218 | 72.7 |
| 课程总分 | 352 | 324 | 344 | | |
| 课程平均分 | 88 | 81 | 86 | | |

【例 8.11】某班期末考试科目为数学（MT）、英语（EN）和物理（PH），有最多不超过 40 人参加考试。请编程计算：(1)每个学生的总分和平均分；(2)每门课程的总分和平均分。

程序如下：

```
1    #include<stdio.h>
2    #define STUD_N 40                          // 最多学生人数
3    #define COURSE_N 3                          // 考试科目数
4    void ReadScore(int score[][COURSE_N], long num[],int n);
5    void AverforStud(int score[][COURSE_N], int sum[], float aver[], int n);
6    void AverforCourse(int score[][COURSE_N], int sum[], float aver[], int n);
7    void Print(int score[][COURSE_N], long num[], int sumS[],
8              float averS[], int sumC[],float averC[], int n);
9    int main(void)
10   {
11       int score[STUD_N][COURSE_N], sumS[STUD_N], sumC[COURSE_N], n;
12       long num[STUD_N];
13       float averS[STUD_N], averC[COURSE_N];
14       printf("input the total number of the students(n <= 40):");
15       scanf("%d",&n);
16       ReadScore(score, num,n);                // 读入 n 个学生的学号和成绩
17       AverforStud(score, sumS, averS, n);     // 计算每个学生的总分平均分
18       AverforCourse(score, sumC, averC, n);   // 计算每门课程的总分平均分
19       Print(score,num, sumS, averS, sumC, averC, n);  // 输出学生成绩
20       return 0;
21   }
22   // 函数功能:输入 n 个学生的学号及其三门课的成绩
23   void ReadScore(int score[][COURSE_N], long num[],int n)
24   {
```

```
25        int i, j;
26        printf("Input student's ID and score as: MT   EN   PH:\n");
27        for (i = 0; i < n; i++)                    // 对所有学生进行循环
28        {
29            scanf("%ld", &num[i]);                 // 以长整型格式输入每个学生的学号
30            for (j = 0; j < COURSE_N; j++)         // 对所有课程进行循环
31            {
32                scanf("%d", &score[i][j]);         // 输入每个学生的各门课成绩
33            }
34        }
35    }
36    // 函数功能：计算每个学生的总分和平均分
37    void AverforStud(int score[][COURSE_N], int sum[], float aver[], int n)
38    {
39        int  i, j;
40        for (i = 0; i < n; i++)
41        {
42            sum[i] = 0;
43            for (j = 0; j < COURSE_N; j++)          // 对所有课程进行循环
44            {
45                sum[i] = sum[i]+score[i][j];        // 计算第 i 个学生的总分
46            }
47            aver[i] = (float)sum[i] / COURSE_N;     // 计算第 i 个学生的平均分
48        }
49    }
50    // 函数功能:计算每门课程的总分和平均分
51    void AverforCourse(int score[][COURSE_N], int sum[], float aver[], int n)
52    {
53        int  i, j;
54        for (j = 0; j < COURSE_N; j++)
55        {
56            sum[j] = 0;
57            for (i = 0; i < n; i++)                 // 对所有学生进行循环
58            {
59                sum[j] = sum[j] + score[i][j];      // 计算第 j 门课程的总分
60            }
61            aver[j] = (float)sum[j] / n;            // 计算第 j 门课程的平均分
```

```
62              }
63          }
64      // 函数功能:打印每个学生的学号、各门课成绩、总分和平均分,以及每门课的总分和平均分
65      void  Print(int score[][COURSE_N], long num[], int sumS[],
66                  float averS[], int sumC[], float averC[], int n)
67      {
68          int  i, j;
69          printf("Student's ID \t  MT \t  EN \t PH \t SUM \t AVER \n");
70          for (i = 0; i < n; i++)
71          {
72              printf("%12ld \t",num[i]);              // 以长整型格式打印学生的学号
73              for (j = 0; j < COURSE_N; j++)
74              {
75                  printf("%4d \t", score[i][j]);     // 打印学生的每门课成绩
76              }
77              printf("%4d \t% 5.1f \n", sumS[i], averS[i]);  // 打印学生的总分和平均分
78          }
79          printf("SumofCourse \t");
80          for (j = 0; j < COURSE_N; j++)                       // 打印每门课的总分
81          {
82              printf("%4d \t", sumC[j]);
83          }
84          printf("\nAverofCourse \t");
85          for (j = 0; j < COURSE_N; j++)                       // 打印每门课的平均分
86          {
87              printf("%4.1f \t", averC[j]);
88          }
89          printf("\n");
90      }
```

程序的运行结果如下:

```
Input the total number of the students(n <= 40):4 ↙
Input student's ID and score as: MT    EN    PH:
120310122  97  87  92 ↙
120310123  92  91  90 ↙
120310124  90  81  82 ↙
120310125  73  65  80 ↙
Counting Result:
```

| Student's ID | MT | EN | PH | SUM | AVER |
|---|---|---|---|---|---|
| 120310122 | 97 | 87 | 92 | 276 | 92.0 |
| 120310123 | 92 | 91 | 90 | 273 | 91.0 |
| 120310124 | 90 | 81 | 82 | 253 | 84.3 |
| 120310125 | 73 | 65 | 80 | 218 | 72.7 |
| SumofCourse | 352 | 324 | 344 | | |
| AverofCourse | 88.0 | 81.0 | 86.0 | | |

本例中的程序定义了如下 4 个函数：

（1）函数 ReadScore() 用于从键盘输入学生的学号及其三门课的成绩。

（2）函数 AverforStud() 用于计算每个学生的总分和平均分。

（3）函数 AverforCourse() 用于计算每门课程的总分和平均分。

（4）函数 Print() 用于打印每个学生的学号、各门课成绩、总分和平均分，以及每门课的总分和平均分。

在调用这 4 个函数时，都需要将存储 n 个学生的三门课成绩的二维数组传给函数，这里仍然采用了"传地址调用"的方法，即用数组名作为函数的实参，实际传送的是数组的首地址。

注意，当形参被声明为一维数组时，形参列表中数组的方括号内可以为空。然而当形参被声明为二维数组时，可以省略数组第一维的长度声明，但不能省略数组第二维的长度声明。因为数组元素在存储器中都是按行的顺序连续存储的，例如它的第二行在存储器中总是存储在第一行之后。C 编译器必须已知一行中有多少元素（即列的长度），这样它才能知道跳过多少个存储单元来确定数组元素在存储器中的位置，从而准确地找到欲访问的数组元素，否则编译程序无法确定第二行从哪里开始。

例如，在本例程序中，欲访问元素 score[1][2]。编译器根据函数的形参列表中提供的下标值 3（源自 int score[][COURSE_N]，其中符号常量 COURSE_N 的值为 3）就知道这个数组的每一行有 3 个元素，于是它就会从数组的起始地址开始，跳过第 1 行的 3 个元素所占的存储单元到达第 2 行，然后访问这一行的第 3 个元素，由于数组的每一维的下标都是从 0 开始的，第 1 行的第 1 个元素是 score[0][0]，所以第 2 行的第 3 个元素就是 score[1][2]。

本例中，函数 AverforStud() 与 AverforCourse() 的不同在于，前者是对每一行计算总和及平均数，而后者是对每一列计算计算总和及平均数，因此二者的循环控制方法不同。前者是外层循环控制行变化，内层循环对每一行中所有列上的元素累加求和，并计算平均数；而后者是外层循环控制列变化，内层循环对每一列中所有行上的元素累加求和，并计算平均数。

## 8.6 本章知识点小结

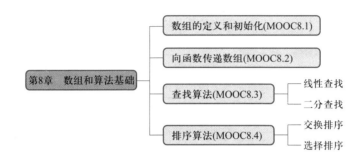

## 8.7 本章常见错误小结

| 常见错误实例 | 常见错误描述 | 错 误 类 型 |
|---|---|---|
| arr(5) | 使用圆括号引用数组元素 | 编译错误 |
| matrix(2,3) | 使用圆括号,将行下标和列下标写在一个圆括号内引用数组元素 | 编译错误 |
| matrix[2,3] | 将行下标和列下标写在一个方括号内引用数组元素。即用形如 a[x, y] 而非 a[x][y] 的形式,来访问一个二维数组中的元素,C 编译器会将把 a[x, y] 解释为 a[y],并不认为这是一个编译错误 | 运行时错误 |
| arr={1,2,3,4,5}; | 试图用数组名接收对数组元素的整体赋值 | 编译错误 |
| | 忘记对需要进行元素初始化的数组进行初始化,将导致运行结果错误 | 运行时错误 |
| int arr[4]={1,2,3,4,5}; | 在对数组元素进行初始化时提供的初值个数多于数组元素的个数 | 编译错误 |
| int arr[n]; | 使用变量而非整型常量来定义数组的长度 | 编译错误 |
| — | 没有意识到数组的下标都是从 0 开始的,在访问数组元素时发生下标"多 1"或者"少 1"的操作,从而引发越界访问内存错误 | 运行时错误 |
| max=FindMax(score[],n); | 函数调用时,实参数组名后跟着一对空的方括号 | 编译错误 |
| max=FindMax(int score[],int n); | 按照函数定义首部的形参列表书写函数调用语句中实参列表 | 编译错误 |

| 常见错误实例 | 常见错误描述 | 错 误 类 型 |
|---|---|---|
| — | 函数原型、函数定义和函数调用,在形参和实参的数量以及返回值的类型上未严格保持一致 | 编译错误 |
| — | 函数原型、函数定义和函数调用,在形参和实参的类型和顺序上未严格保持一致 | 运行时错误 |
| int ReadScore(int score[][], long num[]); | 多维数组作函数形参时,省略了除第一维以外的后面所有维的长度声明 | 编译错误 |
| — | 误以为在每次函数被调用时,在函数中定义的静态局部数组的元素都会被初始化为零 | 理解错误 |

# 习　题　8

8.1　分析并写出下面程序的运行结果。

（1）

```
1     #include<stdio.h>
2     void Func(int x)
3     {
4         x = 20;
5     }
6     int main(void)
7     {
8         int  x = 10;
9         Func(x);
10        printf("%d", x);
11        return 0;
12    }
```

（2）

```
1     #include<stdio.h>
2     void Func(int b[])
3     {
4         int  j;
5         for (j = 0; j < 4; j++)
6         {
7             b[j] = j;
8         }
9     }
```

```
10    int main(void)
11    {
12        static int a[] = {5,6,7,8}, i;
13        Func(a);
14        for (i = 0; i < 4; i++)
15        {
16            printf("%d", a[i]);
17        }
18        return 0;
19    }
```

8.2 阅读程序,按要求在空白处填写适当的表达式或语句,使程序完整并符合题目要求。

(1) 下面函数用于统计 10 个整数中正数的个数。

```
1    int PositiveNum(int a[], int n)
2    {
3        int i, count _____①_____ ;
4        for (i = 0; i < n; i++)
5        {
6            if (a[i] > 0) _____②_____ ;
7        }
8        return _____③_____ ;
9    }
```

(2) 下面函数使用迭代法计算 Fibonacci 数列前 n 项的值。

```
1    void Fib(long f[], _____①_____ )
2    {
3        int i;
4        f[0] = 0;
5        f[1] = 1;
6        for (i = 2; i < n; i++)
7        {
8            f[i] = _____②_____ ;
9        }
10   }
```

(3) 从键盘输入 10 个整数,编程计算并输出其最大值、最小值及其所在元素的下标位置。

```
1    #include<stdio.h>
2    int main(void)
3    {
4        int  a[10], n, max, min, maxPos, minPos;
5        for (n = 0; n < 10; n++)
6        {
7            scanf("%d", &a[n]);
8        }
```

```
9        max = min = a[0];
10       maxPos = minPos = _____①_____;
11       for (n = 0; n < 10; n++)
12       {
13           if (_____②_____)
14           {
15               max = a[n];
16               maxPos = _____③_____;
17           }
18           else if (_____④_____)
19           {
20               min = a[n];
21               minPos = _____⑤_____;
22           }
23       }
24       printf("max = %d, pos = %d\n", max, maxPos);
25       printf("min = %d, pos = %d\n", min, minPos);
26       return 0;
27   }
```

（4）利用矩阵相乘公式 $c_{ij} = \sum_{k=1}^{n} a_{ik} \times b_{kj}$ ,编程计算 $m \times n$ 阶矩阵 $A$ 和 $n \times m$ 阶矩阵 $B$ 之积。

```
1    #include<stdio.h>
2    #define   ROW 2
3    #define   COL 3
4    // 函数功能:计算矩阵相乘之积,结果存于二维数组 c 中
5    MultiplyMatrix(int a[ROW][COL], int b[COL][ROW], int ___①___)
6    {
7        int i, j, k;
8        for (i = 0; i < ROW; i++)
9        {
10           for (j = 0; j < ROW; j++)
11           {
12               c[i][j] = _____②_____;
13               for (k = 0; k < COL; k++)
14               {
15                   c[i][j] = _____③_____;
16               }
17           }
18       }
19   }
20   // 函数功能:输出矩阵 a 中的元素
```

```
21    void  PrintMatrix(int a[ROW][ROW])
22    {
23        int i, j ;
24        for (i = 0; i < ROW; i++)
25        {
26            for (j = 0; j < ROW; j++)
27            {
28                printf("%6d", a[i][j]);
29            }
30            _____④_____ ;
31        }
32    }
33    int main(void)
34    {
35        int a[ROW][COL], b[COL][ROW], c[ROW][ROW], i, j;
36        printf("Input 2*3 matrix a:\n");
37        for (i = 0; i < ROW ;i++)
38        {
39            for (j = 0; j < COL; j++)
40            {
41                scanf("%d", ____⑤____ );
42            }
43        }
44        printf("Input 3*2 matrix b:\n");
45        for (i = 0; i < COL; i++)
46        {
47            for (j = 0; j < ROW; j++)
48            {
49                scanf("%d", ____⑥____ );
50            }
51        }
52        MultiplyMatrix(_____⑦_____ );
53        printf("Results:\n");
54        PrintMatrix(c);
55        return 0;
56    }
```

8.3 输入某班学生某门课的成绩(最多不超过 40 人,具体人数由用户键盘输入),用函数编程统计不及格人数。

8.4 参考例 8.6 程序中的函数 ReadScore()和 Average(),输入某班学生某门课的成绩(最多不超过 40 人),当输入为负值时,表示输入结束,用函数编程统计成绩高于平均分的学生人数。

8.5 参考例 8.7 程序中的函数 ReadScore()和 FindMax(),从键盘输入某班学生某门课的成绩和学号(最多不超过 40 人),当输入为负值时,表示输入结束,用函数编程通过返回数组中最大元素的下标,查找并输出成绩的最高分及其对应的学生学号。

8.6　参考例 8.7 程序中的函数 FindMax(),输入 10 个整数,用函数编程将其中最大数与最小数位置互换,然后输出互换后的数组。

8.7　假设有 40 个学生被邀请来给餐厅的饮食和服务质量打分,分数划分为 1~10 这 10 个等级(1 表示最低分,10 表示最高分),编程统计并按如下格式输出餐饮服务质量调查结果。

| Grade | Count | Histogram |
|-------|-------|-----------|
| 1 | 5 | ＊ ＊ ＊ ＊ ＊ |
| 2 | 10 | ＊ ＊ ＊ ＊ ＊ ＊ ＊ ＊ ＊ ＊ |
| 3 | 7 | ＊ ＊ ＊ ＊ ＊ ＊ ＊ |
| …… | | |

8.8　在习题 8.7 的基础上,用一个整型数组 feedback 保存调查的 40 个反馈意见。用函数编程计算反馈意见的**平均值(Mean)**、**中位数(Median)**和**众数(Mode)**。中位数指的是排列在数组中间的数。如果原始数据的个数是偶数,那么中位数等于中间那两个元素的算术平均值。众数是数组中出现次数最多的那个数(不考虑两个或两个以上的反馈意见出现次数相同的情况)。

8.9　输入 $n×n$ 阶矩阵,用函数编程计算并输出其两条对角线上的各元素之和。

8.10　输入 $m×n$ 阶矩阵 $A$ 和 $B$,用函数编程计算并输出 $A$ 与 $B$ 之和。

8.11　用函数编程计算并输出如图 8-10 所示的杨辉三角形。

8.12　请用数组编程求解习题 6.23 的兔子理想化繁衍问题。

8.13　(选做)模拟骰子的 6 000 次投掷,编程统计并输出骰子的 6 个面各自出现的次数。

8.14　(选做)模拟文曲星上的猜数游戏,先由计算机随机生成一个各位相异的 4 位数字,由用户来猜,根据用户猜测的结果给出提示:xAyB。其中,A 前面的数字表示有几位数字不仅数字猜对了,而且位置也正确,B 前面的数字表示有几位数字猜对了,但是位置不正确。最多允许用户猜的次数由用户从键盘输入。如果猜对,则提示"Congratulations!";如果在规定次数以内仍然猜不对,则给出提示"Sorry, you haven't guess the right number!"。程序结束之前,在屏幕上显示这个正确的数字。

```
1
1   1
1   2   1
1   3   3   1
1   4   6   4   1
1   5  10  10   5   1
1   6  15  20  15   6   1
```
图 8-10　杨辉三角形

8.15　(选做)用函数编程实现在一个按升序排序的数组中查找 x 应插入的位置,将 x 插入数组中,使数组元素仍按升序排列。

8.16　(选做)**冒泡排序(Bubble Sort)**,也称为**沉降排序(Sinking Sort)**,之所以称其为冒泡排序,是因为算法中值相对较小的数据会像水中的气泡一样逐渐上升到数组的最顶端。与此同时,较大的数据逐渐地下沉到数组的底部。这个处理过程需在整个数组范围内反复执行多遍。每一遍执行时,比较相邻的两个元素。若顺序不对,则将其位置交换,当没有数据需要交换时,数据也就排好序了。在例 8.8 程序的基础上,编程将排序函数 DataSort()改用冒泡法实现。

动画演示
冒泡排序

8.17　(选做)挑战类型表示的极限——大数的存储问题。编程计算并输出 1~40 之间的所有数的阶乘。提示:用一个包含 50 个元素的数组存储一个大数,每个数组元素存储大数中的一位数字。

8.18　(选做)大奖赛现场统分。已知某大奖赛有 $n$ 个选手参赛,$m(m>2)$ 个评委为参赛选手评分(最高 10 分,最低 0 分)。统分规则为:在每个选手的 $m$ 个得分中,去掉一个最高分和一个最低分后,取平均分作为该选手的最后得分。要求编程实现:

(1)根据 $n$ 个选手的最后得分,从高到低输出选手的得分名次表,以确定获奖名单;

（2）根据各选手的最后得分与各评委给该选手所评分数的差距,对每个评委评分的准确性和评分水准给出一个定量的评价,从高到低输出各评委得分的名次表。

**动画演示**
扩展学习内容：
插入排序(Inser-
tion Sort)

**动画演示**
扩展学习内容：
归并排序(Merge
Sort)

**动画演示**
扩展学习内容：
快速排序(Quick
Sort)

**动画演示**
扩展学习内容：
希尔排序(Shell
Sort)

# 第9章 指 针

内容导读

本章围绕两数交换、计算最高分等问题,介绍了按值调用与模拟按引用调用的区别以及指针变量作函数参数。围绕成绩排序问题,介绍了函数指针的应用。本章对应"C 语言程序设计精髓"MOOC 课程的第 9 周视频,主要内容如下:

- ✍ 指针数据类型,指针变量的定义和初始化
- ✍ 取地址运算符,间接寻址运算符
- ✍ 按值调用与模拟按引用调用,指针变量作函数参数
- ✍ 函数指针

## 9.1 变量的内存地址

在 2.4 节我们已经了解到,C 程序中变量的值都是存储在计算机内存特定的存储单元中的,内存中的每个单元都有唯一的地址,就像街区中的房子都有唯一的地址、宾馆中的房间都有唯一的编号一样。那么如何获得变量的地址呢? 这就要用到**取地址运算符**(Address Operator),即 &。在前面的 scanf() 函数中,曾经使用过这个运算符。

【例 9.1】使用取地址运算符 & 取出变量的地址,然后将其显示在屏幕上。

```
1    #include<stdio.h>
2    int main(void)
3    {
4        int a = 0, b = 1;
5        char c = 'A';
6        printf("a is %d, &a is %p\n", a, &a);
7        printf("b is %d, &b is %p\n", b, &b);
8        printf("c is %c, &c is %p\n", c, &c);
9        return 0;
10   }
```

程序在 Code::Blocks 下的运行结果如下:

**a is 0, &a is 0023FF74**

**b is 1, &b is 0023FF70**

**c is A, &c is 0023FF6F**

如果程序在你的计算机上得出不同的运行结果,请不要感到意外和吃惊,因为不同的计算

机、不同的操作系统存储变量的地址会有所不同。

 　　程序第 6~8 行中使用了 **%p** 格式符,表示输出变量 a、b、c 的地址值。注意,这里的地址值是用一个十六进制(以 **16** 为基)的无符号整数表示的,其字长一般与主机的字长相同。变量 a、b、c 在内存中的存储示意图如图 9-1 所示。

| 变量的地址 | 变量的值 | 变量名 |
| --- | --- | --- |
| 0023FF6F | A | c |
| 0023FF70 | 1 | b |
| 0023FF71 | 0 | |
| 0023FF72 | 0 | |
| 0023FF73 | 0 | |
| 0023FF74 | 0 | a |
| 0023FF75 | 0 | |
| 0023FF76 | 0 | |
| 0023FF77 | 0 | |

微视频
变量的地址

教学课件

图 9-1　变量 a、b、c 在内存中的存储示意图

　　内存中的地址都是按字节编号的,即内存中每个字节的存储单元都有一个地址,在程序编译或函数调用时,根据程序中定义的变量类型为变量分配相应字节数的存储空间。例如在本例中,整型变量 a 和 b 在内存中占 4 个字节的存储空间,字符型变量 c 在内存中占 1 个字节的存储空间。变量在内存中所占存储空间的首地址,称为该变量的地址( **Address** ),而变量在存储空间中存放的数据,称为变量的值( **Value** )。如果在声明变量时没有给变量赋初值,那么它们的内容就是随机的、不确定的。变量的名字( **Name** )可看成是对程序中数据存储空间的一种抽象。

## 9.2　指针变量的定义和初始化

　　存放变量的地址需要一种特殊类型的变量,这种特殊的数据类型就是指针( **Pointer** )。具有指针类型的变量,称为指针变量,它是专门用于存储变量的地址值的变量。其定义形式如下:

　　　　**类型关键字　*指针变量名;**

其中,类型关键字代表指针变量要指向的变量的数据类型,即指针变量的基类型( **Base Type** ),例如:

　　　　**int  *pa;**

我们可以从后往前将该语句读为:pa 是一个指针变量,它指向一个整型变量。那么如何定义两个具有相同基类型的指针变量呢?

　　注意,要使用下面的语句来定义两个具有相同基类型的指针变量:

```
        int *pa,*pb;// 定义了可以指向整型数据的指针变量 pa 和 pb
```
而不能使用
```
        int *pa, pb;// 定义了可以指向整型数据的指针变量 pa 和整型变量 pb
```
并且,指针变量的定义只是声明了指针变量的名字及其所能指向的数据类型,并没有
说明指针变量究竟指向了哪里。来看下面的例子。

【例 9.2】使用指针变量在屏幕上显示变量的地址值。

```
1    #include<stdio.h>
2    int main(void)
3    {
4        int a = 0, b = 1;
5        char c = 'A';
6        int *pa,*pb;         // 定义了可以指向整型数据的指针变量 pa 和 pb
7        char *pc;            // 定义了可以指向字符型数据的指针变量 pc
8        printf("a is %d, &a is %p, pa is %p \n", a, &a, pa);
9        printf("b is %d, &b is %p, pb is %p \n", b, &b, pb);
10       printf("c is %c, &c is %p, pc is %p \n", c, &c, pc);
11       return 0;
12   }
```
程序在 Code::Blocks 下的运行结果如下:
```
    a is 0, &a is 0023FF74, pa is 0023FF78
    b is 1, &b is 0023FF70, pb is 00401394
    c is A, &c is 0023FF6F, pc is 77C04E42
```
从这个结果,我们发现第 6 行仅仅是定义了可以指向 int 型数据的指针变量 pa 和 pb,但指
针变量 pa 并未指向整型变量 a(因为 pa 中存放的不是 &a),指针变量 pb 也并未指向整型变量 b
(因为 pb 中存放的不是 &b)。同样,第 7 行仅仅是定义了可以指向 char 型数据的指针变量 pc,
但指针变量 pc 并未指向字符型变量 c(因为 pc 中存放的不是 &c)

在 Code :: Blocks 下编译这个程序,结果出现了如下的 warning 提示:
```
    'pa' is used initialized in this function
    'pb' is used initialized in this function
    'pc' is used initialized in this function
```
这些警告信息的含义是,局部变量 pa、pb、pc 没有被初始化,即指出用户企
图使用未初始化的指针。指针变量未被初始化意味着指针变量的值是一个随机
值,即不确定它会指向哪里。在不确定指针变量究竟指向哪里(也许是一个只读
的或者不可访问的存储区,例如待执行的机器指令所在的代码段)的情况下,就
对指针变量所指的内存单元进行写操作,将会给系统带来潜在的危险,甚至可能
导致系统崩溃。使用未初始化的指针变量是初学者常犯的错误。

为避免忘记指针初始化给系统带来的潜在危险,习惯上在定义指针变量的同时将其初始化

微视频
何为空指针

为 NULL(在 stdio.h 中定义的宏),于是修改程序如下:

```
1    #include<stdio.h>
2    int main(void)
3    {
4        int a = 0, b = 1;
5        char c = 'A';
6        int *pa = NULL,*pb = NULL;   // 定义指针变量并用 NULL 对其初始化
7        char *pc = NULL;             // 定义指针变量并用 NULL 对其初始化
8        printf("a is %d, &a is %p, pa is %p \n", a, &a, pa);
9        printf("b is %d, &b is %p, pb is %p \n", b, &b, pb);
10       printf("c is %c, &c is %p, pc is %p \n", c, &c, pc);
11       return 0;
12   }
```

此时,程序运行结果为:

　　a is 0, &a is 0013FF7C, pa is 00000000

　　b is 1, &b is 0013FF78, pb is 00000000

　　c is A, &c is 0013FF74, pc is 00000000

NULL 指针也称为空指针。注意,空指针不一定是指向地址为 0 的内存的指针,并非所有编译器都使用 0 地址,某些编译器使用不存在的内存地址。上面这个结果显然也不是我们想要的,为了得到正确的运行结果,在使用指针变量之前必须将其指向确定的内存单元。于是,将上面的程序修改如下:

```
1    #include<stdio.h>
2    int main(void)
3    {
4        int a = 0, b = 1;
5        char c = 'A';
6        int *pa,*pb;        // 定义指针变量 pa 和 pb
7        char *pc;           // 定义指针变量 pc
8        pa = &a;            // 初始化指针变量 pa,使其指向 a
9        pb = &b;            // 初始化指针变量 pb,使其指向 b
10       pc = &c;            // 初始化指针变量 pc,使其指向 c
11       printf("a is %d, &a is %p, pa is %p, &pa is %p\n", a, &a, pa, &pa);
12       printf("b is %d, &b is %p, pb is %p, &pb is %p\n", b, &b, pb, &pb);
13       printf("c is %c, &c is %p, pc is %p, &pc is %p\n", c, &c, pc, &pc);
14       return 0;
15   }
```

程序在 Code∷Blocks 下的运行结果如下:

**a is 0, &a is 0023FF74, pa is 0023FF74, &pa is 0023FF68**

**b is 1, &b is 0023FF70, pb is 0023FF70, &pb is 0023FF64**

**c is A, &c is 0023FF6F, pc is 0023FF6F, &pc is 0023FF60**

程序中的第 8 行语句使指针变量 pa 指向了整型变量 a,同理,第 9 行语句使指针变量 pb 指向了整型变量 b,第 10 行语句使指针变量 pc 指向了整型变量 c。用于存放变量地址值的指针变量在内存中也占 4 个字节,读者可以通过打印 sizeof( pa)的值来验证。变量 a、b、c 和指针变量 pa、pb、pc 在内存中的存储示意图如图 9-2 所示。

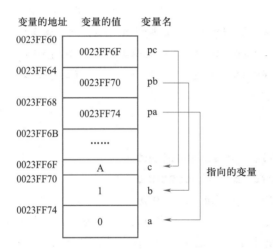

微视频
指针变量及
其初始化

教学课件

图 9-2　变量 a、b、c 和指针变量 pa、pb、pc 在内存中的存储示意图

指向某变量的指针变量,通常简称为某变量的指针,虽然指针变量中存放的是变量的地址值,二者在数值上相等,但在概念上变量的指针并不等同于变量的地址。变量的地址是一个常量,不能对其进行赋值。而变量的指针则是一个变量,其值是可改变的。

　指针变量只能指向同一基类型的变量,否则将引起 warning。例如本例若将第 10 行语句修改为:

　　　　**pc = &b;**

那么程序在 Code∶Blocks 下编译时,将出现如下的 warning,表明指针在赋值时出现了类型不兼容的问题:

**assignment from incompatible pointer type**

可以在定义指针变量的同时对指针变量进行初始化。例如:

**int *pa = &a;**

注意:这个变量声明语句中的星号 * 只是一个指针类型说明符,不是间接寻址运算符。所以,该语句不能理解为将 &a 的值赋值给 pa 所指向的变量。事实上,它等价于下面两条语句:

**int *pa;**

**pa = &a;**

其含义为:定义一个可以指向整型数据的指针变量 pa,并用整型变量 a 的地址值对指针变量 pa 进行初始化,从而使指针变量 pa 具体地指向了整型变量 a。

## 9.3 间接寻址运算符

通常,只要指明要访问的变量的内存地址,即可直接访问变量所在存储单元中的内容。在前几章中都是直接通过变量名来访问变量的内容。直接按变量名或者变量的地址存取变量的内容的访问方式,称为直接寻址(Direct Addressing)。例如下面的读写操作都是直接寻址。

```
scanf("%d", &a);
printf("%d", a);
```

通过指针变量间接存取它所指向的变量的访问方式称为间接寻址(Indirect Addressing)。如图 9-2 所示,通过指针变量 pa 间接访问变量 a 的方法是,先通过指针变量 pa 获得变量 a 的地址值 0023FF74,然后再到地址为 0023FF74 的存储单元中去访问变量 a。

如果用类比的方法来理解直接寻址和间接寻址的话,那么变量 a 所占的存储单元好比是抽屉 A,指针变量 p 所占的存储单元好比是抽屉 B,抽屉 B 中放着抽屉 A 的钥匙,直接寻址好比直接在抽屉 A 中放取东西,而间接寻址好比先到抽屉 B 中取出抽屉 A 的钥匙,然后打开抽屉 A,往抽屉 A 中放取东西。

在 C 语言中,获取变量的地址需要使用取地址运算符 &。例如例 9.2 程序第 8 行将变量 a 的地址 &a 赋值给指针变量 pa,使指针变量 pa 指向变量 a,那么如何通过指针变量 pa 来存取它所指向的变量 a 的值呢?

这就要用到指针运算符(Pointer Operator),也称间接寻址运算符(Indirection Operator)或解引用运算符(Dereference Operator),即 *。间接寻址运算符 * 用来访问指针变量指向的变量的值。运算时,要求指针已被正确初始化或者已指向内存中某个确定的存储单元。

【例 9.3】使用指针变量,通过间接寻址输出变量的值。

```
1    #include<stdio.h>
2    int main(void)
3    {
4        int a = 0, b = 1;
5        char c = 'A';
6        int *pa = &a,*pb = &b;   // 在定义指针变量 pa 和 pb 的同时对其初始化
7        char *pc = &c;           // 在定义指针变量 pc 的同时对其初始化
8        printf("a is %d, &a is %p, pa is %p,*pa is %d\n", a, &a, pa,*pa);
9        printf("b is %d, &b is %p, pb is %p,*pb is %d\n", b, &b, pb,*pb);
10       printf("c is %c, &c is %p, pc is %p,*pc is %c\n", c, &c, pc,*pc);
11       return 0;
12   }
```

程序在 Code∷Blocks 下的运行结果如下：

**a is 0, &a is 0023FF74, pa is 0023FF74,*pa is 0**

**b is 1, &b is 0023FF70, pb is 0023FF70,*pb is 1**

**c is A, &c is 0023FF6F, pc is 0023FF6F,*pc is A**

如程序运行结果所示，将该变量 a 的地址值存储到指针变量 pa 中（第 6 行）以后，就可以通过形如 \*pa 这样的表达式得到指针变量 pa 所指向的变量 a 的值了（第 8 行），因此输出 \*pa 的值和输出 a 的值是等价的，因此修改 \*pa 的值也就相当于修改 a 的值。这说明，我们可以像使用普通变量 a 一样来使用 \*pa。在本例程序中增加修改 \*pa 值的语句，程序如下：

```
1    #include<stdio.h>
2    int main(void)
3    {
4        int a = 0, b = 1;
5        char c = 'A';
6        int *pa = &a,*pb = &b;    // 在定义指针变量 pa 和 pb 的同时对其初始化
7        char *pc = &c;            // 在定义指针变量 pc 的同时对其初始化
8        *pa = 9;                  // 修改指针变量 pa 所指向的变量的值
9        printf("a is %d, &a is %p, pa is %p,*pa is %d\n", a, &a, pa,*pa);
10       printf("b is %d, &b is %p, pb is %p,*pb is %d\n", b, &b, pb,*pb);
11       printf("c is %c, &c is %p, pc is %p,*pc is %c\n", c, &c, pc,*pc);
12       return 0;
13   }
```

此时，程序在 Code∷Blocks 下的运行结果如下：

**a is 9, &a is 0023FF74, pa is 0023FF74,*pa is 9**

**b is 1, &b is 0023FF70, pb is 0023FF70,*pb is 1**

**c is A, &c is 0023FF6F, pc is 0023FF6F,*pc is A**

在第 6~7 行，\* 作为指针类型说明符用于指针变量的定义，而在第 9~11 行，\* 作为间接引用运算符，用于读取并显示指针变量中存储的内存地址所对应的变量的值，即指针变量所指向的变量的值，这两种用法之间其实并无关系。引用指针所指向的变量的值，也称为指针的解引用（Pointer Dereference）。

现在请读者思考这样一个问题：如果将程序第 6 行的语句修改为下面的语句，即不对指针变量 pa 进行初始化，那么结果会怎样呢？

**int \*pa,\*pb = &b;// 在定义指针变量时不对其初始化**

在 Code∷Blocks 下运行程序，编译器会提示如下的警告信息：

**'pa'is used uninitialized in this function**

表明程序中使用了未初始化的指针（Uninitialized Pointer），其后果是有可能造成非法内存访问。这说明，指针只有在真正指向了一块有意义的内存后，才能访问它的内容。

这个例子告诉我们，使用指针要像使用紧握手中的利器一样，必须恪守如下两条准则：

**(1) 永远清楚每个指针指向了哪里，即确保指针指向了一块有意义的内存。**

**(2) 永远清楚每个指针指向的对象的内容是什么。**

当然，读者也许会问：既然 *pa 的值与变量 a 的值相同，那么我们原本可以直接将变量 a 的值打印出来，为什么还要舍近求远地使用指针变量来得到 a 的值呢？这显然不是引入指针类型的目的，关于为什么要引入指针类型以及指针有什么实际用途将在后续章节中逐一介绍。

微视频
指针及其应用

## 9.4　按值调用与模拟按引用调用

在第 7 章曾介绍过用普通变量作函数参数的方法，它其实是一种按值调用（Call by Value）的方法，即程序将函数调用语句中的实参值的副本传给函数的形参。

【例 9.4】演示程序按值调用的例子。

```
1    #include<stdio.h>
2    void Fun(int par);
3    int main(void)
4    {
5        int arg = 1 ;
6        printf("arg = %d\n", arg);
7        Fun(arg);                    // 传递实参值的副本给函数
8        printf("arg = %d\n", arg);
9        return 0;
10   }
11   void Fun(int par)
12   {
13       printf("par = %d\n", par);
14       par = 2;                     // 改变形参的值
15   }
```

程序的运行结果如下：

```
arg = 1
par = 1
arg = 1
```

程序在函数 Fun() 中第 14 行改变了函数的形参值，并在第 8 行调用函数 Fun() 后再次输出实参的值，由程序的运行结果可以看出，函数形参值的改变并未影响实参值的改变。这是因为传给函数形参的值只是函数调用语句中实参值的副本,因此,按值调用的方法不能在被调函数中改变其调用语句中的实参值。按值调用函数 Fun() 的参数传递过程如图 9-3( a )所示。

那么如何在函数中改变实参的值呢? 这就要用到指针这个秘密武器了。指针变量的一个重要应用就是用作函数参数,指针作函数参数时,虽然实际上也是传值给被调函数,但是传给被调函数的这个值不是变量的值,而是变量的地址,通过向被调函数传递某个变量的地址值可以在被调函数中改变主调函数中这个变量的值,相当于模拟了 C++语言中的按引用调用,因此称为模拟按引用调用( Simulating Call by Reference )。那么为什么用指针变量作函数形参能改变主函数中对应的实参变量的值呢?

【例 9.5】演示程序模拟按引用调用的例子。

```
1    #include<stdio.h>
2    void Fun(int *par);
3    int main(void)
4    {
5        int arg = 1 ;
6        printf("arg = %d\n", arg);
7        Fun(&arg);          // 传递变量 arg 的地址值给函数
8        printf("arg = %d\n", arg);
9        return 0;
10   }
11   void Fun(int *par)
12   {
13       printf("par = %d\n", *par);    // 输出形参指向的变量的值
14       *par = 2;          // 改变形参指向的变量的值
15   }
```

程序的运行结果如下 :

```
arg = 1
par = 1
arg = 2
```

程序第 11 行将函数的形参声明为指针类型,使用指针变量作为函数形参,这就意味着形参接收的数据只能是一个地址值。因此,程序的第 7 行使用取地址运算符 & 获取变量 arg 的地址值,并将其传给函数 Fun(),从而使得形参 par 指向了变量 arg。程序第 14 行,函数 Fun() 使用间接寻址运算符 * 改变了形参指向的变量的值,因此第 8 行再次向屏幕输出变量 arg 的值时,由程序运行结果可以看出,该值由 1 变成了 2。模拟按引用调用函数 Fun() 的参数传递过程以及变量 arg 的值被修改的过程如图 9-3( b )所示。

将例 9.4 程序修改为下面程序,也可以得到和本例同样的运行结果。

```
1    #include<stdio.h>
2    int Fun(int par);
```

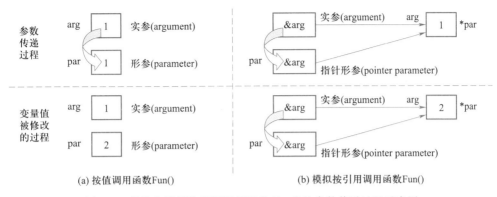

图 9-3 按值与模拟按引用调用函数 Fun() 的参数传递过程示意图

```
3    int main(void)
4    {
5        int arg = 1 ;
6        printf("arg = %d\n", arg);
7        arg = Fun(arg);                    // 传递实参值的副本给函数
8        printf("arg = %d\n", arg);
9        return 0;
10   }
11   int Fun(int par)
12   {
13       printf("par = %d\n", par);
14       par = 2;                           // 改变形参的值
15       return par;
16   }
```

微视频
按值调用与
模拟按引用
调用

教学课件

　　虽然为了得到函数修改的形参的值,可利用 return 语句从被调函数返回被修改的形参值,但 return 仅限于从函数返回一个值,需要从函数返回多个值时,就要用到模拟按引用调用的方法。

　　在 C 语言中,模拟按引用调用是一种常用的从函数中返回修改了的数据值的方法。第 8 章中介绍的用数组名作函数实参就属于模拟按引用调用,它是将数组在内存中的首地址传给函数的形参,然后在函数中利用形参得到的数组元素地址值,对数组元素进行间接寻址来修改数组元素值的。如果待修改的数据不多,且不是放在一个数组中,那么也可使用本节介绍的用指针变量作函数参数的方法。

　　还可以这样来类比"按值调用"和"模拟按引用调用"这两种参数传递形式,"按值调用"好比是把你电脑文件夹下的某个文件复制一份给别人,别人想怎么改都对你自己保存的文件没有任何影响。而"模拟按引用调用"好比是你把开机密码告诉别人并允许别人访问你的文件夹一样,那么你保存在自己电脑里的文件就很难保持原样了。所以,究竟使用普通变量作函数参数,还是使用指针变量作函数参数,要看用户具体的需求而定。来看下面的程序。

【例 9.6】从键盘任意输入两个整数,编程实现将其交换后再重新输出。试分析下面的程序能实现这一功能吗? 如果不能,该如何修改程序呢?

```
1     #include<stdio.h>
2     void  Swap(int x, int y);
3     int main(void)
4     {
5         int  a, b;
6         printf("Please enter a,b:");
7         scanf("%d,%d", &a, &b);
8         printf("Before swap: a = %d, b = %d\n", a, b);// 打印交换前的 a,b
9         Swap(a, b);                    // 按值调用函数 Swap()
10        printf("After swap: a = %d, b = %d\n", a, b);  // 验证 a,b 是否交换
11        return 0;
12    }
13    void  Swap(int x, int y)
14    {
15        int  temp;
16        temp = x;                      // 执行图 7-5(b)中的步骤①
17        x = y;                         // 执行图 7-5(b)中的步骤②
18        y = temp;                      // 执行图 7-5(b)中的步骤③
19    }
```

程序的运行结果如下:

**Please enter a,b:15,8↙**
**Before swap: a = 15, b = 8**
**After swap: a = 15, b = 8**

由程序的运行结果可知,函数 Swap()并没有实现 a 值和 b 值的交换。为什么呢? 现在再结合第 7 章的图 7-5 来分析一下原因。在主函数中执行 Swap()函数调用之前, 打印的 a 和 b 的值是用户从键盘输入的值即 15 和 8,但执行函数 Swap()调用语句时, 执行的是按值调用,即将实参 a 和 b 的值传给了形参 x 和 y,因此,形参 x 和 y 的值发 生改变不会引起实参 a 和 b 的值发生改变。这就是为什么第二次打印的 a 和 b 的值仍保持不变 的原因所在。

尽管在函数 Swap()中,利用临时变量 temp 实现了形参 x 和 y 的值互换(如图 7-5(b)所 示),但当函数 Swap()执行完毕,程序的控制流程从函数 Swap()返回主函数时,如图 7-5(c)所 示,由于形参 x 和 y 是动态局部变量,离开定义它们的函数 Swap()时,分配给它们的存储空间就 被释放了,即 x 和 y 对应的存储空间中的值又变成了随机值。显然,函数 Swap()做了"无用功"。 因此,在这个例子中使用普通变量作函数参数进行按值调用是不能满足题目要求的。

那么,怎样才能在函数 Swap()中真正实现两数互换的功能呢? 这就要用模拟按引用调用的

方法。即在函数调用时,不能向函数的形参传递变量的内容,而应传递变量的地址值,只有得到变量的地址值,才能利用间接寻址方式在函数中改变相应的地址单元中的数据值。利用指针变量作函数参数,修改两数交换程序如下。

```
1    #include<stdio.h>
2    void   Swap(int *x, int *y);
3    int main(void)
4    {
5        int   a, b;
6        printf("Please enter a,b:");
7        scanf("%d,%d", &a, &b);
8        printf("Before swap: a = %d, b = %d\n", a, b);// 打印交换前的 a,b
9        Swap(&a, &b);                    // 模拟按引用调用函数 Swap()
10       printf("After swap: a = %d, b = %d\n", a, b);  // 打印交换后的 a,b
11       return 0;
12   }
13   // 函数功能:交换两个整型数的值
14   void   Swap(int *x, int *y)
15   {
16       int   temp;
17       temp = *x;                       // 执行图 9-4(b)中的步骤①
18       *x = *y;                         // 执行图 9-4(b)中的步骤②
19       *y = temp;                       // 执行图 9-4(b)中的步骤③
20   }
```

修改后程序的运行结果如下:

**Please enter a,b:15,8**✓
**Before swap: a = 15, b = 8**
**After swap: a = 8, b = 15**

如图 9-4 所示,在主函数的 Swap() 函数调用语句中,将变量 a 和 b 的地址值分别传给了函数的形参。由于 &a 传给了指针变量 x,于是 x 指向了 a,*x 就代表 a 的内容,同理由于 &b 传给了指针变量 y,于是 y 指向了 b,*y 就代表 b 的内容,因此,在执行函数 Swap() 时,借助临时变量 temp 对 *x 和 *y 进行的值互换,就相当于对 x 和 y 所指向的变量 a 和 b 进行值互换。

请读者思考:如果程序的第 9 行仍用 a 和 b,而非 &a 和 &b 作函数实参,用整型的实参向指针类型的形参传值,那么程序运行后为什么会异常终止呢? 大多数情况下,都是因为代码访问了不该访问的内存地址。这是因为当函数形参为指针类型而实际上却接收了一个整型的实参数据时,某些编译器会不分青红皂白地将这个整数值当做地址值,并按照这个地址值去访问内存,从而在程序运行时引发非法内存访问错误。另一些编译器会检查实参和形参的类型是否匹配,如不匹配会给出警告信息。

例如,在 Code∷Blocks 下编译时给出的 warning 如下:

**passing arg 1 of 'Swap'makes pointer from integer without a cast**

**passing arg 2 of 'Swap'makes pointer from integer without a cast**

其实函数调用时参数传递的过程就是一个参数赋值(将实参的值赋值给形参)过程,要求操作数的类型必须相同,例如本例只能用地址且必须是相同基类型的变量的地址给指针变量赋值,而不能用没有强转的整型数据为指针传值。

【思考题】请解释为什么下面的数据输入方法会引发非法数据访问错误。

```
int i = 100;
scanf("%d", i);   // 非法内存访问
```

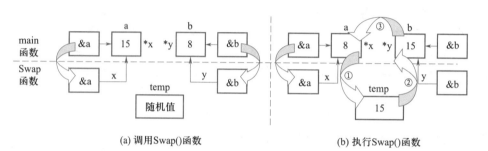

微视频
用指针变量实现两数交换

教学课件

图 9-4　用指针变量作函数参数实现两数互换函数的示意图

## 9.5　用指针变量作函数参数的程序实例

【例 9.7】从键盘输入某班学生某门课的成绩(每班人数最多不超过 40 人,具体人数由键盘输入),试分析下面的程序能否实现计算并输出最高分及相应学生的学号。

```
1    #include<stdio.h>
2    #define  N  40
3    void FindMax(int score[],long num[],int n,int pMaxScore,long pMaxNum);
4    int main(void)
5    {
6        int   score[N], maxScore;
7        int   n, i;
8        long num[N], maxNum;
9        printf("How many students?");
10       scanf("%d", &n);                      // 从键盘输入学生人数 n
11       printf("Input student's ID and score:\n");
12       for (i = 0; i < n; i++)
13       {
```

```
14          scanf("%ld%d", &num[i], &score[i]);   // 字母 d 前为字母 l
15      }
16      FindMax(score, num, n, maxScore, maxNum);   // 按值调用函数
17      printf("maxScore = %d, maxNum = %ld\n", maxScore, maxNum);
18      return 0;
19  }
20  // 函数功能:计算最高分及其相应学生的学号
21  void FindMax(int score[],long num[],int n,int pMaxScore,long pMaxNum)
22  {
23      int  i;
24      pMaxScore = score[0];        // 假设 score[0]为当前最高分
25      pMaxNum = num[0];            // 记录当前最高分学生的学号 num[0]
26      for (i = 1; i < n; i++)      // 对所有 score[i]进行比较
27      {
28          if (score[i] > pMaxScore)    // 如果 score[i]高于当前最高分
29          {
30              pMaxScore = score[i];    // 用 score[i]修改当前最高分
31              pMaxNum = num[i];        // 记录当前最高分学生的学号 num[i]
32          }
33      }
34  }
```

此程序在 Code∷Blocks 下的运行结果如下:

**How many students? 2** ✓
**Input student's ID and score:**
**120310122   84** ✓
**120310123   83** ✓
**maxScore = 8, maxNum = 34**

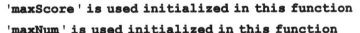

为什么没有得到在函数 FindMax()中计算的最高分及其学号呢? 我们注意到程序编译时给出了如下的 warning:

**'maxScore' is used initialized in this function**
**'maxNum' is used initialized in this function**

这个警告信息是说变量 maxNum 和 maxScore 没有被初始化,但其实真正的错误原因是用普通变量作函数参数进行按值调用不能在被调函数中改变相应的实参值。虽然可以像例 8.7 那样用 return 语句从函数返回最高分,但 return 只能返回一个值,要得到最高分及其学号这两个值,必须使用指针变量作函数参数,因此需要将程序修改如下:

```
1   #include<stdio.h>
```

```
2    #define  N  30
3    void FindMax(int score[],long num[],int n,int *pMaxScore,long *pMaxNum);
4    int main(void)
5    {
6        int score[N], maxScore;
7        int n, i;
8        long   num[N], maxNum;
9        printf("How many students?");
10       scanf("%d", &n);                          // 从键盘输入学生人数 n
11       printf("Input student's ID and score:\n");
12       for (i = 0; i < n; i++)
13       {
14           scanf("%ld%d", &num[i], &score[i]);    // 字母 d 前为字母 l
15       }
16       FindMax(score, num,n, &maxScore, &maxNum);// 模拟按引用调用函数
17       printf("maxScore = %d, maxNum = %ld\n", maxScore, maxNum);
18       return 0;
19   }
20   // 函数功能:计算最高分及其相应学生的学号
21   void FindMax(int score[],long num[],int n,int *pMaxScore,long *pMaxNum)
22   {
23       int  i;
24       *pMaxScore = score[0];          // 假设 score[0]为当前最高分
25       *pMaxNum = num[0];              // 记录 score[0]的学号 num[0]
26       for (i = 1; i < n; i++)          // 对所有 score[i]进行比较
27       {
28           if (score[i] > *pMaxScore) // 如果 score[i]高于当前最高分
29           {
30               *pMaxScore = score[i];// 用 score[i]修改当前最高分
31               *pMaxNum = num[i];      // 记录当前最高分学生的学号 num[i]
32           }
33       }
34   }
```

修改后的程序运行结果如下:

　　How many students? 5 ↙

　　Input student'　s ID and score:

```
120310122    84↙
120310123    83↙
120310124    88↙
120310125    87↙
120310126    61↙
```
**maxScore = 88, maxNum = 120310124**

程序第 21 行用指针变量 pMaxScore 和 pMaxNum 作函数形参,在第 16 行相应地模拟按引用调用函数 FindMax(),将 &maxScore 和 &maxNum 分别传给指针变量 pMaxScore 和 pMaxNum,相当于给函数 FindMax()指定了存放 maxScore 和 maxNum 这两个值的地址。由于指针形参所指向的变量的值在函数调用结束后才能被确定,因此这两个指针形参称为函数的出口参数,函数 FindMax()的前 3 个形参在函数调用前必须确定其值,因此称为函数的入口参数。

## 9.6 函数指针及其应用

函数指针(Function Pointers)就是指向函数的指针(Pointer to a Function),指向函数的指针变量中存储的是一个函数在内存中的入口地址。冯·诺依曼体系结构强调程序与数据共同存储在内存中,函数是子程序,当然也存储在内存中,指向存储这个函数的第一条指令的地址,称为**函数的入口地址。**

微视频
函数指针

教学课件

在第 8 章中,我们了解到一个数组名其实就是存储数组第一个元素的内存地址。同理可知,一个函数名就是这个函数的源代码在内存中的起始地址,编译器将不带()的函数名解释为该函数的入口地址。函数指针在编写通用功能的函数等场合是非常有用的。

【例 9.8】修改例 8.7 中的排序函数,使其既能实现对学生成绩的升序排序,又能实现对学生成绩的降序排序。

```
1     #include<stdio.h>
2     #define N 40
3     int ReadScore(int score[]);              // 成绩输入函数原型
4     void PrintScore(int score[], int n);     // 成绩输出函数原型
5     void AscendingSort(int a[], int n);      // 升序排序函数原型
6     void DescendingSort(int a[], int n);     // 降序排序函数原型
7     void Swap(int *x, int *y);               // 两数交换函数原型
8     int main(void)
9     {
10        int score[N], n;
11        int order;                 // 值为 1 表示升序排序,值为 2 表示降序排序
12        n = ReadScore(score);      // 输入成绩,返回学生人数
13        printf("Total students are %d \n", n);
```

```
14          printf("Enter 1 to sort in ascending order,\n");
15          printf("Enter 2 to sort in descending order:");
16          scanf("%d", &order);
17          printf("Data items in original order \n");
18          PrintScore(score, n);              // 输出排序前的成绩
19          if (order == 1)
20          {
21              AscendingSort(score, n);       // 按升序排序
22              printf("Data items in ascending order \n");
23          }
24          else
25          {
26              DescendingSort(score, n);      // 按降序排序
27              printf("Data items in descending order \n");
28          }
29          PrintScore(score, n);                    // 输出排序后的成绩
30          return 0;
31      }
32  // 函数功能:输入学生某门课的成绩,当输入负值时,结束输入,返回学生人数
33  int ReadScore(int score[])
34  {
35      int i = -1;
36      do{
37          i++;
38          printf("Input score:");
39          scanf("%d", &score[i]);
40      } while (score[i] >= 0);
41      return i;
42  }
43  // 函数功能:输出学生成绩
44  void PrintScore(int score[], int n)
45  {
46      int i;
47      for (i = 0; i < n; i++)
48      {
49          printf("%4d", score[i]);
50      }
```

```
51        printf("\n");
52    }
53    // 函数功能：选择法实现数组 a 的升序排序
54    void AscendingSort(int a[], int n)      // 升序排序函数定义
55    {
56        int i, j, k;
57        for (i = 0; i < n-1; i++)
58        {
59            k = i;
60            for (j = i+1; j < n; j++)
61            {
62                if (a[j] < a[k]) k = j;
63            }
64            if (k != i)  Swap(&a[k],&a[i]);
65        }
66    }
67    // 函数功能：选择法实现数组 a 的降序排序
68    void DescendingSort(int a[], int n)   // 降序排序函数定义
69    {
70        int i, j, k;
71        for (i = 0; i < n-1; i++)
72        {
73            k = i;
74            for (j = i+1; j < n; j++)
75            {
76                if (a[j] > a[k]) k = j;
77            }
78            if (k != i)  Swap(&a[k],&a[i]);
79        }
80    }
81    // 函数功能：两整数值互换
82    void Swap(int *x,int * y)
83    {
84        int temp;
85        temp = *x;
86        *x = *y;
87        *y = temp;
```

88      }

程序的第一次测试结果为：

**Input score:84** ↙

**Input score:83** ↙

**Input score:88** ↙

**Input score:87** ↙

**Input score:61** ↙

**Input score:-1** ↙

**Total students are 5**

**Enter 1 to sort in ascending order,**

**Enter 2 to sort in descending order:1** ↙

**Data items in original order**

**84 83 88 87 61**

**Data items in ascending order**

**61 83 84 87 88**

程序的第二次测试结果为：

**Input score:84** ↙

**Input score:83** ↙

**Input score:88** ↙

**Input score:87** ↙

**Input score:61** ↙

**Input score:-1** ↙

**Total students are 5**

**Enter 1 to sort in ascending order,**

**Enter 2 to sort in descending order:2** ↙

**Data items in original order**

**84 83 88 87 61**

**Data items in descending order**

**88 87 84 83 61**

本例程序中的函数 ReadScore() 和 PrintScore() 与例 8.8 程序中的相同。只是将原程序中的 DataSort() 改为两个函数 AscendingSort() 和 DescendingSort()，分别实现升序排序和降序排序功能，同时相应地修改了主函数。主函数第 14~15 行提示用户选择升序排序还是降序排序，相当于显示了一个简单的菜单。第 16 行输入用户的选择。当用户选择升序排序（即输入 1）时，在第 21 行调用函数 AscendingSort() 实现升序排序，当用户选择降序排序（即输入 2）时，在第 26 行调用函数 DescendingSort() 实现降序排序。

不难发现升序排序函数 AscendingSort() 和降序排序函数 DescendingSort() 仅在第 62 行和第 76 行的 if 语句不同而已，其他语句完全一致。能否编写一个通用的排序函数，使其既可用作升序排序又可用作降序排序呢？来看下面的程序。

【例 9.9】修改例 9.8 中的程序实例,用函数指针编程实现一个通用的排序函数,既能实现对学生成绩的升序排序,又能实现对学生成绩的降序排序。

```
1    #include<stdio.h>
2    #define N 40
3    int ReadScore(int score[]);
4    void PrintScore(int score[], int n);
5    void SelectionSort(int a[], int n, int (*compare)(int a, int b));
6    int Ascending(int a, int b);
7    int Descending(int a, int b);
8    void Swap(int *x, int *y);
9    int main(void)
10   {
11       int score[N], n;
12       int order;                    // 值为 1 表示升序排序,值为 2 表示降序排序
13       n = ReadScore(score);         // 输入成绩,返回学生人数
14       printf("Total students are %d\n",n);
15       printf("Enter 1 to sort in ascending order,\n");
16       printf("Enter 2 to sort in descending order:");
17       scanf("%d", &order);
18       printf("Data items in original order\n");
19       PrintScore(score, n);         // 输出排序前的成绩
20       if (order == 1)
21       {
22           SelectionSort(score, n, Ascending);    // 函数指针指向 Ascending()
23           printf("Data items in ascending order\n");
24       }
25       else
26       {
27           SelectionSort(score, n, Descending);   // 函数指针指向 Descending()
28           printf("Data items in descending order\n");
29       }
30       PrintScore(score, n);         // 输出排序后的成绩
31       return 0;
32   }
33   // 函数功能:输入学生某门课的成绩,当输入负值时,结束输入,返回学生人数
34   int ReadScore(int score[])
```

```
35    {
36        int i = -1;
37        do{
38            i++;
39            printf("Input score:");
40            scanf("%d", &score[i]);
41        } while (score[i] >= 0);
42        return i;
43    }
44    // 函数功能:输出学生成绩
45    void PrintScore(int score[], int n)
46    {
47        int i;
48        for (i = 0; i < n; i++)
49        {
50            printf("%4d", score[i]);
51        }
52        printf("\n");
53    }
54    // 函数功能:调用函数指针 compare 指向的函数实现对数组 a 的交换法排序
55    void SelectionSort(int a[], int n, int (*compare)(int a, int b))
56    {
57        int i, j, k;
58        for (i = 0; i < n-1; i++)
59        {
60            k = i;
61            for (j = i+1; j < n; j++)
62            {
63                if ((*compare)(a[j], a[k])) k = j;
64            }
65            if (k != i)  Swap(&a[k],&a[i]);
66        }
67    }
68    // 函数功能:使数据按升序排序
69    int Ascending(int a, int b)
70    {
71        return a < b;      // 这样比较决定了按升序排序,如果 a<b,则交换
```

```
72          }
73          // 函数功能:使数据按降序排序
74          int Descending(int a, int b)
75          {
76              return a > b;        // 这样比较决定了按降序排序,如果 a>b,则交换
77          }
78          // 函数功能:两整数值互换
79          void Swap(int *x, int *y)
80          {
81              int temp;
82              temp = *x;
83              *x = *y;
84              *y = temp;
85          }
```

此程序的运行结果与例 9.8 相同。虽然该程序增加了两个用户自定义函数,但却比例 9.8 程序减少了 3 行代码,避免了很多重复的代码。

函数 SelectionSort() 是一个通用的排序函数,既可实现升序排序,也可实现降序排序。函数 SelectionSort() 之所以能用一个 SelectionSort() 函数实现既可按升序也可按降序排序,主要在于第 55 行 SelectionSort() 的函数头部定义了如下的形参:

    **int (\*compare)(int a, int b)**

在解释这个变量声明时,由于圆括号的优先级最高,从左向右结合,所以先解释第一个圆括号中的 *,然后再解释第 2 个圆括号。所以,compare 的类型被表示为

    compare ——→ * ——→ () ——→ int

它告诉编译器函数 SelectionSort() 的这个形参 compare 是一个指针变量,该指针变量可以指向一个两个整型形参、返回值为整型的函数。即 compare 是一个函数指针。这里,* compare两侧的圆括号是必不可少的,它将 * 和 compare 先结合,表示 compare 是一个指针变量。然后,( * compare)与其后的()结合,表示该指针变量可以指向一个函数。

如果去掉 * compare 两侧的圆括号,那么声明将变成:

    **int \*compare(int a, int b)**

在解释这个变量声明时,由于圆括号的优先级最高,所以先解释圆括号,然后再解释 * 。所以,compare 的类型被表示为

    compare ——→ () ——→ * ——→ int

因此,它声明的不是一个函数指针,而是一个两个整型形参并返回整型指针的函数。

函数 SelectionSort() 用函数指针作为形参,该函数指针既可指向函数 Ascending(),也可指向函数 Descending()。

程序第 15~16 行提示用户选择升序还是降序排序。第 17 行输入用户的选择。若用户输入 1,则用函数名 Ascending 作函数实参调用 SelectionSort(),将函数 Ascending() 的入口地址传给

SelectionSort()的函数指针形参 Compare,使数组 a 按升序排序。若用户输入 2,则用函数名 Descending作函数实参调用 SelectionSort(),将函数 Descending()的入口地址传给 SelectionSort() 的函数指针形参 compare,使数组 a 按降序排序。

函数指针形参 compare 所指向的函数在第 63 行的 if 语句中被调用,即

**if ((\*compare)(a[j], a[k]))**

就像通过一个指向变量的指针去访问它所指向的变量的值一样,这里是通过一个指向函数 的指针(这里是对该指针进行解引用)去调用它所指向的函数。也可以不用指针解引用来调用 函数,即把函数指针当做函数名来直接使用,格式如下:

**if (compare(a[j], a[k]))**

前面第一种调用函数的方法含义更直观,因为它显式地说明了 compare 是 一个指向函数的指针,对函数的调用是通过对函数指针的解引用来实现的。 而后面第二种调用函数的方法使得 compare 看上去很像是一个函数,容易误导 用户去到文件中寻找 compare 函数的定义。

微视频
指针小结

例 9.8 因为没有采用函数指针编程,所以必须针对具体的排序方式编写相应 的函数。而本例利用函数指针将例 9.8 程序中的升序排序和降序排序两个函数 抽象为一个独立的通用的排序函数,使程序变得更加简洁。虽然定义函数指针 时并未指明该指针指向了哪个函数,但在程序中可通过赋值操作将函数指针分 别指向不同的函数,以实现在同一点调用不同的函数。因此,利用函数指针编程 有助于提高程序的通用性,减少重复的代码。

教学课件

## 9.7　本章知识点小结

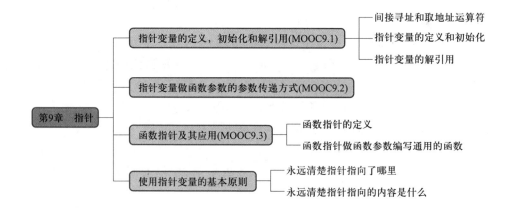

## 9.8　本章常见错误小结

| 常见错误实例 | 常见错误描述 | 错 误 类 型 |
|---|---|---|
| | 混淆指针与地址的概念,误以为指针就是地址,地址就是指针 | 理解错误 |
| int *pa, pb; | 误以为用来声明指针变量的星号(*)会对同一个声明语句中的所有指针变量都起作用,而省略了其他指针变量名前的星号前缀 | 理解错误 |
| int *p;<br>scanf("%d", p);<br>...<br>*p = 1; | 在没有对指针变量进行初始化,或没有将指针变量指向内存中某一个确定的存储单元的情况下,就利用这个指针变量去访问它所指向的存储单元,从而造成非法内存访问,即代码访问了不该访问的内存地址,指针未初始化和数组下标越界都会引起非法内存访问错误 | 运行时错误 |
| ...<br>Swap(a, b);<br>...<br>void Swap(int* x,<br>int * y)<br>{ ...<br>} | 没有意识到某些函数形参是传地址调用,把变量的值而非变量的地址当做实参传给了这些形参 | 运行时错误 |
| int *pa = &a;<br>float *pb = &b;<br>pa = pb; | 在不同基类型的指针变量之间赋值 | 编译错误 |
| int *p;<br>p = 100; | 用非地址值为指针变量赋值 | 提示 warning |
| int i;<br>float *p;<br>p = &i; | 将指针变量指向与其类型不同的变量 | 提示 warning |
| void *p = NULL;<br>*p = 100; | 试图用一个 void 类型的指针变量去访问内存 | 编译错误 |

# 习　题　9

9.1　请结合例 9.6 程序分析下面两个程序能否实现两数交换功能,并说明为什么。
（1）

```
1    void  Swap(int *x, int *y)
2    {
3        int *pTemp;
4        *pTemp = *x;
5        *x = *y;
```

```
6        *y = *pTemp;
7    }
```

（2）

```
1    void  Swap(int *x, int *y)
2    {
3        int *pTemp;
4        pTemp = x;
5        x = y;
6        y = pTemp;
7    }
```

9.2 分析下面函数能否实现"返回一个数组中所有元素被第一个元素除的结果"的功能。代码中存在怎样的错误隐患？请编写出正确的程序。

```
1    void DivArray(int* pArray, int n)
2    {
3        int i;
4        for (i = 0; i < n; i++)
5        {
6            pArray[i] / = pArray[0];
7        }
8    }
```

9.3 利用例 9.6 程序中的函数 Swap()，用函数编程实现两个数组中对应元素值的交换。

9.4 利用例 9.6 程序中的函数 Swap()，从键盘输入 10 个整数，用函数编程实现计算其最大值和最小值，并互换它们所在数组中的位置。

9.5 按如下函数原型用函数编程解决如下的日期转换问题（要求考虑闰年的问题）：

（1）输入某年某月某日，计算并输出它是这一年的第几天。

　　/* 函数功能：　　对给定的某年某月某日，计算它是这一年的第几天

　　　　函数参数：　　整型变量 **year**、**month**、**day**，分别代表年、月、日

　　　　函数返回值：　这一年的第几天 */

**int  DayofYear(int year, int month, int day);**

（2）输入某一年的第几天，计算并输出它是这一年的第几月第几日。

　　/* 函数功能：对给定的某一年的第几天，计算它是这一年的第几月第几日

　　　　　　函数入口参数：整型变量 **year**，存储年

　　　　　　　　整型变量 **yearDay**，存储这一年的第几天

　　　函数出口参数：整型指针 **pMonth**，指向存储这一年第几月的整型变量

　　　　　　　　整型指针 **pDay**，指向存储第几日的整型变量

　　　函数返回值：　无 */

**void  MonthDay(int year, int yearDay, int *pMonth, int *pDay);**

（3）输出如下菜单，用 switch 语句实现根据用户输入的选择执行相应的操作。

　　**1. year/ month/ day → yearDay**

　　**2. yearDay → year/ month/ day**

　　**3. Exit**

微视频
用函数指针编
程计算函数定
积分

**Please enter your choice:**

9.6 （选作）按如下函数原型,采用如图 9-5 所示的梯形法编程实现,在积分区间 $[a,b]$ 内计算函数 $y_1 = \int_0^1 (1+x^2)\,\mathrm{d}x$ 和 $y_2 = \int_0^3 \frac{x}{1+x^2}\,\mathrm{d}x$ 的定积分。其中,指向函数的指针变量 $f$ 用于接收被积函数的入口地址。

**Integral(float (*f)(float), float a, float b);**

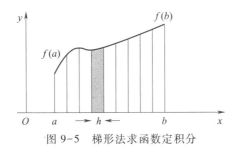

图 9-5　梯形法求函数定积分

教学课件

# 第10章 字符串

## 内容导读

本章介绍向函数传递字符串以及字符串输入/输出、复制、连接等常用的字符串处理操作，本章对应"C 语言程序设计精髓"MOOC课程的第 10 周视频，主要内容如下：

- ✍ 字符串字面量，字符数组和字符指针
- ✍ 字符串的输入/输出、复制、连接、比较等常用的字符串处理函数
- ✍ 向函数传递字符串
- ✍ 从函数返回一个字符串指针

## 10.1 字符串字面量

**字符串字面量**（string literal），有时也称为字符串常量，它是由一对双引号括起来的一个字符序列。如"Hello"，"123"等都是字符串。无论双引号内是否包含字符，包含多少个字符，都代表一个字符串字面量。注意，字符串字面量不同于字符常量。例如，"a"是字符串字面量，而'a'是字符常量。

为便于确定字符串的长度，C 编译器会自动在字符串的末尾添加一个 ASCII 码值为 0 的空操作符'\0'作为字符串结束的标志，在字符串中可以不显式地写出。因此，**字符串（String）**实际就是由若干有效字符构成且以字符'\0'作为结束的一个字符序列。

## 10.2 字符串的存储

C 语言没有提供字符串数据类型，因此字符串的存取要用字符型数组来实现。一个字符串可以存于字符数组中，但一个字符型数组中存储的并非一定是一个字符串，这要看它的最后一个元素是否为'\0'，字符数组是由字符构成的数组，仅当其最后一个元素是'\0'时才表示字符串。字符串结束标志'\0'也占一个字节的内存，但它不计入字符串的实际长度，只计入数组的长度。

对字符数组，可以采用和其他数组一样的方式进行初始化。例如：

**char str[6] = {'H','e','l','l','o','\0'};**

定义了一个有 6 个元素的字符数组 str，其前 5 个元素分别初始化为'H'，'e'，'l'，'l'，'o'，最后一个元素初始化为'\0'。

注意，如果没有'\0'，那么数组 str 就不代表一个字符串。因为'\0'在内存中也占一个字节的存储单元，所以数组定义的长度应大于等于字符串中包括'\0'在内的字符个数。字符数组 str 初始化后，其存储结构如图 10-1 所示。

图 10-1 字符数组 str 的存储结构

如果省略对数组长度的声明,例如:

**char str[] = {'H','e','l','l','o','\0'};**

那么系统会自动按照初始化列表中提供的初值个数确定数组的大小。而

**char str[] = {'H','e','l','l','o'};**

系统将 str 初始化为一个长度为 5 的数组,因为存储字符串"Hello"至少需要 6 个字节的存储单元,长度声明为 5 时,将会因为没有多余的空间存放编译系统在数组末尾自动添加的'\0',而使系统无法将 str 当做字符串来处理。所以,当省略对数组长度的声明时,必须人为地在数组的初始化列表中添加'\0',才能将其作为字符串来使用。

还可采用如下更为简单的方法初始化字符数组,即用字符串常量初始化字符数组。例如:

**char str[] = {"Hello"};**

也可省略花括号,直接写成

**char str[] = "Hello";**

按这种方式定义和初始化数组,不必指定数组的大小,也不必单独为数组中的每个元素进行初始化,编译系统会根据字符串中字符的个数来确定数组的大小,由于字符串字面量"Hello"的末尾字符是'\0',因此数组的大小为字符串中实际字符的个数加 1。

无论采用哪一种方式初始化字符数组,都要留有足够的存储空间以便存储字符串的结束标志。因此,字符数组的大小一定要比字符串中实际的字符数多 1。例如本例字符串的实际长度是 5,而字符数组的大小为 6。

通常,将一个字符串存放在一维字符数组中,将多个字符串存放在二维字符数组中。当用二维字符数组存放多个字符串时,数组第一维的长度代表要存储的字符串的个数,可以省略,但是第二维的长度不能省略,应按最长的字符串长度设定数组第二维的长度。例如:

**char weekday[7][10] = {"Sunday", "Monday", "Tuesday", "Wednesday",**
**                        "Thursday", "Friday", "Saturday"};**

可以写成:

**char weekday[][10] = {"Sunday", "Monday", "Tuesday", "Wednesday",**
**                       "Thursday", "Friday", "Saturday"};**

但不能写成:

**char weekday[][] = {"Sunday", "Monday", "Tuesday", "Wednesday",**
**                     "Thursday", "Friday", "Saturday"};**

因为二维数组是按行存储的,系统必须知道每一行的长度才能为数组分配存储单元。

数组 weekday 初始化后的结果如图 10-2 所示。

数组 weekday 的第二维长度声明为 10,表示每行最多可存储有 10 个字符(含'\0')的字符串,当初始化列表中提供的字符串长度小于 10 时,系统将其后剩余的单元自动初始化为'\0'。

若字符串太长,无法写在一行中,则可将其拆分成几个小的片段写在不同的行中。例如:

| S | u | n | d | a | y | \0 | \0 | \0 | \0 |
|---|---|---|---|---|---|---|---|---|---|
| M | o | n | d | a | y | \0 | \0 | \0 | \0 |
| T | u | e | s | d | a | y | \0 | \0 | \0 |
| W | e | d | n | e | s | d | a | y | \0 |
| T | h | u | r | s | d | a | y | \0 | \0 |
| F | r | i | d | a | y | \0 | \0 | \0 | \0 |
| S | a | t | u | r | d | a | y | \0 | \0 |

图 10-2　数组 weekday 初始化后的结果

```
char longString[] = "This is the first half of the string "
                    "and this is the second half.";
```

## 10.3　字符指针

微视频
字符指针与
字符数组

**字符指针**(Character Pointers)是指向字符型数据的指针变量。每个字符串在内存中都占用一段连续的存储空间,并有唯一确定的首地址。因此,只要将字符串的首地址赋值给字符指针,即可让字符指针指向一个字符串。对于字符串字面量而言,字符串字面量本身代表的就是存放它的常量存储区的首地址,是一个地址常量。例如:

教学课件

```
char *ptr = "Hello";
```

与

```
char *ptr;
```

```
ptr = "Hello";  /* 将保存在常量存储区中的"Hello"的首地址赋值给 ptr */
```

是等价的,都表示定义一个字符指针变量 ptr,并用字符串字面量"Hello"在常量存储区中的首地址为其初始化,即让 ptr 指向字符串字面量"Hello"。注意,这里不能理解为将字符串赋值给 ptr。

因字符串"Hello"保存在只读的常量存储区中,所以此时可修改指针变量 ptr 的值(即 ptr 的指向),但不能对 ptr 所指向的存储单元进行写操作。例如,此时执行如下操作就是非法的:

```
*ptr = 'W';  /* 不能修改 ptr 指向的常量存储区中的字符,因为它是只读的 */
```

但如果字符串"Hello"保存在一个数组中,然后再用一个字符指针指向它,即

```
char  str[10] = "Hello";
```

```
char  *ptr = str;
```

那么此时由于数组名代表数组的首地址,因此将 str 赋值给 ptr,就是让 ptr 指向数组 str 中存储的字符串"Hello"。其中,上面第 2 条语句相当于

```
char  *ptr;
```

```
ptr = str;                    // 等价于 ptr=&str[0]
```

因数组名是一个地址常量,所以 str 的值是不可以修改的,但 ptr 的值(即 ptr 的指向)可以被修改,ptr 所指向的字符串也可以被修改。例如,若要将 ptr 所指向的字符串中的第一个字符修改为 'W',则可使用下面的语句:

```
*ptr = 'W';      // 等价于 ptr[0] = 'W'; 相当于 str[0] = 'W'
```
总之,正确使用字符指针,必须明确字符串被保存到了哪里以及字符指针指向了哪里。

## 10.4 字符串的访问和输入/输出

### 10.4.1 如何访问字符串中的单个字符

和其他类型的数组一样,可以使用下标方式来访问存放于字符数组中的每个字符。例如,在前面定义的字符数组 str 中,str[0]就表示第 1 个字符'H ',str[1]表示第 2 个字符'e ',依此类推,可以通过下标为 i 的元素 str[i]来访问存放于数组中的第 i+1 个字符。

此外,还可通过字符指针间接访问存放于数组中的字符串,例如,若字符指针 ptr 指向了字符数组 str 的首地址,则既可通过 *(ptr+i)来引用字符串中的第 i+1 个字符, *(ptr+i)相当于 *(str+i),即 str[i],也可通过 ptr++操作,即移动指针 ptr,使 ptr 指向字符串中的某个字符。

注意,对于数组名 str,不能使用 str++操作使其指向字符串中的某个字符,因为数组名是一个地址常量,其值是不能被改变的。

### 10.4.2 字符串的输入/输出

以下三种方法均可以实现字符数组 str 的输入/输出。

(1)按 c 格式符,一个字符一个字符地单独输入/输出。例如:

```
for (i = 0; i < 10; i++)
{
    scanf("%c", &str[i]);      // 输入字符数组
}
for (i = 0; i < 10; i++)
{
    printf("%c", str[i]);      // 输出字符数组
}
```

微视频
字符串的
输入输出

教学课件

由于字符串的长度与字符数组的大小通常并不是完全一致的,因此很少使用上面这种方式输出字符数组中的字符串,更常用的方式是借助字符串结束标志'\0',识别字符串的结束,进而结束字符串的输出操作,即:

```
for (i = 0; str[i]! = '\0'; i++)
{
    printf("%c", str[i]);      // 输出字符串
}
```

该语句在输出时,依次检查数组中的每个元素 str[i]是否为'\0',若是,则停止输出,否则继续输出下一个字符。这种方法非常灵活,无论字符串中的字符数是已知还是未知的,都可采用。

(2)按 s 格式符,将字符串作为一个整体输入/输出。例如:

```
    scanf("%s", str);
```
表示读入一个字符串,直到遇空白字符(空格、回车符或制表符)为止。而
```
    printf("%s", str);
```
表示输出一个字符串,直到遇字符串结束标志为止。这里,由于字符数组名 str 本身代表该数组中存放的字符串的首地址,所以数组名 str 的前面不能再加取地址运算符。

【例 10.1】下面程序从键盘输入一个人名,并把它显示在屏幕上。

```
1    #include<stdio.h>
2    #define N 12
3    int main(void)
4    {
5        char   name[N];
6        printf("Enter your name:");
7        scanf("%s", name);
8        printf("Hello %s!\n",name);
9        return 0;
10   }
```

程序的两次测试结果为:

① Enter your name:Yang↙
  Hello Yang!
② Enter your name:Yang Li-wei↙
  Hello Yang!

为什么没有显示空格后面的名字"Li-wei"呢?原来 scanf 函数读入字符遇到(但不包含)"Yang"之后的空格后就结束了读入字符的操作。余下的字符"Li-wei"被留在了输入缓冲区中。将程序修改为下面的程序即可验证上述分析结果。

```
1    #include<stdio.h>
2    #define N 12
3    int main(void)
4    {
5        char   name[N];
6        printf("Enter your name:");
7        scanf("%s", name);
8        printf("Hello %s!\n",name);
9        scanf("%s", name);       // 读取输入缓冲区中余下的上次未被读走的字符
10       printf("Hello %s!\n",name);
11       return 0;
12   }
```

重新运行这个程序,测试结果为:

**Enter your name:Yang Li-wei**↙
**Hello Yang!**
**Hello Li-wei!**

第一个 scanf 语句将输入字符串中空格前面的字符串读到数组 name 中,然后由第 8 行语句打印出第一个"Hello"信息。第 9 行将输入缓冲区中余下的上次未被读走的空格后面的字符串重新读到数组 name 中,然后由第 10 行语句打印出第二个"Hello"信息。

用%d 输入数字或%s 输入字符串时,忽略空格、回车或制表符等空白字符(被作为数据的分隔符),读到这些字符时,系统认为数据读入结束,因此用函数 scanf()按 s 格式符不能输入带空格的字符串。

(3)使用字符串处理函数 gets(),可以输入带空格的字符串,因为空格和制表符都是字符串的一部分。

此外,函数 gets()与 scanf()对回车符的处理也不同。gets()以回车符作为字符串的终止符,同时将回车符从输入缓冲区读走,但不作为字符串的一部分。而 scanf()不读走回车符,回车符仍留在输入缓冲区中。

微视频
gets()与
scanf()
的区别

【例 10.2】使用函数 gets(),从键盘输入一个带有空格的人名,然后把它显示在屏幕上。

```
1       #include<stdio.h>
2       #define N 12
3       int main(void)
4       {
5           char name[N];
6           printf("Enter your name:");
7           gets(name);
8           printf("Hello %s!\n",name);
9           return 0;
10      }
```

教学课件

这个程序的运行结果如下:

**Enter your name:Yang Li-wei** ↙
**Hello Yang Li-wei!**

当然还可以用函数 puts()来输出字符串,例如:

**puts(name);**

函数 puts()用于从括号内的参数给出的地址开始,依次输出存储单元中的字符,当遇到第一个'\0'时输出结束,并且自动输出一个换行符。函数 puts()输出字符串简洁方便,唯一不足是不能像函数 printf()那样在输出行中增加一些其他字符信息(如"Hello"等)并控制输出的格式。

由于 gets()和 puts()都是 C 语言的标准输入/输出库函数,因此,在使用时只要在程序开始将头文件<stdio.h>包含到源文件中即可。

例 10.2 程序还可以用字符指针来编程实现。

```
1    #include<stdio.h>
2    #define N 12
3    int main(void)
4    {
5        char   name[N];
6        char   *ptrName=name;          // 声明了一个指向数组 name 的字符指针 ptrName
7        printf("Enter your name:");
8        gets(ptrName);                 // 输入字符串存入字符指针 ptrName 所指向的内存
9        printf("Hello %s!\n", ptrName);
10       return 0;
11   }
```

用字符指针输入字符串时,必须确保字符指针事先已经指向一个数组的首地址,如本例字符指针变量 ptrName 指向了数组 name。但是如果删掉第 5 行语句,并将第 6 行语句修改为:

> char   *ptrName;

那么由于指针变量 ptrName 尚未指向一个确定的存储单元,就把输入的字符串存入其中,会导致非法内存访问错误,因此程序在 Visual C++ 6.0 下运行后会异常终止,弹出如图8-3所示的对话框,表明程序出现了非法内存访问的问题。

其实,前面的几个程序都存在一种容易被忽视的安全隐患,即如果用户没有听从括号内的提示信息的指示,键入的字符数超过了数组 name 的大小 12,那么多出的那些字符就有可能重写内存的其他区域,导致程序出错。

其根本原因在于,函数 gets() 不能限制输入字符串的长度,很容易引起缓冲区溢出,从而给黑客攻击以可乘之机。同样函数 scanf() 也存在这个问题,即使使用了带格式控制的形式,如 scanf("%12s", name),也不能真正解决这个问题。所以用 scanf() 和 gets() 输入字符串时,要确保输入字符串的长度不超过数组的大小,否则建议使用能限制输入字符串长度的函数,即:

> fgets(name, sizeof(name), stdin);

将更有利于设计安全可靠的程序。因此,例 10.2 程序可以修改如下:

```
1    #include<stdio.h>
2    #define N 12
3    int main(void)
4    {
5        char name[N];
6        printf("Enter your name:");
7        fgets(name, sizeof(name), stdin); // 限制输入字符串长度不超过数组大小
8        printf("Hello %s!\n",name);
9        return 0;
10   }
```

这个程序的运行结果如下:

**Enter your name:Yang Li-wei12345↙**

**Hello Yang Li-wei!**

程序第 7 行的作用是从标准输入 stdin 中读取一行长度为 sizeof(name)的字符串送到 name 为首地址的存储区中。由于该语句限制了输入字符串的长度不能超过数组的大小 sizeof(name)，所以用户输入的多余的字符都被舍弃了。函数 fgets()是函数 gets()的文件操作版。详见第 13 章 13.3 节。

注意，fgets()与 gets()对回车换行符'\0'的处理是不同的。gets()读到回车换行符'\n'时，是将其换成'\0'放到读入的字符串的末尾，而 fgets()则会像处理文件中的数据那样保留'\n'，即将'\n'放到字符串的末尾，然后在'\n'的后面再存入'\0'。因此，用 fgets()读入的字符串会比 gets()读入的字符串多一个字符'\n'，在对字符串进行比较运算之前，需要将 fgets()读入的字符串中的'\n'替换为'\0'之后再进行比较。

## 10.5 字符串处理函数

字符串处理函数库提供了很多有用的函数可用于字符串处理操作(如复制字符串和拼接字符串等)以及确定字符串的长度。若要使用这些字符串处理函数，必须在程序的开头将头文件<string.h>包含到源文件中来。字符串处理函数库中的常用字符串处理函数详见附录 E。

【例 10.3】习近平总书记在党的二十大报告中指出："青年强，则国家强。"，假设这句话保存在两个字符数组中，请利用 strcat()函数将两个字符数组中的字符串连接起来，并输出到屏幕上。

```
1    #include<stdio.h>
2    #include<string.h>
3    #define N 80
4    int main(void)
5    {
6        char dest[N]="习近平总书记";
7        char src[] = "在党的二十大报告中指出:\"青年强,则国家强\"。";
8        strcat(dest,src);
9        printf("%s\n", dest);
10       return 0;
11   }
```

这个程序的运行结果如下：

> 习近平总书记在党的二十大报告中指出："青年强，则国家强。"

程序第 7 行中的\"是一个转义字符，代表双引号。若字符串中有双引号或反斜杠等字符，则必须在该字符的前面使用转义字符。

将例 10.3 程序修改为下面的程序，也会得到同样的结果。

```
1    #include<stdio.h>
2    #include<string.h>
```

```
3      #define N 80
4      int main(void)
5      {
6          char   dest[N]="习近平总书记";
7          char   *src = "在党的二十大报告中指出：\"青年强，则国家强。\"";
8          strcat(dest,src);
9          printf("%s\n", dest);
10         return 0;
11     }
```

　　上面两个程序的第 7 行语句有什么区别呢？第 1 个程序中的第 7 行语句声明了一个字符数组 src 并为其初始化，数组名 src 是常量，其值是不能被修改的，但数组 src 的内容可以被修改。第 2 个程序中的第 7 行语句则声明了一个字符指针并为其初始化，src 是指针变量，它的值可以被修改，但由于 src 指向的是常量存储空间中的字符串，因此 src 所指向的内存中的内容是不能被修改的。这就是字符数组和字符指针在使用上的不同之处。

　　【例 10.4】请编程实现按奥运会参赛国国名在字典中的顺序对其入场次序进行排序。假设参赛国不超过 150 个。

　　【问题求解方法分析】一个国名实际上就是一个字符串，可用一维字符数组来表示，而多个字符串则用二维字符数组来表示，因此为表示奥运参赛国的国名，可定义如下二维字符数组：

**char name[150][10];**

其中，第一维长度 150 表示数组 name 可存储 150 个字符串，第二维长度 10 表示数组 name 存储的每个字符串的实际长度最长为 9，这是因为字符串结束标志 '\0' 也占据一个字节的内存。

　　对奥运会参赛国国名按字典顺序进行排序，实际上就是按字符串由小到大的顺序进行排序，将第 8 章例 8.8 程序中的交换法排序函数 DataSort() 稍微改造一下，就可得到字符串按字典顺序排序的函数 SortString() 了。于是，编写程序如下：

```
1      #include <stdio.h>
2      #include <string.h>
3      #define   MAX_LEN   10              // 字符串最大长度
4      #define   N   150                   // 字符串个数
5      void SortString(char str[][MAX_LEN], int n);
6      int main(void)
7      {
8          int   i, n;
9          char   name[N][MAX_LEN];        // 定义二维字符数组
10         printf("How many countries?");
11         scanf("%d",&n);
12         getchar();                      // 读走输入缓冲区中的回车符
```

```
13        printf("Input their names:\n");
14        for (i = 0; i < n; i++)
15        {
16            gets(name[i]);                    // 输入 n 个字符串
17        }
18        SortString(name, n);                  // 字符串按字典顺序排序
19        printf("Sorted results:\n");
20        for (i = 0; i < n; i++)
21        {
22            puts(name[i]);                    // 输出排序后的 n 个字符串
23        }
24        return 0;
25    }
26    // 函数功能:交换法实现字符串按字典顺序排序
27    void SortString(char str[][MAX_LEN], int n)
28    {
29        int   i, j;
30        char   temp[MAX_LEN];
31        for (i = 0; i < n-1; i++)
32        {
33            for (j = i+1; j < n; j++)
34            {
35                if (strcmp(str[j], str[i]) < 0)
36                {
37                    strcpy(temp,str[i]);
38                    strcpy(str[i],str[j]);
39                    strcpy(str[j],temp);
40                }
41            }
42        }
43    }
```

程序的运行结果如下:

```
How many countries? 5 ↙
Input their names:
America ↙
England ↙
Australia ↙
```

```
Sweden ↙
Finland ↙
Sorted results:
America
Australia
England
Finland
Sweden
```

程序第 27~43 行是用交换法实现的字符串按字典顺序排序的函数。注意,程序第 37~39 行的字符串赋值操作不同于单个字符的赋值操作,对单个字符进行赋值操作可以使用赋值运算符,但是赋值运算符不能用于字符串的赋值操作,字符串赋值只能使用函数 **strcpy**()。例如,本例使用下面的赋值操作来替换第 37~39 行的赋值操作就是错误的。

**temp = str[i];**
**str[i] = str[j];**
**str[j] = temp;**

另外,程序第 35 行比较字符串的方法不同于比较单个字符的方法。比较单个字符可使用关系运算符,但比较字符串不能直接使用关系运算符。例如,不能使用:

**if (str[j] < str[i])**

而应使用函数 **strcmp**()来比较字符串的大小,如本例第 35 行语句所示。

字符串比较大小时,实际上是根据两字符对比时出现的第一对不相等的字符的大小来决定它们所在字符串的大小的。例如,字符串"America"小于"Australia",即 strcmp("America","Australia")的函数值小于 0,是因为字符'm'<'u'。再如,字符串"Hello China"大于字符串"Hello",即 strcmp("Hello China","Hello")的函数值大于 0,这是因为'\0'的 ASCII 码值为 0,其是 ASCII 码表中 ASCII 码值最小的,所以若一个字符串是另一个字符串的子串,即字符串中前面的字符都相同,那么长的字符串一定大于短的字符串。

微视频
如何比较字符串大小?

那么计算机是如何知道一个特定的字母是否排在另外一个字母之前呢?其实,所有的字母在计算机中都是被表示成数字编码的。当计算机比较字符串时,实际比较的是字符串中字符的数字编码。在不同的计算机中,表示字符的内部数字编码可能是不同的。为了使字符表示标准化,绝大多数计算机生产厂商都采用主流的编码方案 ASCII(American Standard Code for Information Interchange,美国信息交换标准码)或 EBCDIC(Extended Binary Coded Decimal Interchange Code,扩充的二−十进制交换码)来设计它们的机器。对字符串和字符的操作实际上是对相应的数字编码而非字符本身的操作。这就是 C 语言中字符和短整型数具有可互换性的原因。既然一个数字编码大于、小于或者等于另外一个数字编码是有意义的,那么通过数字编码就可建立不同字符串或字符之间的关系了。

教学课件

## 10.6 向函数传递字符串

因为字符数组和字符指针都可以存取 C 字符串,因此,向函数传递字符串时,既可使用字符数组作函数参数,也可使用字符指针作函数参数。

【例 10.5】从键盘输入一个字符串 a,将字符串 a 复制到字符串 b 中,再输出字符串 b,即编程实现字符串处理函数 strcpy() 的功能,但要求不能使用字符串处理函数 strcpy()。

为了与标准函数库中的函数 strcpy() 相区别,这里将用户自定义的字符串复制函数命名为 MyStrcpy(),先用字符数组编程实现函数 MyStrcpy(),完整的程序如下:

```
1    #include <stdio.h>
2    #define   N  80
3    void  MyStrcpy(char dstStr[], char srcStr[]);
4    int main(void)
5    {
6        char   a[N], b[N];
7        printf("Input a string:");
8        gets(a);                        // 输入字符串
9        MyStrcpy(b, a);                 // 将字符数组 a 中的字符串复制到 b 中
10       printf("The copy is:");
11       puts(b);                        // 输出复制后的字符串
12       return 0;
13   }
14   // 函数功能:用字符数组作为函数参数,实现字符串复制
15   void  MyStrcpy(char dstStr[], char srcStr[])
16   {
17       int   i = 0;                    // 数组下标初始化为 0
18       while (srcStr[i]! = '\0')       // 若当前取出的字符不是字符串结束标志
19       {
20           dstStr[i] = srcStr[i];      // 复制字符
21           i++;                        // 移动下标
22       }
23       dstStr[i] = '\0';           // 在字符串 dstStr 的末尾添加字符串结束标志
24   }
```

程序的运行结果如下:

**Input a string:Hello China**✓
**The copy is:Hello China**

用字符数组编程实现字符串复制的示意图如图 10-3 所示。字符数组的下标从 0 开始变化

（如程序第 17 行和第 21 行所示），控制当前复制的是字符数组 srcStr 中的第几个字符。

注意，与使用其他类型数组不同的是，通常不使用长度即计数控制的循环来判断数组元素是否遍历结束，而使用条件控制的循环，利用字符串结束标志' \0' 判断字符串中的字符是否遍历结束（如第 18 行所示）。若当前取出的字符 srcStr[i] 不是' \0'，则继续执行第 20 行的字符赋值操作，否则结束循环，在 dstStr 的末尾添加' \0'标志 dstStr 中字符串的结束。

如果将第 23 行语句注释掉，那么在输出复制后的字符串时，将会在实际复制的字符后面显示出一些乱码，具体结果与系统和用户输入的字符串长度有关。例如，在 Code∷Blocks 下的两次测试结果分别为：

① **Input a string:Hello China** ✓
　**The copy is:Hello Chinaw**
② **Input a string:123456** ✓
　**The copy is:123456#**

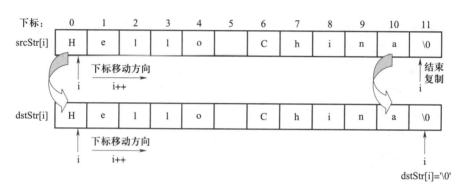

图 10-3　用字符数组编程实现函数 MyStrcpy() 的示意图

用字符指针编程实现字符串复制的示意图如图 10-4 所示。

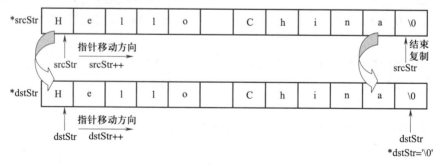

图 10-4　用字符指针编程实现字符串复制的示意图

用字符指针做函数形参编程实现的函数 MyStrcpy() 的源代码如下：

```
13      // 函数功能:用字符指针作为函数参数,实现字符串复制
14      void  MyStrcpy(char *dstStr, char *srcStr)
15      {
16          while (*srcStr! = '\0')   // 若当前 srcStr 所指字符不是字符串结束标志
17          {
18              *dstStr = *srcStr;        // 复制字符
19              srcStr++;                 // 使 srcStr 指向下一个字符
20              dstStr++;                 // 使 dstStr 指向下一个存储单元
21          }
22          *dstStr = '\0';          // 在字符串 dstStr 的末尾添加字符串结束标志
23      }
```

注意,同时还需要修改程序第 3 行的函数原型为:

```
    void  MyStrcpy(char *dstStr, char *srcStr);
```

【例 10.6】从键盘任意输入一个字符串,计算其实际字符个数并打印输出,即不使用字符串处理函数 strlen() 编程实现 strlen() 的功能。

方法 1:用字符数组实现函数 MyStrlen()。

```
1       // 函数功能:用字符型数组作函数参数,计算字符串的长度
2       unsigned int  MyStrlen(const char str[ ])
3       {
4           int  i;
5           unsigned int len = 0;     // 计数器置 0
6           for (i = 0; str[i]! = '\0'; i++)
7           {
8               len++;                 // 利用循环统计不包括'\0'在内的字符个数
9           }
10          return len;                // 返回实际字符个数
11      }
```

方法 2:用字符指针实现函数 MyStrlen()。

```
1       // 函数功能:用字符指针作函数参数,计算字符串的长度
2       unsigned int  MyStrlen(const char *pStr)
3       {
4           unsigned int  len = 0;     // 计数器置 0
5           for ( ;*pStr! = '\0'; pStr++)
6           {
7               len++;            // 利用循环统计不包括'\0'在内的字符个数
8           }
9           return len;            // 返回实际字符个数
```

微视频
字符串复制

教学课件

微视频
计算字符串
长度

```
10    }
```

主函数程序如下：

```
1     #include <stdio.h>
2     int main(void)
3     {
4         char a[80];
5         printf("Input a string:");
6         gets(a);
7         printf("The length of the string is: %u\n", MyStrlen(a));
8         return 0;
9     }
```

注意，如果函数 MyStrlen() 放在 main() 后面，则需要在 main() 函数前面加上一行函数原型声明语句。程序的运行结果如下：

**Input a string:Hello China** ↙

**The length of the string is: 11**

本例程序在函数 MyStrlen() 的数组或指针形参前加上了 const 类型限定符，这是为什么呢？实际应用中可能不希望在被调函数中修改实参数组元素的值。但由于数组都是以传地址调用的形式传递给被调函数的，所以被调函数是否会修改实参数组元素的值是很难控制的。为防止实参在被调函数中被意外修改，可以在相应的形参前面加上类型限定符 const。

当在形参类型前加上类型限定符 const 后，就可以保护相应的形参不会在函数体内被修改。如果在函数体内试图修改形参的值，那么将会产生编译错误。

在 Code::Blocks 下编译时可能提示如下"对只读的内存空间进行赋值操作"的编译错误：

**assignment of read-only parameter 'xxx'**

## 10.7 从函数返回字符串指针

许多字符串处理函数是不需要返回值的，但实际上它们都被设计成了有返回值的函数。例如，字符串复制函数的函数原型为：

**char *strcpy(char *str1, const char *str2);**

字符串连接函数 strcat() 的函数原型为：

**char *strcat(char *str1, const char *str2);**

这两个函数返回的都是字符指针 str1 的值，即存储字符串 str1 的内存空间的首地址，为什么要这样来设计字符串处理函数呢？

其实，这样设计并非多此一举，它的主要目的是为了增加使用时的灵活性，如支持表达式的链式表达，方便一些级联操作等。例如，可将下面两条语句：

**strcat(str1, "Hello China");**

**len = strlen(str1);**

直接写成：

```
    len = strlen(strcat(str1, "Hello China"));
```

再如,我们可将

```
    strcat(str1, str2);
    printf("%s", str1);
```

直接写成：

```
    printf("%s", strcat(str1, str2));
```

函数之间的握手(信息交换)是通过函数参数和返回值来实现的。因此设计一个
函数时,必须首先考虑有几个参数,分别是什么数据类型;同时还要考虑函数返回值的
类型,即函数调用完成后,应当返回给调用者什么样的结果。函数返回值可以是一个
数值运算的结果值,也可以是一个代表函数调用成功或失败的逻辑值(True 或 False,
在 C 语言中分别用非 0 和 0 表示)。但是利用函数返回值只能返回一个值,如何从函数返回一
组值呢?

一种常见的方法是利用数组或者指针作为函数参数,通过传地址调用来获得这些数据值,
另一种方法就是本节将要介绍的通过返回指针值的函数来返回一个地址值,即指向存储这些数
据的一段连续内存空间的首地址,从而获得这些数据值。

返回指针值的函数的定义方式与以前定义函数的方式基本相同,唯一不同的是在函数名的
前面多了一个 * 号。例如,可按如下方式来声明一个返回指针值的函数：

```
    char *MyStrcat(char *dstStr,const char *srcStr);
```

这里 MyStrcat 是函数名,因为()在 C 语言中具有最高的优先级,所以 MyStrcat 将首先与()结
合,表示 MyStrcat()是一个函数,它有两个形参 dstStr 与 srcStr, * 号作为一元运算符比()的优先
级稍低,所以它说明函数的返回值是一个字符指针。

如第 9 章第 9.6 节所述,返回指针值的函数与函数指针是截然不同的。例如：

```
    char *f();
```

声明的是一个返回字符指针的函数 f(),而下面语句定义的则是一个函数指针 f。

```
    char (*f)();
```

该函数指针指向的函数没有形参,返回值是字符型。 * f 两侧的圆括号将 * 号和 f 先结合,表示 f
是一个指针。然后(* f)与其后的()结合,表示该指针变量可以指向一个返回值为字符型的函数。

【例 10.7】不使用字符串处理函数 strcat(),编程实现 strcat()的功能。

```
1    #include  <stdio.h>
2    #define    N  80
3    char *MyStrcat(char *dstStr, char *srcStr);
4    int main(void)
5    {
6        char first[2*N];    // 这个数组应该足够大,以便存放连接后的字符串
7        char second[N];
8        printf("Input the first string:");
9        gets(first);
```

```
10        printf("Input the second string:");
11        gets(second);
12        printf("The result is: %s \n", MyStrcat(first,second));
13        return 0;
14    }
15    // 函数功能:将字符串 srcStr 连接到字符串 dstStr 的后面
16    char *MyStrcat(char *dstStr, char *srcStr)
17    {
18        char *pStr = dstStr;           // 保存字符串 dstStr 首地址
19        // 将指针移到字符串 dstStr 的末尾
20        while (*dstStr! = '\0')
21        {
22            dstStr++;
23        }
24        // 将字符串 srcStr 复制到字符串 dstStr 的后面
25        for(;*srcStr! = '\0'; dstStr++, srcStr++)
26        {
27            *dstStr = *srcStr;
28        }
29        *dstStr = '\0';                // 在连接后的字符串的末尾添加字符串结束标志
30        return pStr;                   // 返回连接后的字符串 dstStr 的首地址
31    }
```

程序的运行结果如下:

  **Input the first string:Hello**✓

  **Input the second string:China**✓

  **The result is: HelloChina**

字符串连接的过程如图 10-5 所示。

  程序第 20~23 行利用一个 while 循环将字符指针 dstStr 移到目标字符串的末尾(找到'\0'为止)。这个操作对应图 10-5 中虚线上方的图示。程序第 25~28 行用一个 for 循环,依次将字符指针 srcStr 指向的字符复制到字符指针 dstStr 指向的内存单元,因字符指针 dstStr 开始指向的内存单元是目标字符串的末尾,所以源字符串被添加到目标字符串的末尾。当指针 dstStr 移动到指向源字符串的末尾(相应内存单元中的字符为'\0')时,表示源字符串已经结束,循环终止。因字符串连接过程中并未复制字符串结束标志'\0',所以在循环结束后的第 29 行执行在目标字符串末尾添加'\0'的操作。上述操作对应图10-5 中虚线下方的图示。

微视频
字符串连接

教学课件

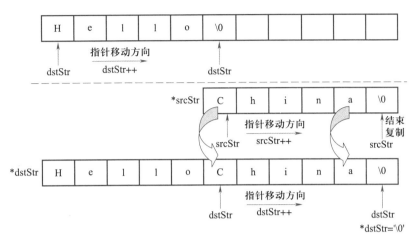

图 10-5　字符串连接示意图

## 10.8　本章扩充内容

### 10.8.1　const 类型限定符

通过采用指针或数组作函数参数,可使调用者获得修改后的数据,但有时我们只希望将数据传到被调函数内部,而并不希望它们在函数内被修改,此时,为防止数据被意外修改,也为了让函数的功能更明确(明确表示程序员的意图,不希望它们被修改),可使用 const 对参数进行限定。如例 10.6 所示,可将 MyStrlen()声明为:

**unsigned int　MyStrlen(const char str[]);**

或者

**unsigned int　MyStrlen(const char \*pStr);**

事实上,当声明一个指针变量时,这个指针变量本身的值以及它所指向的数据都可被声明为 const。const 位于声明语句中的不同位置,将表示不同的含义。

(1) const 放在类型关键字的前面。

假设有如下变量声明语句:

**int a, b;**

**const int \*p = &a;**

按照从右到左的顺序,可将这条变量声明语句读作:"p 是一个指针变量,可指向一个整型常量(Integer Constant)"。它表明 \*p 是一个常量,而 p 不是。由于 \*p 是只读的,是不可以在程序中被修改的,所以一旦将 \*p 作为左值在程序中对其进行赋值,将被视为非法操作。

注意:虽然这里 \*p 的值是不可修改的,但 p 指向的变量 a 的值仍然是可以修改的,即对 a 执行赋值操作是合法的。因指针变量 p 的值是可以修改的,所以这里如果执行赋值操作 p = &b 也是合法的,经过这个赋值之后,指针变量 p 就不再指向变量 a 而指向变量 b 了。

(2) const 放在类型关键字的后面和 \* 变量名的前面。

    **int const \*p = &a;**

  按照从右到左的顺序,可将这条变量声明语句读作:"p 是一个指针变量,可指向一个常量整数(Constant Integer)"。它表明 \*p 是一个常量,而 p 不是。由于 \* p 是只读的,所以不能使用指针变量 p 修改这个"为常量的整型数",它和第一种情况是等价的。

  (3)const 放在类型关键字 \* 的后面,变量名的前面。

    **int\* const p = &a;**

  按照从右到左的顺序,可将这条变量声明语句读作:"p 是一个指针常量,可指向一个整型(Integer)数据"。它表明 p 是一个常量,而 \*p 不是。由于 p 是一个常量指针,是只读的,其值是不可以被修改的,所以在程序中不能修改指针 p,让它指向其他变量,但是它所指向的变量的值是可以修改的。例如,此时执行 \*p = 20 这样的赋值操作是合法的,而执行 p = &b 这样的赋值操作就是非法的。

  (4)一个 const 放在类型关键字之前,另一个 const 放在类型关键字 \* 之后和变量名之前。

    **const int\* const p = &a;**

  按照从右到左的顺序,可将这条变量声明语句读作:"p 是一个指针常量,可指向一个整型常量(Integer Constant)"。它表明 p 和 \* p 都是一个常量,都是只读的。这时,无论执行 \* p = 20 还是执行 p = &b 这样的赋值操作,都将被视为非法操作。

  在以上四种用法中,第一种用法较为常用,C 语言的许多标准库函数都在函数的某些指针参数的类型前加上了 const 限定符,目的就是只允许函数访问该指针参数指向的地址单元中的内容,不允许修改其内容,从而对参数起到一定的保护作用,减少程序出错的机会。

### 10.8.2 字符处理函数

  字符处理函数库中包含了用于对字符数据进行测试和操作的标准库函数,详见附录 E。使用这些函数时,必须在程序开头包含头文件<ctype.h>。

  【例 10.8】输入一行字符,统计其中的英文字符、数字字符、空格和其他字符的个数。

```
1    #include<stdio.h>
2    #define  N  80
3    int main(void)
4    {
5        char str[N];
6        int  i, letter = 0, digit = 0, space = 0, others = 0;
7        printf("Input a string:");
8        gets(str);
9        for (i = 0; str[i] != '\0'; i++)
10       {
11           if (str[i] >= 'a' && str[i] <= 'z' || str[i] >= 'A' && str[i] <= 'Z')
12               letter++;                    // 统计英文字符
13           else if (str[i] >= '0' && str[i] <= '9')
14               digit++;                     // 统计数字字符
```

```
15          else if (str[i] == ' ')
16              space++;                      // 统计空格
17          else
18              others++;                     // 统计其他字符
19      }
20      printf("English character:%d\n", letter);
21      printf("digit character:%d\n", digit);
22      printf("space: %d\n", space);
23      printf("other character: %d\n", others);
24      return 0;
25  }
```

程序的运行结果如下:

**Input a string:abcd 12345 (*)↙**
**English character: 4**
**digit character: 5**
**space: 2**
**other character: 3**

如果使用字符处理函数,那么程序可修改为:

```
1   #include<stdio.h>
2   #include<ctype.h>
3   #define  N  80
4   int main(void)
5   {
6       char str[N];
7       int   i, letter = 0, digit = 0, space = 0, others = 0;
8       printf("Input a string:");
9       gets(str);
10      for (i = 0; str[i] != '\0'; i++)
11      {
12          if (isalpha(str[i]))
13              letter++;                // 统计英文字符
14          else if (isdigit(str[i]))
15              digit++;                 // 统计数字字符
16          else if (isspace(str[i]))
17              space++;                 // 统计空白字符(包括制表符)
18          else
19              others++;                // 统计其他字符
20      }
21      printf("English character: %d\n", letter);
```

```
22        printf("digit character: %d\n", digit);
23        printf("space: %d\n", space);
24        printf("other character: %d\n", others);
25        return 0;
26    }
```

当用户输入的字符串中包含 \t '时,本例修改前后的程序的运行结果会有所差异,请读者分析其中的原因。

【例 10.9】从键盘任意输入一个人的英文名和姓,然后将其名(forename)和姓(surname)的第一个字母都变成大写字母。例如,如果用户输入 john smith,其中 john 为名,smith 为姓,则屏幕显示 John Smith。请分析下面的程序是否正确。

```
1     #include <stdio.h>
2     #include <ctype.h>
3     #define   N   80
4     int main(void)
5     {
6         char name[N];
7         printf("Input a name:");
8         gets(name);                          // 输入名和姓
9         name[0] = toupper(name[0]);   // 将名的首字母变为大写
10        int i = 1;
11        while (!isspace(name[i]))     // 跳过所有字母,直到遇空格为止
12        {
13            i++;
14        }
15        while (!isalpha(name[i]))     // 跳过所有空格,直到遇字母为止
16        {
17            i++;
18        }
19        name[i] = toupper(name[i]);                  // 将姓的首字母变为大写
20        printf("Formatted Name:%s\n", name);
21        return 0;
22    }
```

程序的运行结果如下:

```
Input a name:john smith↙
Formatted Name:John Smith
```

这个运行结果似乎没什么问题,然而再次测试程序,问题就出现了。当在输入名之前输入 1 个空格时,程序的运行结果为:

**Input a name: john smith**↙

**Formatted Name: john Smith**

此时输出姓的首字母变为了大写,但名字的首字母没有变为大写。而当在输入名之前输入 2 个或者 2 个以上的空格时,程序的运行结果为:

**Input a name:　　john smith**↙

**Formatted Name:　　John smith**

此时输出的名的首字母变为了大写,但姓的首字母没有变为大写。这是为什么呢?原来程序没有考虑用户输入姓名前加入空格的情况,程序没有对这种情况进行处理。当在输入的名前输入 1 个空格时,如图 10-6 所示,因 name[0]的值是空格符,而非名 john 的首字母 j,所以程序第 10 行的作用不再是将名的首字母变为大写,因此输出的名的首字母没有变为大写字母。第 11~15 行的作用是跳过 name[0]后面的所有字母(john),直到遇空格符为止。然后再执行第 16~19 行的语句,跳过所有空格符,直到遇字母 s 为止。此时 name[i]的值是姓 smith 的首字母 s,执行第 20 行语句后就把姓 smith 的首字母 s 变为大写 S 了。

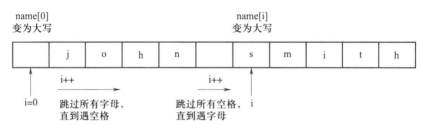

图 10-6　当输入名之前输入 1 个空格时的例 10.9 程序运行过程示意图

而当在输入名之前输入 2 个或 2 个以上空格时,如图 10-7 所示,在执行程序第 10 行将 name[0](此时 name[0]的值是空格符,而非名 john 的首字母 j)变为大写后,开始执行第 11~15 行的语句,跳过 name[0]后面的所有字母,直到遇空格符为止,然后再执行第 16~19 行的语句,跳过所有空格符,直到遇字母 j 为止。此时 name[i]的值是名 john 的首字母 j,于是执行第 20 行语句后就把名 john 的首字母 j 变为大写 J 了。修改后的正确程序如下:

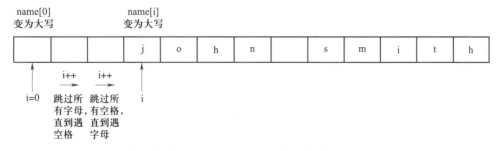

图 10-7　当输入名之前输入 2 个或 2 个以上空格时的例 10.9 程序运行过程示意图

```
1    #include <stdio.h>
2    #include <ctype.h>
3    #define  N  80
4    int main(void)
5    {
6        char name[N];
7        printf("Input a name:");
8        gets(name);                        // 输入名和姓
9        int i = 0;
10       while (!isalpha(name[i]))          // 跳过所有空格,直到遇字母为止
11       {
12           i++;
13       }
14       name[i] = toupper(name[i]);        // 将名的首字母变为大写
15       while (!isspace(name[i]))          // 跳过所有字母,直到遇空格为止
16       {
17           i++;
18       }
19       while (!isalpha(name[i]))          // 跳过所有空格,直到遇字母为止
20       {
21           i++;
22       }
23       name[i] = toupper(name[i]);        // 将姓的首字母变为大写
24       printf("Formatted Name:%s\n", name);
25       return 0;
26   }
```

此时运行这个程序,无论在输入的名字前加不加空格,并且无论加几个空格,输出的名和姓的首字母都能变为大写。

### 10.8.3  数值字符串向数值的转换

字符串与整型数值在内存的存储方式上有很大不同。字符串中的每个字符都是以 ASCII 码形式存储在一个内存单元中,占一个字节存储空间。而整型数是以二进制形式存储的。例如,字符串"123"和整型数 123 在内存中的存储形式分别如图 10-8(a)和图 10-8(b)所示。

C 语言提供的字符串转换函数可将数字字符串转换为整型或浮点型的数值,详见附录 E。使用这些函数时,必须在程序开头包含头文件<stdlib.h>。

【例 10.10】下面程序用于演示常用字符串转换函数的用法。

| 字符 | '1' | '2' | '3' | '\0 ' |
|---|---|---|---|---|
| ASCII码值 | 49 | 50 | 51 | 0 |
| 二进制值 | 00110001 | 00110010 | 00110011 | 00000000 |

二进制值 | 01111011 |
|---|

(a) 字符串 "123" 在内存中的存储形式　　　　(b) 整型数123在内存中的存储形式

图 10-8　字符串 "123" 和整型数 123 在内存中的存储形式

```c
1    #include <stdio.h>
2    #include <stdlib.h>
3    int main(void)
4    {
5        char str[] = {"123.5"};
6        int intNum = atoi(str);              // 字符串转换为整型数
7        logn longNum = atol(str);            // 字符串转换为长整型数
8        double doubleNum = atof(str);        // 字符串转换为双精度实型数
9        printf("intNum = %d\n", intNum);
10       printf("longNum = %ld\n", longNum);
11       printf("doubleNum = %f\n", doubleNum);
12       return 0;
13   }
```

程序的运行结果如下:

```
intNum = 123
longNum = 123
doubleNum = 123.500000
```

字符串转换函数将数值型的字符串转换为特定的数值类型时,将忽略位于字符串前的空格符。如本例位于字符数组 str 中字符串前的空格符在转换时就被忽略了。函数在转换时,首先依次读取字符串中的字符并进行判断,当其认为某个字符可能是转换后的数值的组成部分时,函数开始执行转换,当其读到某个字符,并认为它不可能为数值的组成部分时,转换结束。

例如,第 9 行语句调用函数 atoi()将字符串转换为整型数值时,因小数点不可能为整型数值的组成部分,所以函数读到小数点时停止转换,程序输出的只是小数点前的数值内容即 123。但第 11 行语句调用函数 atof()时,读到小数点仍继续进行转换,因为它要将字符串转换成双精度类型的数值,而小数点是双精度类型数值的组成部分,所以程序输出的是 123.500000。

## 10.9　本章知识点小结

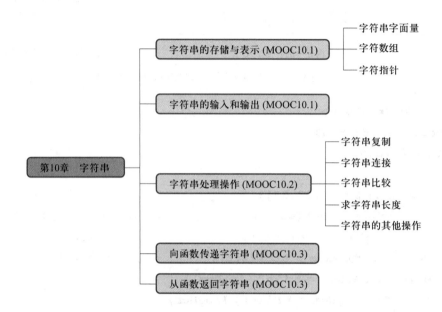

## 10.10　本章常见错误小结

| 常见错误实例 | 常见错误描述 | 错误类型 |
|---|---|---|
| `'abc'` | 用一对单引号将一个字符串括起来 | 编译错误 |
| `"a"` | 误以为用一对双引号将一个字符括起来表示的是字符常量 | 理解错误 |
| `"a"` | 误以为用单个字符构成的字符串只占 1 个字节的内存 | 理解错误 |
| — | 误以为在函数中定义的静态(static)局部数组中的元素,在每次函数被调用时都会被初始化为零 | 理解错误 |
| `char str[6]="secret";` | 没有定义一个足够大的字符数组来保存字符串结束标志'\0' | 运行时错误 |
| `char str[4];`<br>`strcpy(str,"secretabc");` | 在执行字符串处理操作时,没有提供足够大的空间用于存储处理后的字符串 | 运行时错误 |
| — | 在执行字符串处理操作时,忘记在字符串的末尾添加字符串结束标志'\0' | 运行时错误 |

续表

| 常见错误实例 | 常见错误描述 | 错 误 类 型 |
|---|---|---|
| — | 在输入字符串时,没有提供空间足够大的字符数组来存储,即用户从键盘键入的字符个数超过了字符数组所含元素的个数 | 运行时错误 |
| — | 打印一个不包含字符串结束标志'\0'的字符数组 | 运行时错误 |
| scanf("%s", &a); | 用 scanf() 读取字符串时,代表地址值的数组名前面添加了取地址符 & | 运行时错误 |
| — | 用 scanf() 而非 gets() 输入带空格的字符串 | 运行时错误 |
| — | 使用指针或下标访问字符串或数组的元素时,出现越界错误,即指针值或是下标值超出了指针或数组的范围 | 运行时错误 |
| char *p;<br>char s[] = "abc";<br>strcpy(p, s); | 字符串指针未被初始化就使用 | 运行时错误 |
| char str[10];<br>str++; | 将数组名当做指针变量进行增 1 和减 1 操作,使其指向字符串中的某个字符 | 编译错误 |
| — | 把字符串当作实参去调用形参是字符的函数,或者把字符当做实参去调用形参是字符串的函数 | 编译错误 |
| if (str1 == str2) | 直接使用关系运算符而未使用函数 strcmp() 来比较字符串大小 | 运行时错误 |
| str = "secret"; | 直接使用赋值运算符而未使用函数 strcpy() 对字符数组进行赋值 | 编译错误 |
| — | 误以为函数 strcpy(str1,str2) 是将字符串 str1 复制到字符串 str2 中 | 理解错误 |

# 习 题 10

10.1 函数 MyStrcpy() 可用下面更为简洁的形式编写,请读者分析这个程序是如何执行的,然后写出第 3~5 行的 while 语句的等价形式,使其变为循环体不为空的语句。

```
1    void  MyStrcpy(char *dstStr, const char *srcStr)
2    {
3        while ((*dstStr++ = *srcStr++) != '\0')
4        {
5        }
```

```
6      }
```

10.2 C 语言的高效和高能主要来自于指针,大多数语言都有无数的"不可能",而 C 语言则是"一切皆有可能"。请按下列格式输入程序(注意不要在程序中随意加空格和换行),并上机运行程序,然后分析为什么下面程序的运行结果与源代码一模一样。

```
main(){char * a = "main(){char *a = %c%s%c;printf(a,34,a,34);}";printf(a,34,a,34);}
```

10.3 阅读程序,按要求在空白处填写适当的表达式或语句,使程序完整并符合题目要求。

(1) 下面函数的功能是计算指针 p 所指向的字符串的长度(即实际字符个数)。

```
1    unsigned int  MyStrlen(char *p)
2    {
3        unsigned int len;
4        len = 0;
5        for (; *p != ____①____ ; p++)
6        {
7            len ____②____ ;
8        }
9        return ____③____ ;
10   }
```

(2) 下面的函数计算字符数组 s 中字符串长度的方法与(1)有所不同。

```
1    unsigned int  MyStrlen(char s[])
2    {
3        char *p = s;
4        while (*p != ____①____ )
5        {
6            p++;              // 移动指针 p 使其指向字符串结束标志
7        }
8        return ____②____ ;    // 返回指针 p 与字符串首地址之间的差值
9    }
```

(3) 下面函数的功能是比较两字符串的大小,将字符串中第 1 个出现的不相同字符的 ASCII 码值之差作为比较结果返回。若第 1 个字符串大于第 2 个字符串,则返回正值;若第 1 个字符串小于第 2 个字符串,则返回负值;若两个字符串完全相同,则返回 0 值。

```
1    int  MyStrcmp(char *p1, char *p2)
2    {
3        for (;*p1 == *p2; p1++,p2++)
4        {
5            if (*p1 == '\0')  return ____①____ ;
6        }
7        return ____②____ ;
8    }
```

(4) 下面函数同样实现函数 strcmp() 的功能,比较两个字符串 s 和 t,然后将两个字符串中第 1 个不相同字符的 ASCII 码值之差作为函数值返回。

```
1    int MyStrcmp(char s[], char t[])
```

```
2      {
3          int i;
4          for (i = 0; s[i] == t[i]; i++ )
5          {
6              if (s[i] ==    ①    )   return 0 ;
7          }
8          return (    ②    );
9      }
```

（5）下面程序比较用户键盘输入的口令 userInput 与内设的口令 password 是否相同。若相同,则输出 " Correct password！Welcome to the system..." ,若 password<userInput,则输出 " Invalid password！ user input<password" ,否则输出 " Invalid password！ user input>password" 。

```
1      #include  <stdio.h>
2      #include  <string.h>
3      int main(void)
4      {
5          char password[7] = "secret";
6          char userInput[81];
7          printf("Input Password:");
8          scanf("%s", userInput);
9          if (                ①                )
10             printf("Correct password! Welcome to the system...\n");
11         else if (            ②            )
12             printf("Invalid password! user input<password\n");
13         else
14             printf("Invalid password! user input>password\n");
15         return 0;
16     }
```

10.4  输入一行字符,用函数编程统计其中有多少单词。假设单词之间以空格分开。

10.5  参考例 10.5,分别用字符数组和字符指针作函数参数,用两种方法编程实现如下功能:在字符串中删除与某字符相同的字符。

10.6  参考例 10.5,分别用字符数组和字符指针作函数参数,用两种方法编程实现在字符串每个字符间插入一个空格的功能。

10.7  参考例 10.5,分别用字符数组和字符指针作函数参数,用两种方法编程实现字符串逆序存放功能。

10.8  参考例 10.7,但不用返回指针值的函数编程实现字符串连接函数 strcat()的功能。

10.9  参考例 10.4,输入 5 个国名,编程找出并输出按字典顺序排在最前面的国名。

10.10  任意输入英文的星期几,通过查找如图 10-9 所示的星期表,输出其对应的数字,若查到表尾,仍未找到,则输出错误提示信息。

| 0 | Sunday |
| 1 | Monday |
| 2 | Tuesday |
| 3 | Wednesday |
| 4 | Thursday |
| 5 | Friday |
| 6 | Saturday |

图 10-9  星期表的内容

# 第11章 指针和数组

 内容导读

C 语言的高效主要得益于它指针功能的强大。然而 C 语言中指针和数组的关系似乎很"纠结",让人爱恨交织。指向数组的指针变量、指针数组等,似乎总是"你中有我,我中有你"。本章试图帮助读者理清它们之间这种错综复杂的关系。本章对应"C 语言程序设计精髓"MOOC 课程的第 11 周和第 13 周视频,主要内容如下:

    ✍ 指针与一维数组间的关系,指针与二维数组间的关系
    ✍ 向函数传递一维数组和二维数组
    ✍ 指针数组,命令行参数
    ✍ 动态数组,动态内存分配

## 11.1 指针和一维数组间的关系

**1. 数组名的特殊意义及其在访问数组元素中的作用**

一旦给出数组的定义,编译系统就会为其在内存中分配固定的存储单元。相应地,数组的首地址也就确定了。数组元素在内存中是连续存放的,C 语言中的数组名有特殊的含义,它代表存放数组元素的连续存储空间的首地址,即指向数组中第一个元素的指针常量。因此,数组元素既可用下标法也可用指针法来引用。

【例 11.1】下面程序用于演示数组元素的引用方法。

先使用下标法编写数组元素的输入和输出程序如下:

```
1    #include <stdio.h>
2    int main(void)
3    {
4        int  a[5], i;
5        printf("Input five numbers:");
6        for (i = 0; i < 5; i++)
7        {
8            scanf("%d", &a[i]);          // 用下标法引用数组元素
9        }
10       for (i = 0; i < 5; i++)
11       {
12           printf("%4d", a[i]);          // 用下标法引用数组元素
```

```
13              }
14          printf("\n");
15          return 0;
16      }
```

假设数组 a 的首地址为 0x0022ff40,每个元素占 4 个字节内存。如图 11-1 所示,数组 a 的 5 个数组元素将占据从 0x0022ff40 到 0x0022ff53 的共 20 个字节的存储空间,元素 a[0] 的地址为 0x0022ff40,元素 a[1] 的地址为 0x0022ff44,以此类推,元素 a[4] 的地址为 0x0022ff50。

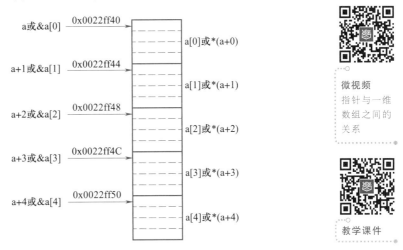

图 11-1　一维数组的地址示意图

因数组名 a 代表数组的首地址,即元素 a[0] 的地址(&a[0]),所以表达式 a+1 表示首地址后下一个元素的地址,即数组中的第 2 个元素即下标为 1 的元素 a[1] 的地址(&a[1])。由此可知,表达式 a+i 代表数组中下标为 i 的元素 a[i] 的地址(&a[i])。已知数组元素的地址后,就可通过间接寻址来引用数组中的元素了。例如,*a 或 *(a+0) 表示取出首地址 a 所指的存储单元中的内容,即元素 a[0],*(a+i) 表示取出首地址元素后第 i 个元素的内容,即下标为 i 的元素 a[i]。

因此,这个程序也可以写成如下的等价形式:

```
1    #include <stdio.h>
2    int main(void)
3    {
4        int  a[5], i;
5        printf("Input five numbers:");
6        for (i = 0; i < 5; i++)
7        {
8            scanf("%d", a+i);          // 这里 a+i 等价于 &a[i]
9        }
10       for (i = 0; i < 5; i++)
```

```
11          {
12              printf("%4d", *(a+i));    // 这里*(a+i)等价于 a[i]
13          }
14      printf("\n");
15      return 0;
16  }
```

数组元素之所以能通过这种方法来引用,是因为数组的下标运算符[ ]实际上就是以指针作为其操作数的。例如,a[i]被编译器解释为表达式 *(a+i),即表示引用数组首地址所指元素后面的第 i 个元素,而 &a[i]表示取数组 a 的第 i+1 个元素的地址,它等价于指针表达式 a+i。

**2. 指针运算的特殊性及其在访问数组元素中的作用**

指针的算术运算和关系运算常常是针对数组元素而言的。因数组在内存中是连续存放的,所以指向同一数组中不同元素的两个指针的关系运算常用于比较它们所指元素在数组中的前后位置关系。指针的算术运算(如增 1 和减 1)则常用于移动指针的指向,使其指向数组中的其他元素。当然,仅当运算结果仍指向同一数组中的元素时,指针的算术运算才有意义。

 如果定义了一个指向整型数据的指针变量 p,并使其值为数组 a 的首地址,那么通过这个指针变量 p 也可访问数组 a 的元素,如图 11-2 所示。注意,p+1 与 p++本质上是两个不同的操作,因为没有对 p 进行赋值操作,所以 p+1 并不改变当前指针的指向,p 仍然指向原来指向的元素,而 p++相当于执行 p=p+sizeof(p 的基类型),因此 p 执行了赋值操作而改变了指针 p 的指向,此外该操作并不是将指针 p 向前移动一个字节,而是将指针变量 p 向前移动一个元素位置,即指向了下一个元素。

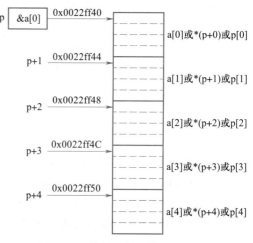

图 11-2　指针运算和数组的关系

此外,p++并非将指针变量 p 的值简单地加 1,而是加上 1 ∗ sizeof(基类型)个字节。例如,如果基类型为 int,而 sizeof(int)为 4 的话,那么 p++就相当于 p 加上 4 个字节。

采用通过移动指针变量 p 来引用数组元素的方法,可将例 11.1 程序修改如下:

```
1   #include <stdio.h>
2   int main(void)
3   {
4       int   a[5], *p;
5       printf("Input five numbers:");
6       for (p = a; p < a+5; p++)
7           {
```

```
8              scanf("%d", p);              // 用指针法引用数组元素
9          }
10      for (p = a; p < a+5; p++)
11      {
12              printf("%4d", *p);              // 用指针法引用数组元素
13      }
14      printf("\n");
15      return 0;
16  }
```

因 a 被解释为一个指向 a[0] 的整型指针常量,所以执行第 6 行 for 语句中的赋值操作 p = a 后,指针变量 p 也指向了 a[0],于是就可通过移动指针变量 p 来依次引用数组 a 的元素了。

由于指针变量 p 指向数组的首地址 &a[0],所以 *p 表示取出 p 所指向的内存单元中的内容,即元素 a[0] 的值,p+1 指向当前指针所指元素的下一个元素,p+i 指向当前指针下面的第 i 个元素,*(p+i) 表示取出 p+i 所指向的内存单元中的内容,即元素 a[i] 的值。

 注意,虽然 a 和 p 的值都是数组的首地址,但不能像使用指针变量 p 那样对数组名 a 执行增 1 或减 1 操作。这是因为 p 是指针变量,可通过赋值操作改变它的值,使 p 指向数组中的其他元素,而数组名 a 是指针常量,代表一个地址常量,其值是不能被改变的。

指针也可用下标形式表示。采用指针的下标表示法,可将例 11.1 程序修改如下:

```
1   #include <stdio.h>
2   int main(void)
3   {
4       int   a[5], *p = NULL, i;
5       printf("Input five numbers:");
6       p = a;                          // p = a 等价于 p = &a[0]
7       for (i = 0; i < 5; i++)
8       {
9               scanf("%d", &p[i]);      // &p[i] 等价于 p+i
10      }
11      p = a;                          // 在再次循环开始前,确保指针 p 指向数组首地址
12      for (i = 0; i < 5; i++)
13      {
14              printf("%4d", p[i]);     // p[i] 等价于 *(p+i)
15      }
16      printf("\n");
17      return 0;
18  }
```

上面几个程序的运行结果都是一样的,下面是其中的一次测试结果:

> **Input five numbers: 1 2 3 4 5** ↙
>     **1   2   3   4   5**

可见,用数组实现的操作也可用指针来实现。由于增 1 运算的执行效率很高,所以利用指针的增 1 运算实现指针的移动,省去了每寻址一个数组元素都要进行的指针算术运算。因此,在上面的 4 种方法中,第 2 种方法的执行效率最高,而其他几种方法的执行效率是一样的。虽然用指针编程比用数组编程效率高,但使用数组编程的方法更直观和容易理解。

**3. 数组和指针作为函数参数进行模拟按引用调用中的相似性**

用数组名和用指向一维数组的指针变量作函数实参,向被调函数传递的都是数组的起始地址,都是模拟按引用调用。一维数组做函数形参时,因为它只起到接收数组起始地址的作用,所以会发生数组类型到指针类型的隐式转换,即使将形参声明为一维数组,它也将退化为指针,系统仅仅为其分配指针所占的内存空间,并不为形参数组分配额外的存储空间,而是让形参数组共享实参数组所占的存储空间。因此用一维数组作函数形参与用指针变量作函数形参本质上是一样的,因为它们接收的都是数组的起始地址,都需按此地址对主调函数中的实参数组元素进行间接寻址,因此在被调函数中既能以下标形式也能以指针形式来访问数组元素。

需要注意的是,数组和指针并非在所有的情况下都是等同的。例如,sizeof(数组名)和 sizeof(指针变量名)就是不可互换的。

**【例 11.2】**下面程序用于演示数组和指针变量作为函数参数,实现的功能与例 11.1 相同。

方法 1:被调函数的形参声明为数组类型,用下标法访问数组元素。

```
1    void InputArray(int a[], int n)      // 形参声明为数组,输入数组元素值
2    {
3        int  i;
4        for (i = 0; i < n; i++)
5        {
6            scanf("%d", &a[i]);          // 用下标法访问数组元素
7        }
8    }
9    void OutputArray(int a[], int n)      // 形参声明为数组,输出数组元素值
10   {
11       int i;
12       for (i = 0; i < n; i++)
13       {
14           printf("%4d", a[i]);          // 用下标法访问数组元素
15       }
16       printf("\n");
17   }
```

方法 2:被调函数的形参声明为指针变量,用指针法访问数组元素。

```
1    void InputArray(int *pa, int n)          // 形参声明为指针变量,输入数组元素值
2    {
3        int i;
4        for (i = 0; i < n; i++, pa++)
5        {
6            scanf("%d", pa);                 // 用指针法访问数组元素
7        }
8    }
9    void OutputArray(int *pa, int n)         // 形参声明为指针变量,输出数组元素值
10   {
11       int i;
12       for (i = 0; i < n; i++, pa++)
13       {
14           printf("%4d", *pa);              // 用指针法访问数组元素
15       }
16       printf("\n");
17   }
```

方法 3:被调函数的形参声明为数组类型,用指针法访问数组元素。

```
1    void InputArray(int a[], int n)          // 形参声明为数组,输入数组元素值
2    {
3        int i;
4        for (i = 0; i < n; i++)
5        {
6            scanf("%d", a+i);                // 这里 a+i 等价于 &a[i]
7        }
8    }
9    void OutputArray(int a[], int n)         // 形参声明为数组,输出数组元素值
10   {
11       int i;
12       for (i = 0; i < n; i++)
13       {
14         printf("%4d", *(a+i));             // 这里 *(a+i)等价于 a[i]
15       }
16       printf("\n");
17   }
```

方法 4:被调函数的形参声明为指针变量,用下标法访问数组元素。

```
1    void InputArray(int *pa, int n)          // 形参声明为指针变量,输入数组元素值
```

```
2    {
3        int i;
4        for (i = 0; i < n; i++)
5        {
6            scanf("%d", &pa[i]);        // 形参声明为指针变量时也可以按下标方式访问数组
7        }
8    }
9    void OutputArray(int *pa, int n)        // 形参声明为指针变量,输出数组元素值
10   {
11       int i;
12       for (i = 0; i < n; i++)
13       {
14           printf("%4d", pa[i]);        // 形参声明为指针变量时也可以按下标方式访问数组
15       }
16       printf("\n");
17   }
```

在主函数中,都可以用数组名作函数实参。

```
1    #include <stdio.h>
2    int main(void)
3    {
4        int a[5];
5        printf("Input five numbers:");
6        InputArray(a, 5);               // 用数组名作为函数实参
7        OutputArray(a, 5);              // 用数组名作为函数实参
8        return 0;
9    }
```

当然,主函数也可以用指针变量作为函数实参,即

```
1    #include <stdio.h>
2    int main(void)
3    {
4        int a[5];
5        int *p = a;
6        printf("Input five numbers:");
7        InputArray(p, 5);               // 用指向数组 a 的指针变量作为函数实参
8        OutputArray(p, 5);              // 用指向数组 a 的指针变量作为函数实参
9        return 0;
10   }
```

但是,在主函数中这样做没有多大的实际意义,因为无非就是要向被调函数传递数组的起始地址,既然可以用数组名作函数实参来传递,有这种更简单直接的方法可以使用,显然没必要舍近求远使用指针变量。

## 11.2 指针和二维数组间的关系

**1. 二维数组的行地址和列地址**

在 C 语言中,可将一个二维数组看成是由若干个一维数组构成的。例如若有下面的定义:

`int a[3][4];`

则其二维数组的逻辑存储结构如图 11-3 所示。

|  | 第0列 | 第1列 | 第2列 | 第3列 |
|---|---|---|---|---|
| 第0列 | a[0][0] | a[0][1] | a[0][2] | a[0][3] |
| 第1列 | a[1][0] | a[1][1] | a[1][2] | a[1][3] |
| 第2列 | a[2][0] | a[2][1] | a[2][2] | a[2][3] |

图 11-3 二维数组 a 的逻辑存储结构

可按图 11-4 来理解二维数组的行地址和列地址的概念。首先可将二维数组 a 看成是由 a[0]、a[1]、a[2]三个元素组成的一维数组,a 是它的数组名,代表其第一个元素 a[0]的地址 (&a[0])。根据一维数组与指针的关系可知,a+1 表示的是首地址所指元素后面的第 1 个元素的地址,即元素 a[1]的地址(&a[1])。同理,a+2 表示元素 a[2]的地址(&a[2])。于是,通过这些地址就可引用各元素的值了,例如 *(a+0)或 *a 即为元素 a[0], *(a+1)即为元素 a[1], *(a+2)即为元素 a[2]。注意:这里所谓的元素事实上仍然是个地址,而非具体的数据值。

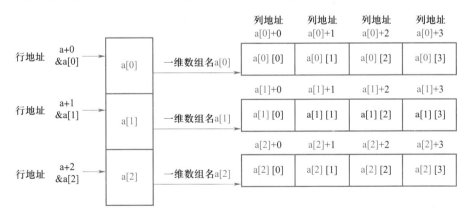

图 11-4 二维数组的行地址和列地址示意图

其次,可将 a[0]、a[1]和 a[2]三个元素分别看成是由 4 个整型元素组成的一维数组的数组名。例如,a[0]可看成是由元素 a[0][0]、a[0][1]、a[0][2]和 a[0][3]这 4 个整型元素组成的一维数组的数组名,代表该一维数组第一个元素 a[0][0] 的地址(&a[0][0]),a[0]+1 则代表元素 a[0][1] 的地址(&a[0][1]),a[0]+2 代表元素 a[0][2] 的地址(&a[0][2]),a[0]+3 代表元素 a[0][3] 的地址(&a[0][3])。因此,*(a[0]+0) 即为元素 a[0][0],*(a[0]+1) 即为元素 a[0][1],*(a[0]+2) 即为元素 a[0][2],*(a[0]+3) 即为元素 a[0][3]。

注意:由于 a[0] 可看成是由 4 个整型元素组成的一维数组的数组名,因此 a[0]+1 中的数字 1 代表的是一个整型元素所占的存储单元的字节数,即二维数组的一列所占的字节数:1×sizeof(int);而 a 可看成是由 a[0]、a[1]、a[2] 三个元素组成的一维数组的数组名,因此表达式 a+1 中的数字 1 代表的是一个含有 4 个整型元素的一维数组所占的存储单元的字节数,即二维数组的一行所占的字节数:4×sizeof(int)。

根据上面分析可归纳如下:a[i] 即 *(a+i) 可以看成是一维数组 a 的下标为 i 的元素,同时,a[i] 即 *(a+i) 又可看成是由 a[i][0]、a[i][1]、a[i][2] 和 a[i][3] 等 4 个元素组成的一维整型数组的数组名,代表这个一维数组第 1 个元素 a[i][0] 的地址(&a[i][0]);而 a[i]+j 即 *(a+i)+j 代表这个数组中下标为 j 的元素的地址,即 &a[i][j]。*(a[i]+j) 即 *(*(a+i)+j) 就代表这个地址所指向的元素的值,即 a[i][j]。因此,下面 4 种表示 a[i][j] 的形式是等价的:

$$\textbf{a[i][j]} \quad \longleftrightarrow \quad \textbf{*(a[i]+j)} \quad \longleftrightarrow \quad \textbf{*(*(a+i)+j)} \quad \longleftrightarrow \quad \textbf{(*(a+i))[j]}$$

如果将二维数组的数组名 a 看成一个行地址(第 0 行的地址),则 a+i 代表二维数组 a 的第 i 行的地址,a[i] 可看成一个列地址,即第 i 行第 0 列的地址。行地址 a 每次加 1,表示指向下一行,而列地址 a[i] 每次加 1,表示指向下一列。

打个比方,二维数组的行地址好比一个宾馆房间所在的楼层号,二维数组的列地址好比一个宾馆房间所在的房间号,要想进入第 i 层的第 j 个房间,必须先从第 1 层开始登楼梯,登到第 i 层后,再从第 i 层的第 1 个房间开始数,直到数到第 j 个房间为止。

**2. 通过二维数组的行指针和列指针来引用二维数组元素**

通过对二维数组的行地址和列地址的分析可知,二维数组中有两种指针。一种是行指针,使用二维数组的行地址进行初始化;另一种是列指针,使用二维数组的列地址进行初始化。

例如,对于图 11-4 所示的二维数组 a,可定义如下的行指针:

```
int  (*p)[4];
```

在解释变量声明语句中变量的类型时,虽然说明符[ ]的优先级高于 ∗ ,但由于圆括号的优先级更高,所以先解释 ∗ ,再解释[ ]。所以,p 的类型被表示为

$$\textbf{p} \longrightarrow \quad \textbf{*} \quad \longrightarrow \textbf{[4]} \longrightarrow \textbf{int}$$

说明定义了一个可指向含有 4 个元素的一维整型数组的指针变量。关键字 int 代表行指针所指一维数组的类型。[ ]中的 4 表示行指针所指一维数组的长度,它是不可以省略的。实际上,这个指针变量 p 可作为一个指向二维数组的行指针,它所指向的二维数组的每一行有 4 个元素。

注意,在变量声明语句中必须显式地指定指针变量所指向的一维数组的长度(对应于二维数组的列数)。对指向二维数组的行指针 p 进行初始化的方法为:

```
p = a;
```

或

```
p = &a[0];
```

通过行指针 p 引用二维数组 a 的元素 a[i][j] 的方法可用以下 4 种等价的形式：

**p[i][j] ⟷ *(p[i]+j) ⟷ *(*(p+i)+j) ⟷ (*(p+i))[j]**

由于列指针所指向的数据类型为二维数组的元素类型,因此列指针和指向同类型简单变量的指针的定义方法是一样的。例如,对于图 11-4 所示的二维数组 a,可定义列指针如下：

```
int *p;
```

可用以下 3 种等价的方式对其进行初始化。

**p = a[0]; ⟷ p = *a; ⟷ p = &a[0][0];**

定义了列指针 p 后,为了能通过 p 引用二维数组 a 的元素 a[i][j],可将数组 a 看成一个由 (m 行×n 列)个元素组成的一维数组。由于 p 代表数组的第 0 行第 0 列的地址,而从数组的第 0 行第 0 列寻址到数组的第 i 行第 j 列,中间需跳过 i*n+j 个元素,因此,p+i*n+j 代表数组的第 i 行第 j 列的地址,即 &a[i][j],*(p+i*n+j) 或 p[i*n+j] 都表示 a[i][j]。

 注意,此时不能用 p[i][j] 来表示数组元素,这是因为此时并未将这个数组看成二维数组,而是将二维数组等同于一维数组看待的,也就是将其看成了一个具有 m×n 个元素的一维数组。正因如此,在定义二维数组的列指针时,无须指定它所指向的二维数组的列数。

如图 11-5(a)所示,此时对该列指针执行增 1(或减 1)操作时,指针是沿着二维数组逻辑列的方向移动的,每次操作移动的字节数为：二维数组的基类型所占的字节数。由于该字节数和二维数组的列数无关,因此在定义指针时,即使不指定列数,也能计算指针移动的字节数。当使用列指针访问数组元素时,由于二维数组的列数只用来计算元素的地址偏移量,因此可以用一个形参变量来指定数组元素的总数(或者行、列数)。二维数组的列指针常常用做函数参数,以

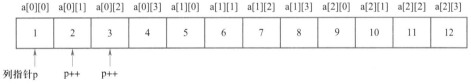

(a) 二维数组的列指针的增1操作

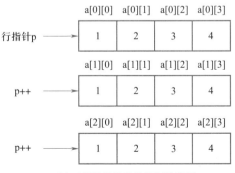

(b) 二维数组的行指针的增1操作

图 11-5 二维数组的列指针和行指针的增 1 操作

实现当二维数组的行列数需要动态指定的场合。

相反地,在定义和使用二维数组的行指针时,必须显式地指定其所指向的一维数组的长度(即二维数组的列数),且不能用变量指定列数。如图 11-5(b)所示,对该行指针执行增 1(或减 1)操作时,指针是沿着二维数组逻辑行的方向移动的,每次操作移动的字节数为:二维数组的列数×数组的基类型所占的字节数。显然,如果不指定列数,则无法计算指针移动的字节数。

打个比方,好比是一副扑克牌有 4 种花色(Suit),每种花色有 13 张牌面(Face),总计有 13×4＝52 张,花色和牌面分别对应二维数组的行和列。现在,我们以两种方式将其摆放在桌面上,一种是将其全部按顺序排好后统一摆放在桌面上,另一种是将其按花色分成 4 摞,每一摞 13 张单独放在一起,将这 4 摞扑克牌按花色分类分开摆放在桌面上。

此时,第一种摆放扑克牌的方法好比是将二维数组看成一个一维数组,要在其中查找某一张扑克牌,只能一张一张地找,相当于使用二维数组的列指针来寻址数组元素。而第二种摆放扑克牌的方法好比是先一摞一摞地查找扑克牌在哪一摞,然后再在这一摞中一张一张地查找,相当于使用二维数组的行指针来寻址数组元素。

微视频
指针与二维
数组间的关系

【例 11.3】编写程序,输入一个 3 行 4 列的二维数组,然后输出这个二维数组的元素值。

先用二维数组作函数形参编写程序如下。

教学课件

```
1    #include <stdio.h>
2    #define N  4
3    void InputArray(int p[][N], int m, int n);
4    void OutputArray(int p[][N], int m, int n);
5    int main(void)
6    {
7        int a[3][4];
8        printf("Input 3*4 numbers:\n");
9        InputArray(a, 3, 4);        // 向函数传递二维数组的第 0 行的地址
10       OutputArray(a, 3, 4);       // 向函数传递二维数组的第 0 行的地址
11       return 0;
12   }
13   // 形参声明为列数已知的二维数组,输入数组元素值
14   void InputArray(int p[][N], int m, int n)
15   {
16       for (int i = 0; i < m; i++)
17       {
18           for (int j = 0; j < n; j++)
19           {
20               scanf("%d", &p[i][j]);
```

```
21                }
22            }
23        }
24    //形参声明为列数已知的二维数组,输出数组元素值
25    void OutputArray(int p[][N], int m, int n)
26    {
27        for (int i = 0; i < m; i++)
28        {
29            for (int j=0; j<n; j++)
30            {
31                printf("%4d", p[i][j]);
32            }
33            printf("\n");
34        }
35    }
```

程序运行结果如下:

**Input 3\*4 numbers:**
**1 2 3 4 5 6 7 8 9 10 11 12** ✓
   **1   2   3   4**
   **5   6   7   8**
   **9  10 11 12**

　　由于二维数组作函数形参时,必须显式地指定数组第 2 维(列)的长度,因此程序在第 2 行定义了一个符号常量 N,但需注意的是,N 值应与主函数中定义的二维数组 a 的第 2 维(列)长度一致,否则将出现错误。例如,若将程序第 2 行修改为:

**#define N 10**

则程序编译时将给出如下警告信息,提示"数组的下标不一致以及形参和实参的类型不一致":

**passing argument 1 of 'InputArray' from incompatible pointer type**
**note: expected 'int (\* )[10]' but argument is of type 'int (\* )[4]' |**
**passing argument 1 of 'OutputArray' from incompatible pointer type**
**note: expected 'int (\* )[10]' but argument is of type 'int (\* )[4]'**

此时,必须同时将程序第 7 行语句修改为:

**int  a[3][N];**

这样虽然不会再出错,但显然当 n<N 时,会造成部分内存空间的浪费。

本例除了可用二维数组作函数形参外,还可用二维数组的行指针作函数形参,而主函数不变。程序修改的语句如下:

```
3    void InputArray(int (*p)[N], int m, int n);
4    void OutputArray(int (*p)[N], int m, int n);
```

```
13      // 形参声明为指向列数已知的二维数组的行指针,输入数组元素值
14      void InputArray(int(*p)[N], int m, int n)
15      {
16          for (int i = 0; i < m; i++)
17          {
18              for (int j = 0; j < n; j++)
19              {
20                  scanf("%d", *(p+i)+j);
21              }
22          }
23      }
24      //形参声明为指向列数已知的二维数组的行指针,输出数组元素值
25      void OutputArray(int (*p)[N], int m, int n)
26      {
27          for (int i = 0; i < m; i++)
28          {
29              for (int j = 0; j < n; j++)
30              {
31                  printf("%4d", *(*(p+i)+j));
32              }
33              printf("\n");
34          }
35      }
```

在这个程序中,同样要将 N 定义为与二维数组 a 的列数一致,否则仍会显示前面所示的 warning。也就是说,当二维数组 a 的列数变化时,必须修改程序中对符号常量 N 的定义。为避免这个问题,使程序能适应二维数组列数的变化,应使用二维数组的列指针作函数形参,在主函数中向其传递二维数组的第 0 行第 0 列元素的首地址。此时,程序修改如下:

```
1       #include <stdio.h>
2       void InputArray(int *p, int m, int n);
3       void OutputArray(int *p, int m, int n);
4       int main(void)
5       {
6           int a[3][4];
7           printf("Input 3*4 numbers:\n");
8           InputArray(*a, 3, 4);           // 向函数传递二维数组的第 0 行第 0 列的地址
9           OutputArray(*a, 3, 4);          // 向函数传递二维数组的第 0 行第 0 列的地址
10          return 0;
```

```
11    }
12    // 形参声明为指向二维数组的列指针,输入数组元素值
13    void InputArray(int *p, int m, int n)
14    {
15        for (int i = 0; i < m; i++)
16        {
17            for (int j = 0; j < n; j++)
18            {
19                scanf("%d", &p[i*n+j]);
20            }
21        }
22    }
23    // 形参声明为指向二维数组的列指针,输出数组元素值
24    void OutputArray(int *p, int m, int n)
25    {
26        for (int i = 0; i < m; i++)
27        {
28            for (int j = 0; j < n; j++)
29            {
30                printf("%4d", p[i*n+j]);
31            }
32            printf("\n");
33        }
34    }
```

## 11.3 指针数组及其应用

### 11.3.1 指针数组用于表示多个字符串

一维字符数组可存储一个字符串,二维字符数组可存储多个字符串。如第 10 章的例 10.4 所示,程序定义了如下二维数组来存储参加奥运会的国家的国名:

  **char name[N][MAX_LEN];** //最多 N 个国家,每个国家的国名长度小于 MAX_LEN

可见,用二维数组存储多个字符串时,需按最长的字符串的长度来定义这个二维数组的列数,二维数组的每一行存储一个字符串。用二维数组对多个字符串排序的示意图如图 11-6 所示,由于二维数组的元素在内存中是连续存放的,存完第一行后,再存第二行,以此类推。所以,无论每个字符串的实际长度是否一样,在内存中都占有相同长度的存储单元,都要按照最长的字符串的长度来为每个字符串分配内存。此外,使用二维数组对字符串排序的过程中,为了交

换字符串的排列顺序,需要经常移动整个字符串的存储位置,因此字符串排序的速度很慢。

| 实参数组名 | 形参数组名 | 字符串排序前 | | | | | | | | | |
|---|---|---|---|---|---|---|---|---|---|---|---|
| name[0] | str[0] | A | m | e | r | i | c | a | \0 | \0 | \0 |
| name[1] | str[1] | E | n | g | l | a | n | d | \0 | \0 | \0 |
| name[2] | str[2] | A | u | s | t | r | a | l | i | a | \0 |
| name[3] | str[3] | S | w | e | d | e | n | \0 | \0 | \0 | \0 |
| name[4] | str[4] | F | i | n | l | a | n | d | \0 | \0 | \0 |

| 实参数组名 | 形参数组名 | 字符串排序后 | | | | | | | | | |
|---|---|---|---|---|---|---|---|---|---|---|---|
| name[0] | str[0] | A | m | e | r | i | c | a | \0 | \0 | \0 |
| name[1] | str[1] | A | u | s | t | r | a | l | i | a | \0 |
| name[2] | str[2] | E | n | g | l | a | n | d | \0 | \0 | \0 |
| name[3] | str[3] | F | i | n | l | a | n | d | \0 | \0 | \0 |
| name[4] | str[4] | S | w | e | d | e | n | \0 | \0 | \0 | \0 |

图 11-6　例 10.4 用二维数组对多个字符串排序示意图

有没有无须移动整个字符串来实现字符串排序的方法呢？这就要用到本节介绍的指针数组。指针数组与指向数组的指针有着本质的区别,指向数组的指针是一个指针变量,指针变量中保存的是一个数组的首地址,而指针数组是一个数组,只不过是指针作为数组的元素,形成了指针数组。由若干基类型相同的指针所构成的数组,称为指针数组(Pointer Array)。由定义可知,指针数组的每个元素都是一个指针,且这些指针指向相同数据类型的变量。

指针数组的最主要的用途之一就是对多个字符串进行处理操作。虽然有时字符指针数组和二维字符数组能解决同样的问题,但涉及多字符串处理操作时,使用字符指针数组比二维字符数组更有效,例如可加快字符串的排序速度。

【例 11.4】使用指针数组重新编写第 10 章例 10.4 程序。

```
1    #include <stdio.h>
2    #include <string.h>
3    #define   MAX_LEN  10              // 字符串最大长度
4    #define   N  150                   // 字符串个数
5    void SortString(char *ptr[], int n);
6    int main(void)
7    {
8        int    i, n;
9        char   name[N][MAX_LEN];       // 定义二维字符数组
```

```
10          char    *pStr[N];                    // 定义字符指针数组
11      printf("How many countries?");
12      scanf("%d",&n);
13      getchar();                               // 读走输入缓冲区中的回车符
14      printf("Input their names:\n");
15      for (i = 0; i < n; i++)
16      {
17          pStr[i] = name[i];                   // 让 pStr[i]指向二维字符数组 name 的第 i 行
18          gets(pStr[i]);                       // 输入第 i 个字符串到 pStr[i]指向的内存
19      }
20      SortString(pStr, n);                     // 字符串按字典顺序排序
21      printf("Sorted results:\n");
22      for (i = 0; i < n; i++)
23      {
24          puts(pStr[i]);                       // 输出排序后的 n 个字符串
25      }
26      return 0;
27  }
28  //函数功能:用指针数组作函数参数,采用交换法实现字符串按字典顺序排序
29  void SortString(char *ptr[], int n)
30  {
31      int    i, j;
32      char   *temp = NULL;        // 因交换的是字符串的地址值,故 temp 定义为指针变量
33      for (i = 0; i < n-1; i++)
34      {
35          for (j = i+1; j < n; j++)
36          {
37              if (strcmp(ptr[j], ptr[i]) < 0)   // 交换指向字符串的指针
38              {
39                  temp = ptr[i];
40                  ptr[i] = ptr[j];
41                  ptr[j] = temp;
42              }
43          }
44      }
45  }
```

程序的运行结果如下:

```
How many countries? 5↙
Input their names:
America ↙
England ↙
Australia ↙
Sweden ↙
Finland ↙
Sorted results:
America
Australia
England
Finland
Sweden
```

程序第 10 行定义了一个字符指针数组 pStr,在解释这个变量声明语句中变量的类型时,说明符[ ]的优先级高于 ∗ ,即先解释[ ],再解释 ∗ 。所以,pStr 的类型被表示为

$$pStr \longrightarrow [N] \longrightarrow * \longrightarrow char$$

它声明了一个有 N 个元素的字符指针数组 pStr,它的每个元素都是一个字符型指针。常量 N 规定了指针数组的长度,关键字 char 代表指针数组元素可指向的类型为字符型。

在程序第 15~19 行的 for 循环中,首先为指针数组 pStr 的第 i 个指针元素进行初始化,即用二维字符数组 name 的第 i 行的首地址为 pStr[i]初始化,让指针 pStr[i]指向二维字符数组 name 中的第 i 个字符串。然后,输入第 i 个字符串保存到 pStr[i]指向的存储单元(即二维字符数组 name 的第 i 行)中。

 注意,因指针数组的元素是一个指针,所以与指针变量一样,在使用指针数组之前必须对数组元素进行初始化。指针变量未初始化时,其值是不确定的,即它指向的存储单元是不确定的,此时对其进行写操作是很危险的。

例如本例,如果删掉第 17 行语句,那么程序会产生什么结果呢?

此时,当程序运行到第 18 行时,程序将弹出如图 8-3 所示的对话框,导致程序异常终止。这是因为原第 17 行对指针数组元素 pStr[i]进行初始化的语句被删掉了,使得 pStr[i]指向未知不确定的存储单元,从而产生非法访问内存的错误。

除了本例第 18 行的指针数组初始化方法外,还可用字符串字面量对其初始化。例如:

**char \*pStr[N]={"America","England","Australia","Sweden","Finland"};**

虽然这里初始化列表中的字符串也像数组那样存储在内存中的某些存储单元中,但编译器只需将存放这些字符串的存储单元的首地址赋值给 pStr 中的元素,而无须知道存储这些字符串的数组的名字是什么。使用字符串字面量对指针数组元素进行初始化时,由于每个字符串字面量在内存中所占的存储空间大小与其实际长度相同,因此,在这种情况下可以节省内存。

下面来看本例第 29~45 行的函数 SortString()是如何实现字符串排序的。与例 10.4 程序不同

的是,本例函数 SortString() 的第 1 个形参 ptr 未声明为二维字符数组,而是声明为指针数组,因此在第 20 行调用该函数时应该用指针数组名 pStr 作为函数实参。

如图 11-7 所示,形参 ptr 接收实参传过来的指针数组 pStr 的首地址后,和 pStr 一样也指向了指针数组 pStr 的首地址。这样,在被调函数中修改形参指针数组 ptr 的元素值,也就相当于是修改实参指针数组 pStr 的元素值了。

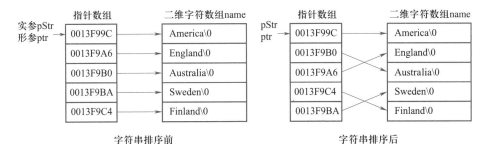

图 11-7  例 11.4 用指针数组对多个字符串排序示意图

第 33~44 行的双重循环语句采用交换法实现字符串按字典顺序排序,其中第 39~41 行的 3 条赋值语句用于交换指针数组的元素值,即交换指向字符串的指针值。也就是说,排序结果只改变了原来指针数组 pStr 的元素的指向,并未改变二维字符数组 name 中字符串的排列顺序。

微视频
字符串排序

例如,ptr[1] 排序前指向 "England",排序后指向了 "Australia";ptr[2] 排序前指向 "Australia",排序后指向了 "England";ptr[3] 排序前指向 "Sweden",排序后指向了 "Finland";ptr[4] 排序前指向 "Finland",排序后指向了 "Sweden"。但在内存中字符串的排列顺序没有变化,仍然是 "America"、"England"、"Australia"、"Sweden"、"Finland",因而也就省去了字符串排序过程中移动整个字符串所需的时间开销。

教学课件

通过在主函数中增加一些打印语句,可验证上述分析结果。具体修改如下:

```
1    int main(void)
2    {
3        int    i, n;
4        char   name[N][MAX_LEN];        // 定义二维字符数组
5        char   *pStr[N];                // 定义字符指针数组
6        printf("How many countries?");
7        scanf("%d",&n);
8        getchar();                      // 读走输入缓冲区中的回车符
9        printf("Input their names:\n");
10       for (i=0; i<n; i++)
11       {
12           pStr[i]=name[i];       // 让 pStr[i] 指向二维字符数组 name 的第 i 行
```

```
13              gets(pstr[i]);                  // 输入第 i 个字符串到 pStr[i]指向的内存
14          }
15      printf("Before sorted: \n");
16      printf("pStr[i]   pStr[i] point to   name[i] \n");
17      for (i=0; i<n; i++)
18      {
19          printf("%-10p",  pStr[i]);  // 输出排序前的 n 个字符串的首地址
20          printf("%13s%13s \n",pStr[i],name[i]);  // 输出排序前的 n 个字符串
21      }
22      SortString(pStr, n);                          // 字符串按字典顺序排序
23      printf("After sorted: \n");
24      printf("pStr[i]   pStr[i] point to   name[i] \n");
25      for (i=0; i<n; i++)
26      {
27          printf("%-10p",  pStr[i]);  // 输出排序后的 n 个字符串的首地址
28          printf("%13s%13s \n",pStr[i],name[i]);// 输出排序后的 n 个字符串
29      }
30      return 0;
31  }
```

修改后的程序的运行结果如下:

```
How many countries? 5↙
Input their names:
America ↙
England ↙
Australia ↙
Sweden ↙
Finland ↙
Before sorted:
pStr[i]   pStr[i] point to   name[i]
0013F99C          America     America
0013F9A6          England     England
0013F9B0        Australia   Australia
0013F9BA           Sweden      Sweden
0013F9C4          Finland     Finland
After sorted:
```

| pStr[i] | pStr[i] point to | name[i] |
|---|---|---|
| 0013F99C | America | America |
| 0013F9B0 | Australia | England |
| 0013F9A6 | England | Australia |
| 0013F9C4 | Finland | Sweden |
| 0013F9BA | Sweden | Finland |

程序第 19 行和第 27 行语句使用%p 格式符输出排序前后的 n 个字符串的首地址,位于%和 p 中间的负号表示输出数据向左靠齐(没有负号时表示向右靠齐),10 表示输出数据占 10 个位宽。

第 17~21 行的 for 语句用于向屏幕输出排序之前指针数组元素 pStr[i]的值、pStr[i]指向的字符串以及二维字符数组 name 中的第 i 个字符串。程序第 25~29 行的 for 语句用于向屏幕输出排序之后指针数组元素 pStr[i]的值、pStr[i]指向的字符串以及二维字符数组 name 中的第 i 个字符串。

对比排序前后程序输出的结果,我们发现保存在二维字符数组 name 中的字符串没有发生任何变化,即执行 SortString()后字符串在其实际物理存储空间中的存放位置没有改变。但每个指针数组元素所指向的字符串在排序前后却发生了变化,即这种排序仅改变了指针数组中各元素的指向。

通过移动字符串在实际物理存储空间中的存放位置而实现的排序,称为物理排序;而用指针数组存储每个字符串的首地址时,字符串排序时无需改变字符串在内存中的存储位置,只要改变指针数组中各元素的指向即可。这种通过移动字符串的索引地址实现的排序,称为索引排序。显然,移动指针的指向比移动字符串要快得多,所以,相对于物理排序而言,使用索引排序的效率更高。

### 11.3.2 指针数组用于表示命令行参数

在 DOS 操作系统下,将文件 file1.c 的内容复制到文件 file2.c 中,用如下命令:

**copy  file1.c  file2.c**✓

这种运行程序的方式称为命令行,copy、file1.c 和 file2.c 称为命令行参数(Command Line Arguments)。命令行参数中的 copy 为复制操作的命令名,另外两个参数 file1.c 和 file2.c 分别代表复制的源文件和目标文件的文件名,它们之间用一个或多个空格分隔。

在 C 程序中,命令行参数是如何传递给程序的呢? 事实上,函数 main()是通过形参获得这些参数的,因此需要使用带参数的 main()形式。

【例 11.5】下面的程序用于演示命令行参数与函数 main()各形参之间的关系。

```
1    #include <stdio.h>
2    int main(int argc, char *argv[])
3    {
4        int  i;
```

```
5        printf("The number of command line arguments is:%d \n", argc);
6        printf("The program name is:%s \n", argv[0]);
7        if (argc > 1)
8        {
9            printf("The other arguments are following: \n");
10           for (i=1; i<argc; i++)
11           {
12               printf("%s \n", argv[i]);
13           }
14       }
15       return 0;
16   }
```

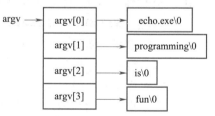

假定程序文件名是 echo.c,程序编译连接后的可执行文件名为 echo.exe,则如图 11-8 所示,在 DOS 命令提示符下输入如下命令行:

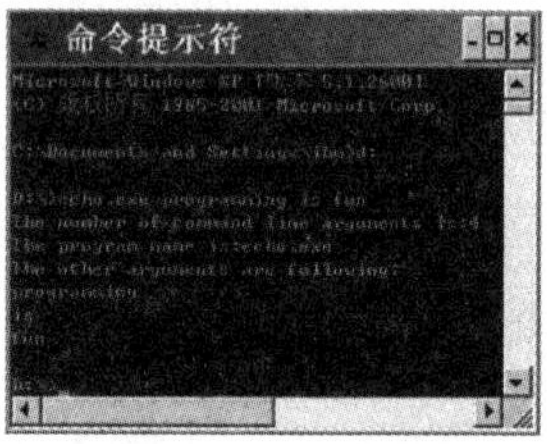

图 11-8　在 DOS 命令提示符下的程序运行结果

    **echo.exe  programming  is  fun** ↙

将显示如下运行结果(其中,扩展名 .exe 也可不输入):

    **The number of command line arguments is: 4**

    **The program name is: echo.exe**

    **The other arguments are following:**

    **programming**

    **is**

    **fun**

程序第 2 行是带参数的 main() 函数的定义,形参 argc 和 argv 的取名来自惯例。第 1 个形参 argc 被声明为整型变量,用于存放命令行中参数的个数,因程序名也是命令行参数,所以 argc 的值至少为 1。第 2 个形参 argv 被声明为字符指针数组,用于接收命令行参数。这是指针数组的第 2 个重要应用。

由于所有命令行参数都被当做字符串来处理,所以在这里字符指针数组 argv 的各元素依次指向命令行中的参数。如图 11-9 所示,argv[0] 指向第 1 个命令行参数,即可执行文件名 echo.exe,因此执行程序第 6 行语句后,将在屏幕上输出 echo.exe。命令行中的其他参数是

图 11-9　命令行参数示意图

由第 10~13 行的 for 循环语句输出的。当变量 i 从 1 依次增加到 argc-1 时,argv[i] 依次指向第 2、3……argc 个命令行参数,因此程序依次输出命令行中的字符串" programming" ," is" ," fun"。

命令行参数很有用,尤其在 Linux 操作系统下或批处理命令中使用较为广泛。

## 11.4 动态数组

### 11.4.1 C 程序的内存映像

一个编译后的 C 程序获得并使用 4 块在逻辑上不同且用于不同目的的内存储区,如图 11-10 所示。从内存的低端开始,第一块内存为只读存储区,存放程序的机器代码和字符串字面量等只读数据,相邻的一块内存是静态存储区,用于存放程序中的全局变量和静态变量等,其他两块内存分别称为堆(Heap)和栈(Stack),为动态存储区。其中,栈用于保存函数调用时的返回地址、函数的形参、局部变量及 CPU 的当前状态等程序的运行信息。堆是一个自由存储区,程序可利用 C 的动态内存分配函数来使用它。虽然这 4 块区域的实际物理布局随 CPU 的类型和编译程序的实现而异,但图 11-10 仍从概念上描述了 C 语言程序的内存映像。

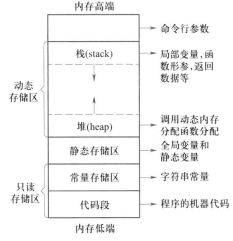

图 11-10 C 语言程序的内存映像

C 语言程序中变量的内存分配方式有以下 3 种:

**1. 从静态存储区分配**

程序的全局变量和静态变量都在静态存储区上分配,且在程序编译时就已经分配好了,在程序运行期间始终占据这些内存,仅在程序终止前,才被操作系统收回。

**2. 在栈上分配**

在执行函数调用时,系统在栈上为函数内的局部变量及形参分配内存,函数执行结束时,自动释放这些内存。栈内存分配运算内置于处理器的指令集之中,效率很高,但是容量有限。如果往栈中压入的数据超出预先给栈分配的容量,那么就会出现栈溢出,从而使程序运行失败。

**3. 从堆上分配**

在程序运行期间,用动态内存分配函数来申请的内存都是从堆上分配的。动态内存的生存期由程序员自己来决定,使用非常灵活,如果不及时调用 free() 释放不再使用的内存,则会出现内存泄露的问题,详见 11.5 节。

### 11.4.2 动态内存分配函数

在 C 语言中,指针之所以重要,原因有以下 4 点:

(1) 指针为函数提供修改变量值的手段;

(2) 指针为 C 的动态内存分配系统提供支持;

(3) 指针为动态数据结构(如链表、队列、二叉树等)提供支持;

微视频
C 程序的内
存映像

教学课件

（4）指针可以改善某些子程序的效率。

在前几章中，我们已经了解到指针的一个重要应用是用指针作函数参数，为函数提供了一种修改变量的手段。当用指针作函数形参时，须将函数外的某个变量的地址传给函数形参列表中相应的指针变量，以便函数内的代码通过指针变量来改变函数外的这个变量的值。此外，因指针的增 1 和减 1 运算速度很快，所以用指针变量来寻址数组元素可提高程序的执行效率。

指针的另一个重要应用是把指针与动态内存分配函数联用，它使得实现动态数组（Dynamically Allocated Array）成为可能。动态内存分配（Dynamic Memory Allocation）是指在程序运行时为变量分配内存的一种方法。全局变量是编译时分配的，非静态的局部变量使用栈空间，因此两者在程序运行时既不能添加，也不能减少。而在实际应用中，有时在程序运行中需要数量可变的内存空间，即在运行时才能确定要用多少个字节的内存来存放数据。

若二维数组的行列数是未知的，在运行程序后由用户从键盘输入，这时在程序中该如何定义数组 a 的长度呢？C99 支持下面的动态数组定义方式：

> int m, n;
>
> int a[m][n];

但 C89 不支持这样定义数组，必须用宏常量。即事先指定数组长度的最大值，将数组定义得足够大。如果实际使用的存储空间只是系统分配的存储空间的一小部分，那么势必会造成存储空间的浪费。

能否在程序运行过程中根据用户的需求生成可变长度的动态数组呢？这就要用动态内存分配函数来实现。C 的动态内存分配函数从堆上分配内存。使用这些函数时只要在程序开头将头文件<stdlib.h>包含到源程序中即可。

**1. 函数 malloc()**

函数 malloc()用于分配若干字节的内存空间，返回一个指向该内存首地址的指针。若系统不能提供足够的内存单元，函数将返回空指针 NULL。函数 malloc()的原型为：

> **void \*malloc(unsigned int size);**

其中，size 表示向系统申请空间的大小，函数调用成功将返回一个指向 void 类型的指针。

void ∗ 指针是 ANSI C 新标准中增加的一种指针类型，具有一般性，通常称为通用指针（Generic Pointer）或者无类型的指针（Typeless Pointer），常用来说明其基类型未知的指针，即声明了一个指针变量，但未指定它可以指向哪一种基类型的数据。因此，若要将函数调用的返回值赋予某个指针，则应先根据该指针的基类型，用强转的方法将返回的指针值强转为所需的类型，然后再进行赋值操作。例如：

> **int \*pi = NULL;**
>
> **pi = (int \*)malloc(2);**

其中，malloc(2)表示申请一个大小为 2 个字节的内存，将 malloc(2)返回值的 void ∗ 类型强转为 int ∗ 类型后再赋值给 int 型指针变量 pi，即用 int 型指针变量 pi 指向这段存储空间的首地址。

若不能确定某种类型所占内存的字节数，则需使用 sizeof()来计算，然后再用 malloc()向系统申请相应字节数的内存。例如：

> **pi = (int \*)malloc(sizeof(int));**

这种方法有利于提高程序的可移植性。

**2. 函数 calloc()**

函数 calloc()用于给若干同一类型的数据项分配连续的存储空间并赋值为 0,其函数原型为:

**void \*calloc(unsigned int num, unsigned int size);**

它相当于一个声明了一个一维数组。其中,第 1 个参数 num 表示向系统申请的内存空间的数量,决定了一维数组的大小,第 2 个参数 size 表示申请的每个空间的字节数,确定了数组元素的类型。而函数的返回值就是数组的首地址。

若函数调用成功,则返回一个指向 void 类型的连续存储空间的首地址,否则返回空指针 NULL。若要将函数的返回地址赋值给某个指针变量,则应先根据该指针的基类型,将其强转为与指针基类型相同的数据类型,然后再进行赋值操作。例如:

**float \*pf = NULL;**

**pf = (float \*)calloc(10, sizeof(float));**

表示向系统申请 10 个连续的 float 型存储单元,并用指针 pf 指向该连续内存的首地址,系统申请的总的内存字节数为 $10 \times \text{sizeof}(\text{float})$,相当于使用下面的语句:

**pf = (float \*)malloc(10 \*sizeof(float));**

但从安全角度考虑,使用 calloc() 更明智,因为与 malloc() 不同的是 calloc() 能自动将分配的内存初始化为 0。

**3. 函数 free()**

函数 free()的功能是释放向系统动态申请的由指针 p 指向的存储空间,其原型为:

**void  free(void \*p);**

该函数无返回值。唯一的形参 p 只能是由 malloc() 和 calloc() 申请内存时返回的地址。该函数执行后,将以前分配的由指针 p 指向的内存返还给系统,以便由系统重新支配。

**4. 函数 realloc()**

函数 realloc()用于改变原来分配的存储空间的大小,其原型为:

**void \*realloc(void \*p, unsigned int size);**

该函数的功能是将指针 p 所指向的存储空间的大小改为 size 个字节,函数返回值是新分配的存储空间的首地址,与原来分配的首地址不一定相同。

由于动态内存分配的存储单元是无名的,只能通过指针变量来引用它,所以一旦改变了指针的指向,原来分配的内存及数据也就随之丢失了。因此不要轻易改变该指针变量的值。

### 11.4.3　长度可变的一维动态数组

【例 11.6】编程输入某班学生的某门课成绩,计算并输出其平均分。学生人数由键盘输入。

```
1    #include<stdio.h>
2    #include<stdlib.h>
3    void InputArray(int *p, int n);
4    double Average(int *p, int n);
```

```
5     int main(void)
6     {
7         int  *p = NULL, n;
8         double aver;
9         printf("How many students?");
10        scanf("%d", &n);                              // 输入学生人数
11        p = (int *) malloc(n * sizeof(int));          // 向系统申请内存
12        if (p == NULL)// 确保指针使用前是非空指针,当 p 为空指针时结束程序运行
13        {
14            printf("No enough memory! \n");
15            exit(1);
16        }
17        printf("Input %d score:", n);
18        InputArray(p, n);                             // 输入学生成绩
19        aver = Average(p, n);                         // 计算平均分
20        printf("aver = %.1f \n", aver);               // 输出平均分
21        free(p);                                      // 释放向系统申请的内存
22        return 0;
23    }
24    //形参声明为指针变量,输入数组元素值
25    void InputArray(int *p, int n)
26    {
27        int i;
28        for (i = 0; i < n; i++)
29        {
30            scanf("%d", &p[i]);
31        }
32    }
33    //形参声明为指针变量,计算数组元素的平均值
34    double Average(int *p, int n)
35    {
36        int i, sum = 0;
37        for (i = 0; i < n; i++)
38        {
39            sum = sum + p[i];
40        }
```

```
41        return (double)sum / n;
42    }
```

程序的运行结果如下:

> **How many students? 5** ↙
> **Input 5 score: 90　85　70　95　80** ↙
> **aver = 84.0**

程序第 11 行语句向系统申请 n 个 int 型的存储单元,用 int 型指针变量 p 指向了这段连续存储空间的首地址。这就相当于建立了一个一维动态数组,可通过首地址 p 来寻址数组中的元素,即可以使用 * (p+i)或者 p[i](如程序第 39 行所示)来表示数组元素值。

注意,程序第 12~16 行的语句并非是可有可无的。因为堆空间是有限的,所以动态分配内存后,必须用第 12~16 行语句检查函数 malloc()的返回值,确保指针使用前是非空指针(不是 NULL)。如果动态内存分配后返回的指针为 NULL,那么就说明内存分配未成功,一定是内存不足或者内存已经耗尽,此时必须用 exit(1)终止整个程序的执行。为什么一定要终止程序的运行呢? 这主要是为了避免使用空指针,空指针意味着它不指向任何对象,使用空指针将会导致系统崩溃,而且一旦发生"内存耗尽",通常说明应用程序已经无药可救了,此时,如果不将坏掉的程序杀死,就有可能害死操作系统。

此外,注意不要忘记用 free()释放不再使用的动态申请的内存。

### 11.4.4　长度可变的二维动态数组

【例 11.7】编程输入 m 个班学生(每班 n 个学生)的某门课成绩,计算并输出平均分。班级数和每班学生数由键盘输入。

程序如下:

```
1    #include <stdio.h>
2    #include <stdlib.h>
3    void InputArray(int *p, int m, int n);
4    double Average(int *p, int m, int n);
5    int main(void)
6    {
7        int  *p = NULL, m, n;
8        double aver;
9        printf("How many classes?");
10       scanf("%d", &m);                         // 输入班级数
11       printf("How many students in a class?");
12       scanf("%d", &n);                         // 输入每班学生人数
13       p = (int *)calloc(m *n, sizeof(int));    // 向系统申请内存
14       if (p == NULL)           // 确保指针使用前是非空指针,当 p 为空指针时结束程序运行
15       {
```

```
16              printf("No enough memory! \n");
17              exit(1);
18          }
19          InputArray(p, m, n);                    // 输入学生成绩
20          aver=Average(p, m, n);                  // 计算平均分
21          printf("aver = %.1f \n", aver);         // 输出平均分
22          free(p);                                //释放向系统申请的内存
23          return 0;
24      }
25      //形参声明为指向二维数组的列指针,输入数组元素值
26      void InputArray(int *p, int m, int n)
27      {
28          int i, j;
29          for (i = 0; i < m; i++)                 // m 个班
30          {
31              printf("Please enter scores of class %d: \n", i+1);
32              for (j = 0; j < n; j++)             // 每班 n 个学生
33              {
34                  scanf("%d", &p[i*n+j]);
35              }
36          }
37      }
38      //形参声明为指针变量,计算数组元素的平均值
39      double Average(int *p, int m, int n)
40      {
41          int i, j, sum = 0;
42          for (i = 0; i < m; i++)                 // m 个班
43          {
44              for (j = 0; j < n; j++)             // 每班 n 个学生
45              {
46                  sum = sum + p[i*n+j];
47              }
48          }
49          return (double)sum / (m*n);
50      }
```

程序的运行结果如下：

**How many classes? 3**↙

**How many students in a class? 4**↙

**Please enter scores of class 1:**

**81  72  73  64**↙

**Please enter scores of class 2:**

**65  86  77  88**↙

**Please enter scores of class 3:**

**91  90  85  92**↙

**aver = 80.3**

程序第 13 行语句向系统申请 m * n 个 int 型的存储单元，并用 int 型指针变量 p 指向这段内存的首地址。尽管它相当于建立了一个 m 行 n 列的二维动态数组，但因指针变量 p 是指向这个二维动态数组的列指针（如第 7 行所示），所以通过指针 p 来寻址数组元素时，必须将其当做一维数组来处理，只能使用 *(p+i * n+j) 或 p[i * n+j]（如第 46 行所示）来表示数组元素值。

## 11.5 本章扩充内容

### 11.5.1 常见的内存错误及其对策

指针是 C 语言最强的特性之一，同时也是最危险的特性之一。这是因为，误用指针导致的错误通常难以定位且后果严重。常见的内存异常错误有两类，一是非法内存访问错误，即代码访问了不该访问的内存地址，二是因持续的内存泄露导致系统内存不足。编译器往往不易发现这类错误，在程序运行时才能捕捉到，且因征兆时隐时现，增加了排错的难度。

**1.** 内存分配未成功就使用

造成这类错误的原因是使用者没有意识到内存分配会不成功。避免这类错误的方法就是，在使用内存之前检查一下指向它的指针是否为空指针 NULL 即可。

例如，如果指针变量 p 指向的内存是用动态内存分配函数申请的内存，则如例 11.6 和例 11.7 所示，应使用下面方式进行错误处理。

**if (p == NULL)**

教学课件
常见的内存
错误及其解
决对策

**2.** 内存分配成功了，但是尚未初始化就使用

此类错误的起因主要有两个，一是没有建立"指针必须先初始化后才能使用"的观念，二是误以为内存的默认初值全为零。尽管有时内存的默认初值是零（例如静态数组），但是为了避免使用未被初始化的内存导致的引用初值错误，解决这个问题的最简单的方法就是不要嫌麻烦。也就是说，无论数组是以何种方式创建的，都不要忘记给它赋初值，即使是赋零值也不要省略。对用 malloc() 和 calloc() 动态分配的内存，最好用函数 memset() 进行清零操作。对于指针变量，即使后面有对其进行赋初值的语句，也最好是在定义时就将其初始化为 NULL。

**3. 内存分配成功了,也初始化了,但是发生了越界使用**

在使用数组时常发生这类错误,特别是在循环语句中遍历数组元素时,循环次数很容易搞错,使得下标"多1"或者"少1",从而导致数组操作越界。在例 8.3 中,我们曾给出一个数组下标越界访问的程序实例。

**4. 忘记了释放内存,造成了内存泄露**

向系统申请的动态内存是不会自动被释放的,因此,一定不要忘记释放不再使用的内存,否则会造成内存泄露(Memory Leak),这好比借东西不还一样。

对于包含这类错误的函数,只要它被调用一次,就会丢失一块内存。内存泄露的严重程度取决于每次丢失的内存的多少以及代码被调用的次数。调用次数越多,丢失的内存就越多。因此这类错误比较隐蔽,刚开始时,系统内存也许是充足的,看不出错误的征兆,当系统运行一段时间后,随着丢失内存数量的增多,程序就会因出现"内存耗尽"而突然死掉。

不要以为少量的内存未释放没什么关系,程序"临终"前,系统会将所有的内存一一回收。然而一旦将这段代码复制粘贴到需长期稳定运行的安全关键的软件代码中,那么偷懒的代价将是惨重的。需长期稳定运行的服务程序和安全关键的软件系统对内存泄露最敏感。

降低内存泄露错误发生概率的一般方法如下:

(1) 仅在需要时才使用 malloc(),并尽量减少 malloc() 调用的次数,能用自动变量解决的问题,就不要用 malloc() 来解决。

(2) 配套使用 malloc() 和 free(),并尽量让 malloc() 和与之配套的 free() 集中在一个函数内,尽量把 malloc() 放在函数的入口处,free() 放在函数的出口处。

(3) 如果 malloc() 和 free() 无法集中在一个函数中,那么就要分别单独编写申请内存和释放内存的函数,然后使其配对使用。

(4) 重复利用 malloc() 申请到的内存,有助于减少内存泄露发生的概率。

注意,以上只是基本原则,并不能完全杜绝内存泄露错误的发生。

【例 11.8】请分析下面这段程序存在的问题。

```
1    void Init(void)
2    {
3        char *pszMyname = NULL,*pszHerName=NULL,*pszHisName=NULL;
4        pszMyName = (char *)malloc(256);
5        if (pszMyName == NULL)return;
6        pszHerName = (char *)malloc(256);
7        if (pszHerName == NULL)return;
8        pszHisName = (char *)malloc(256);
9        if (pszHisName == NULL)return;
10       ...                                        // 正常处理的代码
11       free(pszMyName);
12       free(pszHerName);
13       free(pszHisName);
```

```
14      return;
15   }
```

虽然程序中的 malloc()和 free()是配套使用的,但当前面的 malloc()调用成功但后面的调用不成功时,直接退出函数将导致前面已分配的内存未被释放。因此需修改程序如下:

```
1    void Init(void)
2    {
3        char *pszMyname = NULL,*pszHerName = NULL,*pszHisName = NULL;
4        pszMyName = (char *)malloc(256);
5        if (pszMyName == NULL)  return;
6        pszHerName = (char *)malloc(256);
7        if (pszHerName == NULL)
8        {
9           free(pszMyName);
10           return;
11        }
12        pszHisName = (char *)malloc(256);
13        if (pszHisName == NULL)
14        {
15           free(pszMyName);
16           free(pszHerName);
17           return;
18        }
19        ...                                    // 正常处理的代码
20        free(pszMyName);
21        free(pszHerName);
22        free(pszHisName);
23        return;
24    }
```

这个程序的问题是:有大量重复的语句,且如果再增加其他 malloc()函数调用语句,相应的 free()函数调用语句也要增加很多。来看下面更好的修改方法。

```
1    void Init(void)
2    {
3        char *pszMyname = NULL,*pszHerName = NULL,*pszHisName = NULL;
4        pszMyName = (char *)malloc(256);
5        if (pszMyName == NULL)  goto Exit;
6        pszHerName = (char *)malloc(256);
7        if (pszHerName == NULL)  goto Exit;
```

```
8         pszHisName = (char *)malloc(256);
9         if (pszHisName == NULL)  goto Exit;
10        ...                                          // 正常处理的代码
11    Exit:
12        if (pszMyName!= NULL)  free(pszMyName);
13        if (pszHerName!= NULL)  free(pszHerName);
14        if (pszHisName!= NULL)  free(pszHisName);
15        return;
16    }
```

这个程序中,使用 goto 语句重用了第 12～14 行这段"重用率很高但很难写成单一函数"的代码,它使流程变得清晰且代码集中,所有错误最后都指向 Exit 标号后的语句来处理。可见,goto 语句并非罪大恶极,在对异常情况进行统一错误处理时还是很有用的。

5. 释放内存后仍然继续使用

非法内存操作的一个共同特征就是代码访问了不该访问的内存地址。例如,使用未分配成功的内存、引用未初始化的内存、越界访问内存,以及释放了内存却继续使用它。其中,释放了内存但却仍然继续使用它,将导致产生"野指针"。

【例 11.9】分析下面程序能否实现"输入一个不带空格的字符串并显示到屏幕上"的功能。

```
1     #include <stdio.h>
2     char *GetStr(void);
3     int main(void)
4     {
5         char *ptr = NULL;
6         ptr = GetStr();
7         puts(ptr);                       // 试图使用野指针
8         return 0;
9     }
10    char *GetStr(void)
11    {
12        char s[80];                      // 定义动态存储类型的数组
13        scanf("%s", s);
14        return s;                        // 试图返回动态局部变量的地址
15    }
```

在 Code∷Blocks 下编译此程序,将显示如下警告:

**function returns address of local variable**

这个警告的含义是"返回了局部变量的地址"。虽然并不影响程序的运行,但运行结果是乱码。这是因为程序在第 14 行试图从函数返回指向局部变量的地址,导致了野指针的错误。动态局部变量都是在栈上创建内存的,在函数调用结束后就被自动释放了,释放后的内存中的数据将变成随机数,因此此时输出其中的数据必然为乱码。可在上面程序中增加几行打印语句来验证上述分析结果。

```
1    #include <stdio.h>
2    char *GetStr(void);
3    int main(void)
4    {
5        char *ptr = NULL;
6        printf("ptr = %p \n", ptr);   // 打印初始化为 NULL 后的指针变量的值
7        printf("Input a string:");
8        ptr=GetStr();
9        printf("ptr = %p \n", ptr);   // 打印函数返回后在栈上创建的内存的首地址
10       puts(ptr);                    // 试图使用野指针,将导致程序输出乱码
11       return 0;
12   }
13   char *GetStr(void)
14   {
15       char s[80];                   // 定义动态存储类型的数组
16       scanf("%s", s);
17       printf("s = %p \n", s);// 打印函数返回前在栈上创建的内存的首地址
18       return s;                     // 试图返回动态局部变量的地址
19   }
```

这个程序的运行结果如下:

```
ptr = 00000000
Input a string:Hello↙
s = 0013FED8
ptr = 0013FED8
    !!
```

其中,最后一行输出的本应为 Hello,但是却变成了乱码!,通过在适当位置插入打印语句,我们发现指针变量 ptr 在初始化为 NULL 以后,由于 NULL 是在 stdio.h 中定义为零值的宏,所以输出的 ptr 的值是 0(程序第 6 行),在调用函数 GetStr()用户输入字符串"Hello"以后,指向存储字符串"Hello"的栈内存的首地址为 0013FED8(第 17 行),而从函数返回后指向该栈内存的首地址仍然为 0013FED8(第 9 行),只是因该内存已被释放,使得内存中存储的内容已不再是"Hello",而变成乱码"　!!"了(第 10 行)。这就是我们所说的"使用野指针"的问题。

这个例子说明:当指针指向的栈内存被释放以后,指向它的指针并未消亡。内存被释放后,指针的值(即栈内存的首地址)其实并没有改变,它仍然指向这块内存,只不过内存中存储的数据变成了随机值(即乱码)而已。释放内存的结果只是改变了内存中存储的数据,使该内存存储的内容变成了垃圾。指向垃圾内存的指针,就被称为野指针。

当然,内存被释放后,指向它的指针不会自动变成空指针,野指针不是空指针,空指针很容易检查,使用 if 语句判断指针值是否为 NULL 即可,但野指针却很危险,因为我们无法预知野指针的值究竟是多少,所以用 if 语句对防止使用野指针并不奏效。那么如何修改程序使其输出正确的结果呢? 将程序修改如下可得正确的结果:

```
1       #include <stdio.h>
2       void GetStr(char *);
3       int main(void)
4       {
5           char s[80];
6           char *ptr = s;              // 指针初始化,使其指向数组 s 的首地址
7           GetStr(ptr);
8           puts(ptr);                  // 将用户输入的字符串正确地显示输出
9           return 0;
10      }
11      void GetStr(char *s)            // 指针形参接收实参传过来的数组首地址
12      {
13          scanf("%s", s);
14      }
```

但是如果将程序改成:

```
1       #include <stdio.h>
2       void GetStr(char *);
3       int main(void)
4       {
5           char *ptr = NULL;          // 指针变量初始化为空指针
6           GetStr(ptr);
7           puts(ptr);                 // 试图使用空指针
8           return 0;
9       }
10      void GetStr(char *s)           // 指针形参接收实参传过来的是空指针
11      {
12          scanf("%s", s);            // 试图使用空指针
13      }
```

那么程序将会因第 12 行和第 7 行试图使用空指针而异常终止,和引用没有初始化的指针变量的效果是一样的。将原程序第 7 行语句用如下的 if-else 语句替换:

```
1       if (ptr != NULL)
2           puts(ptr);
3       else                           // 一旦指针为空指针,则输出"使用空指针"的提示
```

```
4       printf("Null pointer is used!\n");
```

然后,再将原程序 12 行语句用如下的 if-else 语句替换:

```
1       if (s != NULL)
2           scanf("%s", s);
3       else                           // 一旦指针为空指针,则输出"使用空指针"的提示
4           printf("Null pointer is used!\n");
```

可验证上述分析结果,因为此时运行程序将输出两行"使用空指针"提示信息,即

```
Hello↙
Null pointer is used!
Null pointer is used!
```

若将程序修改如下,同样会导致程序异常终止,原因是形参 s 不能返回函数中动态分配的内存的首地址给实参,这样实参 ptr 仍为空指针,在第 8 行使用了空指针,于是程序异常终止。

```
1    #include <stdio.h>
2    #include <stdlib.h>
3    void GetStr(char *);
4    int main(void)
5    {
6        char *ptr = NULL;
7        GetStr(ptr);
8        puts(ptr);                     // 试图使用空指针
9        return 0;
10   }
11   void GetStr(char *s)
12   {
13       s = (char *)malloc(80);        // 申请动态分配的内存
14       scanf("%s", s);
15   }
```

虽然函数形参 s 不能返回函数中在堆上动态分配的内存首地址给实参,但利用 return 语句可返回动态分配的内存首地址给主调函数,不会造成使用野指针的问题,这是因为动态分配的内存不会在函数调用结束后被自动释放,必须使用 free() 才能释放。因此可将该程序修改为:

```
1    #include <stdio.h>
2    #include <stdlib.h>
3    char *GetStr(char *s);
4    int main(void)
5    {
6        char *ptr = NULL;
7        ptr = GetStr(ptr);             // 使 ptr 指向动态分配的内存的首地址
```

```
8          puts(ptr);
9          free(ptr);                    // 释放 ptr 指向的动态分配的内存
10         return 0;
11     }
12     char *GetStr(char *s)
13     {
14         s = (char *)malloc(80);       // 申请动态分配的内存
15         scanf("%s", s);
16         return s;                     // 返回动态分配的内存的首地址
17     }
```

或者修改为下面的程序,二者都可得到正确的输出结果。

```
1      #include <stdio.h>
2      #include <stdlib.h>
3      char *GetStr();
4      int main()
5      {
6          char *ptr = NULL;
7          ptr = GetStr();               // 使 ptr 指向动态分配的内存的首地址
8          puts(ptr);
9          free(ptr);                    // 释放 ptr 指向的动态分配的内存
10         return 0;
11     }
12     char *GetStr()
13     {
14         char *s = NULL;
15         s = (char *)malloc(80);        // 申请动态分配的内存
16         scanf("%s", s);
17         return s;                     // 返回动态分配的内存的首地址
18     }
```

综上所述,野指针的形成主要有以下几种情况:

(1)指针操作超越了变量的作用范围,如用 return 语句返回动态局部变量的地址;

(2)指针变量未被初始化,指针混乱往往使得结果变得难以预料和莫名其妙;

(3)指针变量所指向的动态内存被 free 后未置为 NULL,让人误以为它仍是合法的。

针对以上几种情形的解决对策是:

(1)不要把局部变量的地址(即指向"栈内存"的指针)作为函数的返回值返回,因为局部变量分配的内存在退出函数时将被自动释放。

(2)在定义指针变量的同时对其初始化,要么设置为 NULL,要么使其指向合法内存。

（3）尽量把 malloc() 集中在函数的入口处，free() 集中在函数的出口处，避免内存被释放后继续使用。如果 free() 不能放在函数的出口处，则在调用 free() 后，应立即将指向这段内存的指针设置为 NULL，这样在使用指针之前检查其是否 NULL 才会有效。

除了内存泄露以外，内存分配未成功就使用、内存尚未初始化就使用、越界使用内存，以及使用已经被释放了的内存这几种情况都属于非法内存访问错误。在现代操作系统严格的进程空间管理体系下，发生非法内存访问后大多不会导致死机等极端严重的后果，要么是运行结果莫名其妙，要么是被友好地通知你的程序得了不治之症，是接受"安乐死"的时候了。

### 11.5.2　缓冲区溢出攻击

网络黑客常常针对系统和程序自身存在的漏洞，编写相应的攻击程序。其中最常见的就是对缓冲区溢出漏洞的攻击，几乎占到了网络攻击次数的一半以上。而在诸多缓冲区溢出中又以堆栈溢出的问题最有代表性。

世界上第一个缓冲区溢出攻击——Internet 蠕虫，曾造成全球多台网络服务器瘫痪。缓冲区溢出漏洞被攻击的现象已越来越普遍，各种操作系统上出现的此类漏洞数不胜数。

对缓冲区溢出漏洞进行攻击的后果包括程序运行失败、系统崩溃和重新启动等。更为严重的是，可利用缓冲区溢出执行非授权指令，甚至取得系统特权，进而进行各种非法操作。

简而言之，缓冲区溢出通常是因 gets()、scanf()、strcpy() 等函数未对数组越界加以监视和限制，导致有用的堆栈数据被覆盖而引起的。因此，这些函数常成为黑客攻击的对象。下面通过一段简单的程序来看一下程序的执行过程以及缓冲区溢出是如何产生的。

【例 11.10】请分析下面这段程序存在的漏洞。

```
1    #include <stdio.h>
2    #include <string.h>
3    #define   N 1024
4    int main(int argc, char *argv[])
5    {
6        char buffer[N];
7        if (argc > 1)
8        {
9            strcpy(buffer, argv[1]);
10       }
11       return 0;
12   }
```

执行函数代码时，系统堆栈的使用情况如图 11-11 所示。执行函数调用时，操作系统一般要完成如下几个工作：

（1）将函数参数 argc 和 argv 压入堆栈；

（2）在堆栈中，保存函数调用的返回地址（即函数调用结束后要执行的语句的地址）；

（3）在堆栈中，保存一些其他内容（如有用的系统寄存器等）；

（4）在堆栈中，为函数的局部变量分配存储空间；

微视频
缓冲区溢出
攻击

教学课件

图 11-11　函数调用时系统堆栈的使用情况

（5）执行函数代码。

假设攻击者调用这段程序时传入的字符串 argv[1] 的长度大于 1 024 个字节，由于复制操作与参数压入堆栈的方向是相反的，因此执行程序第 9 行语句后，会将多于 1 024 个字节的内容复制到堆栈从栈顶开始向栈底延伸的地方，相应地，超出 1 024 个字节的内容就会依次覆盖堆栈中保存的寄存器、函数调用的返回地址等。如果攻击者精心设计传入的参数，在 1024 个字节以内的地方写上一段攻击代码，然后在恰巧能覆盖堆栈中函数返回地址的位置写上一个经过周密计算得到的地址，该地址精确地指向前面的攻击代码，那么当函数执行完毕时，系统就返回到攻击代码中，进而夺取系统的控制权，完成攻击任务。

可见，黑客常用的缓冲区溢出攻击都是从缓冲区溢出开始的，一方面是利用了操作系统中函数调用和局部变量存储的基本原理，另一方面是利用了应用程序中的内存操作漏洞，使用特定的参数造成应用程序内存异常，并改变操作系统的指令执行序列，让系统执行攻击者预先设定的代码，进而完成权限获取、非法入侵等攻击任务。

函数 strcpy() 不限制复制字符的长度，给黑客以可乘之机。而使用 **strncpy()**、**strncat()** 等"**n族**"字符处理函数，通过增加一个参数来限制字符串处理的最大长度，可防止发生缓冲区溢出。

归根结底，只要在使用从函数外部传入的参数之前对其进行检查，小心地防止指针越界，防止代码访问不该访问的内存，那么抵抗缓冲区溢出攻击也并非难事。

## 11.6　本章知识点小结

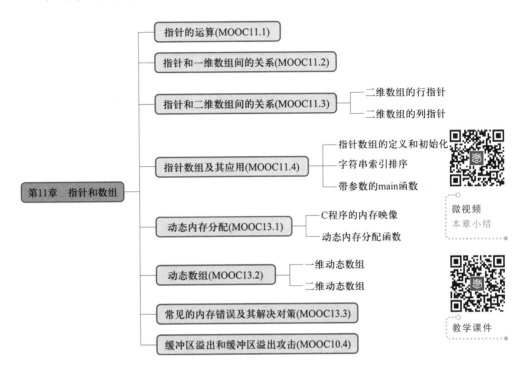

## 11.7　本章常见错误小结

| 常见错误描述 | 错误类型 |
|---|---|
| 对并没有指向数组中某个元素的指针变量进行算术运算 | 无意义操作 |
| 对并非指向同一数组元素的两个指针进行相减或比较运算 | 无意义操作 |
| 每个数组都有上/下两个边界,在对指向数组的指针进行算术运算时,使指针超出了数组的边界,而发生越界访问内存的错误 | 运行时错误 |
| 试图以指针运算的方式来改写一个数组名所代表的地址 | 编译错误 |
| 没有意识到内存分配会不成功。内存分配未成功就使用它,将会导致非法内存访问错误。在使用内存之前,检查指针是否为空指针,可避免该错误发生 | 运行时错误 |
| 如果内存分配成功,但是尚未初始化就引用它,那么将会导致非法内存访问错误 | 运行时错误 |
| 向系统动态申请了一块内存,使用结束后,忘记了释放内存,造成内存泄露 | 运行时错误 |
| 释放了内存,但却仍然继续使用它,导致产生"野指针" | 运行时错误 |
| 没有变量初始化的观念,误以为没有初始化的内存的默认值全为0 | 理解错误 |

| 常见错误描述 | 错 误 类 型 |
|---|---|
| 误以为指针消亡了,它所指向的内存就一定被自动释放了 | 理解错误 |
| 误以为内存被释放了,指向它的指针就一定消亡了,或者成了空指针 NULL | 理解错误 |

# 习　题　11

11.1　请先分析说明表达式($*$p)++和$*$p++的不同含义,然后写出下面程序的运行结果。

```
1    #include <stdio.h>
2    int main(void)
3    {
4        int   a[]={1,2,3,4,5};
5        int   *p=a;
6        printf("%d,",*p);
7        printf("%d,",*(++p));
8        printf("%d,",(*p)++);
9        printf("%d,",*p);
10       printf("%d,",*p--);
11       printf("%d,",--(*p));
12       printf("%d\n",*p);
13       return 0;
14   }
```

11.2　通过上机运行程序并观察运行结果,分析下面程序错误的原因并改正之。

（1）下面程序希望得到的运行结果如下:

```
    Total string numbers=3
    How are you
1    #include <stdio.h>
2    void  Print(char *arr[], int len);
3    int main(void)
4    {
5        char *pArray[] = {"How","are","you"};
6        int   num = sizeof(pArray) / sizeof(char);
7        printf("Total string numbers = %d\n", num);
8        Print(pArray, num);
9        return 0;
10   }
11   void  Print(char *arr[], int len)
12   {
13       int   i;
```

```
14          for (i = 0; i < len; i++)
15          {
16              printf("%s ", arr[i]);
17          }
18          printf("\n");
19      }
```

（2）下面程序从键盘输入 5 个整数,然后将其输出到屏幕上。

```
1       #include <stdio.h>
2       void InputArray(int *pa, int n);
3       void OutputArray(int *pa, int n);
4       int main(void)
5       {
6           int   a[5];
7           printf("Input five numbers:");
8           InputArray(a, 5);
9           OutputArray(a, 5);
10          return 0;
11      }
12      void InputArray(int *pa, int n)
13      {
14          for (; pa < pa+n; pa++)
15          {
16              scanf("%d", pa);
17          }
18      }
19      void OutputArray(int *pa, int n)
20      {
21          for (; pa < pa+n; pa++)
22          {
23              printf("%4d", *pa);
24          }
25          printf("\n");
26      }
```

（3）输入 $m$ 个学生(最多为 30 人)$n$ 门课程(最多为 5 门)的成绩,然后计算并打印每个学生各门课的总分和平均分。其中,$m$ 和 $n$ 的值由用户从键盘输入。

```
1       #include<stdio.h>
2       #define STUD   30                   //最多可能的学生人数
3       #define COURSE 5                     //最多可能的考试科目数
4       void  Total(int *score, int sum[], float aver[], int m, int n);
5       void  Print(int *score, int sum[], float aver[], int m, int n);
6       int main(void)
```

```
7    {
8        int    i, j, m, n, score[STUD][COURSE], sum[STUD];
9        float  aver[STUD];
10       printf("How many students?");
11       scanf("%d", &m);
12       printf("How many courses?");
13       scanf("%d", &n);
14       printf("Input scores:\n");
15       for (i = 0; i < m; i++)
16       {
17           for (j = 0; j < n; j++)
18           {
19               scanf("%d", &score[i][j]);
20           }
21       }
22       Total(*score, sum, aver, m, n);
23       Print(*score, sum, aver, m, n);
24       return 0;
25   }
26   void  Total(int *pScore, int sum[], float aver[], int m, int n)
27   {
28       int  i, j;
29       for (i = 0; i < m; i++)
30       {
31           sum[i] = 0;
32           for (j = 0; j < n; j++)
33           {
34               sum[i] = sum[i] + pScore[i*n + j];
35           }
36           aver[i] = (float) sum[i]/n;
37       }
38   }
39   void  Print(int *pScore, int sum[], float aver[], int m, int n)
40   {
41       int  i, j;
42       printf("Result:\n");
43       for (i = 0; i < m; i++)
44       {
45           for (j = 0; j < n; j++)
46           {
47               printf("%4d \t", pScore[i*n + j]);
```

```
48              }
49              printf("%5d \+-t%6.1f \n", sum[i], aver[i]);
50          }
51      }
```

11.3 从键盘任意输入一个整型表示的月份值,用指针数组编程输出该月份的英文表示,若输入的月份值不在 $1 \sim 12$,则输出"Illegal month"。

11.4 利用例 9.6 程序中的函数 Swap(),分别按如下函数原型编程计算并输出 $n \times n$ 阶矩阵的转置矩阵。其中,$n$ 由用户从键盘输入。已知 $n$ 值不超过 10。

  **void Transpose(int a[ ][N], int n);**

  **void Transpose(int (\*a)[N], int n);**

  **void Transpose(int \*a, int n);**

11.5 在习题 11.4 的基础上,分别按如下函数原型编程计算并输出 $m \times n$ 阶矩阵的转置矩阵。其中,$m$ 和 $n$ 的值由用户从键盘输入。已知 $m$ 和 $n$ 的值都不超过 10。

  **void Transpose(int a[ ][N], int at[ ][M], int m, int n);**

  **void Transpose(int (\*a)[N], int (\*at)[M], int m, int n);**

  **void Transpose(int \*a, int \*at, int m, int n);**

11.6 参考习题 11.5,按如下函数原型编程从键盘输入一个 $m$ 行 $n$ 列的二维数组,然后计算数组中元素的最大值及其所在的行列下标值。其中,$m$ 和 $n$ 的值由用户键盘输入。已知 $m$ 和 $n$ 的值都不超过 10。

  **void InputArray(int \*p, int m, int n);**

  **int  FindMax(int \*p, int m, int n, int \*pRow, int \*pCol);**

11.7 (选做)参考习题 11.6,用动态数组编程输入任意 $m$ 个班学生(每班 $n$ 个学生)的某门课的成绩,计算最高分,并指出具有该最高分成绩的学生是第几个班的第几个学生。其中,$m$ 和 $n$ 的值由用户从键盘任意输入(不限定 $m$ 和 $n$ 的上限值)。

# 第12章 结构体和数据结构基础

 内容导读

本章继续围绕学生成绩管理等问题,介绍结构体和共用体数据类型。本章对应"C语言程序设计精髓"MOOC课程的第12周和第14周视频。主要内容如下:

- ✍ 结构体数据类型,共用体数据类型,枚举数据类型,定义数据类型的别名
- ✍ 结构体变量、结构体数组、结构体指针的定义和初始化
- ✍ 结构体成员的引用,成员选择运算符,指向运算符
- ✍ 向函数传递结构体变量、结构体数组、结构体指针
- ✍ 动态数据结构、动态链表

## 12.1 从基本数据类型到抽象数据类型

在冯·诺依曼体系结构中,程序代码和数据都是以二进制存储的,因此,对计算机系统和硬件本身而言,数据类型的概念其实是不存在的。机器指令和汇编语言中,数据对象是用二进制数表示的,内存里存的都是二进制,对于内存里存的内容,可以说"你认为它是什么,它就是什么"。在后来出现的高级语言中,为了有效地组织数据,规范数据的使用,提高程序的可读性,方便用户使用,引入了整型、实型等基本数据类型。不同的高级语言会定义不同的基本数据类型。编程时只需知道如何使用这些类型的变量(如何声明、能执行哪些运算等),而不必了解变量的内部数据表示形式和操作的具体实现。

然而当表示复杂数据对象时,仅使用几种基本数据类型显然是不够的。某些语言(如 PL/1)试图规定较多的基本数据类型(如数组、树、栈等)来解决这个问题。但实践表明,这不是一个好的方法,因为任何一种程序设计语言都无法将实际应用中涉及的所有复杂数据对象都作为其基本数据类型。所以,根本的解决方法就是允许用户自定义数据类型(User-Defined Data Type)。于是在后来发展的语言(如 C 语言)中,出现了构造数据类型(也称为复合数据类型)。它允许用户根据实际需要利用已有的基本数据类型来构造自己所需的数据类型,它们是由基本数据类型派生而来的,用于表示链表、树、堆栈等复杂的数据对象。例如 C 语言中构造数据类型的典型代表就是结构体。C 语言通过指针和类型强转,使我们可以对一块内存进行"你希望它代表什么,它就代表什么"的操作,从而实现在更深的层次上控制计算机。

尽管构造数据类型机制使得某些比较复杂的数据对象可以作为某种类型的变量直接处理,但是这些类型的表示细节对外是可见的,没有相应的保护机制,因而在使用中会带来许多问题。例如,用户可在一个模块中随意修改该类型变量的某个成分,而这种修改对处理该数据对象的其他模块又会产生间接的影响,这对于一个由多人合作完成的大型软件系统的开发是很不利

的。于是又出现了"信息隐藏"和抽象数据类型的概念。

所谓抽象数据类型(Abstract Data Type,ADT)是指这样一种数据类型,它不再单纯是一组值的集合,还包括作用在值集上的操作的集合,即在构造数据类型的基础上增加了对数据的操作,且类型的表示细节及操作的实现细节对外是不可见的。之所以说它是抽象的,是因为外部只知道它做什么,而不知道它如何做,更不知道数据的内部表示细节。这样,即使改变数据的表示和操作的实现,也不会影响程序的其他部分。抽象数据类型可达到更好的信息隐藏效果,因为它使程序不依赖于数据结构的具体实现方法,只要提供相同的操作,换用其他方法实现时,程序无须修改,这个特征对于系统的维护很有利。C++中的类(Class)是抽象数据类型的一种具体实现,也是面向对象(Object-Oriented)程序设计语言中的一个重要概念。从结构体过渡到类是顺其自然的事情,但是不能将 C++ 看成是带类的 C,因为它带来的是思考和解决问题角度的转变。不同于面向过程的程序设计,在面向对象程序设计中,程序员面对的不再是一个个函数和变量,而是一个个对象。每个对象包含两个部分:数据和方法,数据用来保存对象的属性,而方法用来完成对数据的操作。对象与对象之间是通过消息进行通信的。

教学课件
为什么要
定义结构
体类型?

## 12.2 结构体的定义

### 12.2.1 为什么要定义结构体类型

在程序中如何表示一个人的姓名、性别等信息呢?也许这很简单,姓名用字符数组表示,性别用字符型变量表示(用'F'表示女性,用'M'表示男性,F 是 Female 的缩写,M 是 Male 的缩写)。但要表示多个人呢?例如,有一个如表 12-1 所示的学生成绩管理表,如何表示该表格中的数据?如何用程序实现该表格的管理呢?

表 12-1 某班学生成绩管理表

| 学号 | 姓名 | 性别 | 出生年 | 数学 | 英语 | 计算机原理 | 程序设计 |
|---|---|---|---|---|---|---|---|
| 100310121 | 王 刚 | 男 | 1991 | 72 | 83 | 90 | 82 |
| 100310122 | 李小明 | 男 | 1992 | 88 | 92 | 78 | 78 |
| 100310123 | 王丽红 | 女 | 1991 | 98 | 72 | 89 | 66 |
| 100310124 | 陈莉莉 | 女 | 1992 | 87 | 95 | 78 | 90 |
| ... | | | | | | | |

根据前几章的知识,我们很自然地想到使用数组来表示。但由于数组是具有相同数据类型数据的集合,所以只能按照列的方向定义相应类型的数组来表示表格中的数据(假设表格中最多有 30 个数据),即首先需要定义如下几个数组:

```
long   studentId[30];        // 学号
char   studentName[30][10];  // 姓名
```

```
char    stuGender[30];              // 性别
int     yearOfBirth[30];            // 出生年
int     scoreMath[30];              // 数学课的成绩
int     scoreEnglish[30];           // 英语课的成绩
int     scoreComputer[30];          // 计算机原理课的成绩
int     scoreProgramming[30];       // 程序设计课的成绩
```

然后根据表 12-1 中的数据,对数组进行如下的初始化:

```
long    studentId[30] = {100310121, 100310122, 100310123, 100310124};
char    studentName[30][10] = {"王刚", "李小明", "王丽红", "陈莉莉"};
char    stuGender[30] = {'M', 'M', 'F', 'F'};
int     yearOfBirth[30] = {1991, 1992, 1991, 1992};
int     scoreMath[30] = {72,88,98,87};
int     scoreEnglish[30] = {83,92,72,95};
int     scoreComputer[30] = {90,78,89,78};
int     scoreProgramming[30] = {82,78,66,90};
```

其中,studentId[0]代表第 1 个学生的学号,studentName[0]代表其姓名(姓名最长可用 9 个字符表示,因为姓名字符串的末尾是'\0 '占用了一个字符),依此类推。用数组管理的学生数据结构的内存分配图如图 12-1 所示。这种表示方法存在的主要问题如下:

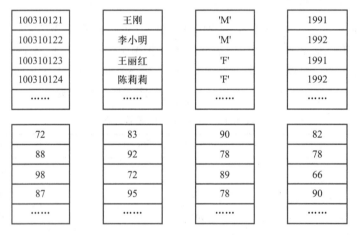

图 12-1  用数组管理的学生数据结构的内存分配图

(1)分配内存不集中,局部数据的相关性不强,寻址效率不高。每个学生的信息零散地分散在内存中,要查询一个学生的全部信息,需要东翻西找,十分不便,因而效率不高。

(2)对数组赋初值时容易发生错位。一个数据的错位将导致后面所有数据都发生错误。

(3)结构显得比较零散,不容易管理。

打个比方,这就好比是将许多台机器设备的零部件拆下来分开入库一样,想知道哪个零部件原来是哪台机器上的显然很难。如果每台机器都作为整机单独存储,那就方便多了。

那么在 C 语言中究竟有没有这样一种数据类型,可将每个学生的信息单独集中在某一段内存存放呢?即像图 12-2 那样,将不同数据类型的数据集中在一起,统一分配内存,从而很方便地实现对"表"数据结构的管理。

图 12-2 所示的存储结构的优点是:结构紧凑,易于管理;局部数据的相关性强,便于查找;赋值时只针对某个具体的学生,局部的输入错误不会影响全局和其他人的信息。

C 语言允许用户根据具体问题利用已有的基本数据类型来构造自己所需的数据类型,数组、结构体和共用体都属于构造数据类型,但各有其特点。

| 100310121 | 100310122 | 100310123 | 100310124 |
|---|---|---|---|
| 王刚 | 李小明 | 王丽红 | 陈莉莉 |
| 'M' | 'M' | 'F' | 'F' |
| 1991 | 1992 | 1991 | 1992 |
| 72 | 88 | 98 | 87 |
| 83 | 92 | 72 | 95 |
| 90 | 78 | 89 | 78 |
| 82 | 78 | 66 | 90 |

图 12-2　希望的内存分配图

数组是由相同类型的数据构成的一种数据结构,适合于对具有相同属性的数据进行批处理;而**结构体**(Structure)是将不同类型的数据成员组织到统一的名字之下,适合于对关系紧密、逻辑相关、具有相同或者不同属性的数据进行处理,尤其在数据库管理中得到了广泛应用;**共用体**(Union)虽然也能表示逻辑相关的不同类型的数据集合,但其数据成员是情形互斥的,每一时刻只有一个数据成员起作用。例如,若要在表 12-1 中添加一项"婚姻状况",则只能用共用体数据类型来表示,因为未婚、已婚和离婚这几种情形是互斥的。

### 12.2.2　结构体变量的定义

定义结构体的第一步是声明一个**结构体模板**(Structure Template),其格式如下:

```
struct  结构体名
{
    数据类型  成员 1 的名字;
    数据类型  成员 2 的名字;
    ……
    数据类型  成员 n 的名字;
};
```

微视频
结构体类型
的声明

结构体模板是由关键字 struct 及其后的结构体名组成的。分号(;)是结构体声明的结束标志,不能省略。结构体的名字,称为**结构体标签**(Structure Tag),作为用户自定义的结构体类型的标志,用于与其他结构体类型相区别。结构体中的各信息项是在结构体标签后面的花括号{和}内声明的。构成结构体的变量,称为**结构体成员(Structure Member)**。每个结构体成员都有一个名字和相应的数据类型。结构体成员的命名必须遵从变量的命名规则。

声明结构体模板的主要目的是利用已有的数据类型定义一个新的数据类型。例如,对于表 12-1 中的数据,可按如下方法声明一个名为 struct student 的结构体类型:

```
struct  student
{
    long    studentID;                  // 学号
    char    studentName[10];            // 姓名
    char    stuGender;                  // 性别
    int     yearOfBirth;                // 出生年
    int     scoreMath;                  // 数学课的成绩
    int     scoreEnglish;               // 英语课的成绩
    int     scoreComputer;              // 计算机原理课的成绩
    int     scoreProgramming;           // 程序设计课的成绩
};
```

或者声明为如下更为简洁、灵活的形式:

```
struct  student
{
    long    studentID;                  // 学号
    char    studentName[10];            // 姓名
    char    stuGender;                  // 性别
    int     yearOfBirth;                // 出生年
    int     score[4];                   // 4 门课程的成绩
};
```

若学号不全是用数字表示,还允许包含英文字母,则将其定义为字符数组类型更好。

注意,结构体模板只是声明了一种数据类型,定义了数据的组织形式,并未声明结构体类型的变量,因而编译器不为其分配内存,正如编译器不为 int 型分配内存一样。

定义结构体的第二步是利用已经定义好的结构体数据类型来定义结构体变量。C 语言允许按如下两种方式来定义结构体变量。

(1)先声明结构体模板,再定义结构体变量。

例如,下面语句定义一个具有 struct student 类型的结构体变量 stu1:

```
struct  student  stu1;
```

(2)在声明结构体模板的同时定义结构体变量。

例如,下面语句在声明结构体类型的同时定义了 struct student 类型的结构体变量 stu1。

```
struct  student
{
```

```
    long   studentID;                        // 学号
    char   studentName[10];                  // 姓名
    char   stuGender;                        // 性别
    int    yearOfBirth;                      // 出生年
    int    score[4];                         // 4 门课程的成绩
} stu1;
```

当将结构体模板和结构体变量放在一起定义时,结构体标记是可选的,即也可不出现结构体名。例如,下面语句同样定义了一个具有相同成员的结构体变量 stu1。

```
struct
{
    long   studentID;                        // 学号
    char   studentName[10];                  // 姓名
    char   stuGender;                        // 性别
    int    yearOfBirth;                      // 出生年
    int    score[4];                         // 4 门课程的成绩
} stu1;
```

但该方法因未指定结构体标签,不能再在程序的其他处定义结构体变量,因而并不常用。

### 12.2.3　用 typedef 定义数据类型

关键字 typedef 用于为系统固有的或程序员自定义的数据类型定义一个别名。数据类型的别名通常使用大写字母,目的是为了与已有的数据类型相区分。例如语句:

```
typedef  int   INTEGER;
```

为 int 定义了一个新的名字 INTEGER,也就是说 INTEGER 与 int 是同义词。

当然,也可以为结构体定义一个别名。例如下面语句

```
typedef struct student STUDENT;
```

与

```
typedef struct student
{
    long   studentID;                        // 学号
    char   studentName[10];                  // 姓名
    char   stuGender;                        // 性别
    int    yearOfBirth;                      // 出生年
    int    score[4];                         // 4 门课程的成绩
} STUDENT;
```

是等价的。二者都是为 struct student 结构体类型定义了一个新的名字 STUDENT,即 STUDENT 与 struct student 是同义词。因此,利用 STUDENT 与利用 struct student 定义结构体变量是一样的。因此,下面两条语句是等价的。

```
STUDENT stu1, stu2;                    // 更简洁的形式
struct student stu1, stu2;
```

注意,typedef 只是为一种已存在的类型定义一个新的名字而已,并未定义一种新的数据类型。

### 12.2.4  结构体变量的初始化

结构体变量的成员可以通过将成员的初值置于花括号之内来进行初始化。例如,利用上一节定义的 STUDENT 结构体类型,定义一个结构体变量 stu1 并对其进行初始化的语句为:

```
STUDENT stu1 = {100310121, "王刚", 'M', 1991, {72,83,90,82}};
```

它等价于

```
struct student stu1 = {100310121, "王刚", 'M', 1991, {72,83,90,82}};
```

结构体变量 stu1 的第 1 个成员被初始化为 100310121,第 2 个成员是一个字符型数组,被初始化为字符串"王刚",第 3 个成员被初始化为字符'M',第 4 个成员被初始化为 1991,最后 1 个成员是整型数组被初始化为花括号内的数值(72,83,90,82)。再如:

```
STUDENT stu2 = {100310122, "李小明", 'M', 1992, {88,92,78,78}};
```

则变量 stu1 和 stu2 中的内容如图 12-3 所示。可见,一旦定义了结构体变量 stu1 和 stu2,那么这两个变量就都具有 STUDENT(即 struct student)类型的结构,相当于用结构体模板生成了两个独立的与结构体类型结构一致的变量。

stu1:

| 100310121 | 王刚 | M | 1991 | 72 | 83 | 90 | 82 |
|---|---|---|---|---|---|---|---|

stu2:

| 100310122 | 李小明 | M | 1992 | 88 | 92 | 78 | 78 |
|---|---|---|---|---|---|---|---|

图 12-3  结构体变量 stu1 和 stu2 中的内容

如果说 STUDENT 类型代表学生成绩管理表结构,那么 STUDENT 类型的变量 stu1 和 stu2 就分别代表了成绩管理表中学生的记录信息,相当于 STUDENT 类型的实例化。

### 12.2.5  嵌套的结构体

嵌套的结构体(Nested Structure)就是在一个结构体内包含了另一个结构体作为其成员。

如果要将表 12-1 的学生记录中的出生年修改为包含更具体的年、月、日信息的日期,则需要先定义一个具有年、月、日成员的结构体类型,即先声明一个日期结构体模板如下:

```
typedef struct date
{
    int  year;
    int  month;
    int  day;
```

```
}DATE;
```

然后,根据这个 DATE 结构体模板来声明 STUDENT 结构体模板。

```
typedef struct student
{
    long  studentID;              // 学号
    char  studentName[10];        // 姓名
    char  stuGender;              // 性别
    DATE  birthday;               // 出生日期
    int   score[4];               // 4 门课程的成绩
} STUDENT;
```

这里,在结构体的定义中出现了"嵌套",因为 STUDENT 结构体内包含了另一个 DATE 结构体类型的变量 birthday 作为其成员,因此它是一个嵌套的结构体。该结构体类型对应于如图 12-4 所示的学生成绩管理表的结构。

最后,定义 STUDENT 类型的结构体变量 stu1,并为其进行初始化如下:

```
STUDENT stu1 = {100310121, "王刚", 'M', {1991,5,19}, {72,83,90,82}};
```

| 学号 | 姓名 | 性别 | 出生日期 | | | 数学 | 英语 | 计算机原理 | 程序设计 |
|------|------|------|------|------|------|------|------|------|------|
| | | | 年 | 月 | 日 | | | | |

图 12-4　学生成绩管理表的表头

如果将日期结构体模板设计成如下形式:

```
typedef struct date
{
    int  year;
    char month[10];
    int  day;
}DATE;
```

那么此时若要定义 STUDENT 类型的结构体变量 stu1,则对其进行初始化的方法将变为:

```
STUDENT stu1 = {100310121, "王刚", 'M', {1991,"May",19}, {72, 83,
             90, 82}};
```

### 12.2.6　结构体变量的引用

在定义一个结构体变量以后,如何来引用它呢? 例如,对于前面定义的 STUDENT 结构体变量 stu1,能按如下方式引用它们吗?

```
printf("%d%s%d", stu1);      // 正确还是错误呢?
```

C 语言规定,不能将一个结构体变量作为一个整体进行输入、输出操作,只能对每个具体的成员进行输入、输出操作。因此,上面的语句是错误的。

访问结构体变量的成员必须使用成员选择运算符(也称圆点运算符)。其访问格式如下:

**结构体变量名 . 成员名**

例如,可用下面的语句为结构体变量 stu1 的 studentID 成员进行赋值。

**stu1.studentID = 100310121;**

对于结构体成员,可以像其他普通变量一样进行赋值等运算。例如,这里 stu1.studentID 与其他类型变量的使用方法是一样的。

当出现结构体嵌套时,必须以级联方式访问结构体成员,即通过成员选择运算符逐级找到最底层的成员时再引用。例如,下面三条语句用于对结构体变量 stu1 的 birthday 成员进行赋值。

**stu1.birthday.year = 1991;**

**stu1.birthday.month = 5;**

**stu1.birthday.day = 19;**

【例 12.1】下面程序用于演示结构体变量的赋值和引用方法。

```
1    #include <stdio.h>
2    typedef struct date
3    {
4        int   year;
5        int   month;
6        int   day;
7    }DATE;
8    typedef struct student
9    {
10       long   studentID;              // 学号
11       char   studentName[10];        // 姓名
12       char   stuGender;              // 性别
13       DATE   birthday;               // 出生日期
14       int    score[4];               // 4 门课程的成绩
15   }STUDENT;
16   int main(void)
17   {
18       STUDENT stu1 = {100310121, "王刚", 'M', {1991,5,19}, {72,83,90,82}};
19       STUDENT stu2;
20       stu2=stu1;       // 同类型的结构体变量之间的赋值操作
21       printf("stu2:%10ld%8s%3c%6d/ %02d/ %02d%4d%4d%4d%4d\n",
22               stu2.studentID, stu2.studentName, stu2.stuGender,
23               stu2.birthday.year, stu2.birthday.month, stu2.birthday.day,
24               stu2.score[0], stu2.score[1], stu2.score[2], stu2.score[3]);
```

```
25        return 0;
26    }
```

程序的运行结果为:

**stu2: 100310121 王刚 M 1991/05/19 72 83 90 82**

注意,程序第 21 行使用了格式符为%02d,2d 前面的前导符 0 表示输出数据时若左边有多余位则补 0,于是输出日期为"1991/05/19"。

C 语言允许对具有相同结构体类型的变量进行整体赋值。在对两个同类型的结构体变量赋值时,实际上是按结构体的成员顺序逐一对相应成员进行赋值的,赋值后的结果就是两个结构体变量的成员具有相同的内容。因此第 20 行语句与下面几条赋值语句的作用是相同的。

```
stu2.studentID = stu1.studentID;
strcpy(stu2.studentName, stu1.studentName);  // 字符数组型成员的赋值
stu2.stuGender = stu1.stuGender;
stu2.birthday.year = stu1.birthday.year;  // 嵌套结构体成员的赋值
stu2.birthday.month = stu1.birthday.month;  // 嵌套结构体成员的赋值
stu2.birthday.day = stu1.birthday.day;  // 嵌套结构体成员的赋值
stu2.score[0] = stu1.score[0];
stu2.score[1] = stu1.score[1];
stu2.score[2] = stu1.score[2];
stu2.score[3] = stu1.score[3];
```

而第 18 行的变量初始化语句则与下面的几条赋值语句是等价的。

```
stu1.studentID = 100310121;
strcpy(stu1.studentName, "王刚");  // 字符数组型成员的赋值
stu1.stuGender = 'M';
stu1.birthday.year = 1991;  // 嵌套结构体成员的赋值
stu1.birthday.month = 5;  // 嵌套结构体成员的赋值
stu1.birthday.day = 19;  // 嵌套结构体成员的赋值
stu1.score[0] = 72;
stu1.score[1] = 83;
stu1.score[2] = 90;
stu1.score[3] = 82;
```

这里,为什么对字符数组型结构体成员进行赋值时一定要使用 strcpy()呢? 使用下面语句不可以吗?

```
stu2.studentName = stu1.studentName;  // 正确还是错误呢?
```

如果程序中出现这样的语句,那么在 Code∷Blocks 下编译时将显示如下错误:

**error: assignment to expression with array type**

这是因为,结构体成员 studentName 是一个字符型数组,studentName 是该数组的名字,代表

字符型数组的首地址,是一个常量,不能作为赋值表达式的左值。因此,并非所有的结构体成员都是可以使用赋值运算符来赋值,对字符数组类型的结构体成员进行赋值时,必须使用字符串处理函数 strcpy()。

结构体类型的声明既可放在所有函数体的外部,也可放在函数体内部。在函数体外声明的结构体类型可为所有函数使用,称为全局声明;在函数体内声明的结构体类型只能在本函数体内使用,离开该函数,声明失效,称为局部声明。本例中的结构体类型声明属于全局声明。

如果本例要求从键盘输入结构体变量 stu1 的内容,那么程序的主函数可修改如下:

```
16  int main(void)
17  {
18      STUDENT stu1, stu2;
19      int i;
20      printf("Input a record:\n");
21      scanf("%ld", &stu1.studentID);
22      scanf("%s", stu1.studentName);          // 输入学生姓名,无须加 &
23      scanf(" %c", &stu1.stuGender);           // %c 前有一个空格
24      scanf("%d", &stu1.birthday.year);
25      scanf("%d", &stu1.birthday.month);
26      scanf("%d", &stu1.birthday.day);
27      for (i = 0; i < 4; i++)
28      {
29          scanf("%d", &stu1.score[i]);
30      }
31      stu2 = stu1;                             // 同类型的结构体变量之间的赋值操作
32      printf("&stu2=%p\n", &stu2);             // 打印结构体变量 stu2 的地址
33      printf("%10ld%8s%3c%6d/ %02d/ %02d%4d%4d%4d%4d\n",
34              stu2.studentID, stu2.studentName, stu2.stuGender,
35              stu2.birthday.year, stu2.birthday.month, stu2.birthday.day,
36              stu2.score[0],stu2.score[1],stu2.score[2], stu2.score[3]);
37      return 0;
38  }
```

程序的运行结果为:

```
Input a record:
100310121 ↙
王刚 ↙
M ↙
1991 5 19 ↙
72 83 90 82 ↙
```

**&stu2 = 0013FF28**

**100310121 王刚 M 1991/05/19 72 83 90 82**

第 21~30 行语句是引用结构体成员的地址,而第 32 行语句是引用结构体变量的地址,二者含义不同。如图 12-5 所示,结构体变量的地址是结构体变量所占内存空间的首地址,而结构体成员的地址值与结构体成员在结构体中所处的位置及该成员所占内存的字节数相关。

图 12-5　结构体变量的地址与结构体成员的地址示意图

### 12.2.7　结构体所占内存的字节数

如何计算系统为结构体变量分配的内存的大小,即如何计算结构体类型所占内存的字节数呢？能否用结构体的每个成员类型所占内存字节数的"和"作为一个结构体实际所占的内存字节数呢？在回答这些问题之前,来看下面的例子。

【例 12.2】下面程序用于演示结构体所占内存字节数的计算方法。

```
1  #include <stdio.h>
2  typedef struct sample
3  {
4      char   m1;
5      int    m2;
6      char   m3;
7  }SAMPLE;                        // 定义结构体类型 SAMPLE
8  int main(void)
9  {
10     SAMPLE s = {'a', 2, 'b'};   // 定义结构体变量 s 并对其进行初始化
11     printf("bytes = %d\n", sizeof(s));  // 打印结构体变量 s 所占内存字节数
12     return 0;
13 }
```

微视频
结构体的相关
计算和操作

注意,C99 允许按名设置成员的初始值。例如,本例第 10 行语句还可以写成下面的形式:

　　**SAMPLE s = {.m1='a', .m2=2, .m3='b'};**

C99 这种指定初始化器的方法能有效提高程序的可读性。

此程序在 Code∷Blocks 下的运行结果是:

　　**bytes=12**

若将本例主函数中的第 10 行语句注释掉,并将第 11 行语句修改为:

**printf("bytes = %d\n", sizeof(SAMPLE));**// 打印结构体类型所占内存字节数

　　为什么输出的结果是 12 呢? 对于 32 位计算机,char 型数据在内存中占 1 个字节,而 int 型数据占 4 个字节,难道结构体变量所占的内存字节数不是结构体的每个成员所占内存字节数的总和(即 1+4+1=6)吗?

　　为了提高内存寻址的效率,很多处理器体系结构为特定的数据类型引入了特殊的内存对齐(Memory-Alignment)需求。不同的系统和编译器,内存对齐的方式有所不同,为了满足处理器的对齐要求,可能会在较小的成员后加入补位,从而导致结构体实际所占内存的字节数会比我们想象的多出一些字节。

　　编译器是如何处理底层体系结构的对齐限制的呢? 32 位体系结构中,short 型数据要求从偶数地址开始存放,而 int 型数据则被对齐在 4 字节地址边界,这样就保证了一个 int 型数据总能通过一次内存操作被访问到,每次内存访问是在 4 字节对齐的地址读取或存入 32 位数据。而读取存储在没有对齐的地址处的 32 位整数,则需两次读取操作,从两次读取得到的 64 位数中提取相关的 32 位整数还需要额外的操作,这样就会导致系统性能下降。内存对齐的目的就是让不同数据类型占用同样的长度一起处理,从而减少 CPU 的取指令次数,提升运算速度。

　　因此,如图 12-6(a)所示,结构体变量 s 的成员变量 m1 和 m3 的后面都要增加 3 个字节的补位,以达到与成员变量 m2 内存地址对齐的要求,因此结构体变量 s 将占 12 个字节的存储单元,而非 6 个字节。但是若将结构体变量 s 的第 2 个成员变量 m2 的数据类型改成短整型,则程序的输出结果将变为:

**bytes = 6**

　　这是因为,如图 12-6(b)所示,为了达到与成员变量 m2 内存地址对齐的要求,结构体变量 s 的成员变量 m1 和 m3 的后面都要增加 1 个字节的空闲存储单元,因此结构体变量 s 占 6 个字节的存储单元,而非 4 个字节。

　　(a) 结构体变量s的第2个成员　　　　　　　　　　(b) 结构体变量s的第2个成员
　　为4字节int型时在内存中的存储形式　　　　　　　　为2字节short型时在内存中的存储形式

图 12-6　结构体变量 s 在内存中的存储形式

　　总之,系统为结构体变量分配内存的大小,或者说结构体类型所占内存的字节数,并非是所有成员所占内存字节数的总和,它不仅与所定义的结构体类型有关,还与计算机系统本身有关。由于结构体变量的成员的内存对齐方式和数据类型所占内存的大小都是与机器相关的,因此结构体在内存中所占的字节数也是与机器相关的。所以,计算结构体所占内存的字节数时,一定要使用 sizeof 运算符,千万不要想当然地直接用对各成员进行简单求和的方式来计算,否则会降低程序的可移植性。

## 12.3 结构体数组的定义和初始化

### 12.3.1 结构体数组的定义

一个结构体变量只能表示学生成绩管理表中的一个学生的记录信息,代表其中的一个实例,而实际数据库中有多个学生的记录,每个记录对应一个学生的信息,如何表示这么多具有相同结构的学生记录呢？显然,相对于定义多个结构体变量而言,定义一个结构体数组是最简单方便的方法。

首先,按照例 12.1 的方法声明 STUDENT 结构体类型,然后定义结构体数组如下:

    **STUDENT stu[30];**

它定义了一个有 30 个元素的结构体数组,每个元素的类型为 STUDENT。该数组所占的内存字节数为 30×sizeof(STUDENT)。此时,访问第 1 个学生的学号用 stu[0].studentID,访问第 4 个学生的出生年用 stu[3].birthday.year。

微视频
结构体和数
组的嵌套

### 12.3.2 结构体数组的初始化

也可以在定义结构体数组的同时对其进行初始化。例如下面语句在定义结构体数组 stu 的同时对数组的前 4 个元素进行了初始化,而其他数组元素被系统自动赋为 0 值。

```
STUDENT stu[30] ={{100310121, "王刚", 'M',{1991,5,19},{72,83,90,82}},
                  {100310122, "李小明", 'M',{1992,8,20},{88,92,78,78}},
                  {100310123, "王丽红", 'F',{1991,9,19},{98,72,89,66}},
                  {100310124, "陈莉莉", 'F',{1992,3,22},{87,95,78,90}}
                  };
```

这些初值分别独立成行只是为了可读性目的,使其更容易将初值与相应元素的各个结构体成员关联在一起。初始化后的结构体数组 stu 对应于表 12-2 的信息。

表 12-2 某班学生成绩管理表

| 学号 | 姓名 | 性别 | 出生日期 | | | 数学 | 英语 | 计算机原理 | 程序设计 |
|------|------|------|------|------|------|------|------|----------|----------|
| | | | 年 | 月 | 日 | | | | |
| 100310121 | 王刚 | 男 | 1991 | 5 | 19 | 72 | 83 | 90 | 82 |
| 100310122 | 李小明 | 男 | 1992 | 8 | 20 | 88 | 92 | 78 | 78 |
| 100310123 | 王丽红 | 女 | 1991 | 9 | 19 | 98 | 72 | 89 | 66 |
| 100310124 | 陈莉莉 | 女 | 1992 | 3 | 22 | 87 | 95 | 78 | 90 |
| …… | | | | | | | | | |
| …… | | | | | | | | | |

【例 12.3】利用结构体数组计算每个学生的 4 门课程的平均分。

```
1 #include <stdio.h>
```

```
2 typedef struct date
3 {
4     int year;
5     int month;
6     int day;
7 }DATE;
8 typedef struct student
9 {
10     long studentID;                  // 学号
11     char studentName[10];            // 姓名
12     char stuGender;                  // 性别
13     DATE birthday;                   // 出生日期
14     int score[4];                    // 4 门课程的成绩
15 }STUDENT;
16 int main(void)
17 {
18     int i, j, sum[30];
19     STUDENT stu[30] = {{100310121,"王刚",'M',{1991,5,19},{72,83,90,82}},
20                        {100310122,"李小明",'M',{1992,8,20},{88,92,78,78}},
21                        {100310123,"王丽红",'F',{1991,9,19},{98,72,89,66}},
22                        {100310124,"陈莉莉",'F',{1992,3,22},{87,95,78,90}}
23                        };
24     for (i = 0; i < 4; i++)
25     {
26         sum[i] = 0;
27         for (j = 0; j < 4; j++)
28         {
29             sum[i] = sum[i] + stu[i].score[j];
30         }
31         printf ("%10ld%8s%3c%6d/ %02d/ %02d%4d%4d%4d%4d%6.1f\n",
32                 stu[i].studentID,
33                 stu[i].studentName,
34                 stu[i].stuGender,
35                 stu[i].birthday.year,
36                 stu[i].birthday.month,
37                 stu[i].birthday.day,
38                 stu[i].score[0],
```

```
39              stu[i].score[1],
40              stu[i].score[2],
41              stu[i].score[3],
42              sum[i]/ 4.0);
43      }
44      return 0;
45 }
```

程序的运行结果为：

  100310121  王刚 **M** 1991/ 05/ 19 72 83 90 82 81.8

  100310122  李小明 **M** 1992/ 08/ 20 88 92 78 78 84.0

  100310123  王丽红 **F** 1991/ 09/ 19 98 72 89 66 81.3

  100310124  陈莉莉 **F** 1992/ 03/ 22 87 95 78 90 87.5

【思考题】

（1）如果要求从键盘输入学生人数及其记录信息，那么程序应如何修改？

（2）如果要求输出的性别用"男"或者"女"来表示，那么程序应如何修改？

（3）如果要求计算每门课程的平均分，那么程序应如何修改？

## 12.4 结构体指针的定义和初始化

### 12.4.1 指向结构体变量的指针

如例 12.1 所示，假设已经声明了 STUDENT 结构体类型，那么定义一个指向该结构类型的指针变量的方法为：

  **STUDENT \*pt;**    // 定义指向 STUDENT 结构体的指针变量

这里只是定义了一个指向 STUDENT 结构体类型的指针变量 pt，但是此时的 pt 并没有指向一个确定的存储单元，其值是一个随机值。为使 pt 指向一个确定的存储单元，需要对指针变量进行初始化。例如，下面语句：

  **pt = &stu1;**    // 让结构体指针变量 pt 指向结构体变量 stu1

使指针 pt 指向结构体变量 stu1 所占内存空间的首地址，即 pt 是指向结构体变量 stu1 的指针。

当然也可在定义指针变量 pt 的同时对其进行初始化，使其指向结构体变量 stu1。例如：

  **STUDENT \*pt = &stu1;**  // 定义指向 STUDENT 结构体的指针变量并对其进行初始化

如何访问结构体指针变量所指向的结构体成员呢？一种是使用成员选择运算符，也称圆点运算符，已在第 12.2.6 小节中介绍；另一种是使用指向运算符，也称箭头运算符，其标准的访问形式如下：

  指向结构体的指针变量名->成员名

例如，若要访问结构体指针变量 pt 指向的结构体的 studentID 成员，则需使用下面的语句：

  **pt->studentID = 100310121;**

它与下面的语句是等价的。

**(\*pt).studentID = 100310121;** // 这种方式不常用

因()的优先级比成员选择运算符的优先级高,所以先将( \*pt)作为一个整体,取出 pt 指向的结构体的内容,再将其看成一个结构体变量,利用成员选择运算符访问它的成员。再如,若要访问结构体指针变量 pt 指向的结构体的 birthday 成员,则需使用下面的语句:

**pt->birthday.year = 1991;**

**pt->birthday.month = 5;**

**pt->birthday.day = 19;**

### 12.4.2 指向结构体数组的指针

如例 12.3 所示,假设已声明了 STUDENT 结构体类型,并且已定义了一个有 30 个元素的结构体数组 stu,则定义结构体指针变量 pt 并将其指向结构体数组 stu 的方法为:

**STUDENT \*pt = stu;**

它与下面的语句是等价的。

**STUDENT \*pt = &stu[0];**

同时,也等价于下面的语句:

**STUDENT \*pt;**

**pt = stu;**

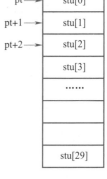

图 12-7  指向结构体数组的指针

如图 12-7 所示,由于 pt 指向了 STUDENT 结构体数组 stu 的第 1 个元素 stu[0]的首地址,因此,可以用指向运算符来引用 pt 指向的结构体成员。例如,pt->score[0]引用的是 stu[0].score[0]的值,即表示第 1 个学生的数学成绩。而 pt+1 指向的是下一个结构体数组元素 stu[1]的首地址,pt+2 指向的是 stu[2]的首地址,以此类推。

## 12.5  向函数传递结构体

将结构体传递给函数的方式主要有如下两种:

(1)用结构体变量作函数参数,向函数传递结构体的完整结构。

用结构体变量作函数实参,向函数传递的是结构体的完整结构,即将整个结构体成员的内容复制给被调函数。在函数内可用成员选择运算符引用其结构体成员。因这种传递方式也是传值调用,所以,在函数内对形参结构体成员值的修改,不会影响相应的实参结构体成员的值。

当实参与形参是同一种结构体类型时,才可以使用这种方式传递。当函数被调用时,系统为结构体形参变量分配内存大小由所定义的结构体类型决定。这种传递方式更直观,但时空开销较大。

(2)用结构体指针或结构体数组作函数参数,向函数传递结构体的地址。

用指向结构体的指针变量或结构体数组作函数实参的实质是向函数传递结构体的地址,因

微视频
如何向函数
传递结构体?

为是传地址调用,所以在函数内部对形参结构体成员值的修改,将影响到实参结构体成员的值。

教学课件

由于仅复制结构体首地址一个值给被调函数,并不是将整个结构体成员的内容复制给被调函数,因此相对于第 2 种方式而言,这种传递方式效率更高。

【例 12.4】下面程序用于演示结构体变量作函数参数实现传值调用。

```c
1  #include <stdio.h>
2  struct date
3  {
4      int year;
5      int month;
6      int day;
7  };
8  void Func(struct date p)      // 结构体变量作函数形参
9  {
10     p.year = 2000;
11     p.month = 5;
12     p.day = 22;
13 }
14 int main(void)
15 {
16     struct date d;
17     d.year = 1999;
18     d.month = 4;
19     d.day = 23;
20     printf("Before function call:%d/%02d/%02d\n", d.year, d.month, d.day);
21     Func(d);              // 结构体变量作函数实参,传值调用
22     printf("After function call:%d/%02d/%02d\n", d.year, d.month, d.day);
23     return 0;
24 }
```

程序的运行结果为:

**Before function call:1999/ 04/ 23**

**After function call:1999/ 04/ 23**

程序第 8~13 行语句定义的函数 Func() 用 struct date 类型的结构体变量 p 作函数的形参,主函数的第 21 行语句调用函数 Func() 时用 struct date 类型的结构体变量 d 作函数的实参,向函数 Func() 传递的是结构体 d 的所有成员的值,由于是传值调用,结构体变量 p 和 d 分别占用不同的存储单元,因此在函数 Func() 内对 p 的成员值的修改不会影响 d 的成员值。上述运行结果也验证了这一分析结果。这说明,向函数传递结构体变量时,实际传递给函数的是该结构体变

量成员值的副本,这就意味着结构体变量的成员值是不能在被调函数中被修改的。和其他变量一样,仅当将结构体的地址传递给函数时,结构体变量的成员值才可以在被调函数中被修改。

【例 12.5】修改例 12.4 程序,改用结构体指针变量作函数参数,观察和分析程序的运行结果有何变化。

```
1 #include <stdio.h>
2 struct date
3 {
4     int year;
5     int month;
6     int day;
7 };
8 void Func(struct date *pt)        // 结构体指针变量作函数形参
9 {
10    pt->year = 2000;
11    pt->month = 5;
12    pt->day = 22;
13 }
14 int main(void)
15 {
16    struct date d;
17    d.year = 1999;
18    d.month = 4;
19    d.day = 23;
20    printf("Before function call:%d/%02d/%02d\n", d.year, d.month, d.day);
21    Func(&d);          // 结构体变量的地址作函数实参,传地址调用
22    printf("After function call:%d/%02d/%02d\n", d.year, d.month, d.day);
23    return 0;
24 }
```

程序的运行结果为:

**Before function call:1999/ 04/ 23**

**After function call:2000/ 05/ 22**

程序第 21 行改用结构体变量 d 的地址即 &d 作为调用函数 Func()时的实参,因此被调函数 Func()必须使用结构体指针变量作为函数的形参(如程序第 8 行所示)来接收主调函数传递过来的这个结构体的地址值,相应的在函数 Func()内部,应该改用指向运算符来引用结构体指针 p 所指向的结构体的成员值(如程序第 10~12 行所示)。由于 pt 指向了 d,因此在函数 Func()内部对 pt 指向的结构体成员值的修改,就相当于是对结构体变量 d 的成员值的修改。所以,程序的运行结果显示在调用函数 Func()前后输出的日期值发生了改变。

【例 12.6】结构体除了可作为函数形参的类型以外,还可作为函数返回值的类型。下面程序

用于演示从函数返回结构体变量的值。

```
1  #include <stdio.h>
2  struct date
3  {
4      int year;
5      int month;
6      int day;
7  };
8  struct date Func(struct date p)        // 函数的返回值为结构体类型
9  {
10     p.year = 2000;
11     p.month = 5;
12     p.day = 22;
13     return p;                          // 从函数返回结构体变量的值
14 }
15 int main(void)
16 {
17   struct date d;
18   d.year = 1999;
19   d.month = 4;
20   d.day = 23;
21   printf("Before function call:%d/%02d/%02d\n",d.year,d.month,d.day);
22   d = Func(d);                         // 函数返回值为结构体变量的值
23   printf("After function call:%d/%02d/%02d\n",d.year,d.month,d.day);
24   return 0;
25 }
```

程序的运行结果为：

```
Before function call:1999/ 04/ 23
After function call:2000/ 05/ 22
```

【例12.7】修改例12.3程序,用结构体数组作函数参数编程并输出计算学生的平均分。

```
1      #include <stdio.h>
2      #define N 30
3      typedef struct date
4      {
5          int year;
6          int month;
7          int day;
8      }DATE;
```

```c
9    typedef struct student
10   {
11       long studentID;              // 学号
12       char studentName[10];        // 姓名
13       char stuGender;              // 性别
14       DATE birthday;               // 出生日期
15       int score[4];                // 4 门课程的成绩
16   }STUDENT;
17   void InputScore(STUDENT stu[], int n, int m);
18   void AverScore(STUDENT stu[], float aver[], int n, int m);
19   void PrintScore(STUDENT stu[], float aver[], int n, int m);
20   int main(void)
21   {
22       float aver[N];
23       STUDENT stu[N];
24       int n;
25       printf("How many student?");
26       scanf("%d", &n);
27       InputScore(stu, n, 4);
28       AverScore(stu, aver, n, 4);
29       PrintScore(stu, aver, n, 4);
30       return 0;
31   }
32   // 输入 n 个学生的学号、姓名、性别、出生日期以及 m 门课程的成绩到结构体数组 stu 中
33   void InputScore(STUDENT stu[], int n, int m)
34   {
35       int i, j;
36       for (i = 0; i < n; i++)
37       {
38           printf("Input record %d: \n", i+1);
39           scanf("% ld", &stu[i].studentID);
40           scanf("%s", stu[i].studentName);
41           scanf(" %c", &stu[i].stuGender);     // %c 前有一个空格
42           scanf("%d", &stu[i].birthday.year);
43           scanf("%d", &stu[i].birthday.month);
44           scanf("%d", &stu[i].birthday.day);
```

```
45          for (j = 0; j < m; j++)
46          {
47              scanf("%d", &stu[i].score[j]);
48          }
49      }
50  }
51  // 计算 n 个学生的 m 门课程的平均分,存入数组 aver 中
52  void AverScore(STUDENT stu[], float aver[], int n, int m)
53  {
54      int i, j, sum[N];
55      for (i = 0; i < n; i++)
56      {
57          sum[i] = 0;
58          for (j = 0; j < m; j++)
59          {
60              sum[i] = sum[i] + stu[i].score[j];
61          }
62          aver[i] = (float)sum[i] / m;
63      }
64  }
65  // 输出 n 个学生的学号、姓名、性别、出生日期以及 m 门课程的成绩
66  void PrintScore(STUDENT stu[], float aver[], int n, int m)
67  {
68      int i, j;
69      printf("Results:\n");
70      for (i = 0; i < n; i++)
71      {
72          printf("%10ld%8s%3c%6d/%02d/%02d", stu[i].studentID,
73                                              stu[i].studentName,
74                                              stu[i].stuGender,
75                                              stu[i].birthday.year,
76                                              stu[i].birthday.month,
77                                              stu[i].birthday.day);
78          for (j = 0; j < m; j++)
79          {
80              printf("%4d", stu[i].score[j]);
```

```
81              }
82              printf("%6.1f\n", aver[i]);
83          }
84      }
```

程序的运行结果为:

**How many student? 4** ↙

**Input record 1:**

**100310121　王刚 M 1991 05 19 72 83 90 82** ↙

**Input record 2:**

**100310122 李小明 M 1992 08 20 88 92 78 78** ↙

**Input record 3:**

**100310123 王丽红 F 1991 09 19 98 72 89 66** ↙

**Input record 4:**

**100310124 陈莉莉 F 1992/03/22 87 95 78 90** ↙

**Results:**

**100310121 王刚 M 1991/ 05/ 19 72 83 90 82 81.8**

**100310122 李小明 M 1992/ 08/ 20 88 92 78 78 84.0**

**100310123 王丽红 F 1991/ 09/ 19 98 72 89 66 81.3**

**100310124 陈莉莉 F 1992/ 03/ 22 87 95 78 90 87.5**

微视频
结构体作
函数参数
的好处

教学课件

【思考题】

(1) 如果将总分、平均分都作为 STUDENT 结构体的成员,那么程序应如何修改? 这样修改程序后的好处是什么?

(2) 如果要求输入日期的格式和打印日期的格式相同,那么应如何修改程序?

## 12.6　共用体

共用体,也称联合(Union),是将不同类型的数据组织在一起共同占用同一段内存的一种构造数据类型。共用体与结构体的类型声明方法类似,只是关键字变为 union。

【例 12.8】下面程序用于演示共用体所占内存字节数的计算方法。

```
1    #include <stdio.h>
2    union sample
3    {
4        short i;
5        char ch;
6        float f;
7    };                              // 定义共用体类型 union sample 的模板
8    typedef union sample SAMPLE;   // 定义 union sample 的别名为 SAMPLE
```

```
9     int main(void)
10    {
11        printf("bytes = %d\n",sizeof(SAMPLE));//打印共用体类型所占内存字节数
12        return 0;
13    }
```

程序第 2~7 行语句定义了一个共用体类型 union sample 的模板,第 8 行语句给 union sample 定义了一个新的名字 SAMPLE。第 11 行语句打印 SAMPLE 共用体类型所占内存的字节数。

本例程序的运行结果为:

**bytes = 4**

然而,如果将本例程序第 2 行中的 union 改成 struct,那么程序的运行结果将变成:

**bytes = 8**

为什么共用体类型与结构体类型占用的内存字节数会如此不同呢?

这是因为,虽然共用体与结构体都是不同类型的数据组织在一起,但与结构体不同的是,共用体是从同一起始地址开始存放成员的值,即共用体中不同类型的成员共用同一段内存单元,因此必须有足够大的内存空间来存储占据内存空间最多的那个成员,所以共用体类型所占内存空间的大小取决于其成员中占内存空间最多的那个成员变量。例如,本例程序中定义的 SAMPLE 共用体类型有 3 个成员,如图 12-8(a)所示,其中 float 类型的成员占用的内存字节数最多(为 4 个字节),因此 SAMPLE 共用体类型占用的内存大小就是 4 个字节。如果将第 2 行和第 8 行的 union 改成 struct,那么按照第 12.2.7 节介绍的原理,可知该结构体所占的内存字节数将变为 8。

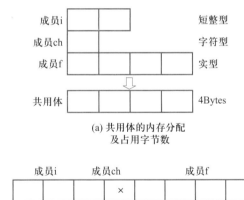

(a) 共用体的内存分配
及占用字节数

(b) 结构体的内存分配
及占用字节数

图 12-8  共用体类型与结构体类型的内存分配及其占用字节数的比较

微视频
共用体与结构体的区别

教学课件

根据共用体的定义,共用体是由不同数据类型组成的,它们共同占用内存中的同一段存储单元,读者也许会问:这些不同类型的成员变量占有不同大小的内存空间,它们是如何实现共用的呢? 对共用体成员进行操作以后,会引起内存怎样的变化呢? 在每一瞬时,究竟是哪个成员变量起作用呢?

C 语言规定,共用体采用与开始地址对齐的方式分配内存空间。如本例中的共用体成员 i 占 2 个字节,ch 占 1 个字节,f 占 4 个字节,于是 f 的前 1 个字节就是为 ch 分配的内存空间,而前 2 个字节就是为 i 分配的内存空间。共用体使用覆盖技术来实现内存的共用,即当对成员 f 进行赋值操作时,成员 i 的内容将被改变,于是 i 就失去其自身的意义,再对 ch 进行赋值操作时,f 的内容又被改变,于是 f 又失去了其自身的意义。由于同一内存单元在每一瞬时只能存放其中一种类型的成员,也就是说同一时刻只有一个成员是有意义的,因此,在每一瞬时起作用的成员就是最后一次被赋值的成员。正因如此,不能为共用体的所有成员同时进行初始化,C89 规定只能对共用体的第一个成员进行初始化,但 C99 没有这个限制,允许按名设置成员的初值。例如对于例 12.8 中的程序,可以按下面这样对指定的成员进行初始化。

**SAMPLE u = {.ch='a'};**

此外,共用体不能进行比较操作,也不能作为函数参数。

与结构体一样,可使用成员选择运算符或指向运算符来访问共用体的成员变量。例如:

**SAMPLE num;**

**num.i = 20;**

采用共用体存储程序中逻辑相关但情形互斥的变量,使其共享内存空间的好处是除了可以节省内存空间以外,还可以避免因操作失误引起逻辑上的冲突。例如,在职工数据库管理中涉及某个人的婚姻状况时,一般有三种可能:未婚、已婚、离婚。任何一个人在同一时间只能处于其中的一种状态。例如,如图 12-9 所示,如果是已婚,只需了解其结婚日期、配偶的名字、子女数;如果是离婚,只需要了解其离婚时间、子女数。

根据图 12-9 所示的信息,可以定义职工个人信息结构体类型如下:

| 姓名 | 性别 | 年龄 | 婚姻状况 | | | | | 婚姻状况标记 |
|------|------|------|----------|------|------|------|------|--------------|
| | | | 未婚 | 已婚 | | | 离婚 | |
| | | | | 结婚日期 | 配偶姓名 | 子女数量 | 离婚日期 | 子女数量 |

图 12-9  职工个人信息结构体类型中描述的个人信息

```
1    struct date                          // 定义日期结构体类型
2    {
3        int year;                        // 年
4        int month;                       // 月
5        int day;                         // 日
6    };
7    struct marriedState                  // 定义已婚结构体类型
8    {
9        struct date marryDay;            // 结婚日期
```

```
10          char spouseName[20];                      // 配偶姓名
11          int child;                                // 子女数量
12      };
13      struct divorceState                           // 定义离婚结构体类型
14      {
15          struct date divorceDay;                   // 离婚日期
16          int child;                                // 子女数量
17      };
18      union maritalState                            // 定义婚姻状况共用体类型
19      {
20          int single;                               // 未婚
21          struct marriedState married;              // 已婚
22          struct divorceState divorce;              // 离婚
23      };
24      struct person                                 // 定义职工个人信息结构体类型
25      {
26          char name[20];                            // 姓名
27          char gender;                              // 性别
28          int age;                                  // 年龄
29          union maritalState marital;               // 婚姻状况
30          int marryFlag;                            // 婚姻状况标记
31      };
```

第 18~23 行定义了一个表示婚姻状况的共用体类型 union maritalState，它的 3 个成员分别表示未婚、已婚和离婚三种婚姻状态。其第 2 个成员 married 使用第 7~12 行定义的已婚结构体类型 struct marriedState 来定义（如第 21 行所示），第 3 个成员 divorce 使用第 13~17 行定义的离婚结构体类型 struct divorceState 来定义（如第 22 行所示）。

第 24~31 行定义了一个代表职工个人信息的结构体类型 struct person，其第 4 个成员是一个表示婚姻状况的共用体变量，使用第 18~23 行定义的 union maritalState 共用体类型来定义，但是这里为什么还要定义第 5 个成员变量作为婚姻状况标记呢？

这是因为表示婚姻状况的共用体变量 marital 有 3 个成员，在每一瞬时只有其中的一个成员起作用，但究竟是哪个成员起作用呢，我们无从得知。这就需要增加一个标志项，用于指明当前是哪个成员起作用，或者说指明当前的婚姻状况是哪一种（未婚、已婚还是离婚）。例如，可以这样定义：marryFlag 值为 1 时，表示当前状态是未婚，内存中的数据将被解释为未婚相关的数据，即共用体变量 marital 中的 single 成员起作用；marryFlag 值为 2 时，表示当前状态是已婚，内存中的数据将被解释为已婚相关的数据，即共用体变量 marital 中的 married 结构体成员起作用；marryFlag 值为 3 时，表示当前状态是离婚，内存中的数据将被解释为离婚相关的数据，即共用体变量 marital 中的 divorce 结构体成员起作用。

共用体的主要应用是有效使用存储空间，此外还可以用于构造混合的数据结构。例如，假

设需要的数组元素是 int 型和 float 型数据的混合,则可以这样定义共用体:

```
typedef union
{
    int    i;
    float  f;
}NUMBER;
NUMBER array[100];
```

此时,每个 NUMBER 类型的数组 array 的数组元素都有两个成员,既可以存储 int 型数据,也可以存储 float 型数据。

## 12.7　枚举数据类型

枚举(Enumeration)即"一一列举"之意,当某些量仅由有限个数据值组成时,通常用枚举类型来表示。**枚举数据类型**(**Enumerated Data Type**)描述的是一组整型值的集合,需用关键字 enum 来定义。例如:

```
enum response{no, yes, none};
enum response answer;
```

上面第 1 条语句声明了名为 response 的枚举类型,它的可能取值为:no、yes 或 none。这种定义形式和定义结构体模板很相似。第 2 条语句定义了一个 response 枚举型变量 answer。

在枚举类型声明语句中,花括号{和}内的标识符都是整型常量,称为枚举常量。除非特别指定,一般情况下第 1 个枚举常量的值为 0,第 2 个枚举常量的值为 1,第 3 个枚举常量的值为 2,以后依次递增 1。使用枚举类型的目的是提高程序的可读性。例如,本例中使用 no、yes、none 比使用 0、1、2 的程序可读性更好。

可以用 no、yes 或 none 中的任意一个值给变量 answer 赋值。例如:

```
answer = no;
```

变量 answer 还可以用在条件语句中,例如:

```
if (answer == yes)
{
    // statement(s)
}
```

微视频
枚举类型

在上面的枚举类型声明语句中,response 被称为**枚举标签**(**Enumeration Tag**),当枚举类型和枚举变量放在一起定义时,枚举标签可省略不写。例如:

```
enum {no, yes, none}answer;
```

也可定义枚举型数组。例如:

```
enum response answers[10];
```

C 语言还允许在枚举类型定义时明确地指定每一个枚举常量的值,例如:

**enum response{no = -1, yes = 1, none = 0};**

若要给 response 添加其他可能取值,在其后的花括号内直接增加新的数值即可。例如:

**enum response{no = -1, yes = 1, none = 0, unsure = 2};**

其他常见的例子还有:

**enum month{JAN = 1, FEB, MAR, APR, MAY, JUN, JUL, AUG, SEP, OCT, NOV, DEC};**

这里,第一个枚举常量值被明确地设置为1,以下的常量值依次递增1。再如:

**enum week {Sunday, Monday, Tuesday, Wednesday, Thursday, Friday, Saturday};**

注意,虽然枚举标签后面花括号内的标识符代表枚举型变量的可能取值,但其值是整型常数,不是字符串,因此只能作为整型值而不能作为字符串来使用。例如:

**answer = yes;**　　　　　　　// 正确,给 answer 赋值为枚举常量 yes 的值(即1)

**printf("%d", answer);**　　　// 正确,输出 answer 的值为1

上面这样写是正确的,而下面语句则是错误的,不能达到输出字符串"yes"的目的。

**printf("%s", answer);**　　　// 错误,不能作为字符串来使用

## 12.8　动态数据结构——单向链表

### 12.8.1　问题的提出

数组实质是一种顺序存储、随机访问的线性表,它的优点是使用直观,便于快速、随机地存取线性表中的任一元素。但缺点是对其进行插入和删除操作时需要移动大量的数组元素,同时由于数组属于静态内存分配,定义数组时必须指定数组的长度,程序一旦运行,其长度就不能再改变,若想改变,只能修改程序,实际使用的数组元素个数不能超过数组元素最大长度的限制,否则就会发生下标越界错误,而低于所设定的最大长度时,又会造成系统资源的浪费。

有没有更合理的使用系统资源的方法呢? 即当需要添加一个元素时,程序可以自动地申请内存并添加,而当需要删除一个元素时,程序又可以自动地放弃该元素原来占用的内存。

方法就是使用动态数据结构。它是利用动态内存分配、使用结构体并配合指针来实现的一种数据结构。先来看下面的结构体代表什么意思。

```
struct temp
{
    int data;
    struct temp next;
};
```

微视频
单向链表的
定义

将含有上述类型定义的程序在 Code∷Blocks 下编译将出现如下错误提示:

**field 'next 'has incomplete type**

在 visual studio 下编译，则出现如下的错误提示：

**'next'uses undefined struct 'link'**

这说明，结构体声明时不能包含本结构体类型成员。因本结构体类型尚未定义结束，它所占用的内存字节数尚未确定，因此系统无法为这样的结构体成员分配内存。

教学课件

然而，在声明结构体类型时可以包含指向本结构体类型的指针成员。这是为什么呢？因为指针变量存放的数据是地址，系统为指针变量分配的内存字节数（即存放地址所需的内存字节数）是固定的（对于 32 位计算机系统是 4 个字节），不依赖于它所指向的数据类型。包含指向本结构体类型的指针成员的结构体类型声明方式如下：

```
struct temp
{
    int data;
    struct temp *next;
};
```

这就是后面要介绍的动态数据结构的编程基础。

### 12.8.2　链表的定义

结构体和指针配合使用可表示许多复杂的动态数据结构，如链表（Linked Table）、堆栈（Stack）、队列（Queue）、树（Tree）、图（Graph）等。其中，链表又包括单向链表、双向链表和循环链表等。本节仅介绍单向链表。

链表实际是链式存储、顺序访问的线性表，与数组不同的是，它是用一组任意的存储单元来存储线性表中的数据，存储单元不一定是连续的，且链表的长度不是固定的。相对于顺序存储结构，链式存储结构可以更方便地实现节点的插入和删除操作。

微视频
什么是链表？

以单向链表为例，如图 12-10 所示，链表的每个元素称为一个节点（Node），每个节点都可存储在内存中的不同位置。为了表示每个元素与后继元素的逻辑关系，以便构成"一个节点链着一个节点"的链式存储结构，除了存储元素本身的信息之外，还要存储其直接后继信息。因此，每个节点都包含两部分：第 1 部分称为链表的**数据域**，用于存储元素本身的数据信息，即用户需要的数据，这里用 data 表示，它不局限于一个成员数据，也可是多个成员数据；第 2 部分是一个结构体指针，称为链表的**指针域**，用于存储其直接后继的节点信息，这里用 next 表示，next 的值实际上就是后继节点的地址，即 next 指向后继节

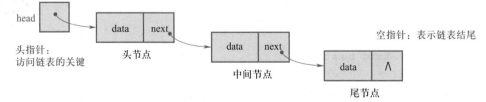

图 12-10　链表的链式存储结构

点,当前节点为尾节点时,next 的值设为空指针(NULL),表示链表的结束。为简单起见,通常在示意图中用符号 ∧ 来表示。

为了表示上述单向链表结构,必须在结构体中定义一个指针类型的成员变量,用它来存储后继节点的地址,并且该指针变量的基类型必须与该结构体类型相同。假设单向链表的每个节点只有一个 int 型数据,则其数据结构定义如下:

```
struct link
{
    int data;              // 数据域:存储节点数据信息
    struct link *next;     // 指针域:存储直接后继节点的地址
};
```

此外,链表还必须有一个指向链表的起始节点的头指针变量 head。像图 12-10 这样的只包含一个指针域、由 n 个节点链接形成的链表,就称为线性链表或者单向链表。

如图 12-10 所示的存储结构决定了对链表数据的特殊访问方式,即链表只能顺序访问,不能进行随机访问。首先要找到链表的头指针,因为它是指向第 1 个节点的指针,只有找到第 1 个节点才能通过它的指针域找到第 2 个节点,然后由第 2 个节点的指针域再找到第 3 个节点,依此类推,就像传递接力棒一样,当节点的指针域为 NULL 时,表示已经搜索到了链表的尾部节点。可见,对单向链表而言,头指针是极其重要的,头指针一旦丢失,链表中的数据也将全部丢失。这种存储方式的最大缺点是容易出现断链,一旦链表中某个节点的指针域数据丢失,那么也就意味着将无法找到后继节点,该节点后面的所有节点数据都将丢失。

### 12.8.3 单向链表的建立

我们可以采取向链表中添加节点的方式来建立一个单向链表。为了向链表中添加一个新的节点,首先要为新建节点动态申请内存,让指针变量 p 指向这个新建节点,然后将新建节点添加到链表中,此时需要考虑以下两种情况:

(1)若原链表为空表,则将新建节点置为头节点,如图 12-11 所示。

(2)若原链表为非空,则将新建节点添加到表尾,如图 12-12 所示。

图 12-11　原链表为空表时新建节点的添加过程

根据上述思想编写向链表添加节点数据的程序如下:

```
1    #include <stdio.h>
2    #include <stdlib.h>
3    struct link *AppendNode(struct link *head);
4    void DisplayNode(struct link *head);
```

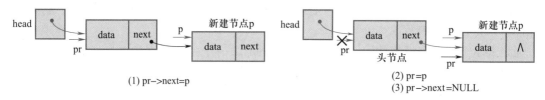

图 12-12　原链表非空时新建节点的添加过程

```
5      void DeleteMemory(struct link *head);
6      struct link
7      {
8          int data;
9          struct link *next;
10     };
11     int main(void)
12     {
13         int i = 0;
14         char c;
15         struct link *head = NULL;          // 链表头指针
16         printf("Do you want to append a new node(Y/ N)?");
17         scanf(" %c", &c);                  // %c 前面有一个空格
18         while (c == 'Y' || c == 'y')
19         {
20             head = AppendNode(head);       // 向 head 为头指针的链表末尾添加节点
21             DisplayNode(head);             // 显示当前链表中的各节点信息
22             printf("Do you want to append a new node(Y/N)?");
23             scanf(" %c",&c);               // %c 前面有一个空格
24             i++;
25         }
26         printf("%d new nodes have been apended! \n", i);
27         DeleteMemory(head);                // 释放所有动态分配的内存
28     }
29     // 函数功能:新建一个节点并添加到链表末尾,返回添加节点后的链表的头指针
30     struct link *AppendNode(struct link *head)
31     {
32         struct link *p = NULL, *pr = head;
33         int data;
34         p = (struct link *)malloc(sizeof(struct link)); // 让 p 指向新建节点
35         if (p == NULL)          // 若为新建节点申请内存失败,则退出程序
36         {
```

微视频
单向链表的
各种操作

教学课件

```
37          printf("No enough memory to allocate! \n");
38          exit(0);
39      }
40      if (head == NULL)                    // 若原链表为空表
41      {
42          head = p;                        // 将新建节点置为头节点
43      }
44      else                                 // 若原链表为非空,则将新建节点添加到表尾
45      {
46          while (pr->next != NULL)         // 若未到表尾,则移动 pr 直到 pr 指向表尾
47          {
48              pr = pr->next;               // 让 pr 指向下一个节点
49          }
50          pr->next = p;                    // 让末节点的指针域指向新建节点
51      }
52      printf("Input node data:");
53      scanf("%d", &data);                  // 输入节点数据
54      p->data = data;                      // 将新建节点的数据域赋值为输入的节点数据值
55      p->next = NULL;                      // 将新建节点置为表尾
56      return head;                         // 返回添加节点后的链表的头指针
57  }
58  // 函数的功能:显示链表中所有节点的节点号和该节点中的数据项内容
59  void DisplayNode(struct link *head)
60  {
61      struct link *p = head;
62      int j = 1;
63      while (p != NULL)                    // 若不是表尾,则循环打印节点的值
64      {
65          printf("%5d%10d \n", j, p->data);// 打印第 j 个节点的数据
66          p = p->next;                     // 让 p 指向下一个节点
67          j++;
68      }
69  }
70  // 函数功能:释放 head 指向的链表中所有节点占用的内存
71  void DeleteMemory(struct link *head)
72  {
73      struct link *p = head, *pr = NULL;
74      while (p != NULL)                    // 若不是表尾,则释放节点占用的内存
```

```
75          {
76              pr = p;                          // 在 pr 中保存当前节点的指针
77              p = p->next;                     // 让 p 指向下一个节点
78              free(pr);                        // 释放 pr 指向的当前节点占用的内存
79          }
80      }
```

程序的运行结果为：

**Do you want to append a new node(Y/N)? y** ↙
**Input node data:10** ↙
      **1          10**
**Do you want to append a new node(Y/N)? y** ↙
**Input node data:20** ↙
      **1          10**
      **2          20**
**Do you want to append a new node(Y/N)? n** ↙
**2 new nodes have been apended!**

### 12.8.4　单向链表的删除操作

链表的删除操作就是将一个待删除节点从链表中断开，不再与链表的其他节点有任何联系。为了在已有的链表中删除一个节点，需要考虑如下四种情况：

（1）若原链表为空表，则无须删除节点，直接退出程序。

（2）若找到的待删除节点 **p** 是头节点，则将 head 指向当前节点的下一个节点（head＝p->next），即可删除当前节点，如图 12-13 所示。

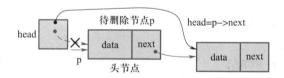

图 12-13　待删除节点是头节点的节点删除过程

（3）若找到的待删除节点不是头节点，则将前一节点的指针域指向当前节点的下一节点（pr ->next＝p->next），即可删除当前节点，如图 12-14 所示。当待删除节点是末节点时，按图 12-14 进行操作时，由于 p->next 值为 NULL，因此执行 pr->next＝p->next 后，pr->next 的值也变为了 NULL，从而使 pr 所指向的节点由倒数第 2 个节点变成了末节点。

（4）若已搜索到表尾（p->next ＝＝ NULL），仍未找到待删除节点，则显示"未找到"。

　注意：节点被删除后，只表示将它从链表中断开而已，它仍占用着内存，必须释放其所占的内存，否则将出现内存泄露。从链表中删除一个节点的程序代码如下：

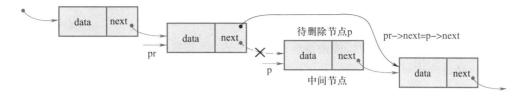

图 12-14　待删除节点不是头节点的节点删除过程

```
1  // 函数功能:从 head 指向的链表中删除一个节点,返回删除节点后的链表的头指针
2  struct link *DeleteNode(struct link *head, int nodeData)
3  {
4      struct link *p = head, *pr = head;
5      if (head == NULL)                      // 若链表为空表,则退出程序
6      {
7          printf("Linked Table is empty! \n");
8          return(head);
9      }
10     while (nodeData != p->data && p->next != NULL)
11     {                                      // 未找到且未到表尾
12         pr = p;                            // 在 pr 中保存当前节点的指针
13         p = p->next;                       // p 指向当前节点的下一节点
14     }
15     if (nodeData == p->data)// 若当前节点的节点值为 nodeData,找到待删除节点
16     {
17         if (p == head)                     // 若待删节点为头节点
18         {
19             head=p->next;                  // 让头指针指向待删除节点 p 的下一节点
20         }
21         else                               // 若待删节点不是头节点
22         {
23             pr->next = p->next;// 让前一节点的指针域指向待删节点的下一节点
24         }
25         free(p);                           // 释放为已删除节点分配的内存
26     }
27     else                       // 找到表尾仍未发现节点值为 nodeData 的节点
28     {
29         printf("This Node has not been found! \n");
30     }
31     return head;                           // 返回删除节点后的链表头指针 head 的值
32  }
```

### 12.8.5　单向链表的插入操作

向链表中插入一个新节点时,首先要新建一个节点,将其指针域赋值为空指针(p->next =
NULL),然后在链表中寻找适当的位置执行节点插入操作,此时需要考虑以下四种情况:

(1)若原链表为空表,则将新节点 p 作为头节点,让 head 指向新节点 p(head = p)。

(2)若原链表为非空,则按节点值的大小(假设节点值已按升序排序)确定插入新节点的位
置。若在头节点前插入新节点,则将新节点的指针域指向原链表的头节点(p->next = head),且
让 head 指向新节点(head = p),如图 12-15 所示。

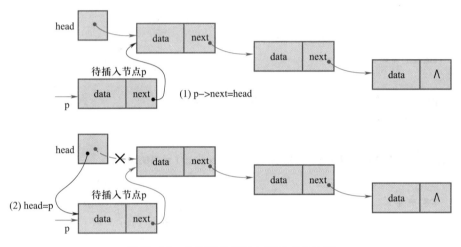

图 12-15　在头节点前插入新节点的过程

(3)若在链表中间插入新节点,则将新节点的指针域指向下一节点(p->next = pr->next),
且让前一节点的指针域指向新节点(pr->next = p),如图 12-16 所示。

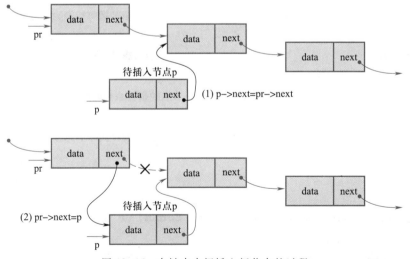

图 12-16　在链表中间插入新节点的过程

（4）若在表尾插入新节点,则末节点指针域指向新节点(pr->next = p),如图 12-17 所示。

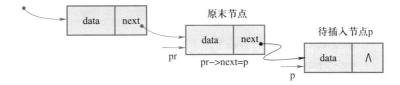

图 12-17 在链表末尾插入新节点的过程

向节点值已按升序排序的链表中插入一个新节点的程序代码如下:

```
1  // 函数功能:在已按升序排序的链表中插入一个节点,返回插入节点后的链表头指针
2  struct link *InsertNode(struct link *head, int nodeData)
3  {
4      struct link *pr = head, *p = head, *temp = NULL;
5      p = (struct link *)malloc(sizeof(struct link)); // 让 p 指向待插入节点
6      if(p == NULL)                          // 若为新建节点申请内存失败,则退出程序
7      {
8          printf("No enough memory! \n");
9          exit(0);
10     }
11     p->next = NULL;                        // 为待插入节点的指针域赋值为空指针
12     p->data = nodeData;                    // 为待插入节点数据域赋值为 nodeData
13     if (head == NULL)                      // 若原链表为空表
14     {
15         head = p;                          // 待插入节点作为头节点
16     }
17     else                                   // 若原链表为非空
18     {                                      // 若未找到待插入节点的位置且未到表尾,则继续找
19         while (pr->data < nodeData && pr->next != NULL)
20         {
21             temp = pr;                     // 在 temp 中保存当前节点的指针
22             pr = pr->next;                 // pr 指向当前节点的下一节点
23         }
24         if (pr->data >= nodeData)
25         {
26             if (pr == head)                // 若在头节点前插入新节点
27             {
28                 p->next = head;            // 将新节点的指针域指向原链表的头节点
29                 head = p;                  // 让 head 指向新节点
30             }
```

```
31              else                    // 若在链表中间插入新节点
32              {
33                  pr = temp;
34                  p->next = pr->next;  // 将新节点的指针域指向下一节点
35                  pr->next = p;        // 让前一节点的指针域指向新节点
36              }
37          }
38          else                        // 若在表尾插入新节点
39          {
40              pr->next = p;            // 让末节点的指针域指向新节点
41          }
42      }
43      return head;                     // 返回插入新节点后的链表头指针 head 的值
44 }
```

【思考题】

（1）请分析函数 InsertNode() 中第 21 行和第 33 行语句的作用，如果删掉这两条语句，还能在正确的位置插入节点数据吗？

（2）为什么函数 AppendNode()、DeleteNode() 和 InsertNode() 都要返回链表头指针 head 的值呢？函数的指针形参 head 能否返回 head 本身的值？

（3）若将函数 DeleteNode() 和 InsertNode() 的第 2 个参数 int 型的 nodeData 修改为 struct link 类型的指针变量 pNode，pNode 指向待删除或待插入的节点，则程序应如何修改？

## 12.9　本章扩充内容

### 12.9.1　栈和队列

数组是一种连续存储、随机访问的线性表，链表属于分散存储、连续访问的线性表。它们的每个数据都有其相对位置，有至多一个直接前驱和至多一个直接后继。栈（Stack）和队列（Queue）也属于线性表，但它们都是运算受限的线性表，也称限定性线性表。栈限定数据只能在栈顶执行插入（入栈）和删除（出栈）操作。队列限定只能在队头执行删除操作（出队），在队尾执行插入操作（入队）。

**1. 栈**

栈的顺序存储结构如图 12-18 所示，链式存储结构如图 12-19 所示。对栈进行运算的一端称为栈顶（top），栈顶的第一个元素称为栈顶元素。向一个栈中插入新元素，即把该元素放到栈顶元素的上面，使其成为新的栈顶元素，称为压栈（Push）。从一个栈中删除元素，使原栈顶元素下方的相邻元素成为新的栈顶元素，称为弹出

图 12-18　栈的顺序存储结构

堆栈(Pop)。栈的这种运算方式使其具有后进先出(Last Input First Output,LIFO)的特性。

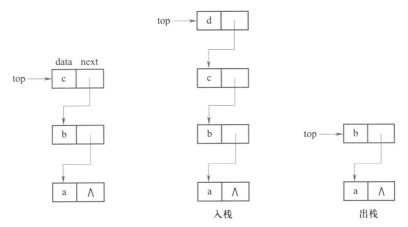

图 12-19　栈的链式存储结构

　　栈的一个典型应用是表达式求值。表达式求值是程序设计语言编译中的一个最基本的问题。以二元算术运算符为例,算术表达式的一般形式为 s1+op+s2,则 op+s1+s2 为前缀表示法(也称为波兰表达式),s1+op+s2 为中缀表示法,s1+s2+op 为后缀表示法(也称为逆波兰表达式)。例如,对于表达式 a∗b+(c-d/e)∗f,则其前缀表达式为+∗ab-c/def,中缀表达式为 a∗b+(c-d/e)∗f,后缀表达式为 ab∗cde/-f∗+。

　　用栈计算逆波兰表达式的基本思路是:按顺序遍历整个表达式,若遇到操作数(假设都是二元运算符),则入栈,若遇到操作符,则连续弹出两个操作数并执行相应的运算,然后将其运算结果入栈。重复以上过程,直到数组遍历完,栈内只剩下一个操作数时,那就是最终的运算结果,弹出打印即可。

　　用栈的顺序存储结构实现的逆波兰表达式求值程序如下:

```
1    #include <stdio.h>
2    #include <string.h>
3    #include <ctype.h>
4    #include <stdlib.h>
5    #define INT 1
6    #define FLT 2
7    #define N 20
8    typedef struct node
9    {
10       int ival;
11   }NodeType;
12   typedef struct stack
13   {
14       NodeType data[N];
```

```
15          int top;                          // 控制栈顶
16      }STACK;                               // 栈的顺序存储
17      void Push(STACK *stack, NodeType data);
18      NodeType Pop(STACK *stack);
19      NodeType OpInt(int d1, int d2, int op);
20      NodeType OpData(NodeType *d1, NodeType *d2, int op);
21      int main(void)
22      {
23          char word[N];
24          NodeType d1, d2, d3;
25          STACK stack;
26          stack.top = 0;                    // 初始化栈顶
27          // 以空格为分隔符输入逆波兰表达式,以#结束
28          while (scanf("%s", word) == 1 && word[0] != '#')
29          {
30              if (isdigit(word[0]))         // 若为数字,则转换为整型后压栈
31              {
32                  d1.ival = atoi(word);     // 将 word 转换为整型数据
33                  Push(&stack, d1);
34              }
35              else                          // 否则弹出两个操作数,执行相应运算后再将结果压栈
36              {
37                  d2 = Pop(&stack);
38                  d1 = Pop(&stack);
39                  d3 = OpData(&d1, &d2, word[0]);   // 执行运算
40                  Push(&stack, d3);         // 运算结果压入堆栈
41              }
42          }
43          d1 = Pop(&stack);                 // 弹出栈顶保存的最终计算结果
44          printf("%d\n", d1.ival);
45          return 0;
46      }
47      // 函数功能:将数据 data 压入堆栈
48      void Push(STACK *stack, NodeType data)
49      {
50          memcpy(&stack->data[stack->top], &data, sizeof(NodeType));
51          stack->top = stack->top + 1;  // 改变栈顶指针
```

```
52      }
53      // 函数功能:弹出栈顶数据并返回
54      NodeType Pop(STACK *stack)
55      {
56          stack->top = stack->top - 1;   // 改变栈顶指针
57          return stack->data[stack->top];
58      }
59      // 函数功能:对整型的数据 d1 和 d2 执行运算 op,并返回计算结果
60      NodeType OpInt(int d1, int d2, int op)
61      {
62          NodeType res;
63          switch (op)
64          {
65          case '+':
66              res.ival = d1 + d2;
67              break;
68          case '-':
69              res.ival = d1 - d2;
70              break;
71          case '* ':
72              res.ival = d1 * d2;
73              break;
74          case '/':
75              res.ival = d1 / d2;
76              break;
77          }
78          return res;
79      }
80      // 函数功能:对 d1 和 d2 执行运算 op,并返回计算结果
81      NodeType OpData(NodeType *d1, NodeType *d2, int op)
82      {
83          NodeType res;
84          res = OpInt(d1->ival, d2->ival, op);
85          return res;
86      }
```

用栈的链式存储结构实现的逆波兰表达式求值程序如下:

```
1       #include <stdio.h>
```

```
2      #include <string.h>
3      #include <ctype.h>
4      #include <stdlib.h>
5      #define INT 1
6      #define FLT 2
7      #define N 20
8      typedef struct node
9      {
10         int ival;
11     }NodeType;
12     typedef struct stack
13     {
14       NodeType data;
15       struct stack *next;                    // 指向栈顶
16     }STACK;                                   // 栈的链式存储
17     STACK *Push(STACK *top, NodeType data);
18     STACK *Pop(STACK *top);
19     NodeType OpInt(int d1, int d2, int op);
20     NodeType OpData(NodeType *d1, NodeType *d2, int op);
21     int main(void)
22     {
23         char word[N];
24         NodeType d1, d2, d3;
25         STACK * top = NULL;                   // 初始化栈顶
26         // 以空格为分隔符输入逆波兰表达式,以#结束
27         while (scanf("%s", word) == 1 && word[0] != '#')
28         {
29             if (isdigit(word[0]))             // 若为数字,则转换为整型后压栈
30             {
31                 d1.ival = atoi(word);         // 将 word 转换为整型数据
32                 top = Push(top, d1);
33             }
34             else                  // 否则弹出两个操作数,执行相应运算后再将结果压栈
35             {
36                 d2 = top->data;
37                 top = Pop(top);
38                 d1 = top->data;
```

```
39              top = Pop(top);
40              d3 = OpData(&d1, &d2, word[0]);   // 执行运算
41              top = Push(top, d3);              // 运算结果压入堆栈
42          }
43      }
44      d1 = top->data;
45      printf("%d\n", d1.ival);
46      top = Pop(top);                           // 弹出栈顶保存的最终计算结果
47      return 0;
48  }
49  // 函数功能:将数据 data 压入堆栈
50  STACK *Push(STACK *top, NodeType data)
51  {
52      STACK *p;
53      p = (STACK * )malloc(sizeof(STACK)); // 创建一个新节点,准备入栈
54      p->data = data;
55      p->next = top;                            // 新创建的节点指向原栈顶
56      top = p;                                  // 让栈顶指针指向新创建的节点
57      return top;
58  }
59  // 函数功能:弹出栈顶数据并返回
60  STACK *Pop(STACK *top)
61  {
62      STACK *p;
63      if (top == NULL)
64      {
65          return NULL;
66      }
67      else
68      {
69          p = top;
70          top = top->next;
71          free(p);                              // 注意弹出栈顶数据后要释放其所占用的内存
72      }
73      return top;
74  }
75  // 函数功能:对整型的数据 d1 和 d2 执行运算 op,并返回计算结果
```

```
76    NodeType OpInt(int d1, int d2, int op)
77    {
78        NodeType res;
79        switch (op)
80        {
81        case '+':
82            res.ival = d1 + d2;
83            break;
84        case '-':
85            res.ival = d1 - d2;
86            break;
87        case '* ':
88            res.ival = d1 * d2;
89            break;
90        case '/':
91            res.ival = d1 / d2;
92            break;
93        }
94        return res;
95    }
96    // 函数功能：对 d1 和 d2 执行运算 op,并返回计算结果
97    NodeType OpData(NodeType *d1, NodeType *d2, int op)
98    {
99        NodeType res;
100       res = OpInt(d1->ival, d2->ival, op);
101       return res;
102   }
```

上面两个程序的运行结果如下：

    **8 1 2 + 4 \* + #**✓

    **20**

【思考题】本例程序的健壮性不够好,例如没有在除法运算之前判断除数是否为 0,也没有在对栈进行操作时判断栈是否为空,请修改程序增强其健壮性。

  2. 队列

    队列的顺序存储结构如图 12-20 所示,链式存储结构如图 12-21 所示。如图 12-20 所示,向队尾(rear)插入新元素,称为进队或入队,新元素进队后将成为新的队尾元素,从队首(front)删除元素,称为离队或出队,其后继元素将成为新的队首元素。因队列的插入和删除操作分别在各自的一端进行,每个元素必然按照进入的次序出队,所以队列具有先进先出(First Input First

Output,FIFO)的特性,这一点与栈刚好相反。为了便于管理队列中的元素,通常设置两个指针 front 和 rear。注意,rear 并非指向队尾元素,而是指向队尾元素的后一个位置。这样做的目的是为了区分空的队列和只有一个元素的队列,当且仅当 front 与 rear 相等时,表示队列为空。当 rear 等于队列的最大容量 QMAX 时,表示队列已满。

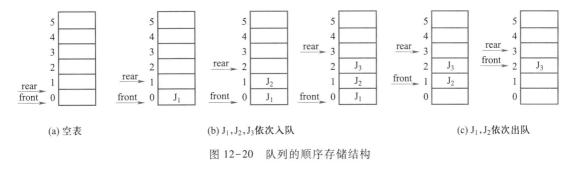

(a) 空表      (b) $J_1,J_2,J_3$ 依次入队      (c) $J_1,J_2$ 依次出队

图 12-20　队列的顺序存储结构

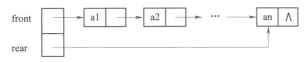

图 12-21　队列的链式存储结构

队列的顺序存储结构可以定义为如下的结构体类型:

```
//队列的顺序存储
typedef struct queue
{
  int data[N];
  int front;          // 控制队头
  int rear;           // 控制队尾
}QUEUE;
```

队列的链式存储结构可以用如下的结构体类型来定义:

```
//队列的链式存储
typedef struct queue
{
  int data;
  struct queue * front;          //指向队头
  struct queue * rear;           //指向队尾
}QUEUE;
```

队列操作需要注意的问题是有时会出现"假满"的极端情形,即当 front 和 rear 都指向 QMAX 时,此时既不能插入,也不能删除,因为若要插入,会被告知队列已满,若要删除,会被告知队列为空。一种较好的解决方法是采用循环队列。因为循环队列的插入和删除操作是在一个模拟成环形的存储空间中"兜圈子"(如图 12-22 所示),所以不会产生"假满"问题。当有数

据入队时,队尾指针 rear 变为(rear + 1) % QMAX,当有数据出队时,队头指针 front 变为(front + 1) % QMAX。front = = rear 仍是队列为空的标志,队列已满的标志是(rear + 1) % QMAX = = front,队列中之所以保留了一个空的单元,主要目的是避免与队空标志相冲突,因此具有 QMAX 个元素的循环队列最多只能存放 QMAX-1 个元素。

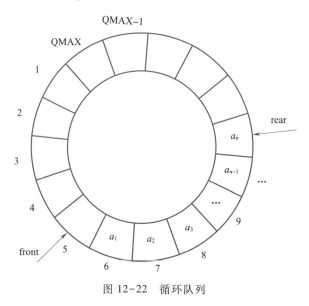

图 12-22 循环队列

下面以舞伴配对问题来说明循环队列的应用。假设在大学生的周末舞会上,男、女学生各自排成一队。舞会开始时,依次从男队和女队的队头各出一人配成舞伴。如果两队初始人数不等,则较长的那一队中未配对者等待下一轮舞曲。要求男、女学生人数及其姓名以及舞会的轮数,由用户从键盘输入,屏幕输出每一轮舞伴的配对名单,如果在该轮中有未配对的,则要求能够从屏幕显示下一轮第一个出场的未配对者的姓名。

用顺序存储的循环队列实现的程序如下:

```
1    #include <stdio.h>
2    #include <stdlib.h>
3    #include <string.h>
4    #define N 100
5    typedef struct queue
6    {
7        char elem[N][N];
8        int qSize;               //队列长度
9        int front;               //控制对头
10       int rear;                //控制队尾
11   }QUEUE;
12   void CreatQueue(QUEUE *Q);
```

```
13      int QueueEmpty(const QUEUE *Q);
14      void DeQueue(QUEUE *Q, char *str);
15      void GetQueue(const QUEUE *Q, char *str);
16      void DancePartners(QUEUE *man, QUEUE *women);
17      void Match(QUEUE *shortQ, QUEUE *longQ);
18      int main(void)
19      {
20          QUEUE man, women;
21          printf("男队:\n");
22          CreatQueue(&man);
23          printf("女队:\n");
24          CreatQueue(&women);
25          DancePartners(&man, &women);
26          return 0;
27      }
28      //函数功能:创建一个队列
29      void CreatQueue(QUEUE *Q)
30      {
31          int n, i;
32          Q->front = Q->rear = 0;
33          printf("请输入跳舞人数:");
34          scanf("%d", &n);
35          Q->qSize = n + 1;
36          printf("请输入各舞者人名:");
37          for (i=0; i<n; i++)
38          {
39              scanf("%s", Q->elem[i]);
40          }
41          Q->rear = n;
42      }
43      //函数功能:判断循环队列是否为空
44      int QueueEmpty(const QUEUE *Q)
45      {
46          if (Q->front == Q->rear)        //循环队列为空
47              return 1;
48          else
```

```
49          return 0;
50      }
51  //函数功能:循环队列出队,即删除队首元素
52  void DeQueue(QUEUE *Q, char *str)
53  {
54      strcpy(str, Q->elem[Q->front]);
55      Q->front = (Q->front + 1)% Q->qSize;
56  }
57  //函数功能:取出队首元素,队头指针不改变
58  void GetQueue(const QUEUE *Q, char *str)
59  {
60      strcpy(str, Q->elem[Q->front]);
61  }
62  //函数功能:根据队列长短确定如何调用舞伴配对函数
63  void DancePartners(QUEUE *man, QUEUE *women)
64  {
65      if (man->qSize < women->qSize)          //若男队短
66      {
67          Match(man, women);
68      }
69      else                                     //若女队短
70      {
71          Match(women, man);
72      }
73  }
74  //函数功能:舞伴配对
75  void Match(QUEUE *shortQ, QUEUE *longQ)
76  {
77      int n;
78      char str1[N], str2[N];
79      printf("请输入舞会的轮数:");
80      scanf("%d", &n);
81      while (n--)                               //循环 n 轮次
82      {
83          while (!QueueEmpty(shortQ))          //短队列不为空
84          {
```

```
85              if (QueueEmpty(longQ))
86              {
87                longQ->front = (longQ->front+1)%longQ->qSize;
88              }
89              DeQueue(shortQ, str1);
90              DeQueue(longQ, str2);
91              printf("配对的舞者:%s %s \n", str1, str2);
92            }
93            shortQ->front = (shortQ->front + 1)%shortQ->qSize;
94            if (QueueEmpty(longQ))
95            {
96              longQ->front = (longQ->front + 1)%longQ->qSize;
97            }
98            GetQueue(longQ, str1);
99            printf("第一个出场的未配对者的姓名:%s \n", str1);
100       }
101     }
```

程序的运行结果如下:

```
男队
请输入跳舞人数:4↙
请输入各舞者人名:m1 m2 m3 m4↙
女队
请输入跳舞人数:3↙
请输入各舞者人名:w1 w2 w3↙
请输入舞会的轮数:3↙
配对的舞者:w1 m1
配对的舞者:w2 m2
配对的舞者:w3 m3
第一个出场的未配对者的姓名:m4
配对的舞者:w1 m4
配对的舞者:w2 m1
配对的舞者:w3 m2
第一个出场的未配对者的姓名:m3
配对的舞者:w1 m3
配对的舞者:w2 m4
配对的舞者:w3 m1
第一个出场的未配对者的姓名:m2
```

【思考题】请读者用队列的链式存储结构重新编写该程序。

### 12.9.2　树和图

前面介绍的几种数据结构的数据元素之间仅有线性关系,每个数据元素只有一个直接前驱和一个直接后继,属于线性数据结构。如果结构中数据元素之间存在一对多或多对多的关系,则称为非线性数据结构。树(Tree)和图(Graph)都是典型的非线性数据结构,在计算机领域中有着广泛的应用。树的数据元素之间有明显的层次关系,且每一层上的数据元素可能和下一层中多个元素(即其孩子节点)相关,但只能和上一层中一个元素(即其父节点)相关。而图的节点之间的关系可以是任意的,图中任意两个数据元素之间都可能相关。

**1. 树**

树是 $n(n \geqslant 0)$ 个元素的有限集。树中的每个元素称为节点(node)。不含有任何节点的树(即 $n=0$ 时)称为空树。在一棵非空树中,它有且仅有一个称作根(root)的节点,其余的节点可分为 $m$ 棵($m \geqslant 0$)互不相交的子树(即称作根的子树),每棵子树(Sub Tree)同样又是一棵树。显然,树的定义是递归的。如图 12-23 所示,A 是树 T 的根节点,B 和 C 称为分支节点或非终端节点,D、E、F、G 称为叶子节点或终端节点。$T_1$ 和 $T_2$ 都是树 T 的子树。$T_1$ 由它的根节点 B 和三棵只含根节点的子树 D、E、F 组成,$T_2$ 由它的根节点 C 和一棵只含根节点的子树 G 组成。一棵反映父子关系的家族树,若兄弟节点之间是按照大小有序排列的,则称为有序树。

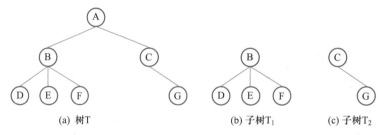

(a) 树T　　　　　　　　　　(b) 子树$T_1$　　(c) 子树$T_2$

图 12-23　树及其子树

二叉树(Binary Tree)是一类非常重要的树形结构。它可以递归定义如下:

二叉树是 $n(n \geqslant 0)$ 个节点的有限集合。该集合或者为空集(空二叉树),或者由一个根节点和两棵互不相交的、分别称为根节点的左子树和右子树的二叉树组成。若用链表结构来实现,则可以定义如下的结构体类型:

```c
typedef struct BiTNode
{
    int          data;
    struct BiTNode * lchild;        //左子树
    struct BiTNode * rchild;        //右子树
}BI_TREE;
```

除了数据成员 data 外,每个节点还包括两个指针域 lchild 和 rchild,分别指向该节点的左子树和右子树。如图 12-24 就是一棵二叉树,它具有如下特点:

1）每个节点最多有两棵子树。

2）左子树和右子树是有序的。

3）即使树中某节点只有一棵子树,也要区分它是左子树还是右子树。

4）二叉树有 5 种基本形态:空树,只有一个根节点,根节点只有左子树,根节点只有右子树,根节点既有左子树也有右子树。

如果一棵二叉树中的所有分支节点都存在左子树和右子树,且所有叶子节点都在同一层上,则称为满二叉树。如图 12-25 所示的二叉树就是一棵满二叉树。

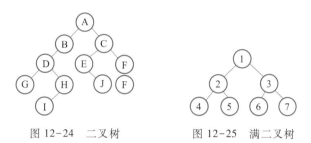

图 12-24 二叉树       图 12-25 满二叉树

对一棵具有 $n$ 个节点的二叉树按层序编号,如果编号为 $i(1 \leqslant i \leqslant n)$ 的节点与同样深度的满二叉树中编号为 $i$ 的节点在二叉树中位置完全相同,则这棵二叉树称为完全二叉树。也就是说,除最后一层外,其他的每一层的节点数都是满的。如果最后一层不满,缺少的节点也全部集中在右边,这样的二叉树就是完全二叉树(如图 12-26 所示)。满二叉树一定是完全二叉树,但完全二叉树不一定是满二叉树。

如图 12-27 所示,如果每棵子树的头节点的值都比各自左子树上的所有节点的值要大,比各自右子树上的所有节点值要小,则称为搜索二叉树。

图 12-26 完全二叉树       图 12-27 搜索二叉树

遍历是树的一个基本操作,遍历的目的是把节点按照一定的规则排成线性序列,以便按此顺序访问节点。如图 12-28 所示,先序遍历、中序遍历和后序遍历是 3 种最重要的遍历树的方式。这里的"先、中、后"是指根节点在节点访问中的次序。例如,对于如图 12-25 所示的二叉树,采用先序遍历的结果为 1245367(假定左分支和右分支中优先选择左分支),采用中序遍历的结果为 4251637,采用后序遍历的结果为 4526731。

此外,还有一种称为层序遍历的遍历方法,先从根节点 $s$ 出发,依照层次结构,逐层访问其他节点,仅在访问完距离顶点 $s$ 为 $k$ 的所有节点后,才会继续访问距离为 $k+1$ 的其他节点。例如对于如图 12-25 所示的二叉树,层序遍历的结果为 1234567。

以图 12-25 所示的二叉树为例,输出其先序遍历、中序遍历和后序遍历结果的程序如下:

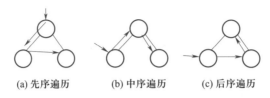

(a) 先序遍历　　　　(b) 中序遍历　　　　(c) 后序遍历

图 12-28　树的 3 种遍历方式

```
1    #include <stdio.h>
2    #include <stdlib.h>
3    #define N20
4    //二叉树节点信息
5    typedef struct BiTNode
6    {
7        int          data;
8        struct BiTNode *lchild;          //左子树
9        struct BiTNode *rchild;          //右子树
10   }BI_TREE;
11   BI_TREE *CreatTree(int *a, int n);
12   int PreOrderTraverse(BI_TREE *root, void (*visit)(int));
13   int MidOrderTraverse(BI_TREE *root, void (*visit)(int));
14   int PostOrderTraverse(BI_TREE *root, void (*visit)(int));
15   void PrintNode(int node);
16   int main(void)
17   {
18       int a[N] = {1, 2, 3, 4, 5, 6, 7};
19       int n = 7;
20       BI_TREE *root = NULL;
21       root = CreatTree(a, n);
22       PreOrderTraverse(root, PrintNode);
23       printf("\n");
24       MidOrderTraverse(root, PrintNode);
25       printf("\n");
26       PostOrderTraverse(root, PrintNode);
27       printf("\n");
28       return 0;
29   }
30   //函数功能:二叉树创建
31   BI_TREE *CreatTree(int *a, int n)
```

```
32  {
33      int i;
34      BI_TREE *pNode[N] = {0};
35      for (i=0; i<n; ++i)
36      {
37          pNode[i] = (BI_TREE * )malloc(sizeof(BI_TREE));
38          if (pNode[i] == NULL)
39          {
40              printf("No enough memory to allocate!\n");
41              exit(1);
42          }
43          pNode[i]->lchild = NULL;
44          pNode[i]->rchild = NULL;
45          pNode[i]->data = a[i];
46      }
47      for (i=0; i<n/2; ++i)
48      {
49          pNode[i]->lchild = pNode[2 * (i+1)-1];
50          pNode[i]->rchild = pNode[2 * (i+1)+1-1];
51      }
52      return pNode[0];
53  }
54  //函数功能:二叉树先序遍历
55  int PreOrderTraverse(BI_TREE *root, void (*visit)(int))
56  {
57      if (root == NULL)
58      {
59          return 1;
60      }
61      (*visit)(root->data);
62      if (PreOrderTraverse(root->lchild, visit))
63      {
64          if (PreOrderTraverse(root->rchild, visit))
65          {
66              return 1;
67          }
68      }
```

```
69          return 0;
70      }
71      //函数功能:二叉树中序遍历
72      int MidOrderTraverse(BI_TREE *root, void (*visit)(int))
73      {
74          if (root == NULL)
75          {
76              return 1;
77          }
78          if (MidOrderTraverse(root->lchild, visit))
79          {
80              (*visit)(root->data);
81              if (MidOrderTraverse(root->rchild, visit))
82              {
83                  return 1;
84              }
85          }
86          return 0;
87      }
88      //函数功能:二叉树后序遍历
89      int PostOrderTraverse(BI_TREE *root, void (*visit)(int))
90      {
91          if (root == NULL)
92          {
93              return 1;
94          }
95          if (PostOrderTraverse(root->lchild, visit))
96          {
97              if (PostOrderTraverse(root->rchild, visit))
98              {
99                  (*visit)(root->data);
100                 return 1;
101             }
102         }
103         return 0;
104     }
105     //函数功能:打印节点信息
```

```
106    void PrintNode(int node)
107    {
108        printf("%3d", node);
109    }
```

该程序的运行结果如下：

**1 2 4 5 3 6 7**

**4 2 5 1 6 3 7**

**4 5 2 6 7 3 1**

【思考题】请读者自己编写层序遍历二叉树的程序。

2. 图

一个图 $G$ 是由顶点(vertex)的集合 $V$ 和边(edge)的集合 $E$ 组成的,可以表示为一个二元组: $G=(V,E)$ 。若图 $G$ 中的每条边都是有方向的,则称 $G$ 为有向图(Digraph),如图 12-29(a)所示。在一个有向图中,由一个顶点出发的边的总数,称为出度,指向一个顶点的边的总数称为入度。若图 $G$ 中的每条边都是没有方向的,则称 $G$ 为无向图(Undigraph),如图 12-29(b)所示。边上带有权值的图叫做带权图,如图 12-29(c)所示。在不同的实际问题中,权值可以代表距离、时间、价格等不同的属性。如果两个顶点之间有边连接,则称为两个顶点相邻。相邻顶点的序列称为路径。起点和终点重合的路径叫做圈。没有圈的有向图,称为有向无环图(Directed Acyclic Graph,DAG),如图 12-29(d)所示。没有圈的连接图称为树(tree)。

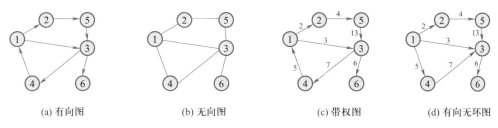

(a) 有向图　　　　(b) 无向图　　　　(c) 带权图　　　　(d) 有向无环图

图 12-29　有向图、无向图个带权图

图的存储主要有两种方式:邻接矩阵和邻接表。邻接矩阵使用二维数组来表示图,数组元素 $A[i][j]$ 表示的是顶点 $i$ 和顶点 $j$ 之间的关系。在无向图中,只要顶点 $i$ 和 $j$ 之间有边相连,则 $A[i][j]$ 和 $A[j][i]$ 都设为 1,否则设为 0。例如,对于如图 12-29(b)所示的无向图,其邻接矩阵可表示如图 12-30(a)所示。

在有向图中,只要顶点 $i$ 有一条指向 $j$ 的边,则 $A[i][j]$ 设为 1(注意 $A[j][i]$ 并不设为 1),否则就设为 0。在带权图中, $A[i][j]$ 表示顶点 $i$ 到顶点 $j$ 的边的权值。因在边不存在的情况下,若将 $A[i][j]$ 设为 0,则无法与权值为 0 的情况进行区分,因此选取适当的较大的常数 inf,令 $A[i][j]=\text{inf}$ 。

使用邻接矩阵的好处是可以在常数时间内判断两点之间是否有边存在,但是当顶点数较大时的空间复杂度较高。

图的邻接表存储方法是对每个顶点建立一个边表(单向链表),在这个单向链表中存储与其

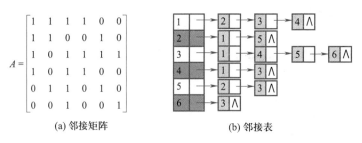

图 12-30　图 12-29(b)中无向图的邻接矩阵和邻接表存储方式

各个相邻的顶点的信息。例如,对于如图 12-29(b)所示的无向图,其邻接表存储方式如图 12-30(b)所示。相对于邻接矩阵而言,邻接表存储方式的空间复杂度较低。

图的遍历就是从图的某个顶点出发,按照某种方式访问图中的所有顶点,且每个顶点仅被访问一次,这个过程称为图的遍历。为了保证图中的顶点在遍历过程中仅访问一次,要为每一个顶点设置一个访问标志。**通常有两种方法:深度优先搜索(Depth-First Search,DFS)和广度优先搜索(Breadth-First Search,BFS)**。这两种算法对有向图与无向图均适用。树中的先序遍历就是基于深度优先搜索的思想,而层序遍历则是基于广度优先搜索的思想。

深度优先搜索的基本步骤如下:

(1)从图中某个顶点 $v_0$ 出发,先访问 $v_0$。

(2)访问顶点 $v_0$ 的第一个邻接点,以这个邻接点 $v_i$ 作为一个新的顶点,访问 $v_i$ 所有的邻接点,直到以 $v_i$ 出发的所有顶点均被访问,然后回溯到 $v_0$ 的下一个未被访问过的邻接点,以这个邻接点作为新顶点,重复上述步骤,直到图中所有与 $v_0$ 相连的所有顶点均被访问。

(3)若图中仍有未被访问的顶点,则另选图中的一个未被访问的顶点作为起始点。重复上述过程,直到图中的所有顶点均被访问。

广度优先搜索类似于树的层序遍历,其搜索步骤如下:

(1)从图中某个顶点 $v_0$ 出发,先访问 $v_0$。

(2)依次访问 $v_0$ 的各个未被访问的邻接点。

(3)依次从上述邻接点出发,访问他们的各个未被访问的邻接点。需要注意的是:如果 $v_i$ 在 $v_k$ 之前被访问,则 $v_i$ 的邻接点应在 $v_k$ 的邻接点之前被访问。重复上述步骤,直到所有顶点均被访问。

(4)如果图中仍有未被访问的顶点,则随机选择一个作为起始点,重复上述过程,直到图中的所有顶点均被访问。

以图 12-31(a)中的无向图为例,其 DFS 遍历结果为 A,B,C,F,E,G,D,H,I(如图 12-31(b)所示),其 BFS 遍历结果为 A,B,D,E,C,G,F,H,I(如图 12-31(c)所示)。

### 12.9.3　数据的逻辑结构和存储结构

数据的逻辑结构就是对数据的组织方式,主要有如下 4 种:

(1)集合。集合是一批数据的聚集,集合中的每个数据都是各自独立和平等的,不分先后次序。

(2)线性表。线性表是一批具有一对一关系的数据集,线性表中的每个数据都有其相对位

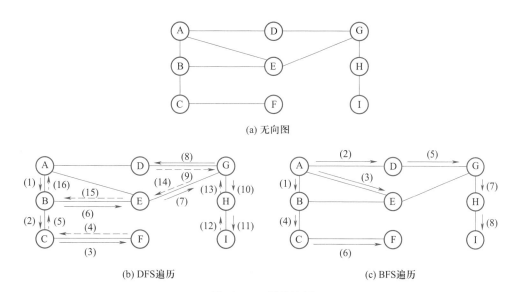

(a) 无向图

(b) DFS遍历　　　　　　　　(c) BFS遍历

图 12-31　图的遍历

置,有至多一个直接前驱和至多一个直接后继。栈和队列都属于线性表。

（3）**树**。树是一批具有一对多关系的数据集,树中的每个数据也都有其相对位置,至多有一个直接前驱,但可以有任意多个(包括 0 个)直接后继。树中的每个数据向上(树根方向)只有一条路径,向下(树叶方向)可以有多条路径。如果每个数据至多有两个直接后继,并且左、右有序,则称为二叉树。

（4）**图**。图是一批具有多对多关系的数据集,图中的每个数据都允许有任意多个直接前驱和任意多个直接后继,每对数据顶点之间可能有多条路径相连。

数据的存储结构是对数据的存储方式,主要有 4 种:

（1）**顺序存储**。顺序存储要求对每个数据按序编号,并按编号的顺序依次存储到一块连续的存储空间中,对数据进行存取访问时,同样也是通过编号计算出其对应的存储位置。

（2）**链式存储**。链式存储是通过在数据节点中设置地址指针来实现的,一个指针用来保存下一个数据的存储位置,即指向下一个数据。链式存储中的一个数据节点被访问后,利用其节点中保存的指针即可访问下一个数据节点。

（3）**索引存储**。索引存储主要用于集合数据,根据数据的某个属性,按照不同属性值划分为若干个子集,同一属性值属于同一子集,每个子集被存储在一起。访问索引存储中的数据时,先按给定的属性值查找到对应的子集,然后再从该子集对应的存储空间中查找到所需数据。可以通过多层次划分实现多级索引存储结构。

（4）**散列存储**。散列存储也主要适应于集合数据,首先利用数据的关键字构造散列函数,然后把计算得到的散列函数值视为存储该数据的存储空间的散列地址,最后把该数据存储到这个位置。对散列存储的数据进行访问时,先根据关键字和散列函数求出散列地址,然后从该地址中取出数据即可。

数据的逻辑结构是根据现实世界中数据之间固有的联系抽象出来的,或是根据人们组织数据的需求定义的,因此数据的逻辑结构是独立存在的,与存储结构无关。但数据的存储结构与其对应的逻辑结构息息相关,需要如实地反映其逻辑结构,不能因存储结构的改变而改变其原有的逻辑结构。对于集合结构的数据,可采用任何一种存储结构存储,对于线性表、树、图等有序数据结构,主要采用顺序或链式存储的方式。

定长数组、动态数组和动态数据结构各有其优缺点,具体如表 12-3 所示。

表 12-3  3 种数据结构的优缺点

| | 定 长 数 组 | 动 态 数 组 | 动 态 数 据 结 构 |
|---|---|---|---|
| 优点 | 连续存储,随机访问<br>使用直观方便<br>数据快速定位 | 连续存储,随机访问,空间不浪费,可像数组一样使用 | 节省空间,无浪费<br>数据快速插入和删除 |
| | 适用于存储长度固定的数据集合 | 适用于长度在程序运行时才能确切知道的集合 | 适用于长度在程序运行过程中动态变化的集合 |
| 缺点 | 属于静态内存分配,程序一旦运行长度不能改变,若想改变,只能修改程序,按最大需求定义数组,浪费空间,还容易发生下标越界 | 程序员自己负责内存的分配和释放<br>频繁申请/释放,速度慢<br>运行时间稍长后,还会造成内存空间碎片化 | 分散存储顺序访问,不可随机访问<br>操作较为复杂 |

## 12.10  本章知识点小结

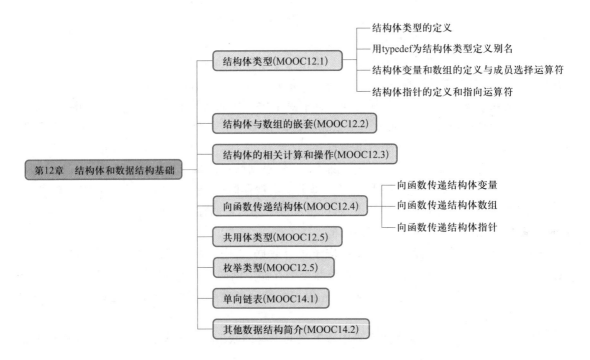

## 12.11 本章常见错误小结

| 常见错误实例 | 常见错误描述 | 错误类型 |
| --- | --- | --- |
| `struct date`<br>`{`<br>`    int year;`<br>`    int month;`<br>`    int day;`<br>`}` | 定义结构体或者共用体类型时,忘记在最后的 } 后面加分号 | 编译错误 |
| — | 将一种类型的结构体变量对另一种类型的结构体变量进行赋值 | 编译错误 |
| — | 对两个结构体或者共用体进行比较操作 | 编译错误 |
| — | 在结构体指向运算符的两个组成符号 - 和 > 之间插入空格,或写成→ | 编译错误 |
| — | 直接使用结构体的成员变量名访问结构体变量的成员 | 编译错误 |
| — | 使用指向运算符访问结构体变量的成员 | 编译错误 |
| — | 使用成员选择运算符访问结构体指针指向的结构体的成员 | 编译错误 |
| — | 误以为结构体实际所占内存的字节数是结构体每个成员所占内存字节数的"总和" | 理解错误 |
| — | 误以为结构只能包含一种数据类型 | 理解错误 |
| — | 误以为不同结构体的成员名字不能相同 | 理解错误 |
| — | 误以为用 typedef 可以定义一种新的数据类型 | 理解错误 |

# 习 题 12

12.1　请定义一个时钟结构体类型,它包含"时、分、秒"3 个成员,然后将第 7 章习题 7.1 中用全局变量编写的时钟模拟显示程序改成用结构体指针变量作函数参数重新编写该程序。

12.2　请重新编写习题 12.1 程序,将其中的函数 Update() 改用整除和求余运算来实现时钟值的更新。

12.3　编程统计候选人的得票数。设有 3 个候选人 zhang、li、wang(候选人姓名不区分大小写),10 个选民,选民每次输入一个得票的候选人的名字,若选民输错候选人姓名,则按废票处理。选民投票结束后程序自动显示各候选人的得票结果和废票信息。要求用结构体数组 candidate 表示 3 个候选人的姓名和得票结果。

12.4　编程模拟洗牌和发牌过程。一副扑克有 52 张牌,分为 4 种花色(suit):黑桃(Spades)、红桃(Hearts)、草花(Clubs)、方块(Diamonds)。每种花色又有 13 张牌面(face):A,2,3,4,5,6,7,8,9,10,Jack,Queen,King。要求用结构体数组 card 表示 52 张牌,每张牌包括花色和牌面两个字符型数组类型的数据成员。

12.5　(选做)定义下面的数据类型:

**typedef struct node**

**{**

**    int type;**

```
        union
        {
            int ival;
            double dval;
        }dat;
    }NodeType;
```

将 12.9 节计算逆波兰表达式的程序改成既可以对 int 型数据计算,还可以对 double 型数据计算,并且还可以进行两种类型的混合运算。

12.6 (选作)循环报数问题:有 n 个人围成一圈,顺序编号。从第一个人开始从 1 到 m 报数,凡报到 m 的人退出圈子。编程计算并输出最后留下的那个人的初始编号。

# 第13章 文件操作

 内容导读

在介绍文件相关基本概念的基础上,围绕学生成绩管理等实例,介绍文件的各种操作方法。本章对应"C语言程序设计精髓"MOOC课程的第15周视频,主要内容如下:

☑ 二进制文件和文本文件

☑ 文件的打开和关闭,顺序读写与随机读写

☑ 标准输入/输出及其重定向

## 13.1 二进制文件和文本文件

前几章的例程都是从键盘读取数据,在屏幕上显示数据。程序所使用的数据是存储在计算机内存中的,不能永久保存。当程序结束时,内存中的数据就会丢失,这样每次运行程序时都要重新输入数据。有没有可长久保存数据的方法呢? 这个方法就是使用文件操作,用文件保存键盘输入和屏幕输出的数据,将数据以文件的形式存放在光盘、磁盘等外存储器上,可达到重复使用、永久保存数据的目的。

与计算机内存存储数据不同的是,文件操作使用硬盘或U盘等永久性的外部存储设备来存储数据,这样保存的数据在程序结束时不会丢失。程序员不必关心这些复杂的存储设备是如何存取数据的,因为操作系统已经把这些复杂的存取方法抽象为了文件(File)。文件是由文件名来识别的,因此只要指明文件名,就可读出或写入数据。只要文件不同名,就不会发生冲突。

微视频
文本文件与
二进制文件
的区别

C语言文件有两种类型:**文本文件**(也称 **ASCII** 码文件)和**二进制文件**。其差别在于存储数值型数据的方式不同。在二进制文件中,数值型数据是以二进制形式存储的;而在文本文件中,则是将数值型数据的每一位数字作为一个字符以其 ASCII 码的形式存储的。因此,文本文件中的每一位数字都单独占用一个字节的存储空间。而二进制文件则是把整个数字作为一个二进制数来存储的,并非数值的每一位数字都占用单独的存储空间。例如,假设有如下变量定义语句:

教学课件

**short int n = 123 ;**

在二进制文件中,变量 n 仅占 2 个字节的存储空间(如图 13-1 所示)。而把变量 n 的值存储在文本文件中则需要 3 个字节的存储空间(如图 13-2 所示)。

如果 n 值增加到 1234,结果会怎样呢? 对二进制文件,存储 1234 和存储 123 所需的存储空间大小是一样的。而对文本文件,则需增加 1 个字节来存储额外的数字 4。

| 00000000 | 01111011 |
|----------|----------|

图 13-1　在二进制文件中变量 n 占两个字节存储空间

| 字符： | '1' | '2' | '3' |
|--------|-----|-----|-----|
| 十进制的ASCII值： | 49 | 50 | 51 |
| 二进制的ASCII值： | 00110001 | 00110010 | 00110011 |

图 13-2　在文本文件中变量 n 占 3 个字节存储空间

二进制文件和文本文件各有优缺点。文本文件可以很方便地被其他程序读取，包括文本编辑器、Office 办公软件等，且其输出与字符一一对应，一个字节表示一个字符，便于对字符进行逐个处理，便于输出字符，但一般占用的存储空间较大，且需花费 ASCII 码与字符间的转换时间。以二进制文件输出数值，可节省外存空间和转换时间，但一个字节并不对应一个字符，不能直接输出其对应的字符形式。

微视频
何为流式
文件？

综上所述，无论一个 C 语言文件的内容是什么，它一律把数据看成是由字节构成的序列，即**字节流**。对文件的存取也是以字节为单位的，输入/输出的数据流仅受程序控制而不受物理符号（如回车换行符）的控制。所以，C 语言文件又称为**流式文件**。

教学课件

一般来说，数据必须按存入的类型读出才能恢复其本来面貌。例如对图 13-2 中的文本文件来说，若按字符型以外的其他类型来读，则读出来的数据可能面目全非。所以文件的写入和读出必须匹配，两者约定为同一种文件格式，并规定好文件的每个字节是什么类型和什么数据。

很多种文件都有公开的标准格式（如 bmp、jpg 和 mp3 等），并且通常还规定了相应的文件头的格式，要想正确读出文件中的数据，必须先了解文件头的格式和内容，只有正确读出文件头的内容才能正确读出文件头后面存储的数据的内容。很多应用软件也都支持这些类型的文件的读和写。

教学课件
缓冲型与
非缓冲型
文件系统

**C 语言有缓冲型和非缓冲型两种文件系统。缓冲型文件系统是指系统自动在内存中为每一个正在使用的文件开辟一个缓冲区，作为程序与文件之间数据交换的中间媒介。也就是在读写文件时，数据先送到缓冲区，再传给 C 语言程序或外存上。缓冲文件系统利用文件指针标识文件。而非缓冲文件系统是不会自动设置文件缓冲区的，缓冲区必须由程序员自己设定。非缓冲文件系统没有文件指针，它使用称为文件号的整数来标识文件。缓冲型文件系统中的文件操作，**也称为高级文件操作，高级文件操作函数是 ANSI C 定义的可移植的文件操作函数，具有跨平台和可移植的能力，可解决大多数文件操作问题。因此，本章主要介绍高级文件操作函数。

微视频
文件的打
开和关闭

教学课件

## 13.2 文件的打开和关闭

在使用文件前必须打开文件。函数 fopen() 用来打开文件,其函数原型如下:

**FILE \*fopen(const char \*filename, const char \*mode);**

fopen()的返回值是一个**文件指针(File Pointer)**,**FILE** 是在 stdio.h 中定义的结构体类型,封装了与文件有关的信息,如文件句柄、位置指针及缓冲区等。缓冲文件系统为每个被使用的文件在内存中开辟一个缓冲区,用来存放文件的有关信息。fopen()有两个形参,第 1 个形参 filename 表示文件名,可包含路径和文件名两部分,第 2 个形参 mode 表示文件打开方式,其取值如表 13-1 所示。

表 13-1 文件打开方式

| 字 符 | 含 义 |
|---|---|
| "r" | 以只读方式,打开文本文件。<br>以"r"方式打开的文件,只能读出,而不能向该文件写入数据。该文件必须是已经存在的,若文件不存在,则会出错 |
| "w" | 以只写方式,创建并打开文本文件,已存在的文件将被覆盖。<br>以"w"方式打开文件时,无论文件是否存在,都需创建一个新的文本文件,只能写入数据 |
| "a" | 以只写方式,打开文本文件,位置指针移到文件末尾,向文件尾部添加数据,原文件数据保留。若文件不存在,则会新建一个文件 |
| "+" | 与上面的字符串组合,表示以读写方式打开文本文件。既可向文件中写入数据,也可从文件中读出数据 |
| "b" | 与上面的字符串组合,表示打开二进制文件 |

例如,若要以读写方式打开 D 盘根目录下的文本文件 demo.txt,保留原文件所有内容,向其文件尾部添加数据,则用如下语句:

**fp = fopen("D:\\demo.txt", "a+");**

注意,不能写成:

**fp = fopen("D:\demo.txt", "a+");**    // 文件的路径表示有误

而若要以读写方式打开 D 盘根目录下的二进制文件 demo.bin,保留原文件所有内容,向其文件尾部添加数据,则用如下语句:

**fp = fopen("D:\\demo.bin", "ab+");**

其中,文件指针 fp 是指向 **FILE** 结构类型的指针变量,定义如下:

**FILE \*fp;**

因为操作系统对于同时打开的文件数目是有限制的,所以在文件使用结束后必须关闭文件,否则会出现意想不到的错误。在 C 语言中,函数 **fclose()** 用来

微视频
文件的打开方式

教学课件

关闭一个由函数 fopen() 打开的文件,其函数原型如下:

    **int fclose(FILE \*fp);**

    函数 fclose() 返回一个整型数。当文件关闭成功时,返回 0 值,否则返回一个非 0 值。因此,可根据函数的返回值判断文件是否关闭成功。

    此外,不建议以读写方式打开文件,因为读写其实共用一个缓冲区,每次读写都会改变文件位置指针,很容易写乱,破坏原来文件的内容,并且需要调用文件定位函数才能在读写之间转换。

## 13.3 按字符读写文件

    ANSI C 提供了丰富的文件读写函数。包括按字符读写、按数据块读写、按格式读写等。

**1. 读写文件中的字符**

    函数 fgetc() 用于从一个以只读或读写方式打开的文件上读字符。其函数原型为:

微视频
fgetc 与 fputc

    **int fgetc(FILE \*fp);**

其中,fp 是由函数 fopen() 返回的文件指针,该函数的功能是从 fp 所指的文件中读取一个字符,并将位置指针指向下一个字符。若读取成功,则返回该字符,若读到文件末尾,则返回 EOF,(EOF 是一个符号常量,在 stdio.h 中定义为−1)。

    函数 fputc() 用于将一个字符写到一个文件上。fputc() 的函数原型为:

    **int fputc(int c, FILE \*fp);**

微视频
fgetc、fputc
与 feof 的
程序实例

其中,fp 是由函数 fopen() 返回的文件指针,c 是要输出的字符(尽管 C 定义为 int 型,但只写入低字节)。该函数的功能是将字符 c 写到文件指针 fp 所指的文件中。若写入错误,则返回 EOF,否则返回字符 c。

    【例 13.1】从键盘键入一串字符,然后把它们转存到磁盘文件上。

```
1    #include <stdio.h>
2    #include <stdlib.h>
3    int main(void)
4    {
5        FILE *fp;
6        char ch;
7        if ((fp = fopen("demo.txt","w")) == NULL)   // 以写方式打开文件
8        {
9            printf("Failure to open demo.txt!\n");
10           exit(0);
11       }
12        ch = getchar();
13        while (ch != '\n')   // 若键入回车换行符则结束键盘输入和文件写入
```

```
14          {
15              fputc(ch, fp);
16              ch = getchar();
17          }
18          fclose(fp);              // 关闭由函数 fopen() 打开的 fp 指向的文件
19          return 0;
20      }
```

运行上述程序,若从键盘键入如下字符:

    **I am a student.** ↙

则上述字符就被写到了 demo.txt 中。用记事本打开 demo.txt,可看到文件内容如下:

    **I am a student.**

再运行一次程序,输入下面的诗句:

    两个黄鹂鸣翠柳,一行白鹭上青天。↙

运行结束后,用记事本打开 demo.txt,同样可以看到与上述输入一样的内容。

程序第 7~11 行语句判断文件打开是否成功,它等价于下面的语句:

```
fp = fopen("demo.txt", "w");
if (fp == NULL)      // 判断文件是否打开成功
{
    printf("Failure to open demo.txt! \n");
    exit(0);
}
```

为什么要判断文件打开成功与否呢? 这是因为文件并不是每次都能被成功地打开的。例如,当文件不存在或者已经损坏时,文件打开就会失败。那么如何判断文件打开是否成功呢?

若文件打开失败,则函数 fopen() 返回空指针 NULL。因此,**可通过检查 fopen() 返回值是否为 NULL 来判断文件打开是否成功**。若文件打开不成功,需显示错误提示信息(如驱动器是否工作正常、磁盘文件是否存在、路径表示是否正确、文件是否损坏等),一般情况下,此时可调用 exit(0) 来终止程序的运行。其实,不仅仅是文件的打开操作,后面要介绍的任何文件操作都有出错的可能,所以一定要检查每次调用的返回值是否正确,出现错误立刻处理。

    注意,使用 getchar() 输入字符时,是先将所有字符送入缓冲区,直到键入回车换行符后才从缓冲区中逐个读出并赋值给变量 ch。

【例 13.2】编写程序将例 13.1 程序写入文件 demo.txt 中,然后从文件中读出并显示到屏幕上。

```
1   #include <stdio.h>
2   #include <stdlib.h>
3   int main(void)
4   {
```

```
5        FILE *fp;
6        char ch;
7        if ((fp = fopen("demo.txt","r")) == NULL)// 以读方式打开文件
8        {
9            printf("Failure to open demo.txt! \n");
10            exit(0);
11        }
12        while ((ch = fgetc(fp)) != EOF)              // 从文件中读取字符直到文件末尾
13        {
14            putchar(ch);    // 在显示器上显示从文件读出的所有字符
15        }
16        fclose(fp);
17        return 0;
18    }
```

运行该程序后,在屏幕上显示的内容与例 13.1 程序写入文件的内容是一样的。

程序第 11~13 行通过检查 fgetc() 的返回值是否为 EOF 来判断是否读到了文件末尾,若读到文件末尾,则返回 EOF,即-1。除此方法之外,还可使用函数 feof() 来判断是否读到文件末尾。因此,程序第 11~13 行还可用下面的语句替换:

```
    ch = fgetc(fp);
    while (!feof(fp))
    {
        putchar(ch);
        ch = fgetc(fp);
    }
```

这里,函数 feof() 用于检查是否到达文件末尾,当文件位置指针指向文件结束符(End-of-file Indicator)时,返回非 0 值,否则返回 0 值。其函数原型为:

**int feof(FILE \*fp);**

注意,函数 feof() 总是在读完文件所有内容后再执行一次读文件操作(将文件结束符读走,但不显示)才能返回真(非 0)值。

微视频
feof 问题的
原因分析

2. 读写文件中的字符串

从文件中读取字符串可使用函数 fgets(),其函数原型为:

**char \*fgets(char \*s, int n, FILE \*fp);**

该函数从 fp 所指的文件中读取字符串并在字符串末尾添加'\0',然后存入 s,最多读 n-1 个字符。当读到回车换行符、到达文件尾或读满 n-1 个字符时,函数返回该字符串的首地址,即指针 s 的值;读取失败时返回空指针(NULL)。因出错和到达文件尾时都返回 NULL,因此应使用 feof() 或 ferror() 确定函数 fgets() 返回 NULL 的实际原因是什么。

函数 feof() 已在上一节介绍,函数 ferror() 用来检测是否出现文件错误,如果出现错误,则函数返回一个非 0 值,否则,函数返回 0 值。例如:

```
        if (ferror(fp))                          // 检查是否存在文件错误
        printf("Error on file \n");              // 向屏幕输出文件错误提示信息
```

将字符串写入文件中可使用函数 fputs(),其函数原型为:

```
        int fputs(const char *s, FILE *fp);
```

若出现写入错误,则返回 EOF,否则返回一个非负数。

【例 13.3】修改例 13.1 和例 13.2 的程序,使用 fputs() 和 fgets() 函数,先将从键盘输入的文本数据写入文件,然后再从文件中读出并显示到屏幕上。

```
1      #include <stdio.h>
2      #include <stdlib.h>
3      #define N 50                      // 数组的最大长度,需要足够大以保存用户的键盘输入数据
4      int main(void)
5      {
6          char msg[N];
7          FILE * fp;
8          if ((fp = fopen("demo.txt","w")) == NULL)       // 以写方式打开文件
9          {
10             printf("Failure to open demo.txt! \n");
11             exit(0);
12         }
13         fgets(msg, sizeof(msg), stdin);  // 从键盘输入不超过 sizeof(msg)字节的文本数据
14         fputs(msg, fp);      // 向文件中写入文本数据
15         fclose(fp);          // 关闭文件
16         if ((fp = fopen("demo.txt","r")) == NULL)       // 以读方式打开文件
17         {
18             printf("Failure to open demo.txt! \n");
19             exit(0);
20         }
21         fgets(msg, sizeof(msg), fp);  // 从文件中读出不超过 sizeof(msg)字节的文本数据
22         printf("读出的内容为:%s \n", msg);
23         fclose(fp);          // 关闭文件
24         return 0;
25     }
```

程序的运行结果如下:

> 两个黄鹂鸣翠柳,一行白鹭上青天。↙
> 读出的内容为:两个黄鹂鸣翠柳,一行白鹭上青天。

注意,程序的第 13 行中的 stdin 表示标准输入设备,即键盘。与第 21 行语句不同的是,第 13 行语句是从键盘读入数据,而不是从文件中读入数据。

请读者思考:1. 如果从键盘输入完整的诗词内容,再次运行这个程序,则程序运行
结果为:

**两个黄鹂鸣翠柳,一行白鹭上青天。窗含西岭千秋雪,门泊东吴万里船。**↙

**读出的内容为:两个黄鹂鸣翠柳,一行白鹭上青天。窗含西岭千秋雪,?**

为什么会出现这种错误的结果? 如何修改程序,可以得到正确的输出结果?

2. 这个程序没有将读文件和写文件封装为函数,请读者按照如下函数原型修改程序。

**int ReadFromFile(char fileName[], char msg[], int n);**

**int WriteToFile(char fileName[], char msg[], int n);**

【例 13.4】请编写一个幸运抽奖程序,从文件中读取抽奖者的信息(例如名字),然后循环向屏幕输出抽奖者的信息,按任意键后停止循环输出,清屏后仅显示一位中奖者信息,再按任意键后继续向屏幕循环输出抽奖者的信息,直到用户选择关闭控制台窗口终止程序的运行。

问题分析:检测是否有键盘输入可以调用在头文件 conio.h 中定义的函数 kbhit(),该函数在用户有键盘输入时返回一个非 0 值,否则返回 0。因此,在没有检测到键盘输入时,if ( kbhit( ) ) 后面的语句不会被执行,这样就可以避免出现用户没有键盘输入时程序暂停等待用户输入的情形。按任意键暂停可以调用 system( "pause" ) ;。而清屏则可以调用 system( "cls" ) ;。注意,调用函数 system( )需要包含头文件 stdlib.h。

```
1      #include <stdio.h>
2      #include <string.h>
3      #include <conio.h>
4      #include <stdlib.h>
5      #define NO 120
6      #define SIZE 20
7      int ReadFromFile(char fileName[], char msg[][SIZE]);
8      void PrizeDraw(char msg[][SIZE], int total);
9      int main(void)
10     {
11         char msg[NO][SIZE];
12         char fileName[SIZE];
13         printf("请输入抽奖者信息文件名:");
14         scanf("%s", fileName);
15         int total = ReadFromFile(fileName, msg);
16         printf("总计%d名学生\n", total);
17         PrizeDraw(msg, total);
18         return 0;
19     }
20     //函数功能:从文件 fileName 中读取抽奖者的信息 msg,返回抽奖者人数
21     int ReadFromFile(char fileName[], char msg[][SIZE])
```

```
22   {
23       FILE *fp = fopen(fileName, "r");
24       if (fp == NULL)
25       {
26           printf("can not open file %s \n", fileName);
27           return 1;
28       }
29       int i = 0;
30       while (fgets(msg[i], sizeof(msg[i]), fp))
31       {
32           i++;
33       }
34       fclose(fp);
35       return i;
36   }
37   //函数功能:从 total 个人的信息 msg 中循环抽取幸运者
38   void PrizeDraw(char msg[][SIZE], int total)
39   {
40       int i = 0;
41       int k;
42       while (1)                         //循环抽奖
43       {
44           k = i % total;                //确保循环显示抽奖者信息
45           if (kbhit())                  //当有按键,表示抽中了一位幸运者
46           {
47               system("cls");            //清屏
48               printf("恭喜:%s", msg[k]);
49               system("pause");          //等待用户按任意键,以回车符结束输入
50           }
51           else
52           {
53               printf("%s", msg[k]);     //若没有检测到按键,则循环显示抽奖者信息
54           }
55           i++;
56       }
57   }
```

注意,与 gets() 不同的是,fgets() 从指定的流读字符串,读到换行符时将换行符也作为字符串的一部分读到字符串中来。同理,与 puts() 不同的是,fputs() 不会在写入文件的字符串末尾加上换行符。请读者自己在电脑上运行此程序,观察程序运行结果。

## 13.4　按格式读写文件

　　C 语言允许按指定格式读写文件。函数 fscanf() 用于按指定格式从文件读数据。其函数原型为:

　　　　**int fscanf(FILE \*fp, const char \*format, ...);**

其中,第 1 个参数为文件指针,第 2 个参数为格式控制参数,第 3 个参数为地址参数表列,后两个参数和返回值与函数 scanf() 相同。

　　函数 fprintf() 用于按指定格式向文件写数据。其函数原型为:

　　　　**int fprintf(FILE \*fp, const char \*format, ...);**

其中,第 1 个参数为文件指针,第 2 个参数为格式控制参数,第 3 个参数为输出参数表列,后两个参数和返回值与函数 printf() 相同。

　　用函数 fscanf() 和 fprintf() 进行文件的格式化读写,读写方便,容易理解,但输入时要将ASCII 字符转换成二进制数,输出时要将二进制数转换为 ASCII 字符,耗时较多。

　　【例 13.5】修改例 12.7 程序,编程计算每个学生的 4 门课程的平均分,将学生的各科成绩及平均分输出到文件 score.txt 中。

```
1     #include <stdio.h>
2     #include <stdlib.h>
3     #define N 30
4     typedef struct date
5     {
6         int year;
7         int month;
8         int day;
9     }DATE;
10    typedef struct student
11    {
12        long studentID;          // 学号
13        char studentName[10];    // 姓名
14        char stuGender;          // 性别
15        DATE birthday;           // 出生日期
16        int   score[4];          // 4 门课程的成绩
17        float aver;              // 平均分
18    }STUDENT;
```

```
19    void InputScore(STUDENT stu[], int n, int m);
20    void AverScore(STUDENT stu[], int n, int m);
21    void WritetoFile(STUDENT stu[], int n, int m);
22    int main(void)
23    {
24        STUDENT stu[N];
25        int n;
26        printf("How many student?");
27        scanf("%d", &n);
28        InputScore(stu, n, 4);
29        AverScore(stu, n, 4);
30        WritetoFile(stu, n, 4);
31        return 0;
32    }
33    //从键盘输入 n 个学生的学号、姓名、性别、出生日期以及 m 门课程的成绩到结构体数组 stu 中
34    void InputScore(STUDENT stu[], int n, int m)
35    {
36        int i, j;
37        for (i = 0; i < n; i++)
38        {
39          printf("Input record %d: \n", i+1);
40          scanf("%ld", &stu[i].studentID);
41          scanf("%s", stu[i].studentName);
42          scanf(" %c", &stu[i].stuGender);    // %c 前有一个空格
43          scanf("%d", &stu[i].birthday.year);
44          scanf("%d", &stu[i].birthday.month);
45          scanf("%d", &stu[i].birthday.day);
46          for (j=0; j<m; j++)
47          {
48            scanf("%d", &stu[i].score[j]);
49          }
50        }
51    }
52    // 计算 n 个学生的 m 门课程的平均分,存入数组 stu 的成员 aver 中
53    void AverScore(STUDENT stu[], int n, int m)
54    {
55        int i, j, sum;
```

```
56        for (i = 0; i < n; i++)
57        {
58          sum = 0;
59          for (j = 0; j < m; j++)
60          {
61            sum = sum + stu[i].score[j];
62          }
63          stu[i].aver = (float)sum / m;
64        }
65     }
66  // 输出 n 个学生的学号、姓名、性别、出生日期以及 m 门课程的成绩到文件 score.txt 中
67  void WritetoFile(STUDENT stu[], int n, int m)
68  {
69        FILE *fp;
70        int i, j;
71        if ((fp = fopen("score.txt","w")) == NULL)    // 以写方式打开文本文件
72        {
73          printf("Failure to open score.txt! \n");
74          exit(0);
75        }
76        fprintf(fp,"%d\t%d\n",n,m);  //将学生人数和课程门数写入文件
77        for (i = 0; i < n; i++)
78        {
79          fprintf(fp, "%10ld%8s%3c%6d/%02d/%02d",stu[i].studentID,
80                                        stu[i].studentName,
81                                        stu[i].studentSex,
82                                        stu[i].birthday.year,
83                                        stu[i].birthday.month,
84                                        stu[i].birthday.day);
85          for (j = 0; j < m; j++)
86          {
87            fprintf(fp, "%4d", stu[i].score[j]);
88          }
89          fprintf(fp, "%6.1f\n", stu[i].aver);
90        }
91        fclose(fp);
92  }
```

程序的运行结果为：

**How many student? 4** ✓

**Input record 1:**

**100310121　　王刚　M　1991　5　19　72　83　90　82** ✓

**Input record 2:**

**100310122　李小明　M　1992　8　20　88　92　78　78** ✓

**Input record 3:**

**100310123　王丽红　F　1991　9　19　98　72　89　66** ✓

**Input record 4:**

**100310124　陈莉莉　F　1992　3　22　87　95　78　90** ✓

用户从键盘输入结束后，屏幕上并没有任何输出结果，这是因为程序将结果输出到了文件 score.txt 中。用记事本打开文本文件 score.txt，查看文件内容如下：

**4　　　　4**

**100310121　　王刚　M　1991/05/19　72　83　90　82　81.8**

**100310122　李小明　M　1992/08/20　88　92　78　78　84.0**

**100310123　王丽红　F　1991/09/19　98　72　89　66　81.3**

**100310124　陈莉莉　F　1992/03/22　87　95　78　90　87.5**

我们发现，文件中的内容与例 12.7 程序输出到屏幕上的结果一样，只是本例程序增加了定义文件指针（第 69 行）、打开文件（第 71~75 行）和关闭文件（第 90 行）的操作，同时将函数 printf()修改为了函数 fprintf()（如第 78、86、88 行所示）。

与例 12.7 程序相比的另一个不同点是，本例将平均分也作为了 STUDENT 结构体的成员，因此访问平均分的方式有所变化，不再是 aver[i]，而变成 stu[i].aver 了（如第 63 行和第 88 行所示）。将平均分变量作为 STUDENT 结构体成员的好处是使函数的接口更简洁，程序更便于维护，因为无论是增加还是减少 STUDENT 结构体的多少个成员，都不必修改函数 AverScore()和 WritetoFile()的接口参数和主函数的调用语句，只要修改相应函数内的个别语句即可，从而显示出结构体作函数参数的优越性。

【例 13.6】在例 13.5 程序运行结果的基础上，编程从文件 score.txt 中读出每个学生的学号、姓名、性别、出生日期、各科成绩及平均分，并输出到屏幕上。

```
1    #include <stdio.h>
2    #include <stdlib.h>
3    #define N 30
4    typedef struct date
5    {
6        int year;
7        int month;
8        int day;
9    }DATE;
```

```
10    typedef struct student
11    {
12        long studentID;              // 学号
13        char studentName[10];        // 姓名
14        char stuGender;              // 性别
15        DATE birthday;               // 出生日期
16        int  score[4];               // 4 门课程的成绩
17        float aver;                  // 平均分
18    }STUDENT;
19    void ReadfromFile(STUDENT stu[], int *n,int *m);
20    void PrintScore(STUDENT stu[], int n, int m);
21    int main(void)
22    {
23        STUDENT stu[N];
24        int n,m = 4;
25        ReadfromFile(stu, &n,&m);
26        PrintScore(stu, n, m);
27        return 0;
28    }
29    //从文件中读取学生的信息到结构体数组 stu 中
30    void ReadfromFile(STUDENT stu[], int *n,int *m)
31    {
32        FILE *fp;
33        int i, j;
34        if ((fp = fopen("score.txt","r")) == NULL)    // 以读方式打开文本文件
35        {
36          printf("Failure to open score.txt! \n");
37          exit(0);
38        }
39        fscanf (fp,"%d \t%d",n,m);   //从文件中读出学生人数和课程门数
40        for (i = 0; i<*n; i++)                       // 学生人数保存在 n 指向的存储单元
41        {
42          fscanf(fp, "%10ld", &stu[i].studentID);
43          fscanf(fp, "%8s", stu[i].studentName);
44          fscanf(fp, "% c", &stu[i].stuGender);                    // %c 前有一个空格
45          fscanf(fp, "%6d/%2d/%2d", &stu[i].birthday.year,
46                                    &stu[i].birthday.month,
```

```
47                                              &stu[i].birthday.day);
48          for (j = 0; j < *m; j++)              // 课程门数保存在 m 指向的存储单元
49          {
50            fscanf(fp, "%4d", &stu[i].score[j]);
51          }
52          fscanf(fp, "%f", &stu[i].aver);       // 不能使用%6.1f 格式
53        }
54        fclose(fp);
55    }
56    // 输出 n 个学生的学号、姓名、性别、出生日期、m 门课程的成绩及平均分到屏幕上
57    void PrintScore(STUDENT stu[], int n, int m)
58    {
59        int i, j;
60        for (i = 0; i < n; i++)
61        {
62          printf("%10ld%8s%3c%6d/%02d/%02d",
63                  stu[i].studentID, stu[i].studentName,
                    stu[i].stuGender,stu[i].birthday.year,
64                  stu[i].birthday.month,stu[i].birthday.day);
65          for (j = 0; j < m; j++)
66          {
67            printf("%4d", stu[i].score[j]);
68          }
69          printf("%6.1f \n", stu[i].aver);
70        }
71    }
```

程序的运行结果为:

```
100310121    王刚   M   1991/05/19   72   83   90   82   81.8
100310122    李小明  M   1992/08/20   88   92   78   78   84.0
100310123    王丽红  F   1991/09/19   98   72   89   66   81.3
100310124    陈莉莉  F   1992/03/22   87   95   78   90   87.5
```

【思考题】

（1）在例 13.5 和例 13.6 程序的基础上，编写程序从文本文件 score .txt中读出学生的相关信息，然后输出到另一个文本文件 student.txt 中。

（2）请读者修改例 13.2 程序，按"%d\t%c \ n"格式将 0～127 之间字符的 ASCII 码值和相应的字符写入文本文件，然后从文件读出这些数据并显示到屏幕上。

## 13.5　按数据块读写文件

函数 fread() 和 fwrite() 用于一次读取一组数据，即按数据块读写文件。fread() 的函数原型为：

$$\text{unsigned int fread(void *buffer, unsigned int size,}$$
$$\text{unsigned int count, FILE *fp);}$$

fread() 的功能是从 fp 所指的文件中读取数据块并存储到 buffer 指向的内存中。buffer 是待读入数据块的起始地址。size 是每个数据块的大小（待读入的每个数据块的字节数）。count 是最多允许读取的数据块个数（每个数据块 size 个字节）。函数返回的是实际读到的数据块个数。

fwrite() 的函数原型为：

$$\text{unsigned int fwrite(const void *buffer,unsigned int size,}$$
$$\text{unsigned int count, FILE *fp);}$$

fwrite() 的功能是将 buffer 指向的内存中的数据块写入 fp 所指的文件。buffer 是待输出数据块的起始地址。size 是每个数据块的大小（待输出的每个数据块的字节数）。count 是最多允许写入的数据块个数（每个数据块 size 个字节）。函数返回的是实际写入的数据块个数。

块数据的读写使我们不再局限于一次只读取一个字符、一个单词或一行字符串，它允许用户指定想要读写的内存块大小，最小为 1 个字节，最大为整个文件。

【例 13.7】编程计算每个学生的 4 门课程的平均分，将学生的各科成绩及平均分输出到文件 student.txt 中，然后再从文件中读出数据并显示到屏幕上。

```
1    #include <stdio.h>
2    #include <stdlib.h>
3    #define N 30
4    typedef struct date
5    {
6        int year;
7        int month;
8        int day;
9    }DATE;
10   typedef struct student
11   {
12       long studentID;          // 学号
13       char studentName[10];    // 姓名
14       char stuGender;          // 性别
15       DATE birthday;           // 出生日期
16       int  score[4];           // 4 门课程的成绩
```

```
17        float aver;                        // 平均分
18    }STUDENT;
19    void InputScore(STUDENT stu[], int n, int m);
20    void AverScore(STUDENT stu[], int n, int m);
21    void WritetoFile(STUDENT stu[], int n);
22    int ReadfromFile(STUDENT stu[]);
23    void PrintScore(STUDENT stu[], int n, int m);
24    int main(void)
25    {
26        STUDENT stu[N];
27        int n, m = 4;
28        printf("How many student?");
29        scanf("%d", &n);
30        InputScore(stu, n, m);
31        AverScore(stu, n, m);
32        WritetoFile(stu, n);
33        n = ReadfromFile(stu);
34        PrintScore(stu, n, m);
35        return 0;
36    }
37    // 从键盘输入 n 个学生的学号、姓名、性别、出生日期以及 m 门课程的成绩到结构体数组 stu 中
38    void InputScore(STUDENT stu[], int n, int m)
39    {
40        int i, j;
41        for (i = 0; i < n; i++)
42        {
43          printf("Input record %d: \n", i+1);
44          scanf("%ld", &stu[i].studentID);
45          scanf("%s", stu[i].studentName);
46          scanf(" %c", &stu[i].stuGender);      // %c 前有一个空格
47          scanf("%d", &stu[i].birthday.year);
48          scanf("%d", &stu[i].birthday.month);
49          scanf("%d", &stu[i].birthday.day);
50          for (j = 0; j < m; j++)
51          {
52            scanf("%d", &stu[i].score[j]);
53          }
```

```
54          }
55      }
56      // 计算 n 个学生的 m 门课程的平均分,存入数组 stu 的成员 aver 中
57      void AverScore(STUDENT stu[], int n, int m)
58      {
59          int i, j, sum;
60          for (i = 0; i < n; i++)
61          {
62            sum = 0;
63            for (j = 0; j < m; j++)
64            {
65              sum = sum + stu[i].score[j];
66            }
67            stu[i].aver = (float)sum / m;
68          }
69      }
70      // 输出 n 个学生的信息到文件 student.txt 中
71      void WritetoFile(STUDENT stu[], int n)
72      {
73          FILE *fp;
74          if ((fp = fopen("student.txt","w")) == NULL)   // 以写方式打开文本文件
75          {
76            printf("Failure to open student.txt! \n");
77            exit(0);
78          }
79        fwrite(stu, sizeof(STUDENT), n, fp);                // 按数据块写文件
80        fclose(fp);
81      }
82      //从文件中读取学生的信息到结构体数组 stu 中并返回学生数
83      int ReadfromFile(STUDENT stu[])
84      {
85          FILE *fp;
86          int i;
87          if ((fp = fopen("student.txt","r")) == NULL)   // 以读方式打开文本文件
88          {
89            printf("Failure to open student.txt! \n");
90            exit(0);
```

```
91          }
92          for (i = 0; !feof(fp); i++)
93          {
94              fread(&stu[i], sizeof(STUDENT), 1, fp);    // 按数据块读文件
95          }
96          fclose(fp);
97          printf("Total students is %d.\n", i-1);
98          return i-1;                                     // 返回文件中的学生记录数
99      }
100     // 输出 n 个学生的信息到屏幕上
101     void PrintScore(STUDENT stu[], int n, int m)
102     {
103         int i, j;
104         for (i = 0; i < n; i++)
105         {
106             printf("%10ld%8s%3c%6d/%02d/%02d",stu[i].studentID,
107                     stu[i].studentName,stu[i].stuGender,stu[i].birthday.year,
108                     stu[i].birthday.month, stu[i].birthday.day);
109             for (j = 0; j < m; j++)
110             {
111                 printf("%4d", stu[i].score[j]);
112             }
113             printf("%6.1f\n", stu[i].aver);
114         }
115     }
```

程序的运行结果为：

```
How many student? 4 ↙
Input record 1:
100310121  王刚    M  1991 5 19   72   83   90   82 ↙
Input record 2:
100310122  李小明  M  1992 8 20   88   92   78   78 ↙
Input record 3:
100310123  王丽红  F  1991 9 19   98   72   89   66 ↙
Input record 4:
100310124  陈莉莉  F  1992 3 22   87   95   78   90 ↙
Total students is 4.
100310121    王刚  M  1991/05/19   72   83   90   82  81.8
```

| 100310122 | 李小明 | M | 1992/08/20 | 88 | 92 | 78 | 78 | 84.0 |
| 100310123 | 王丽红 | F | 1991/09/19 | 98 | 72 | 89 | 66 | 81.3 |
| 100310124 | 陈莉莉 | F | 1992/03/22 | 87 | 95 | 78 | 90 | 87.5 |

在这个程序中,只有 WritetoFile() 和 ReadfromFile() 这两个函数是重新编写的,改用 fread() 和 fwrite() 按数据块对文件进行读写操作,其他函数都复用了前几个实例中编写的函数。

fread() 和 fwrite() 是按数据块的长度来处理输入/输出的,在用文本编辑器打开文本文件时可能因发生字符转换而出现莫名其妙的结果,所以这两个函数通常用于二进制文件的输入/输出。

【思考题】修改本例中的 ReadfromFile() 和 WritetoFile() 函数,使其可以对任意指定名字的文件进行读写操作。

## 13.6 本章扩充内容

### 13.6.1 文件的随机读写

教学课件
文件的随
机读写

前面的例程执行的都是顺序文件处理(Sequential File Processing)。在顺序文件处理过程中,数据项是一个接着一个进行读取或者写入的。例如,如果想读取文件中的第 5 个数据项,那么使用顺序存取方法必须先读取前 4 个数据项才能读取第 5 个数据项。不同于顺序读写的是,文件的随机访问(Random Access)允许在文件中随机定位,并在文件的任何位置直接读写数据。

为了实现文件的定位,在每一个打开的文件中,都有一个文件位置指针(File Location Pointer),也称**文件位置标记**,用来指向当前读写文件的位置,它保存了文件中的位置信息。当对文件进行顺序读写时,每读完一个字节后,该位置指针自动移到下一个字节的位置。当需要随机读写文件数据时,则需强制移动文件位置指针指向特定的位置。那么如何定位文件的位置指针呢? C 语言提供了如下两个函数来定文件位置指针。

```
int fseek(FILE *fp, long offset, int fromwhere);
void rewind(FILE *fp);
```

其中,函数 fseek() 的功能是将 fp 的文件位置指针从 fromwhere 开始移动 offset 个字节,指示下一个要读取的数据的位置。

offset 是一个偏移量,它告诉文件位置指针要跳过多少个字节。offset 为正时,向后移动,为负时,向前移动。ANSI C 要求位移量 offset 是长整型数据(常量数据后要加 L),这样当文件的长度大于 64kb 时不至于出问题。fromwhere 用于确定偏移量计算的起始位置,它的可能取值有 3 种:SEEK_SET 或 0,代表文件开始处;SEEK_CUR 或 1,代表文件当前位置;SEEK_END 或 2,代表文件结尾处。通过指定 fromwhere 和 offset 的值,可使位置指针移动到文件的任意位置,从而实现文件的随机读取。如果函数 fseek() 调用成功,则返回 0 值,否则返回非 0 值。

函数 rewind() 的功能是将文件位置指针指向文件首字节,即重置位置指针到文件首部。

C语言还提供了一个用来读取当前文件位置指针的函数,其函数原型为:

**long ftell(FILE *fp);**

若函数调用成功,则返回文件的当前读写位置,否则返回-1L。函数 **ftell**()用相对于文件起始位置的字节偏移量来表示返回的当前文件位置指针。

如第 13.1 节所述,C语言为了提高数据输入/输出的速度,在缓冲型文件系统中,给打开的每个文件建立一个缓冲区。文件内容先被批量地读入缓冲区。程序进行读操作时,实际上是从缓冲区中读数据。写入操作也是如此,首先将数据写入缓冲区,然后在适当的时候(例如关闭时)再批量写入磁盘。这样虽然可以提高 I/O 的性能,但也有一些副作用。

例如,在缓冲区内容还未写入磁盘时,计算机突然死机或掉电,数据就会丢失,永远也找不回来。再如,缓冲区中被写入无用的数据时,如果不清除,其后的文件读操作都首先要读取这些无用的数据。那么如何解决这个问题呢?

为解决这个问题,C语言提供了如下函数:

**int fflush(FILE *fp);**

**fflush**()的功能是无条件地把缓冲区中的所有数据写入物理设备。这样,程序员可自己决定在何时清除缓冲区中的数据,以确保输出缓冲区中的内容写入文件。

【例 13.8】在例 13.7 程序的基础上,编程从文件 student.txt 中随机读取第 k 条记录的数据并显示到屏幕上,k 由用户从键盘输入。

```
1    #include <stdio.h>
2    #include <stdlib.h>
3    typedef struct date
4    {
5        int year;
6        int month;
7        int day;
8    }DATE;
9    typedef struct student
10   {
11       long   studentID;        // 学号
12       char   studentName[10];  // 姓名
13       char   stuGender;        // 性别
14       DATE   birthday;         // 出生日期
15       int    score[4];         // 4 门课程的成绩
16       float aver;              // 平均分
17   }STUDENT;
18   void SearchinFile(char fileName[], long k);
19   int main(void)
```

```
20      {
21          long k;
22          printf("Input the searching record number:");
23          scanf("%ld", &k);
24          SearchinFile("student.txt", k);
25          return 0;
26      }
27      // 从文件 fileName 中查找并显示第 k 条记录的数据
28      void SearchinFile(char fileName[], long k)
29      {
30          FILE *fp;
31          int   j;
32          STUDENT stu;
33          if ((fp = fopen(fileName,"r")) == NULL)    // 以读方式打开文本文件
34          {
35              printf("Failure to open %s! \n", fileName);
36              exit(0);
37          }
38          fseek(fp, (k-1) * sizeof(STUDENT), SEEK_SET);
39          fread(&stu, sizeof(STUDENT), 1, fp);          // 按数据块读文件
40          printf("%10ld%8s%3c%6d/%02d/%02d", stu.studentID,
41                  stu.studentName, stu.stuGender,stu.birthday.year,
42                  stu.birthday.month, stu.birthday.day);
43          for (j = 0; j < 4; j++)
44          {
45              printf("%4d", stu.score[j]);
46          }
47          printf("%6.1f \n", stu.aver);
48          fclose(fp);
49      }
```

程序的运行结果为：

```
Input the searching record number:2 ↙
100310122  李小明  M  1992  8  20  88  92  78  78 ↙
```

程序第 28~49 行定义的函数 SearchinFile() 的功能是从文件 fileName 中查找并显示第 k 条记录的数据,函数 SearchinFile() 的第 1 个形参 fileName 是字符数组,用于存放需要读取的文件名,程序第 24 行将文件名字符串 "student.txt" 作为实参传递给形参 fileName,函数 SearchinFile()

的第 2 个形参 k 是长整型变量,表示要读取的记录号,为了在文件中直接读取第 k 条记录,程序第 38 行用函数 fseek()将文件位置指针从文件开头向后移动(k-1) * sizeof(STUDENT)个字节,这里为什么是(k-1) * sizeof(STUDENT),而非 k-1 呢?

之所以这样计算偏移量,是因为 fseek()的第 2 个参数要给出文件位置指针需跳过的字节数,而每条记录的长度是 sizeof(STUDENT)个字节。同理,因函数 ftell()返回的文件位置是用字节偏移量表示的,所以必须通过除以 sizeof(STUDENT) 才能换算成当前的记录号,例如,若在本例第 38 行与第 39 行之间及第 47 行与第 48 行之间分别插入如下语句:

**printf("record number = %d \n", ftell(fp)/sizeof(STUDENT)+1);**
那么程序运行将显示如下结果:

**Input the searching record number:2** ✓

**record number = 2**

**100310122 李小明 M 1992 8 20 88 92 78 78** ✓

**record number = 3**

这说明在执行第 38 行语句后文件位置指针指向了第 2 条记录,而用函数 fread()读取一条记录数据后,文件位置指针又指向了下一条记录,即第 3 条记录。

【思考题】在例 13.8 程序的基础上,编写程序使其可以反复多次查找文件中的记录数据,直到用户输入键入 n 或者 N 想停止时才结束程序的运行。

### 13.6.2 标准输入/输出重定向

前面的程序对数据的输入/输出是通过终端设备来完成的,看似与文件毫无瓜葛,但实际上,对于终端设备,系统自动会打开 3 个标准文件:**标准输入**、**标准输出**和**标准错误输出**。相应的,系统定义了 3 个特别的文件指针常数:**stdin**、**stdout**、**stderr**,分别指向标准输入、标准输出和标准错误文件,这 3 个文件都以标准终端设备作为输入/输出对象。在默认情况下,标准输入设备是键盘,标准输出设备是屏幕。例如,函数 printf()、putchar()等都是向标准输出设备输出数据,而函数 scanf()、getchar()等都是从标准输入设备输入数据。

fprintf()是 printf()的文件操作版,二者的差别在于 fprintf()多了一个 FILE * 类型的参数 fp。如果为其提供的第 1 个参数是 stdout,那么它就和 printf()完全一样了。同理可将其推广到 fputc()与 putchar()等其他函数。例如,下面两条语句是等价的。

**putchar(c);**

**fputc(c, stdout);**
而对于函数 getchar()和 puts()也是一样的。其中,下面两条语句是等价的:

**getchar();**

**fgetc(stdin);**
下面两条语句也是等价的:

**puts(str);**

**fputs(str,stdout);**
但如下面函数原型所示,fgets()比 gets()多了一个参数 size。

```
char *fgets(char *s, int size, FILE *stream);   // 安全性更高
char *gets(char *s);
```

那么 fgets() 的第 2 个参数 size 到底有什么特殊功用呢？回顾一下第 11 章第 11.4.2 节的例 11.10，我们发现原来这个参数是用来限制输入字符串的长度的，也就是说，fgets() 用其第 2 个参数 size 来说明输入缓冲区的大小，使读入的字符数不能超过限定的缓冲区大小，从而达到防止缓冲区溢出攻击的目的。例如，假如已定义一个有 32 个字节的缓冲区 buffer[32]，那么在下面两条读字符串的语句中，后者的安全性更高。

```
gets(buffer);
fgets(buffer, sizeof(buffer), stdin);          // 安全性更高
```

虽然系统隐含的标准 I/O 文件是指终端设备，但其实标准输入和标准输出是可以重定向的，操作系统可以重定向它们到其他文件或具有文件属性的设备，只有标准错误输出不能进行一般的输出重定向。例如，在没有显示器的主机上，把标准输出定向到打印机，各种程序不用做任何改变，输出内容就自动从打印机输出。再如，可以临时将从终端（键盘）输入数据改成从文件读入数据，将向终端（显示器）输出数据改成向文件写数据。那么如何实现输入/输出的重定向呢？

这里，用"<"表示输入重定向，用">"表示输出重定向。例如：假设 exefile 是可执行程序的文件名，执行该程序时，需要输入数据，现在如果要求从文件 file.in 中读取数据，而非键盘输入，那么在 DOS 命令提示符下，只要键入如下命令行即可：

```
C:\exefile.exe < file.in
```

于是，exefile 的标准输入就被"<"重定向到了 file.in，此时程序 exefile 只会专心致志地从文件 file.in 中读数据，而不再理会你此后按下的任何一个按键。再如，若键入如下命令行：

```
C:\exefile.exe > file.out
```

于是，exefile 的标准输出就被">"重定向到了文件 file.out，此时程序 exefile 的所有输出内容都被输出到了文件 file.out 中，而屏幕上则没有任何显示。

freopen() 可用于以指定模式将输入或输出重定向到另一个文件。该函数的详细介绍见附录 E。其常见的使用方式为：

```
freopen("D:\in.txt", "r", stdin);       //将输入流定位到 in.txt
freopen("CON", "r", stdin);             //将输入流还原到键盘
freopen("D:\out.txt", "w", stdout);     //将输出流定位到 out.txt
freopen("CON", "w", stdout);            //将输出流还原到屏幕
```

## 13.7 本章知识点小结

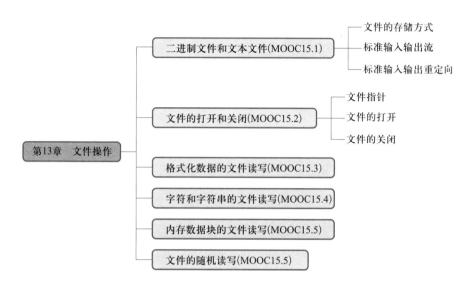

## 13.8 本章常见错误小结

| 常见错误实例 | 常见错误描述 | 错 误 类 型 |
| --- | --- | --- |
| — | 打开文件时,没有检查文件打开是否成功 | 运行时错误 |
| `fp=fopen("D:\demo.txt", "a+");` | 打开文件时,文件名中的路径少写了一个反斜杠 | 提示 warning |
| — | 读文件时使用的文件打开方式与写文件时不一致 | 运行时错误 |
| — | 从文件读数据的方式与向文件写数据的方式不一致 | 运行时错误 |

# 习 题 13

13.1 用文件操作函数编程模拟 DOS 下的 type 命令,即在 DOS 状态下通过键入如下命令,把文件内容以 ASCII 码字符方式显示到屏幕上。

type 文件名↙

13.2 修改例 12.3 程序,利用结构体数组计算每个学生的 4 门课程的平均分,将学生的各科成绩及平均分输出到文件 score.txt 中。

13.3 在例 13.7 建立的文件基础上,打开文件顺序查找某个学号。

13.4 复制文件。根据程序提示从键盘输入一个已存在的文本文件的完整文件名,再输入一个新文本文件的完整文件名,然后将已存在的文本文件中的内容全部复制到新文本文件中,利用文本编辑软件,通过查看文件内容验证程序执行结果。

13.5　文件追加。根据提示从键盘输入一个已存在的文本文件的完整文件名,再输入另一个已存在的文本文件的完整文件名,然后将第一个文本文件的内容追加到第二个文本文件的原内容之后,利用文本编辑软件查看文件内容,验证程序执行结果。

13.6　改写例题 13.7,编程从文件 score.txt 中读出每个学生的学号、姓名、性别、出生日期、各科成绩及平均分,按照平均分对其进行降序排序后输出到屏幕上。

13.7　改写例题 13.4,从键盘中输入奖品数量 n,循环抽奖,直到抽完 n 个幸运中奖者后结束程序的运行。

13.8　改写程序 13.4,确保每次抽奖时,已抽中的中奖者不会被重复抽中。

# 第 14 章  简单的游戏设计

内容导读

本章以迷宫和 Flappy bird 游戏为例介绍了动画和游戏制作的基本原理,主要内容如下:

✍  设计动画的一般化实现步骤和常用的函数。

✍  设计动画和游戏常用的函数,如清屏、延时、获取用户键盘输入、获得标准输出设备句柄、定位光标位置等。

## 14.1  动画的基本原理

在学习设计游戏之前,首先应该了解光栅扫描显示器的显示原理。光栅扫描显示器是一种基于电视技术的显示器(CRT)。如图 14-1 所示,在光栅扫描显示器中,电子束按照固定的扫描顺序,从上到下,从左至右,依次扫过整个屏幕,只有整个屏幕扫描完毕才能显示一幅完整的图形,称为**一帧(Frame)**。

以 CRT 为例,电子束"轰击"屏幕上的荧光粉,使其发光而产生图形。荧光粉的发光持续时间很有限,因此图形在屏幕上的存留时间很短。为了保持一个持续稳定的图形画面,就需要控制电子束反复地重绘屏幕图形,这个过程称为**刷新**。每秒重绘屏幕图形的次数,称为**刷新频率**。刷新频率至少应在 60 帧/秒以上,才不会发生闪烁现象。

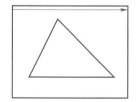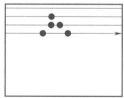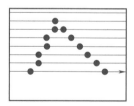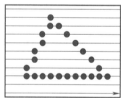

图 14-1  光栅扫描方式显示三角形的过程

屏幕上的每个点,称为一个**像素(Pixel)**,它是构成图形的基本元素。需要存储的图形信息由屏幕上的所有像素点的灰度值构成一个像素矩阵。这些信息被存储在刷新缓冲存储器(俗称显存)中。对于图形显示方式,用水平和垂直方向能显示的像素数的乘积表示屏幕的显示分辨率,而对于文本显示方式,则用水平和垂直方向能显示的字符数的乘积表示屏幕的显示分辨率。

计算机是如何产生动画的呢?**动画**其实就是动态地产生一系列静止、独立而又存在一定内在联系的画面,然后将其按一定的播放速度显示出来,其中当前帧画面是对前一帧画面的局部修改。为什么一系列静止的画面会产生运动的视觉效果呢?这主要是利用了人眼的视觉暂留现象。**视觉暂留现象**就是指光对视网膜所产生的视觉在光停止作用后仍会保留一段时间,即在物体快速运动时,当人眼所看到的影像消失后,人眼仍能继续保留其影像 0.1～0.4s 之间的图像。这样,在下一帧出现时就会产生物体连续运动的效果。电影和电视的拍摄都利用了这一原理。

根据这一原理,可以设计动画的一般化实现步骤如下:

```
while (1)              //循环播放,即循环显示不断更新的图形
{
    清屏
    显示图形
    延时
    更新图形
}
```

延时的目的是为了降低屏幕图形闪烁现象,确保在输出图形后等待即让图形在屏幕上停留几毫秒的时间。为了实现延时操作,需要使用 Sleep( )函数,该函数的功能是将进程挂起一段时间。例如 Sleep(200)表示延时 200ms,在 windows 系统中使用这个函数需要包含 windows.h。标准 C 中的这个函数的首字母是小写的,但在 Code∷Blocks 和 VS 下是大写的。

为了实现清屏操作,需要使用 system( )函数,该函数的功能是发出一个 DOS 命令。例如,system("cls")就是向 DOS 发送清屏指令。必须在文件中包含 stdlib.h 才能使用该函数。

## 14.2  迷宫游戏

首先,要考虑如何保存和显示一个迷宫。通常,迷宫地图既可以保存在一个二维字符数组中,也可以保存在一个文本文件中,前者实现简便,而后者更加灵活。这里,我们采用文本文件保存迷宫地图。假设保存迷宫地图的文本文件内容如图 14-2 所示,第 1 行的两个数字分别表示迷宫地图的行数和列数,从第 2 行开始为迷宫地图的内容,1 表示障碍物,0 表示路,如果有玩家出现在地图中,则用 2 表示。

```
12 12
1 1 1 1 1 1 1 1 1 1 1 1
1 0 0 0 0 0 0 0 0 0 0 1
1 0 1 1 1 1 1 1 1 1 1 1
1 0 1 0 0 0 1 0 0 0 1 1
1 0 1 0 1 0 1 0 1 0 1 1
1 0 1 0 1 0 1 0 1 0 0 1
1 0 1 0 1 0 1 0 1 0 0 1
1 0 1 0 1 0 1 0 1 1 0 1
1 0 1 0 1 0 1 0 1 1 0 1
1 0 1 0 1 0 1 0 1 1 0 1
1 0 0 0 1 0 0 0 1 1 0 0
1 1 1 1 1 1 1 1 1 1 1 1
```

图 14-2  迷宫地图文件内容

在显示迷宫地图时,0 可以用空格显示,1 可以用单字节的字符'*'显示,也可以用双字节

的汉字"回"或者"■"显示,2可以用汉字"十"或者"★"显示。例如,运行下面程序将显示如图14-3所示的迷宫地图效果。

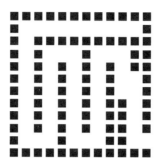

图 14-3　迷宫地图显示效果

```
1    #include <stdio.h>
2    #include <stdlib.h>
3    #define N 50
4    #define M 50
5    int a[N][M];
6    void ReadMazeFile(int a[][M], int *n, int *m);
7    void Show(int a[][M], int n, int m);
8    int main(void)
9    {
10       int n, m;
11       ReadMazeFile(a, &n, &m);              //读取迷宫地图
12       Show(a, n, m);                        //显示初始迷宫
13       return 0;
14   }
15   //函数功能:从maze.txt中读取迷宫地图
16   void ReadMazeFile(int a[][M], int *n, int *m)
17   {
18       FILE *fp = fopen("maze.txt", "r");    //以只读方式打开文件
19       if (fp == NULL)                       //如果文件打开不成功
20       {
21           printf("can not open the file \n");
22           exit(0);
23       }
24       fscanf(fp, "%d%d", n, m);             //读迷宫大小
25       for (int i = 0; i<* n; i++)           //遍历所有行
```

```
26          {
27              for (int j = 0; j<*m; j++)                  //遍历所有列
28              {
29                  fscanf(fp, "%d", &a[i][j]);             //读迷宫数据
30              }
31          }
32          fclose(fp);                                     //关闭文件
33      }
34  //函数功能:显示 n* m 大小的迷宫地图
35  void Show(int a[][M], int n, int m)
36  {
37      for (int i = 0; i<n; ++i)                           //遍历 n 行
38      {
39          for (int j = 0; j<m; ++j)                       //遍历 m 列
40          {
41              if (a[i][j] == 0)
42              {
43                  printf("  ");                           //显示路
44              }
45              else if (a[i][j] == 1)
46              {
47                  printf("■");                            //显示墙
48              }
49              else if (a[i][j] == 2)
50              {
51                  printf("★");                           //显示游戏玩家
52              }
53          }
54          printf("\n");
55      }
56  }
```

其次,要考虑如何检测并获取用户键盘输入。在游戏程序设计中,获取用户键盘输入通常使用函数 getch( )。getch( )与 getchar( )的基本功能相同,都是暂停程序的运行,等待用户按键后继续执行。二者的区别在于 getch( )是非缓冲输入函数,无需用户按回车键即可得到用户的输入,即只要用户按下一个键,getch( )就立刻返回用户输入的 ASCII 码值,出错时返回−1,并且该函数还有一个好处就是输入的字符不会回显在屏幕上,这样可以避免屏幕被用户的输入搞得乱七八糟。使用 kbhit( )和 getch( )这两个函数都需要包含 conio.h。

　　如何根据用户的输入移动玩家的位置并更新显示迷宫地图呢？为此,需要了解屏幕坐标系的设置。如图 14-4 所示,屏幕上垂直向下的方向代表 x 轴的正向(即代表行),水平向右的方向代表 y 轴的正向(即代表列)。对于屏幕上的每个字符位置(x,y),按下 a 键表示左移,即 y 坐标减 1,按下 d 键表示右移,即 y 坐标加 1,按下 w 键表示上移,即 x 坐标减 1,按下 s 键表示下移,即 x 坐标加 1,用 switch 语句即可实现。更新玩家位置的方法就是将其原来的坐标位置修改为 0(相当于"擦除"),然后将移动后的新坐标位置修改为 2(相当于"更新")即可。

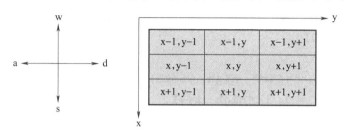

图 14-4　按键输入与屏幕坐标的对应关系

```
1    #include <stdio.h>
2    #include <stdlib.h>
3    #include <conio.h>
4    #include <windows.h>
5    #define N 50                     //迷宫地图的最大高度(行数)
6    #define M 50                     //迷宫地图的宽度(列数)
7    int a[N][M];                     //保存迷宫地图
8    int high;                        //迷宫地图的行数(高度)
9    int width;                       //迷宫地图的列数(宽度)
10   void ReadMazeFile(int a[][M], int *high, int *width);
11   void Show(int a[][M], int n, int m);
12   void UpdateWithInput(int a[][M], int x, int y, int exitX, int exitY);
13   int main(void)
14   {
15       int x, y, exitX, exitY;          //(x,y)为入口坐标,(exitX,exitY)为出口坐标
16       ReadMazeFile(a, &high, &width);               //从文件中读取迷宫地图数据
17       Show(a, high, width);                         //显示 high 行 width 列的迷宫
18       printf("Input x1,y1,x2,y2:");
19       scanf("%d,%d,%d,%d", &x, &y, &exitX, &exitY);        //输入起点和终点
20       a[x][y] = 2;
21       UpdateWithInput(a, x, y, exitX, exitY);    //与用户输入有关的更新
22       return 0;
23   }
```

```
24      //函数功能:从 maze.txt 中读取迷宫地图数据
25      void ReadMazeFile(int a[][M], int *high, int *width)
26      {
27          FILE *fp = fopen("maze.txt", "r");
28          if (fp == NULL)
29          {
30              printf("can not open the file \n");
31              exit(0);
32          }
33          fscanf(fp, "%d%d", high, width);          //先从文件中读取迷宫地图的行数和列数
34          for (int i = 0; i<*high; i++)
35          {
36              for (int j = 0; j<*width; j++)
37              {
38                  fscanf(fp, "%d", &a[i][j]);
39              }
40          }
41          fclose(fp);
42      }
43      //函数功能:显示 high 行 width 列的迷宫地图
44      void Show(int a[][M], int high, int width)
45      {
46          for (int i=0; i<high; ++i)              //遍历 n 行
47          {
48              for (int j=0; j<width; ++j)         //遍历 m 列
49              {
50                  if (a[i][j] == 0)
51                  {
52                      printf("  ");               //显示路
53                  }
54                  else if (a[i][j] == 1)
55                  {
56                      printf("■");                //显示墙
57                  }
58                  else if (a[i][j] == 2)
59                  {
60                      printf("★");               //显示游戏玩家走过的位置
```

```
61                     }
62                 }
63             printf("\n");
64         }
65     }
66     //函数功能:更新迷宫地图,若当前位置(x,y)已到达出口(exitX,exitY),则玩家赢
67     void UpdateWithInput(int a[][M], int x, int y, int exitX, int exitY)
68     {
69         char input;
70         while (x != exitX || y != exitY)
71         {
72             system("cls");                          //清屏
73             Show(a, high, width);                   //显示更新后的迷宫地图
74             Sleep(200);                             //延时200ms
75             input = getch();
76             if (input == 'a' && a[x][y-1] != 1)     //左移
77             {
78                 a[x][y] = 0;                        //由2改成0
79                 a[x][--y] = 2;                      //由0改成2
80             }
81             if (input == 'd' && a[x][y+1] != 1)     //右移
82             {
83                 a[x][y] = 0;
84                 a[x][++y] = 2;
85             }
86             if (input == 'w' && a[x-1][y] != 1)     //上移
87             {
88                 a[x][y] = 0;
89                 a[--x][y] = 2;
90             }
91             if (input == 's' && a[x+1][y] != 1)     //下移
92             {
93                 a[x][y] = 0;
94                 a[++x][y] = 2;
95             }
96         }
97         system("cls");                              //清屏
```

```
98      Show(a, high, width);              //显示更新后的迷宫地图
99      Sleep(200);                        //延时 200ms
100     printf("You win! \n");
101 }
```

图 14-5、图 14-6、图 14-7 分别是游戏的初始状态,用户输入入口和出口坐标后的状态,以及游戏的终止状态。

Input x1, y1, x2, y2: 1, 1, 10, 11↙　　　　　　　　　　　　　　　　You win!

图 14-5　游戏初始状态　　　　图 14-6　输入入口和出口坐标后的状态　　　图 14-7　游戏终止状态

## 14.3　Flappy bird 游戏

本节我们要编程实现一个 Flappy bird 游戏。游戏中玩家必须控制一只小鸟,跨越由各种不同长度水管所组成的障碍。这里我们用不同高度的柱子墙来模拟不同长度的水管作为障碍物。游戏设计要求如下:

(1)在游戏窗口中显示从右向左运动的障碍物,显示 3 根柱子墙。

(2)用户使用空格键控制小鸟向上移动,以不碰到障碍物为准,即需要从柱子墙的缝隙中穿行,确保随机产生的障碍物之间的缝隙大小可以足够小鸟通过。

(3)在没有用户按键操作情况下,小鸟受重力影响会自行下落,为了不让小鸟掉下来,需要用户间歇性地单击空格键让小鸟往上飞,并躲避途中可能遇到的高低不平的障碍物。

(4)进行小鸟与障碍物的碰撞检测,如果没有碰到,则给游戏者加 1 分。

(5)如果小鸟碰到障碍物或者超出游戏画面的上下边界,则游戏结束。

设计这个游戏的第一个难点是如何让小鸟不会飞出屏幕。游戏画面中的障碍物原则上应该是静止不动的,运动的是小鸟,小鸟从左向右飞行,但是这样将会导致小鸟很快就飞出屏幕,所以利用相对运动的原理,让障碍物从右向左运动,障碍物在最左边消失后就在最右边循环出现,而小鸟只要在原地做上下运动即可,这样不仅不用担心小鸟飞出屏幕,而且还会造成"柱子不动、小鸟从左向右运动"的错觉和假象。

因此,让小鸟从左向右运动的问题就转化为让柱子从右向左运动的问题。首先调用随机函数随机生成如图 14-8 所示的不同长度的柱子,其次为了产生柱子运动的效果,可以采用清屏的

方式擦出原有坐标位置上的柱子,然后在新的坐标位置上显示移动后的柱子。这样就需要进一步解决直接定位光标到屏幕指定位置的问题。

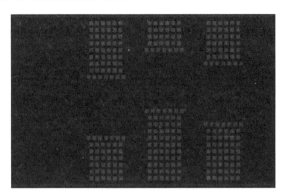

图 14-8 显示随机生成的不同长度的柱子

解决的思路是,首先使用 Windows API 中定义的结构体类型 COORD 来表示字符在控制台屏幕上的坐标。结构体类型 COORD 的定义为:

```
typedef struct_COORD
{
    SHORT X;          //水平坐标,即横轴
    SHORT Y;          //垂直坐标,即纵轴
}COORD;
```

然后,使用 Windows API 函数 GetStdHandle(),从一个特定的标准设备(例如标准输出)获取标识设备的句柄(用来标识不同设备的一个数值)。最后,使用 Windows API 函数 SetConsoleCursorPosition()定位光标的位置。这个封装后的定位光标到坐标点(x,y)的函数如下:

```
void Gotoxy(int x, int y)
{
    COORD pos = {x, y};
    HANDLE hOutput = GetStdHandle(STD_OUTPUT_HANDLE);
                                              //获得标准输出设备句柄
    SetConsoleCursorPosition(hOutput, pos);   //定位光标位置
}
```

使用这个函数可以避免清屏和反复刷新屏幕带来的闪烁效应。使用下面的函数来隐藏光标,可以进一步避免光标带来的闪烁。

```
void HideCursor()
{
    HANDLE handle = GetStdHandle(STD_OUTPUT_HANDLE);
    CONSOLE_CURSOR_INFO CursorInfo;
    GetConsoleCursorInfo(handle, &CursorInfo);   //获取控制台光标信息
```

```
        CursorInfo.bVisible = 0;                              //隐藏控制台光标
        SetConsoleCursorInfo(handle, &CursorInfo);     //设置控制台光标状态
    }
```

为了让 3 根柱子不会全部从屏幕左边界上消失,需要让其循环出现在屏幕上,即屏幕左侧每消失一根柱子,就随机产生一根新的柱子显示在屏幕的右侧。

注意,Windows API 中定义的结构体类型 COORD 对应的屏幕坐标系如图 14-9 所示,横坐标是 x,纵坐标是 y,这个坐标系与 14.2 节的通常意义下的坐标系是完全不同的。按照这个坐标系,在玩家没有敲击键盘时,小鸟(用 o->表示)垂直下落,即 y 坐标加 1。玩家每单击一次空格键,小鸟就向上飞一次,即 y 坐标减 1。因小鸟只做上下运动,所以其 x 坐标始终不变。

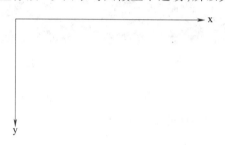

图 14-9　结构体类型 COORD 对应的屏幕坐标系

设计这个游戏的第二个难点是小鸟与柱子的碰撞检测问题。解决思路是:记录每根柱子的横纵坐标范围,然后检测小鸟当前所在位置的横纵坐标是否落入柱子的横纵坐标范围,如果落入,则表示小鸟碰到了墙体。

参考程序如下:

```
1    #include <stdio.h>
2    #include <stdlib.h>
3    #include <conio.h>
4    #include <time.h>
5    #include <windows.h>
6    #define DIS 22
7    #define BLAN 9                              //上下两部分柱子墙之间的缝隙
8    typedef struct bird
9    {
10       COORD pos;
11       int score;
12   } BIRD;
13   void CheckWall(COORD wall[]);              //显示柱子墙体
14   void PrtBird(BIRD *bird);                   //显示小鸟
15   int CheckWin(COORD *wall, BIRD *bird);    //检测小鸟是否碰到墙体或者超出上下边界
```

```
16    void Begin(BIRD *bird);                      //显示上下边界和分数
17    BOOL SetConsoleColor(unsigned int wAttributes);//设置颜色
18    void Gotoxy(int x, int y);                   //定位光标
19    BOOL SetConsoleColor(unsigned int wAttributes);//设置颜色
20    void HideCursor();                           //隐藏光标,避免闪屏现象,提高游戏体验
21    //主函数
22    int main(int argc, char *argv[])
23    {
24        BIRD bird = {{22, 10}, 0};               //小鸟的初始位置
25        COORD wall[3] = {{40, 10},{60, 6},{80, 8}}; //柱子的初始位置和高度
26        int i;
27        char ch;
28        while (CheckWin(wall, &bird))
29        {
30            Begin(&bird);                        //清屏并显示上下边界和分数
31            CheckWall(wall);                     //显示柱子墙
32            PrtBird(&bird);                      //显示小鸟
33            Sleep(200);
34            if (kbhit())                         //检测到有键盘输入
35            {
36                ch = getch();                    //输入的字符存入 ch
37                if (ch == '' )                   //输入的是空格
38                {
39                    bird.pos.Y -= 1;             //小鸟向上移动一格
40                }
41            }
42            else                                 //未检测到键盘输入
43            {
44                bird.pos.Y += 1;                 //小鸟向下移动一格
45            }
46            for (i = 0; i<3; ++i)
47            {
48                wall[i].X--;                     //柱子墙向左移动一格
49            }
50        }
51        return 0;
52    }
```

```
53    //函数功能:显示柱子墙体
54    void CheckWall(COORD wall[])
55    {
56        HideCursor();
57        srand(time(NULL));
58        COORD temp = {wall[2].X + DIS, rand()%13 + 5};//随机产生一个新的柱子
59        if (wall[0].X < 10)                    //超出预设的左边界
60        {
61            wall[0] = wall[1];                 //最左侧的柱子墙消失,第 2 个柱子变成第一个
62            wall[1] = wall[2];                 //第 3 个柱子变成第 2 个
63            wall[2] = temp;                    //新产生的柱子变成第 3 个
64        }
65        for (int i=0; i<3; ++i)                //每次显示 3 个柱子墙
66        {
67            //显示上半部分柱子墙
68            temp.X = wall[i].X + 1;            //向右缩进一格显示图案
69            SetConsoleColor(0x0C);            //设置黑色背景,亮红色前景
70            for (temp.Y=2; temp.Y<wall[i].Y; temp.Y++)   //从第 2 行开始显示
71            {
72                Gotoxy(temp.X, temp.Y);
73                printf("■■■■■■");
74            }
75            temp.X--;                          //向左移动一格显示图案
76            Gotoxy(temp.X, temp.Y);
77            printf("■■■■■■■");
78            //显示下半部分柱子墙
79            temp.Y += BLAN;
80            Gotoxy(temp.X, temp.Y);
81            printf("■■■■■■■");
82            temp.X++;                          //向右缩进一格显示图案
83            temp.Y++;                          //在下一行显示下面的图案
84            for (; (temp.Y)<26; temp.Y++)//一直显示到第 25 行
85            {
86                Gotoxy(temp.X, temp.Y);
87                printf("■■■■■■");
88            }
89        }
```

```
90      }
91      //函数功能:显示小鸟
92      void PrtBird(BIRD * bird)
93      {
94          SetConsoleColor(0x0E);          //设置黑色背景,亮黄色前景
95          Gotoxy(bird->pos.X, bird->pos.Y);
96          printf("o->");                 //显示小鸟
97      }
98      //函数功能:检测小鸟是否碰到墙体或者超出上下边界,是则返回0,否则分数加1并返回1
99      int CheckWin(COORD *wall, BIRD *bird)
100     {
101         if (bird->pos.X >= wall->X)     //小鸟的横坐标进入柱子坐标范围
102         {
103             if (bird->pos.Y <= wall->Y || bird->pos.Y >= wall->Y + BLAN)
104             {
105                 return 0;               //小鸟的纵坐标碰到上下柱子,则返回0
106             }
107         }
108         if (bird->pos.Y < 1 || bird->pos.Y > 26)
109         {
110             return 0;                   //小鸟的位置超出上下边界,则返回0
111         }
112         (bird->score)++;               //分数加1
113         return 1;
114     }
115     //函数功能:显示上下边界和分数
116     void Begin(BIRD * bird)
117     {
118         system("cls");
119         Gotoxy(0, 26);                 //第26行显示下边界
120         printf("================================="
121             "=================================");
122         Gotoxy(0, 1);                  //第1行显示上边界
123         printf("================================="
124             "=================================");
125         SetConsoleColor(0x0E);          //设置黑色背景,亮黄色前景
126         printf("\n%4d", bird->score); //第1行显示分数
```

```
127    }
128    //函数功能:定位光标
129    void Gotoxy(int x, int y)
130    {
131        COORD pos = {x, y};
132        HANDLE hOutput = GetStdHandle(STD_OUTPUT_HANDLE);
                                                            //获得标准输出设备句柄
133        SetConsoleCursorPosition(hOutput, pos);          //定位光标位置
134    }
135    //函数功能:设置颜色
136    //一共有 16 种文字颜色,16 种背景颜色,组合有 256 种。传入的参数值应当小于 256
137    //字节的低 4 位控制前景色,高 4 位控制背景色,高亮+红+绿+蓝
138    BOOL SetConsoleColor(unsigned int wAttributes)
139    {
140        HANDLE hOutput = GetStdHandle(STD_OUTPUT_HANDLE);
141        if (hOutput == INVALID_HANDLE_VALUE)
142        {
143            return FALSE;
144        }
145        return SetConsoleTextAttribute(hOutput, wAttributes);
146    }
147    //函数功能:隐藏光标,避免闪屏现象,提高游戏体验
148    void HideCursor()
149    {
150        HANDLE handle = GetStdHandle(STD_OUTPUT_HANDLE);
151        CONSOLE_CURSOR_INFO CursorInfo;
152        GetConsoleCursorInfo(handle, &CursorInfo);       //获取控制台光标信息
153        CursorInfo.bVisible = 0;                         //隐藏控制台光标
154        SetConsoleCursorInfo(handle, &CursorInfo);       //设置控制台光标状态
155    }
```

程序运行的效果如图 14-8 所示。

## 14.4　本章知识点小结

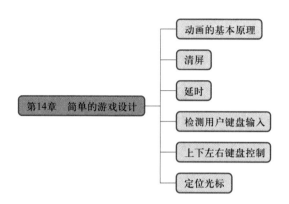

## 14.5　本章常见错误小结

| 编程注意事项 | 常见错误描述 |
| --- | --- |
| sleep()和 Sleep() | 在标准 C 中和 Linux 下延时函数是函数的首字母不大写,即 sleep(),但在 Code::blocks 和 Windows 环境下首字母要大写,即 Sleep() |
| system("cls") | 将 system("cls")和 Sleep()配合使用实现动画时,可能引起闪烁现象,建议参考 14.3 节的光标定位函数实现画面的局部修改和更新 |
| getch()与 getchar() | 在游戏中获取用户键盘输入时,建议使用 getch(),不要使用 getchar()。与 getchar()不同的是,函数 getch()无需用户按回车键即可得到用户的输入,只要用户按下一个键,就立刻返回用户输入字符的 ASCII 码值,而且输入的字符不会回显在屏幕上,出错时返回-1 |
| kbhit() | 函数 kbhit()的作用是检查当前是否有键盘输入,若有则返回一个非 0 值,否则返回 0。注意返回值不要搞反了,并且该函数只能检测是否有键盘输入,不能代替键盘输入 |

# 习　题　14

14.1　请编写一个迷宫升级版程序。游戏设计要求如下:

(1)用不同的文件存储不同难度的迷宫地图。

(2)玩家可以选择不同难度的关卡(对应不同难度的迷宫地图),或者直接退出游戏。

(3)玩家通过键盘控制进行游戏,键盘输入 w、s、a、d 分别控制上下左右移动"@"。

(4)玩家通过移动"@"寻找得分点 O',每找到一个得分点 O'就加 10 分,游戏过程中实时显示得分。

(5)找到出口后,玩家胜利,游戏结束。

14.2　请采用深度优先和回溯法,编写一个自动走迷宫的游戏程序。

# 附录 A　C 关键字

| | | | | |
|---|---|---|---|---|
| auto | break | case | char | const |
| continue | default | do | double | else |
| enum | extern | float | for | goto |
| if | int | long | register | return |
| short | signed | sizeof | static | struct |
| switch | typedef | union | unsigned | void |
| volatile | while | | | |

注：ANSI C 定义了上面 32 个关键字。1999 年 12 月 16 日，ISO 推出的 C99 标准新增了 5 个关键字：inline 、restrict、_Bool、_Complex、_Imaginary。2011 年 12 月 8 日，ISO 发布的新标准 C11 新增了 1 个关键字：_Generic。

# 附录 B　GCC 中基本数据类型的取值范围

| 数据类型 | 所占字节数/B | 取值范围 |
|---|---|---|
| char<br>signed char | 1 | $-128 \sim 127$ 即 $-2^7 \sim 2^7-1$ |
| unsigned char | 1 | $0 \sim 255$ 即 $0 \sim 2^8-1$ |
| short int<br>signed short int | 2 | $-32768 \sim 32767$ 即 $-2^{15} \sim 2^{15}-1$ |
| unsigned short int | 2 | $0 \sim 65535$ 即 $0 \sim 2^{16}-1$ |
| unsigned int | 4 | $0 \sim 4294967295$ 即 $0 \sim 2^{32}-1$ |
| int<br>signed int | 4 | $-2147483648 \sim 2147483647$ 即 $-2^{31} \sim 2^{31}-1$ |
| unsigned long int | 4 | $0 \sim 4294967295$ 即 $0 \sim 2^{32}-1$ |
| long int<br>signed long int | 4 | $-2147483648 \sim 2147483647$ 即 $-2^{31} \sim 2^{31}-1$ |
| long long | 8 | $-9223372036854775808 \sim 9223372036854775807$<br>即 $-2^{63} \sim 2^{63}-1$ |
| unsigned long long | 8 | $0 \sim 18446744073709551161$ 即 $0 \sim 2^{64}-1$ |
| float | 4 | $-3.40282 \times 10^{38} \sim 3.40282 \times 10^{38}$ |
| double | 8 | $-1.79769 \times 10^{308} \sim 1.79769 \times 10^{308}$ |
| long double | 12 | |

注:数据类型的取值范围不仅与操作系统相关,还和编译器相关。很多编译器都没有按照 IEEE 规定的标准的 10 个字节(80 位)支持 long double 类型,大多数编译器将它视为 double 类型。例如,在 Code::Blocks 的 GCC 编译器中,双精度型变量占 8 个字节,长双精度型变量则占 12 个字节。

此外,ANSI C 对于 int 型数据所占内存的字节数并没有明确定义,只是规定其所占内存的字节数大于 short 型但不大于 long 型所占内存的字节数。通常与程序的执行环境的字长相同。在当今大多数平台上,int 型和 long int 型整数的取值范围是相同的。

注意,long long,unsigned long long 和 long double 都是 C99 标准新加上去的,一些老的编译器(如 Visual C++6.0 等)不支持该类型,虽然现在的编译器都支持 C99 标准,但很多默认编译还是默认为 C89 标准,需要指定按 C99 标准编译。

# 附录 C　C 运算符的优先级与结合性

| 优 先 级 | 运 算 符 | 含 义 | 运 算 类 型 | 结 合 方 向 |
|---|---|---|---|---|
| 1 | ()<br>[ ]<br>-><br>.<br>++ -- | 圆括号、函数参数表<br>数组元素下标<br>指向结构体成员<br>引用结构体成员<br>后缀增 1、后缀减 1 | — | 自左向右 |
| 2 | !<br>~<br>++ --<br>-<br>*<br>&<br>（类型标识符）<br>sizeof | 逻辑非<br>按位取反<br>前缀增 1、前缀减 1<br>取负<br>间接寻址运算符<br>取地址运算符<br>强制类型转换运算符<br>计算字节数运算符 | 单目运算 | 自右向左 |
| 3 | * / % | 乘、除、整数求余 | 双目算术运算 | 自左向右 |
| 4 | + - | 加、减 | 双目算术运算 | 自左向右 |
| 5 | << >> | 左移、右移 | 位运算 | 自左向右 |
| 6 | < <=<br>> >= | 小于、小于等于<br>大于、大于等于 | 关系运算 | 自左向右 |
| 7 | == != | 等于、不等于 | 关系运算 | 自左向右 |
| 8 | & | 按位与 | 位运算 | 自左向右 |
| 9 | ^ | 按位异或 | 位运算 | 自左向右 |
| 10 | \| | 按位或 | 位运算 | 自左向右 |
| 11 | && | 逻辑与 | 逻辑运算 | 自左向右 |
| 12 | \|\| | 逻辑或 | 逻辑运算 | 自左向右 |
| 13 | ? : | 条件运算符 | 三目运算 | 自右向左 |
| 14 | =<br>+= -= *=<br>/= %= &= ^=<br>\|= <<= >>= | 赋值运算符<br>复合的赋值运算符 | 双目运算 | 自右向左 |
| 15 | , | 逗号运算符 | 顺序求值运算 | 自左向右 |

# 附录 D　常用字符与 ASCII 码值对照表

ASCII 码表可以看作由三部分组成：

第一部分：由 0 到 31 共 32 个，一般为通信专用字符或控制字符。有些可以显示在屏幕上，有些不能显示，只能看到其效果（如换行、退格等）。

第二部分：由 32 到 127 共 96 个，这 96 个字符是用来表示阿拉伯数字、英文字母大小写和下划线、括号等可显示字符。

第三部分：由 128 到 255 共 128 个字符，一般称为 ASCII 扩展码，这 128 个扩展的 ASCII 字符是由 IBM 制定的，不是标准的 ASCII 码，ASCII 扩展码用来存放英文制表符、部分音标字符和其他欧洲非英语系的字符。

注意，对于无符号字符型，ASCII 码的值为 128～255，对于有符号字符型，ASCII 码的值为 −128～−1。

| 十进制 ASCII 码 | 字　　符 | 控制字符（含义） | 十进制 ASCII 码 | 字　　符 | 控制字符（含义） |
|---|---|---|---|---|---|
| 0 | NUL | 空字符 | 17 | DC1(^Q) | 设备控制 1 |
| 1 | SOH(^A) | 标题开始 | 18 | DC2(^R) | 设备控制 2 |
| 2 | STX(^B) | 正文开始 | 19 | DC3(^S) | 设备控制 3 |
| 3 | ETX(^C) | 正文结束 | 20 | DC4(^T) | 设备控制 4 |
| 4 | EOT(^D) | 传输结束 | 21 | NAK(^U) | 反确认（拒绝接收） |
| 5 | ENQ(^E) | 查询请求 | 22 | SYN(^V) | 同步空闲 |
| 6 | ACK(^F) | 确认 | 23 | ETB(^W) | 结束传输块 |
| 7 | BEL(bell) | 响铃 | 24 | CAN(^X) | 取消 |
| 8 | BS(^H) | 退格 | 25 | EM(^Y) | 媒体结束 |
| 9 | HT(^I) | 水平制表符 | 26 | SUB(^Z) | 替换 |
| 10 | LF(^J) | 换行 | 27 | ESC | ESC 键 |
| 11 | VT(^K) | 垂直制表符 | 28 | FS | 文件分隔符 |
| 12 | FF(^L) | 换页 | 29 | GS | 组分隔符 |
| 13 | CR(^M) | 回车 | 30 | RS | 记录分隔符 |
| 14 | SO(^N) | 移出 | 31 | US | 单元分隔符 |
| 15 | SI(^O) | 移入 | 32 | | 空格 |
| 16 | DLE(^P) | 数据链路转义 | | | |

| 十进制 ASCII 码 | 字　符 | 十进制 ASCII 码 | 字　符 | 十进制 ASCII 码 | 字　符 | 十进制 ASCII 码 | 字　符 |
|---|---|---|---|---|---|---|---|
| 33 | ! | 61 | = | 89 | Y | 117 | u |
| 34 | " | 62 | > | 90 | Z | 118 | v |
| 35 | # | 63 | ? | 91 | [ | 119 | w |
| 36 | $ | 64 | @ | 92 | \ | 120 | x |
| 37 | % | 65 | A | 93 | ] | 121 | y |
| 38 | & | 66 | B | 94 | ^ | 122 | z |
| 39 | ' | 67 | C | 95 | − | 123 | { |
| 40 | ( | 68 | D | 96 | ` | 124 | \| |
| 41 | ) | 69 | E | 97 | a | 125 | } |
| 42 | * | 70 | F | 98 | b | 126 | ~ |
| 43 | + | 71 | G | 99 | c | 127 | DEL |
| 44 | , | 72 | H | 100 | d | 128 | Ç |
| 45 | − | 73 | I | 101 | e | 129 | ü |
| 46 | . | 74 | J | 102 | f | 130 | é |
| 47 | / | 75 | K | 103 | g | 131 | â |
| 48 | 0 | 76 | L | 104 | h | 132 | ä |
| 49 | 1 | 77 | M | 105 | i | 133 | à |
| 50 | 2 | 78 | N | 106 | j | 134 | å |
| 51 | 3 | 79 | O | 107 | k | 135 | ç |
| 52 | 4 | 80 | P | 108 | l | 136 | ê |
| 53 | 5 | 81 | Q | 109 | m | 137 | ë |
| 54 | 6 | 82 | R | 110 | n | 138 | è |
| 55 | 7 | 83 | S | 111 | o | 139 | ï |
| 56 | 8 | 84 | T | 112 | p | 140 | î |
| 57 | 9 | 85 | U | 113 | q | 141 | ì |
| 58 | : | 86 | V | 114 | r | 142 | Ä |
| 59 | ; | 87 | W | 115 | s | 143 | Å |
| 60 | < | 88 | X | 116 | t | 144 | É |

续表

| 十进制 ASCII 码 | 字　符 | 十进制 ASCII 码 | 字　符 | 十进制 ASCII 码 | 字　符 | 十进制 ASCII 码 | 字　符 |
|---|---|---|---|---|---|---|---|
| 145 | æ | 173 | ¡ | 201 | ╔ | 229 | σ |
| 146 | Æ | 174 | « | 202 | ╩ | 230 | μ |
| 147 | ô | 175 | » | 203 | ╦ | 231 | τ |
| 148 | ö | 176 | ░ | 204 | ╠ | 232 | Φ |
| 149 | ò | 177 | ▒ | 205 | ═ | 233 | Θ |
| 150 | û | 178 | ▓ | 206 | ╬ | 234 | Ω |
| 151 | ù | 179 | │ | 207 | ╧ | 235 | δ |
| 152 | ÿ | 180 | ┤ | 208 | ╨ | 236 | ∞ |
| 153 | Ö | 181 | ╡ | 209 | ╤ | 237 | φ |
| 154 | Ü | 182 | ╢ | 210 | ╥ | 238 | ε |
| 155 | ¢ | 183 | ╖ | 211 | ╙ | 239 | ∩ |
| 156 | £ | 184 | ╕ | 212 | ╘ | 240 | ≡ |
| 157 | ¥ | 185 | ╣ | 213 | ╒ | 241 | ± |
| 158 | ₧ | 186 | ║ | 214 | ╓ | 242 | ≥ |
| 159 | $f$ | 187 | ╗ | 215 | ╫ | 243 | ≤ |
| 160 | á | 188 | ╝ | 216 | ╪ | 244 | ⌠ |
| 161 | í | 189 | ╜ | 217 | ┘ | 245 | ⌡ |
| 162 | ó | 190 | ╛ | 218 | ┌ | 246 | ÷ |
| 163 | ú | 191 | ┐ | 219 | █ | 247 | ≈ |
| 164 | ñ | 192 | └ | 220 | ▄ | 248 | ≈ |
| 165 | Ñ | 193 | ┴ | 221 | ▌ | 249 | ● |
| 166 | ª | 194 | ┬ | 222 | ▐ | 250 | · |
| 167 | º | 195 | ├ | 223 | ▀ | 251 | √ |
| 168 | ¿ | 196 | ─ | 224 | α | 252 | n |
| 169 | ⌐ | 197 | ┼ | 225 | β | 253 | ² |
| 170 | ¬ | 198 | ╞ | 226 | Γ | 254 | ■ |
| 171 | ½ | 199 | ╟ | 227 | π | 255 | |
| 172 | ¼ | 200 | ╚ | 228 | Σ | | |

# 附录 E　常用的 ANSI C 标准库函数

## 1. 数学函数

使用数学函数时,应在源文件中包含头文件<math.h>。

| 函数名 | 函数原型 | 功　能 |
|---|---|---|
| acos | double acos( double x ); | 计算 $\sin^{-1}(x)$ 的值,返回计算结果。注意,x 应在−1 到 1 范围内 |
| asin | double asin( double x ); | 计算 $\cos^{-1}(x)$ 的值,返回计算结果。注意,x 应在−1 到 1 范围内 |
| atan | double atan( double x ); | 计算 $\tan^{-1}(x)$ 的值,返回计算结果 |
| atan2 | double atan2( double x, double y ); | 计算 $\tan^{-1}(x/y)$ 的值,返回计算结果 |
| cos | double cos( double x ); | 计算 $\cos(x)$ 的值,返回计算结果。注意,x 的单位为弧度 |
| cosh | double cosh( double x ); | 计算 x 的双曲余弦 $\cosh(x)$ 的值,返回计算结果 |
| exp | double exp( double x ); | 计算 $e^x$ 的值,返回计算结果 |
| fabs | double fabs( double x ); | 计算 x 的绝对值,返回计算结果 |
| floor | double floor( double x ); | 计算出不大于 x 的最大整数,返回计算结果 |
| fmod | double fmod( double x, double y ); | 计算整除 x/y 的余数,返回计算结果 |
| frexp | double frexp ( double val, int * eptr ); | 把双精度数 val 分解为小数部分(尾数)x 和以 2 为底的指数 n(阶码),即 $val = x * 2^n$,n 存放在 eptr 指向的变量中,函数返回小数部分 x,$0.5 \leqslant x < 1$ |
| log | double log( double x ); | 计算 $\log_e x$,即 lnx,返回计算结果。注意,x>0 |
| log10 | double log10( double x ); | 计算 $\log_{10} x$,返回计算结果。注意,x>0 |
| modf | double modf( double val, double * iptr ); | 把双精度数 val 分解为整数部分和小数部分,把整数部分存到 iptr 指向的单元。返回 val 的小数部分 |
| pow | double pow ( double base, double exp ); | 返回 base 为底的 exp 次幂,即 $base^{exp}$,返回计算结果。当 base 等于 0 而 exp 小于 0 时或者 base 小于 0 而 exp 不为整数时,出现结果错误。该函数要求参数 base 和 exp 以及函数的返回值为 double 类型,否则有可能出现数值溢出问题 |
| sin | double sin( double x ); | 计算 sinx 的值,返回计算结果。注意,x 单位为弧度 |
| sinh | double sinh( double x ); | 计算 x 的双曲正弦函数 $\sinh(x)$ 的值,返回计算结果 |
| sqrt | double sqrt( double x ); | 计算 $\sqrt{x}$ 的值,返回计算结果。注意,x≥0 |
| tanh | double tanh( double x ); | 计算 x 的双曲正切函数 $\tanh(x)$ 的值,返回计算结果 |

## 2. 字符处理函数

使用字符处理函数时,应在源文件中包含头文件<ctype.h>。

| 函数名 | 函数原型 | 功　能 |
|---|---|---|
| isalnum | int isalnum( int ch); | 检查 ch 是否为字母(alpha)或数字(numeric)。是,则返回 1;否则返回 0 |
| isalpha | int isalpha( int ch); | 检查 ch 是否为字母。是,则返回 1;不是,则返回 0 |
| iscntrl | int iscntrl( int ch); | 检查 ch 是否为控制字符(ASCII 码在 0 和 0x1F 之间)。是,则返回 1;不是,则返回 0 |
| isdigit | int isdigit( int ch); | 检查 ch 是否为数字(0~9)。是,则返回 1;不是,则返回 0 |
| isgraph | int isgraph( int ch); | 检查 ch 是否为可打印字符(ASCII 码在 33~126 之间,不包括空格)。是,则返回 1;不是,则返回 0 |
| islower | int islower( int ch); | 检查 ch 是否为小写字母(a~z)。是,则返回 1;不是,则返回 0 |
| isprint | int isprint( int ch); | 检查 ch 是否为可打印字符(ASCII 码在 32~126 之间,包括空格)。是,则返回 1;不是,则返回 0 |
| ispunct | int ispunct( int ch); | 检查 ch 是否为标点字符(不包括空格),即除字母、数字和空格以外的所有可打印字符。是,则返回 1;不是,则返回 0 |
| isspace | int isspace( int ch); | 检查 ch 是否为空格、跳格符(制表符)或换行符。是,则返回 1;不是,则返回 0 |
| isupper | int isupper( int ch); | 检查 ch 是否为大写字母(A~Z)。是,则返回 1;不是,则返回 0 |
| isxdigit | int isxdigit( int ch); | 检查 ch 是否为一个十六进制数字字符(即 0~9,或 A~F,或 a~f)。是,则返回 1;不是,则返回 0 |
| tolower | int tolower( int ch); | 将 ch 字符转换为小写字母。返回 ch 对应的小写字母 |
| toupper | int toupper( int ch); | 将 ch 字符转换为大写字母。返回 ch 对应的大写字母 |

## 3. 字符串处理函数

使用字符串处理函数时,应在源文件中包含头文件<string.h>。

| 函数名 | 函数原型 | 功　能 |
|---|---|---|
| memcmp | int memcmp( const void * buf1, const void * buf2, unsigned int count); | 比较 buf1 和 buf2 指向数组的前 count 个字符。若 buf1 < buf2,则返回负数。若 buf1 = buf2,则返回 0。若 buf1>buf2,则返回正数 |
| memcpy | void * memcpy( void * to, const void * from, unsigned int count); | 从 from 指向的数组向 to 指向的数组复制 count 个字符,如果两数组重叠,不定义该数组的行为。函数返回指向 to 的指针 |
| memmove | void * memmove( void * to, const void * from, unsigned int count); | 从 from 指向的数组向 to 指向的数组复制 count 个字符;如果两数组重叠,则复制仍进行,但把内容放入 to 后修改 from。函数返回指向 to 的指针 |

续表

| 函数名 | 函 数 原 型 | 功 能 |
|---|---|---|
| memset | void * memset ( void * buf, int ch, unsigned int count ); | 把 ch 的低字节复制到 buf 指向的数组的前 count 个字节处,常用于把某个内存区域初始化为已知值。函数返回指向 buf 的指针 |
| strcat | char * strcat ( char * str1, const char * str2 ); | 把字符串 str2 连接到 str1 后面,在新形成的 str1 串后面添加一个'\0',原 str1 后面的'\0'被覆盖。因无边界检查,调用时应保证 str1 的空间足够大,能存放原始 str1 和 str2 两个串的内容。函数返回指向 str1 的指针 |
| strcmp | int strcmp ( const char * str1, const char * str2 ); | 按字典顺序比较两个字符串 str1 和 str2。若 str1<str2,则返回负数。若 str1=str2,则返回 0。若 str1>str2,则返回正数 |
| strcpy | char * strcpy ( char * str1, const char * str2 ); | 把 str2 指向的字符串复制到 str1 中去,str2 必须是终止符为'\0'的字符串的指针。函数返回指向 str1 的指针 |
| strlen | unsigned int strlen ( const char * str ); | 统计字符串 str 中实际字符的个数(不包括终止符'\0')。函数返回字符串 str 中实际字符的个数 |
| strncat | char * strncat ( char * str1, const char * str2, unsigned int count ); | 把字符串 str2 中不多于 count 个字符连接到 str1 后面,并以'\0'终止该串,原 str1 后面的'\0'被 str2 的第一个字符覆盖。函数指向返回 str1 的指针 |
| strncmp | int strncmp ( const char * str1, const char * str2, unsigned int count ); | 按字典顺序比较两个字符串 str1 和 str2 的不多于 count 个字符。若 str1<str2,则返回负数。若 str1=str2,则返回 0。若 str1>str2,则返回正数 |
| strstr | char * strstr ( char * str1, char * str2 ); | 找出 str2 字符串在 str1 字符串中第一次出现的位置(不包括 str2 的串结束符)。函数返回该位置的指针。若找不到,则返回空指针 |
| strncpy | char * strncpy ( char * str1, const char * str2, unsigned int count ); | 把 str2 指向的字符串中的 count 个字符复制到 str1 中去,str2 必须是终止符为'\0'的字符串的指针。如果 str2 指向的字符串少于 count 个字符,则将'\0'加到 str1 的尾部,直到满足 count 个字符为止。如果 str2 指向的字符串长度大于 count 个字符,则结果串 str1 不用'\0'结尾。函数返回指向 str1 的指针 |

### 4. 缓冲文件系统的输入/输出函数

使用缓冲文件系统的输入/输出函数时,应在源文件中包含头文件<stdio.h>。

| 函数名 | 函 数 原 型 | 功 能 |
|---|---|---|
| clearerr | void clearerr( FILE * fp ); | 清除文件指针错误指示器。函数无返回值 |
| fclose | int fclose( FILE * fp ); | 关闭 fp 所指的文件,释放文件缓冲区。成功返回 0,否则返回非 0 |
| feof | int feof( FILE * fp ); | 检查文件是否结束。若遇文件结束符,则返回非零值,否则返回 0。注意,在读完最后一个字符后,feof()仍然不能探测到文件尾,直到再次调用 fgetc()执行读操作,feof()才能探测到文件尾 |

续表

| 函数名 | 函 数 原 型 | 功　　能 |
|---|---|---|
| ferror | int ferror( FILE * fp ); | 检查 fp 指向的文件中的错误。若无错,则返回 0。若有错,则返回非零值 |
| fflush | int fflush( FILE * fp ); | 如果 fp 指向输出流,即 fp 所指向的文件是"写打开"的,则将输出缓冲区中的内容物理地写入文件。若函数调用成功,则返回 0;若出现写错误时,则返回 EOF。若 fp 指向输入流,即 fp 所指向的文件是"读打开"的,则 fflush 函数的行为是不确定的。某些编译器(如 VC6)支持用 fflush(stdin) 来清空输入缓冲区中的内容,fflush 操作输入流是对 C 标准的扩充。但是并非所有编译器都支持这个功能( linux 下的 gcc 就不支持),因此使用 fflush(stdin) 来清空输入缓冲区会影响程序的可移植性 |
| fgetc | int fgetc( FILE * fp ); | 从 fp 所指定的文件中取得下一个字符。函数返回所得到的字符;若读入出错,返回 FOF |
| fgets | char * fgets ( char * buf, int n, FILE * fp ); | 从 fp 指向的文件读取一个长度为(n-1)的字符串,存入起始地址为 buf 的空间。函数返回地址 buf;若遇文件结束或出错,返回 NULL。注意,与 gets( )不同的是,fgets( )从指定的流读字符串,读到换行符时将换行符也作为字符串的一部分读到字符串中来 |
| fopen | FILE * fopen ( const char * filename, const char * mode ); | 以 mode 指定的方式打开名为 filename 的文件。若成功,则返回一个文件指针。若失败,则返回 NULL 指针,错误代码在 errno 中 |
| freopen | FILE * freopen ( const char * filename, const char * mode, FILE * stream ); | 用于重定向输入输出流,以指定模式将输入或输出重定向到另一个文件。该函数可在不改变代码原貌的情况下改变输入输出环境。filename 指定需重定向到的文件名或文件路径。mode 指定文件的访问方式。stream 指定需被重定向的文件流。如果函数调用成功,则返回指向该输出流的文件指针,否则返回为 NULL |
| fprintf | int fprintf ( FILE * fp, const char * format, … ); | 把 args 的值以 format 指定的格式输出到 fp 所指定的文件中。函数返回实际输出的字符数 |
| fputc | int fputc( int ch, FILE * fp ); | 将字符 ch 输出到 fp 指向的文件中(尽管 ch 为 int 型,但只写入低字节)。若成功,则返回该字符;否则返回 EOF |
| fputs | int fputs( const char * str, FILE * fp ); | 将 str 指向的字符串输出到 fp 所指定的文件。若成功,则返回 0;若出错则返回非 0。注意,与 puts( )不同的是,fputs( )不会在写入文件的字符串末尾加上换行符 |
| fread | int fread ( char * pt, unsigned int size, unsigned int n, FILE * fp ); | 从 fp 所指定的文件中读取长度为 size 的 n 个数据项,存到 pt 所指向的内存区。函数返回所读的数据项个数,若遇文件结束或出错,返回 0 |
| fscanf | int fscanf( FILE * fp, char format, … ); | 从 fp 指定的文件中按 format 给定的格式将输入数据送到 args 所指向的内存单元( args 是指针)。函数返回已输入的数据个数 |
| fseek | int fseek( FILE * fp, long offset, int base ); | 将 fp 所指向的文件的位置指针移到以 base 所指出的位置为基准、以 offset 为位移量的位置。函数返回当前位置;否则,返回-1 |

续表

| 函数名 | 函 数 原 型 | 功　　能 |
|--------|------------|---------|
| ftell | long ftell( FILE * fp ); | 返回 fp 所指向的文件中的读写位置。函数返回 fp 所指向的文件中的读写位置 |
| fwrite | unsigned int fwrite ( const char * prt, unsigned int size, unsigned int n, FILE * fp ); | 把 ptr 所指向的 n×size 个字节输出到 fp 所指向的文件中。函数返回写到 fp 文件中的数据项的个数 |
| getc | int getc( FILE * fp ); | 从 fp 所指向的文件中读入一个字符。函数返回所读的字符;若文件结束或出错,返回 EOF |
| getchar | int getchar( ); | 从标准输入设备读取并返回下一个字符。函数返回所读字符;若文件结束或出错,返回-1 |
| gets | char * gets( char * str ); | 从标准输入设备读入字符串,放到 str 指向的字符数组中,一直读到接收新行符或 EOF 时为止,新行符不作为读入串的内容,变成'\0'后作为该字符串的结束。若成功,则返回 str 指针;否则,返回 NULL 指针 |
| perror | void perror ( const char * str ); | 向标准错误输出字符串 str,并随后附上冒号以及全局变量 errno 代表的错误消息的文字说明。函数无返回值 |
| printf | int printf( const char * format, … ); | 将输出表列 args 的值输出到标准输出设备。函数返回输出字符的个数;若出错,则返回负数 |
| putc | int putc ( int ch, FILE * fp ); | 把一个字符 ch 输出到 fp 所指的文件中。函数返回输出的字符 ch;若出错,则返回 EOF |
| putchar | int putchar( char ch ); | 把字符 ch 输出到标准输出设备。函数返回输出的字符 ch;若出错,则返回 EOF |
| puts | int puts ( const char * str ); | 把 str 指向的字符串输出到标准输出设备,将'\0'转换为回车换行。若成功,则返回非负数;若失败,则返回 EOF |
| rename | int rename ( const char * oldname, const char * newname ); | 把 oldname 所指的文件名改为由 newname 所指的文件名。若成功,则返回 0;若出错,则返回 1 |
| rewind | void rewind( FILE * fp ); | 将 fp 指示的文件中的位置指针置于文件开头,并清除文件结束标志。函数无返回值 |
| scanf | int scanf( const char * format, … ); | 从标准输入设备按 format 指向的字符串规定的格式,输入数据给 args 所指向的单元。以 s 格式符输入字符串,遇到空白字符(包括空格、回车、制表符)时,系统认为读入结束(但在开始读之前遇到的空白字符会被系统自动跳过)。函数返回成功读入并赋给 args 的数据个数。若遇文件结束,则返回 EOF;若出错,则返回 0 |

### 5. 动态内存分配函数

ANSI C 标准建议使用动态内存分配函数时,应在源文件中包含头文件<stdlib.h>,而有的编译系统是要求包含<malloc.h>。

| 函数名 | 函 数 原 型 | 功　　能 |
|---|---|---|
| calloc | void ＊ calloc( unsigned int n, unsigned int size); | 分配 n 个数据项的连续内存空间,每个数据项的大小为 size 字节,与 malloc( )不同的是 calloc( )能自动将分配的内存初始化为 0。如果分配成功,则返回所分配内存的起始地址; 如果内存不够导致分配不成功,则返回空指针 NULL |
| free | void free( void ＊ p); | 释放 p 所指向的存储空间。函数无返回值 |
| malloc | void ＊ malloc( unsigned int size); | 分配 size 字节的存储空间。如果分配成功,则返回所分配内存的起始地址;如果内存不够导致分配不成功,则返回空指针 NULL |
| realloc | void ＊ realloc( void ＊ p, unsigned int size); | 将 p 所指出的已分配内存区的大小改为 size。size 可比原来分配的空间大或小。返回指向该内存区的指针 |

### 6. 其他常用函数

| 函数名 | 函 数 原 型 | 功　　能 |
|---|---|---|
| atof | #include <stdlib.h><br>double atof( const char ＊ str); | 把 str 指向的字符串转换成双精度浮点值,串中必须含合法的浮点数,否则返回值无定义。函数返回转换后的双精度浮点值 |
| atoi | #include <stdlib.h><br>int atoi( const char ＊ str); | 把 str 指向的字符串转换成整型值,串中必须含合法的整型数,否则返回值无定义。函数返回转换后的整型值 |
| atol | #include <stdlib.h><br>long int atol( const char ＊ str); | 把 str 指向的字符串转换成长整型值,串中必须含合法的整型数,否则返回值无定义。函数返回转换后的长整型值 |
| exit | #include <stdlib.h><br>void exit( int code); | 该函数使程序立即终止,清空和关闭任何打开的文件。程序正常退出状态由 code 等于 0 或 EXIT_SUCCESS 表示,非 0 值或 EXIT_FAILURE 表明定义实现错误。函数无返回值 |
| rand | #include <stdlib.h><br>int rand( void); | 产生伪随机数序列。函数返回 0 到 RAND_MAX 之间的随机整数,RAND_MAX 至少是 32767 |
| srand | #include <stdlib.h><br>void srand( unsigned int seed); | 为函数 rand( )生成的伪随机数序列设置起点种子值。函数无返回值 |
| time | #include <time.h><br>time_t time( time_t ＊ time); | 调用时可使用空指针,也可使用指向 time_t 类型变量的指针,若使用后者,则该变量可被赋予日历时间。函数返回系统的当前日历时间;如果系统丢失时间设置,则函数返回−1 |
| ctime | #include <time.h><br>char ＊ ctime ( const time _ t ＊ time); | 把日期和时间转换为由年、月、日、时、分、秒等时间分量构成的用" YYYY−MM−DD hh:mm:ss"格式表示的字符串 |
| clock | #include <time.h><br>clock_t clock( void); | clock_t 是 long 类型。该函数返回值是硬件滴答数,要换算成秒或者毫秒,需要除以 CLK_TCK 或者 CLOCKS_PER_SEC。例如,在 VC6.0 下,这两个量的值都是 1000,表示硬件滴答 1000 次是 1 秒,因此计算一个进程的时间是用 clock( )函数除以 1000。注意:本函数仅能返回 ms 级的计时精度 |

续表

| 函数名 | 函 数 原 型 | 功　　能 |
|---|---|---|
| Sleep | #include <stdlib.h><br>Sleep( unsigned long second) ; | 在标准 C 中和 Linux 下是函数的首字母不大写。但在 VC 和 Code::blocks 环境下首字母要大写。Sleep( )函数的功能是将进程挂起一段时间,即起到延时的作用。参数的单位是毫秒 |
| system | #include <stdlib.h><br>int system( char * command) ; | 发出一个 DOS 命令。例如,system("CLS")可以实现清屏操作 |
| kbhit | #include <conio.h><br>int kbhit( void) ; | 检查当前是否有键盘输入,若有则返回一个非 0 值,否则返回 0 |
| getch | #include <conio.h><br>int getch( void) ; | 无需用户按回车键即可得到用户的输入,只要用户按下一个键,就立刻返回用户输入字符的 ASCII 码值,但输入的字符不会回显在屏幕上,出错时返回-1,该函数在游戏中比较常用,在键入字符后无需按回车键,也不会在屏幕上回显 |

### 7. 非缓冲文件系统的输入/输出函数

使用以下非缓冲文件系统的输入/输出函数时,应该在源文件中包含头文件<io.h>和<fcntl.h>,这些函数是 UNIX 系统的一员,不是由 ANSI C 标准定义的。

| 函数名 | 函 数 原 型 | 功　　能 |
|---|---|---|
| close | int close( int handle) ; | 关闭 handle 说明的文件。若关闭成功,则返回 0;否则,返回-1,外部变量 errno 说明错误类型 |
| creat | int creat( const char * pathname,<br>unsigned int mode) ; | 专门用来建立并打开新文件,相当于 acces 为 O_CREAT\|O_WRONLY\|O_TRUNC 的 open( )函数。若创建成功,则返回一个文件句柄;否则,返回-1,外部变量 errno 说明错误类型 |
| open | int open( const char * pathname,<br>int access, unsigned int mode) ; | 以 access 指定的方式打开名为 pathname 的文件,mode 为文件类型及权限标志,仅在 access 包含 O_CREAT 时有效,一般用常数 0666。若打开成功,则返回一个文件句柄;否则,返回-1,外部变量 errno 说明错误类型 |
| read | int read( int handle, void * buf,<br>unsigned int len) ; | 从 handle 说明的文件中读取 len 字节的数据存放到 buffer 指针指向的内存。函数返回实际读入的字节数。0 表示读到文件末尾;-1 表示出错,外部变量 errno 说明错误类型 |
| lseek | long lseek( int handle, long offset,<br>int fromwhere) ; | 从 handle 说明的文件中的 fromwhere 开始,移动位置指针 offset 个字节。offset 为正,表示向文件末尾移动;为负,表示向文件头部移动。移动的字节数是 offset 的绝对值。函数返回移动后的指针位置。-1L 表示出错,外部变量 errno 说明错误类型 |
| write | int write( int handle, void * buf,<br>unsigned int len) ; | 把从 buf 开始的 len 个字节写入 handle 说明的文件。函数返回实际写入的字节数。-1 表示出错,外部变量 errno 说明错误类型 |

# 参 考 文 献

［1］ SCHILDT H. C 语言大全［M］. 4 版. 王子恢,戴健鹏,译. 北京:电子工业出版社,2001.

［2］ KERNIGHAN B W, RITCHIE D M. The C Programming Language［M］. 2nd ed. 北京:清华大学出版社,1996.

［3］ DEITEL H M, DEITEL P J. C 程序设计教程［M］. 薛万鹏,译. 北京:机械工业出版社,2000.

［4］ KELLY P. A guide to C programming［M］. 3rd ed. Dublin:Gill & Macmillan,1999.

［5］ KERNIGHAN B W, PIKE R. 程序设计实践［M］. 裘宗燕,译. 北京:机械工业出版社,2000.

［6］ PRATT T W, ZELKOWITZ M V. 程序设计语言:设计与实现［M］. 北京:电子工业出版社,2001.

［7］ 苏小红,陈惠鹏,孙志岗,等. C 语言大学实用教程［M］. 5 版. 北京:电子工业出版社,2022.

［8］ 苏小红,孙志岗. C 语言大学实用教程学习指导［M］. 4 版. 北京:电子工业出版社,2017.

［9］ KELLY P, 苏小红. 双语版 C 程序设计［M］. 2 版. 北京:电子工业出版社,2017.

［10］ 周海燕,赵重敏,齐华山. C 语言程序设计［M］. 北京:科学出版社,2001.

［11］ 陈朔鹰,陈英,乔俊琪. C 语言程序设计习题集［M］. 北京:人民邮电出版社,2000.

［12］ 张高煜. C 语言程序设计实例［M］. 北京:中国水利水电出版社,2001.

［13］ WIRTH N. 算法+数据结构=程序［M］. 北京:科学出版社,1990.

［14］ 杨世明,王雪琴. 数学发现的艺术［M］. 青岛:中国海洋大学出版社,1998.

［15］ 胡正国,蔡经球. 程序设计方法学［M］. 修订版.西安:西北工业大学出版社,1992.

［16］ 编程之美小组. 编程之美:微软技术面试心得［M］. 北京:电子工业出版社,2008.

［17］ SPINELLIS D. 高质量程序设计艺术［M］. 韩海东,译. 北京:人民邮电出版社,2008.

［18］ KING K N. C 语言程序设计现代方法［M］. 2 版·修订版. 吕秀锋,黄倩,译. 北京:人民邮电出版社,2021.

［19］ 左飞. 代码揭秘:从 C/C++的角度探秘计算机系统［M］. 北京:电子工业出版社,2010.

［20］ 苏小红,李东,唐好选,等. 计算机图形学实用教程［M］. 4 版. 北京:人民邮电出版社,2020.

［21］ 唐培和,徐奕奕. 数据结构与算法——理论与实践［M］. 北京:电子工业出版社,2015.

## 郑重声明

高等教育出版社依法对本书享有专有出版权。任何未经许可的复制、销售行为均违反《中华人民共和国著作权法》，其行为人将承担相应的民事责任和行政责任；构成犯罪的，将被依法追究刑事责任。为了维护市场秩序，保护读者的合法权益，避免读者误用盗版书造成不良后果，我社将配合行政执法部门和司法机关对违法犯罪的单位和个人进行严厉打击。社会各界人士如发现上述侵权行为，希望及时举报，我社将奖励举报有功人员。

反盗版举报电话　（010）58581999　58582371

反盗版举报邮箱　dd@ hep. com. cn

通信地址　北京市西城区德外大街 4 号

　　　　　高等教育出版社法律事务部

邮政编码　100120

### 读者意见反馈

为收集对教材的意见建议，进一步完善教材编写并做好服务工作，读者可将对本教材的意见建议通过如下渠道反馈至我社。

咨询电话　400-810-0598

反馈邮箱　gjdzfwb@ pub.hep.cn

通信地址　北京市朝阳区惠新东街 4 号富盛大厦 1 座

　　　　　高等教育出版社总编辑办公室

邮政编码　100029

### 防伪查询说明

用户购书后刮开封底防伪涂层，使用手机微信等软件扫描二维码，会跳转至防伪查询网页，获得所购图书详细信息。

防伪客服电话　（010）58582300